Probability and Statistics

新时代大学数学系列教材

总主编　徐宗本

概率论与数理统计

主　编　何书元

高等教育出版社·北京

内容提要

本书较为系统地介绍了概率论和数理统计的基本内容，内容丰富，富有时代特色。书中有许多新的简明讲法，帮助读者更好地理解所学内容和加深对问题本质的理解。

本书有许多反映现代科技和现代生活特点的例子，包括赌博问题、运气问题、求职问题、疾病普查问题、敏感问题调查。本书讲授的微分法，是计算随机变量和随机向量函数分布的简捷新方法。条件分布和边缘分布的计算方法也都简单易行，较大程度地降低了数学难度。在判断随机变量的独立性方面，也有十分简单的新方法。

为了帮助读者更快地掌握计算机的使用，本书以工程技术和科学研究中普遍使用的 MATLAB 为例，在相关章节后面介绍有关的 MATLAB 调用命令。

本书的内容和习题难度适中，适合作为高等学校非数学类专业本科生概率论与数理统计课程的教材或教学参考书。

数字课程　http://abook.hep.com.cn/1260274

概率论与数理统计

主编　何书元

1 计算机访问http://abook.hep.com.cn/1260274，或手机扫描二维码、下载并安装Abook应用。

2 注册并登录，进入“我的课程”。

3 输入封底数字课程账号（20位密码，刮开涂层可见），或通过Abook应用扫描封底数字课程账号二维码，完成课程绑定。

4 单击“进入课程”按钮，开始本数字课程的学习。

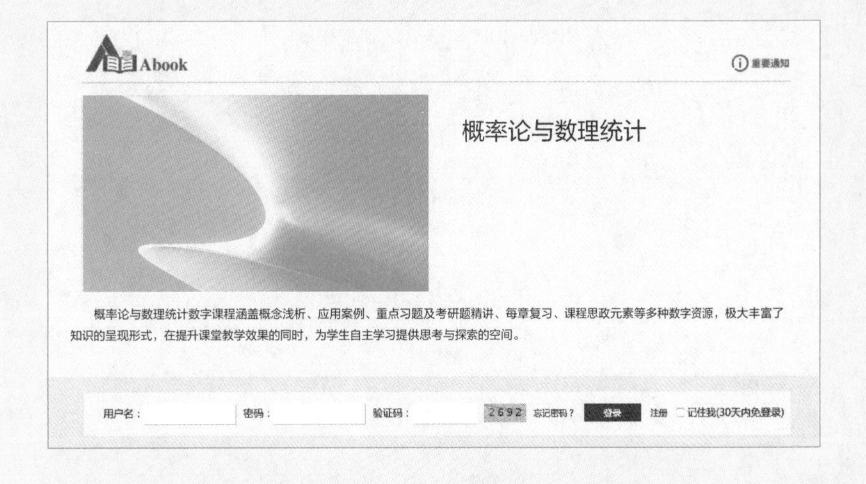

课程绑定后一年为数字课程使用有效期。受硬件限制，部分内容无法在手机端显示，请按提示通过计算机访问学习。

如有使用问题，请发邮件至abook@hep.com.cn。

扫描二维码
下载Abook应用

出版说明

2021年4月19日，习近平总书记在清华大学考察时强调，高等教育体系是一个有机整体，其内部各部分具有内在的相互依存关系。要用好学科交叉融合的“催化剂”，加强基础学科培养能力，打破学科专业壁垒，对现有学科专业体系进行调整升级，瞄准科技前沿和关键领域，推进新工科、新医科、新农科、新文科建设，加快培养紧缺人才。

数学是自然科学的基础，也是重大技术创新发展的基础。随着经济社会的发展，各个学科对数学的要求越来越高，数学已成为航空航天、国防安全、生物医药、信息、能源、海洋、人工智能、先进制造等领域不可或缺的重要支撑。同时，数学在高层次人才培养中发挥着极其关键的作用。近年来，面对“四新”背景下理工类专业人才培养的新要求，信息技术与课程教材深度融合的新趋势，大学数学课程教材改革发展的要求十分迫切。

为此，高等教育出版社与教育部高等学校大学数学课程教学指导委员会共同组织了“新时代大学数学系列教材”建设项目。项目由中国科学院院士、教育部高等学校大学数学课程教学指导委员会主任徐宗本教授牵头，来自“双一流”建设高校的多位数学专家学者积极参与。2019年5月，开展一线教师调研，完成调研报告初稿。2019年6月，召开新时代大学数学教材建设专家论证会。2019年9月，召开第一次教材建设研讨会，审定教材编写大纲及样章。2020年，编者与专家通过线下线上会议等方式，持续打磨内容，稳步推进教材及资源建设。2021年1—3月，召开教材审稿会，来自全国50余所高校的专家参与审稿。2021年3月，大学数学课程教学指导委员会通过全国高校教师网络培训中心，开展全国高校数学骨干教师教学创新培训。2021年4月起，高等教育出版社与大学数学课程教学指导委员会在全国多地开展大学数学教学培训活动，推动一流课程与教材建设。2021年6月，项目建设成果“新时代大学数学系列教材”出版。

本系列教材包括新形态教材和辅助产品。

新形态教材包括《高等数学（上、下册）》《线性代数》《概率论与数理统计》。纸质教材着重讲授基本概念、基本理论和典型例题，兼顾考研需要；数字资源以拓展纸质教材内容、拓宽学生视野、激发学习兴趣、培养科学精神为目标，由名家名师讲授数学家与数学家精神、前沿视角、应用案例、重要概念解析、典型例题精讲等内容，并提供交互模拟实验及在线自测等。

辅助产品主要是教学课件、作业系统等。教学课件将为使用教材的教师免费提供，支持教师更好地开展教学活动，帮助学生更好地理解相关知识；作业系统支持学生进行交互式自测练习和完成作业，巩固所学知识。

本系列教材紧贴信息时代特点和数学教育发展形势，着力在思想性、系统性、应用性、创新性上下功夫，主要有以下几个特点。

融入思政元素，推动科研前沿进教材。精心制作的“数学家与数学家精神”栏目，由数学史专家讲授数学家事迹，传递科学精神。“前沿视角”由数学专家学者撰写、讲解从最新应用追溯理论研究成果及大学数学基础知识支撑的典型案例，拓宽学生视野。

强化应用能力，注重教学内容现代化。教材内容注重与中学数学的衔接，阐明重要数学思想、概念和方法的背景、延伸及应用；吸收国内外优秀教材成功经验，加强应用题目设计；将数学建模思想与数学文化融入其中，增加数学实验、应用案例等资源。

关注教学创新，体现融合出版新理念。以新形态教材为核心，提供数字资源学习、在线自测等教学活动支持，帮助教师和学生及时有效获得信息反馈。

新时代大学数学系列教材在两年多的编研出版过程中得到了许多数学专家学者热忱的指导，也获得了全国众多高校教师的支持和帮助，在此表示衷心的感谢。在教材的使用过程中，恳请广大专家、教师和学生提出宝贵的意见与建议，以便我们继续改进。

高等教育出版社

2021 年 6 月

总 序　　新时代数学的作用与价值

数学是研究现实世界中的数量关系和空间形式的科学。它是自然科学的基础，为自然科学提供精确的语言和严格的方法；它也是重大技术发展的基础，在社会科学中发挥着越来越大的作用。传统上，我们一直强调了数学的基础性和工具性，然而，随着互联网、大数据、人工智能等为代表的新一代信息技术的发展，人类社会进入了新时代。新时代数学的作用与价值发生了微妙甚至是根本性的改变。

我们所处的时代是信息化时代，从经济学的角度，是数字经济时代。人类社会、物理世界与信息空间（或称虚拟世界）是这一时代社会构成的三元世界。长期以来人类都在与自己打交道，由此产生了社会科学；人类在认知和探索物理世界的过程中产生了物理、化学、生物等自然科学，在改造和重塑物理世界中产生了工程技术。社会科学、自然科学、工程技术就是我们通常看到的教育类型。无论是人类社会，还是物理世界，都是有形的，可统称为现实世界。在社会经济发展中，人们愈来愈感受到现实生产力的不足，需要在现实世界之外开发新的生产力，由此产生了虚拟世界。虚拟世界是现实世界的镜像投射，是现实世界的部分或整体影像。用虚拟空间的方法（即在虚拟世界中）来认知和操控现实世界的社会经济活动称为数字经济。

虚拟空间中的元素是数据，研究如何获取、存储数据并与现实世界相对应起来的技术，称为数字化。数字化要求用二进制的数据标准来采集、传送、处理现实世界的影像。采集、传送数据要求在现实世界与虚拟世界之间搭起桥梁，这个桥梁即是网络化。数字化让我们知道如何存储和采集数据，网络化让这种存储和采集成为可能，由此我们便可以在虚拟世界里认知和操控现实世界。人们自然期望在虚拟世界中的认知和操控能像在现实世界一样，这即是智能化。数字化、网络化、智能化是沟通人类社会、物理世界和虚拟世界的基础和核心。用数学的语言，它们是整个信息技术的不动点或不变量，所有信息技术都是围绕数字化、网络化、智能化来展开的。数字化的发展带来了大数据，网络化的发展带来了互联网、物联网、5G 通信，智能化的发展则带来了人工智能。当代的信息技术都发生在这样的基础上。

数学是最早用虚拟的（抽象的）办法来研究和作用于现实世界的科学，所以也是最早研究虚拟空间和为数字经济奠基的学科。由此可见，新时代数学的作用与价值已不再局限在它的基础性和工具性上，而是体现在直接为数字经济提供技术支撑与方法上。这种数学的技术化趋势在高性能科学与工程计算、大数据技术与产业、区块链与数字货币、PDE 数值解与天气预报、四元数乘法与电脑动漫、特征值（PageRank 算法）与互联网搜索、矩阵分解与推荐系统、积分几何与医疗成像、压缩感知与稀疏雷达、人工智能与医疗健康等方方面面的应用中都得到了完美体现。

大数据是虚拟空间的组成元素，是数字经济的基本生产资料。收集、加工、处理、分析、利用大数据并应用于数字经济的理论、方法、技术与系统构成数据科学。数据科学是有关数据价值链实现（数据增值过程）的基础理论与方法学，它运用建模、分析、计算和学习杂糅的方法研究从数据到信息、从信息到知识、从知识到决策的转换，并实现对现实世界的认知与操控。数学是数据科学中可以被称为母体的那一部分，而数据科学则是数学内涵与外延的扩展。这种扩展不仅反映在当代数学研究内涵的快速扩大趋势上，也反映在各学科、各分支研究的交叉融合。很容易看到，过去并不用太多数学的学科领域，像材料制备、实验物理、药物发现、生命与医疗健康等，现在都成为了数学研究与应用的主要对象。以数据为媒介，以数据科学为载体，应用数学、计算数学、统计学、最优化、控制理论等不同数学分支正变得“你中有我，我中有你”，呈现大统一发展态势。

数字经济时代的数学面临着更加严峻的挑战。拥有大数据是时代特征，解读大数据是时代任务，应用大数据是时代机遇。大数据呼唤新的数学，特别呼唤能适应大数据分析的统计学新理论和支持大数据计算的新方法；联结现实世界与虚拟世界需要万物互联，这种互联必须是高带宽和低时延的，支持这种现代通信的数学新理论，特别如网络信息论、语义信息论等广义信息论，期待创立；人工智能作为智能化的实现手段，近年来的发展一直是靠“算例、算法、算力”所驱动，其基础是数据，其核心是算法，这二者都以数学为根本基础。人工智能的一系列重大基础问题，像认识数据空间的结构与特性、深度学习的数学机理、非正规约束下的最优输运、学习方法论、突破机器学习的先验假设、实现机器学习自动化、知识推理与数据学习的融合、智能寻优与人工智能芯片等，都亟待突破。所有这些对当代数学提出了新的挑战，也带来了新的机遇。

新时代的数学正呈现大统一发展，研究内涵快速扩展、交叉融合，作用技术化和向数据科学演进的趋势。比起历史上任何时期来，新时代的数学都更加贴近社会、贴近经济、贴近大众，已成为推动社会进步特别是数字经济的基础与核心。新时代的数学作用也更加突出，价值更趋显性。数学已不再仅仅是工具，而是技术内涵自身，而且常常也是最能体现本质和原始创新的部分。我们感到，新时代的数学、信息技术与数字经济融通共进是方向、相互影响是必然。

为了顺应时代发展的这种必然，数学教育工作者应当充分认识新时代数学作用与价值的这些变化，并将其融入对数学课程的研究和教学过程。大学数学基础课程所蕴含的基本思想和方法本身极具魅力，应该结合新时代特征给出更加准确和生动的阐释和应用。我们应该引导学生更加深入地理解数学与数字经济之间的关联，理解数学在高新技术中的特殊作用和地位，自觉学好数学，用好数学。

在这样的背景下，历经两年多的酝酿和调研，我们组织编写了这套“新时代大学数学系列教材”。这套教材在新工科背景下，从大学数学的基础知识出发，密切关注反映现代生活特点的案例，力图贴近数字经济、数据科学、人工智能等前沿科技领域中的数学问题，以期充分发挥大学数学课程的关键性基础作用。

希望我们的努力能为体现新时代数学的作用与价值尽一份力量，希望更多的数学教育工作者能加入这种努力的行列，希望使用本系列教材的老师和同学们积极反馈意见，以便教材在修订或再版时得以完善。

中国科学院院士

教育部高等学校大学数学课程

教学指导委员会主任

2021 年 5 月

前言

随着数据科学、精准医疗、现代通信和人工智能技术的快速发展，概率论和数理统计的基本内容越来越展现出强劲的生命力。大学数学课程概率论与数理统计需要与时俱进，教学需要体现时代特点。一本密切联系现代科技、现代通信、现代医学、现实生活的新教材是迫切需要的。

概率论与数理统计课程还肩负着启迪人们智慧的使命，应当能够为未来的物理学家、化学家、医生、社会学家、心理学家和金融家等提供一套研究他们自己问题的有效方法和工具。充分消化理解概率统计中的贝叶斯定理、数学期望、方差、大数律、中心极限定理、区间估计、假设检验、向均值回归等还应当能够使得学习者终生受益，帮助他们以积极的心态对待工作和生活中的成功与失败，增加他们的幸福感。

本书的写作将以上述目标为宗旨。概率论部分通过对简单随机事件的介绍，逐步进入复杂随机现象的研究。对于每个概率分布讲明其自然存在的理由，各种分布之间的联系与不同，及其在日常生活中的体现。

主要定理讲明来龙去脉，举例和习题充分考虑现代科学的发展与现实生活的结合。对于每道习题都给予仔细斟酌，更多地考虑读者以后继续学习或工作的需要，多数举例和习题的结论在今后的学习甚至工作中都应当是有参考价值的。全书贯穿大数律和中心极限定理的自然存在性，最终使得读者能够对其有深入和本质的理解，并能用这些基本定理看待和理解许多现象存在的自然合理性。

在假设检验部分，介绍了统计软件中常用的 p 值方法。将检验问题分为显著性检验和验收检验。本书提示学习者，在不同的实际场合或不同领域应当考虑不同的假设检验。对于单侧原假设和备择假设的选取，给出明确的指导原则。讲明回归问题的在自然界中的必然存在。

本书介绍的随机变量函数和随机向量函数密度的计算方法，以及判断随机事件和随机变量的独立方法，都是解决复杂问题的有力新方法。

为了帮助读者在学习中掌握计算机的使用，本书以工程技术和科学研究中广泛使用的 MATLAB 为例，介绍和本书内容相关的 MATLAB 调用命令。参考这些简单的调用命令，读者就可以处理和本书内容相关的实际数据了。因为学习本书的基础是高等数学和线性代数，所以本书所涉及的数集和函数都是上述课程中描述的数集和函数。

多做习题是打好基础、理解基本定理的必由之路。本书列出了较多的习题供读者选择。

大部分习题配有答案，对于技巧性较高的题目还给出提示。本书不刻意强调内容的自封闭性，但尽力使用简单易懂的语言和符合国际惯例的数学符号叙述主要内容，极力避免枯燥或繁杂的数学推导。

本书的前六章是概率论的基本内容，后六章是数理统计的内容。

全书是为 64 课时的概率论与数理统计课程设计的。48 课时的课程应略去后两章。根据经验，讲授全书时的授课进度可大致如下（仅供参考）：

第一章占 7% 学时，第二章占 8% 学时，第三章占 10% 学时，第四章占 10% 学时，第五章占 10% 学时，第六章占 7% 学时，第七章占 4 % 学时，第八章占 8% 学时，第九章占 10% 学时，第十章占 10 % 学时，第十一章占 8% 学时，第十二章占 8% 学时。

本书的编写受高等教育出版社的委托和资助，同时得到国家自然科学基金 (11971323, 11671274) 的经费支持，特表感谢。

由于作者水平有限，书中难免不妥之处，希望读者不吝指正。

何书元

2020 年 11 月于北京海淀丹青府

目录

第一章　概率模型

真实的自然界充满了随机现象. 任何如实刻画实际问题的数学模型都应当考虑随机现象的存在. 概率模型便是研究随机现象的数学模型. 随机现象是通过事件发生的可能性体现的. 当判断一个未来事件是否会发生的时候, 我们实际上是在关心该事件发生的可能性的大小. 在概率论中, 我们用概率 (probability) 衡量一个未来事件发生的可能性的大小. 本章介绍在特定情况下, 如何计算一个未来事件发生的概率. 为了学习概率, 需要学习事件和概率空间 (probability space).

1.1　样本空间

通常把按照一定的想法去做的事情称为试验. 下面都是试验的例子: 掷一个硬币, 掷两枚骰子 (分别标有 $1, 2, \cdots, 6$ 的正六面体), 在一副扑克牌中随机抽取两张, 对下一条微信的等待时间, 老师的下一个提问问题.

做试验的目的是考察试验出现的可能结果. 掷一枚硬币时, 用 H(head) 表示硬币正面朝上, 用 T(tail) 表示硬币反面朝上. 本试验的可能结果是 H 和 T. 在概率论中, 称 H 和 T 是样本点, 称样本点的集合 $\Omega=\{H,T\}$ 为试验的样本空间.

掷一枚骰子时, 用 1 表示掷出点数 1, 用 2 表示掷出点数 2, $\cdots$, 用 6 表示掷出点数 6. 本试验的可能结果是 1, 2, 3, 4, 5, 6, 每个数都是试验的样本点. 称样本点的集合

$$\Omega=\{\omega\,|\,\omega=1,2,\cdots,6\}$$

是试验的样本空间.

向区间 $(0,1)$ 中投掷一个质点, 用 ω 表示落点, 则 ω 是样本点, 试验的样本空间是 $\Omega=(0,1)$ 或

$$\Omega=\{\omega\,|\,\omega\in(0,1)\}.$$

为了叙述的方便和明确, 下面把一个特定的试验称为试验 S. 称试验 S 的可能结果为**样本点** (sample point), 用 ω 表示. 称试验 S 的样本点 ω 构成的集合为**样本空间**

(sample space). 通常用 Ω 表示样本空间, 这时

$$\Omega = \{\omega \mid \omega \text{ 是试验 } S \text{ 的样本点}\}.$$

如果样本空间 Ω 只有有限个样本点, 即

$$\Omega = \{\ \omega_1, \omega_2, \cdots, \omega_n\ \},$$

则称 Ω 是有限样本空间.

投掷一枚骰子的样本空间是

$$\Omega = \{\omega \,|\, \omega = 1, 2, \cdots, 6\}.$$

这是一个有限样本空间. 用集合 $A = \{3\}$ 表示掷出 3 点, 则 A 是 Ω 的子集. 以后称 A 是事件. 如果掷出 3 点, 则称事件 A 发生, 否则称事件 A 不发生. 用集合 $B = \{2, 4, 6\}$ 表示掷出偶数点, B 是 Ω 的子集, B 也是事件. 如果掷出偶数点, 则称事件 B 发生, 否则称事件 B 不发生. 事件 B 发生和掷出偶数点是等价的.

如果试验 S 的样本空间 Ω 是有限集合, 则称 Ω 的子集为**事件** (event). 如果试验的结果 $\omega \in A$, 则称事件 A 发生, 否则称 A 不发生.

还可以用集合的语言描述有限样本空间: 试验 S 的样本空间 Ω 是一个全集, Ω 的元素 ω 是样本点. 样本点是试验的可能结果. Ω 的子集是事件. 对于 $A \subset \Omega$, 如果元素 (试验的结果) $\omega \in A$, 则称事件 A 发生, 否则称 A 不发生.

本书对于子集符号 "$\subset$" 和 "$\subseteq$" 不加区分, 统一使用 "$\subset$". $A \subset B$ 只表示 A 是 B 的子集, 不表示是真子集.

当样本空间 Ω 中有无穷个样本点时, 事件也是样本空间 Ω 的子集. 通常用大写字母 A, B, C, D 或 $A_1, A_2, \cdots$, $B_1, B_2, \cdots$ 表示事件.

对集合可以进行集合运算, 其结果仍然是集合. 由于事件是子集, 所以可以对事件进行集合运算, 其结果仍然是事件. 用 $\overline{A} = \Omega - A$ 表示集合 A 的余集, 则事件 A 发生和试验结果 $\omega \in A$ 等价, 事件 A 不发生和试验结果 $\omega \in \overline{A}$ 等价.

空集 $\varnothing$ 是 Ω 的子集. 由于 $\varnothing$ 中没有样本点, 永远不会发生, 所以称 $\varnothing$ 是**不可能事件**. Ω 也是样本空间 Ω 的子集, 包含了所有的样本点. 因为 Ω 总会发生, 所以称 Ω 是**必然事件**.

当 A, B 是事件, 则

$$A \cup B, \quad A \cap B, \quad A - B = A\overline{B}$$

都是事件.

本书也用 AB 表示 $A \cap B$. 当 $AB = \varnothing$, 也用 $A + B$ 表示 $A \cup B$.

当事件 $AB = \varnothing$, 称事件 A, B **互斥**或**不相容**. 特别称 $\overline{A} = \Omega - A$ 为 A 的**对立事件**或**逆事件**. 如果多个事件 $A_1, A_2, \cdots$ 两两不相容: $A_iA_j = \varnothing$, $i \neq j$, 则称它们**互斥**或**互不相容**.

事件的运算符号和集合的运算符号是相同的, 例如

(1) $A=B$ 表示事件 A, B 相等.

(2) $A\cup B$ 发生等价于至少 A, B 之一发生.

(3) $A\cap B$ (或 AB) 发生等价于 A 和 B 都发生.

(4) $A-B=A\overline{B}$ 发生等价于 A 发生且 B 不发生.

(5) $\bigcup\limits_{j=1}^{n}A_j$ 发生表示至少有一个 $A_j(1\leqslant j\leqslant n)$ 发生,

$\bigcap\limits_{j=1}^{n}A_j$ 发生表示所有的 $A_j(1\leqslant j\leqslant n)$ 都发生.

事件的以下运算公式是值得牢记的.

(6) $A\cup B=A+\overline{A}B$, $A=AB+A\overline{B}$.

(7) $\overline{\bigcup\limits_{j\geqslant1}A_j}=\bigcap\limits_{j\geqslant1}\overline{A}_j$, $\quad\overline{\bigcap\limits_{j\geqslant1}A_j}=\bigcup\limits_{j\geqslant1}\overline{A}_j$.

公式 (7) 被称为德摩根律或对偶公式.

1.2 古典概率模型

设 Ω 是有限样本空间. 对于 Ω 的事件 A, 我们用 $[0,1]$ 中的数 $P(A)$ 表示 A 发生的可能性的大小, 称 $P(A)$ 是事件 A 发生的概率, 简称为 A 的概率. 并且规定必然事件发生的概率等于 1: $P(\Omega)=1$.

按照以上原则, 如果事件 A,B 发生的可能性相同, 则有 $P(A)=P(B)$. 于是, 投掷一枚均匀的硬币时, 正面朝上的概率等于反面朝上的概率, 都是 1/2.

以后总用 $^{\#}A$ 表示事件 A 中的样本点个数, 用 $^{\#}\Omega$ 表示 Ω 中的样本点个数.

定义 1.2.1 设试验 S 的样本空间 Ω 是有限集合, $A\subset\Omega$. 如果 Ω 的每个样本点发生的可能性相同, 则称

$$P(A)=\frac{^{\#}A}{^{\#}\Omega}$$

为试验 S 下 A 发生的概率, 简称为事件 A 的概率.

能够用定义 1.2.1 描述的模型称为古典概率模型, 简称为**古典概型**.

从定义 1.2.1 知道, 投掷一枚均匀的硬币, 样本空间 $\Omega=\{H,T\}$ 中有两个样本点. 事件 $A=\{H\}$, $B=\{T\}$ 各有一个样本点, 故

$$P(A)=\frac{^{\#}A}{^{\#}\Omega}=\frac{1}{2},$$

$$P(B)=\frac{^{\#}B}{^{\#}\Omega}=\frac{1}{2}.$$

投掷一枚均匀的骰子, 样本空间是

$$\Omega=\{\,\omega\,|\,\omega=1,2,\cdots,6\,\}.$$

用 $A=\{j\}$ 表示掷出点数 j, $B=\{2,4,6\}$ 表示掷出偶数点. 则有

$$P(A)=\frac{^{\#}A}{^{\#}\Omega}=\frac{1}{6},$$
$$P(B)=\frac{^{\#}B}{^{\#}\Omega}=\frac{1}{2}.$$

例 1.2.1 设试验 S 的样本空间 Ω 是有限集合, 如果 Ω 的每个样本点发生的可能性相同, 则对 $A\subset\Omega, B\subset\Omega$, 当 $AB=\varnothing$, 有

$$P(A+B)=P(A)+P(B). \tag{1.2.1}$$

证明 因为 $AB=\varnothing$, 所以 $^{\#}(A+B)={}^{\#}A+{}^{\#}B$. 用定义 1.2.1 得到

$$P(A+B)=\frac{^{\#}(A+B)}{^{\#}\Omega}=\frac{^{\#}A+{}^{\#}B}{^{\#}\Omega}=\frac{^{\#}A}{^{\#}\Omega}+\frac{^{\#}B}{^{\#}\Omega}=P(A)+P(B).$$

性质 (1.2.1) 称为概率的可加性.

无特殊声明时, 以下所述的硬币、骰子等都是均匀的. 在概率论中所说的任取、随机抽取都是指等可能地抽取.

例 1.2.2 一批同型号的产品中, 一等品所占的比例是 p_1, 二等品所占的比例是 $p_2, \cdots, n$ 等品所占的比例是 p_n. 从中随机抽取一件.

(a) 抽到 j 等品的概率是多少?

(b) 对于 $i\neq j$, 抽到 i 等品或者 j 等品的概率是多少?

解 设这批产品的数量是 N, 则 $^{\#}\Omega=N$. 抽到哪一件产品的可能性都是相同的, 用 A_j 表示抽到 j 等品. 因为 j 等品的数量是 N_{p_j}, 所以 $^{\#}A=N_{p_j}$. 根据定义 1.2.1 得到

$$P(A_j)=\frac{N_{p_j}}{N}=p_j.$$

事件 $B=A_i+A_j$ 表示抽到 i 等品或者 j 等品, 由于抽到 i 等品就不能抽到 j 等品, 所以 A_i 和 A_j 互不相容, 即 $A_iA_j=\varnothing$. 从例 1.2.1 的结论知

$$P(B)=P(A_i)+P(A_j)=p_i+p_j.$$

在例 1.2.2 中可以看出, 对于 i,j,k 互不相同, 有

$$P(A_i+A_j+A_k)=P(A_i)+P(A_j)+P(A_k)=p_i+p_j+p_k.$$

在本例中, 每件产品是一个样本点, 被抽到的可能性相同. 本例还表明, 在随机抽样时, 概率等于比例.

在古典概型下计算事件 A 的概率时, 先计算样本空间 Ω 中样本点的个数 $^{\#}\Omega$, 然后计算事件 A 中样本点的个数 $^{\#}A$. 特别要注意样本空间 Ω 中每个样本点发生的可能性必须相同. 这时 A 中的样本点发生的可能性也相同.

在古典概型的计算中经常用到以下的计数方法:

(1) 从 n 个不同的元素中有放回地每次抽取一个, 依次抽取 m 个排成一列, 可以得到 n^m 个不同的排列. 当随机抽取时, 得到的不同排列是等可能的.

(2) 从 n 个不同的元素中 (无放回) 抽取 m 个元素排成一列时, 可以得到

$$\mathrm{A}_n^m = \frac{n!}{(n-m)!}$$

个不同的排列. 当随机抽取和排列时, 得到的不同排列是等可能的.

(3) 从 n 个不同的元素中 (无放回) 抽取 m 个元素, 不论次序地组成一组, 可以得到

$$\mathrm{C}_n^m = \frac{n!}{m!(n-m)!}$$

个不同的组合. 当随机抽取时, 得到的不同组合是等可能的.

(4) 将 n 个不同的元素分成有次序的 k 组, 不考虑每组中元素的次序, 第 $i(1 \leqslant i \leqslant k)$ 组恰有 n_i 个元素的不同结果数是

$$\frac{n!}{n_1!n_2!\cdots n_k!}.$$

当随机分组时, 得到的不同结果是等可能的.

注意 对 $k > n$ 或者 $k < 0$, 我们规定 $\mathrm{A}_n^k = 0$, $\mathrm{C}_n^k = 0$.

在解决古典概型的问题时, 除非特殊需要, 一般不必把样本空间或事件用集合表达出来.

例 1.2.3 在 6 位女生和 16 位男生中随机选出 11 人参加某项比赛.

(a) 计算有 3 位女生被选到的概率;

(b) 计算 6 位女生都被选到概率.

解 用 A_3 表示有 3 位女生当选, 用 A_6 表示 6 位女生都当选. 利用

$$^{\#}\Omega = \mathrm{C}_{22}^{11}, \quad ^{\#}A_3 = \mathrm{C}_6^3\mathrm{C}_{16}^8, \quad ^{\#}A_6 = \mathrm{C}_6^6\mathrm{C}_{16}^5,$$

得到

$$P(A_3) = \frac{\mathrm{C}_6^3\mathrm{C}_{16}^8}{\mathrm{C}_{22}^{11}} \approx 0.365, \quad P(A_6) = \frac{\mathrm{C}_6^6\mathrm{C}_{16}^5}{\mathrm{C}_{22}^{11}} \approx 0.006.$$

$P(A_3)$ 是 $P(A_6)$ 的大约 60 倍. 6 位女生都当选的可能性极小.

例 1.2.3 中, 若用 p_j 表示有 j 位女生被选到, 则 $p_3 = 0.365$, $p_6 = 0.006$. 还可以利用公式

$$p_j = \frac{\mathrm{C}_6^j\,\mathrm{C}_{16}^{11-j}}{\mathrm{C}_{22}^{11}}$$

计算出概率 p_j 的近似值如下:

j	0	1	2	3	4	5	6
p_j	0.006	0.068	0.243	0.365	0.243	0.068	0.006

注意, 随着 j 从 0 变到 6, p_j 从 0.006 升到最大值 0.365 后再减少为 0.006. 如果事先让你预测有几位女生当选, 你应当预测 3. 这是因为 A_3 发生的概率最大. 对称地看, 如果事先让你预测有几位男生当选, 你应当预测 8. 更一般的结论见 3.2 节 (3.2.11).

例 1.2.4 将 52 张扑克 (去掉两张王牌) 随机地均分给 4 家, 求每家都是同花色的概率.

解 题目说 52 张牌被等可能地分为 4 组, 计算每组 13 张牌同花色的概率. 这时, ${}^{\#}\Omega = 52!/(13!)^4$, ${}^{\#}A = 4!$, 故

$$P(A) = \frac{{}^{\#}A}{{}^{\#}\Omega} = \frac{4!(13!)^4}{52!} \approx 4.474 \times 10^{-28}.$$

这样的小概率事件全世界的人也遇不到.

设想一台计算机每秒钟可以发牌 1 万次, 连续发牌 100 年, 有无可能遇到每家都是同花色的情况呢? 答案是极不可能, 因为该事件发生的概率约为 1.41×10^{-14} (见习题 2.25).

例 1.2.5 N 件产品中有 N_i 件 i $(1 \leqslant i \leqslant k)$ 等品, 从中任取 n 件. 求这 n 件中恰有 n_i 件 i 等品的概率.

解 从题意知 $N_1 + N_2 + \cdots + N_k = N$, $n_1 + n_2 + \cdots + n_k = n$. 用 Ω 表示试验的样本空间, 用 A 表示取出的 n 件中恰有 n_i 件 i 等品, 则

$${}^{\#}\Omega = \mathrm{C}_N^n, \quad {}^{\#}A = \mathrm{C}_{N_1}^{n_1}\mathrm{C}_{N_2}^{n_2}\cdots\mathrm{C}_{N_k}^{n_k},$$

于是

$$P(A) = \frac{\mathrm{C}_{N_1}^{n_1}\mathrm{C}_{N_2}^{n_2}\cdots\mathrm{C}_{N_k}^{n_k}}{\mathrm{C}_N^n}. \tag{1.2.2}$$

在例 1.2.5 中, 如果厂家从这 N 件产品中任取 M 件送往分销部, 商家再从分销部任选 n 件送往商场, 则商场的这 n 件中恰有 n_i 件 i 等品的概率仍为 (1.2.2). 由此知道, 没有特殊情况时, 市场里产品的合格率等于生产厂家的产品合格率.

证明如下: 设想将这 N 件产品放入口袋中摇匀, 从中任取 M 件攥在手中不拿出 (相当于取 M 件送往分销部), 再从这 M 件中任取 n 件拿出 (相当于从分销部取 n 件). 因为按此方法得到的这 n 件也是从 N 件中任取的, 所以这 n 件中恰有 n_i 件 i 等品的概率也是 (1.2.2).

用类似的方法还可以解释下面的抽签问题.

例 1.2.6 (抽签问题) n 个签中有 m 个标有 "中", 无放回依次随机抽签时, 第 j 次抽到 "中" 的概率是 m/n.

解 设想将这 n 个签放入一个口袋中摇匀, 则无论用什么方法抽出一个时, 抽到 "中" 的概率是 m/n. 现在在袋中依次抽取第 1, 第 2, $\cdots$, 第 $j-1$ 个签攥在手中不拿出, 将抽取的第 j 个拿出, 该签是 "中" 的概率仍是 m/n.

如果想另给个证明, 可考虑 $m(n-1)!/n! = m/n$.

注意, 在抽签问题中, 如果已知前面有人抽到了中或者不中, 则后面抽中的概率就改变了.

例 1.2.7 (生日问题) 全班有 n 个学生, 计算

(a) 至少有一个学生的生日在今天的概率 q_n;

(b) 至少有两个学生生日相同的概率 p_n.

解 认为每个人的生日等可能地出现在 365 天中的任一天, 则样本空间 Ω 的元素数为 $^{\#}\Omega = 365^n$.

(a) 用 A 表示没有一个人的生日在今天, 则 $^{\#}A = 364^n$, 于是

$$P(A) = (364/365)^n.$$

因为 $P(\overline{A}) + P(A) = 1$, 所以要计算的概率是

$$q_n = P(\overline{A}) = 1 - P(A) = 1 - (364/365)^n.$$

对于不同的 n, 可以计算出下面结果:

n	50	60	80	100	300	600	900
q_n	0.128	0.152	0.197	0.240	0.561	0.807	0.915

(b) 用 C 表示 n 个人的生日互不相同, 则作为 Ω 的子集, $^{\#}C = \mathrm{A}_{365}^n$. 因为 $P(\overline{C}) + P(C) = 1$, 所以要求的概率

$$p_n = P(\overline{C}) = 1 - P(C) = 1 - \mathrm{A}_{365}^n/365^n.$$

对于不同的 n, 可以计算出以下结果:

n	20	30	40	50	60	70	80
p_n	0.411	0.706	0.891	0.970	0.994	0.999	0.999 9

从中看出, 全班有 50 个学生时, 我们以 97% 的把握保证至少有两个人生日相同. 全班有 60 个学生时, 我们以 99.4% 的把握保证至少有两个人生日相同.

图 1.2.1 是 p_n 和 q_n 的图形. 横坐标是 n, 纵坐标分别是 p_n 和 q_n. 当 n 增加时, 可以看出 q_n 增加得很慢, p_n 增加得很快.

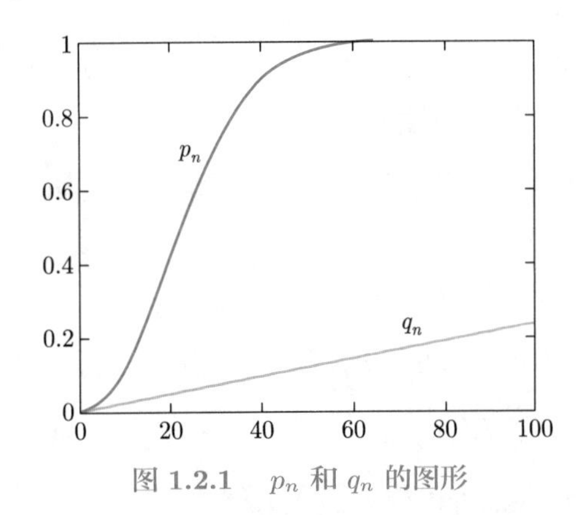

图 1.2.1 p_n 和 q_n 的图形

比较例 1.2.7 中 (a) 和 (b) 中的结论时, 你会发现对于指定的一天, 300 个人中有人在这一天过生日的概率约为 0.561, 而 50 个人中至少有两人同一天生日的概率已经达到了 0.97. 这样的差异和我们的直觉并不一致, 说明直觉并不总是可靠. 尽管如此, 直觉仍然是发明创造的源泉.

在例 1.2.7(a) 中, 若前面 k 个学生的生日都不是今天, 则第 $k+1$ 个学生的生日是今天的概率与 k 无关, 仍是 1/365. 而在 (b) 中, 当前面 k 个学生的生日互不相同时, 第 $k+1$ 个学生的生日和他们之一相同的概率随 k 增加, 是 $k/365$. 这是 p_n 随 n 增加得更快的原因.

1.3 几何概率模型

用 $\mathbf{R}^2$ 表示平面中 2 维向量的全体, 则 $\mathbf{R}^2=\{(x,y)\,|\,x,y\in(-\infty,\infty)\}$.

对于 $\mathbf{R}^2$ 的子集 A, 用 $m(A)$ 表示 A 的面积.

如果试验 S 的样本空间 Ω 是 $\mathbf{R}^2$ 的子集, 则称 Ω 的子集为事件. 类似于古典概型, 可以给出几何概率的定义如下. 注意, 本书所说的子集是指高等数学中的数集.

定义 1.3.1 设样本空间 Ω 的面积 $m(\Omega)$ 是正数, 样本点等可能地落在 Ω 中 (指 Ω 的面积相同的子集发生的可能性相同). 对于 $A\subset\Omega$, 称

$$P(A)=\frac{m(A)}{m(\Omega)} \tag{1.3.1}$$

为事件 A 发生的概率, 简称为 A 的概率.

当 Ω 是长度为正数的曲线或者是体积为正数的 r 维欧氏空间 $\mathbf{R}^r$ 的子集时, 几何分布的概率有类似定义, 不再赘述.

容易看出, 上面定义的概率 P 满足下面的性质:

(1) $P(A)\geqslant 0$;

(2) $P(\Omega)=1$;

(3) 如果 Ω 的子集 $A_1,A_2,\cdots,A_n$ 互不相交, 则 $P\Big(\bigcup\limits_{i=1}^{n}A_i\Big)=\sum\limits_{i=1}^{n}P(A_i)$.

公式 (3) 称为概率的有限可加性.

例 1.3.1 设质点等可能地落在半径为 1 的圆 Ω 内, B_i 是半径为 $r^{i/2}$ 的同心圆, $r\in(0,1)$. 对 $i=1,2,\cdots$,

(a) 计算质点落在 B_i 内的概率;

(b) 计算质点落在圆环 $A_i=B_i-B_{i+1}$ 内的概率;

(c) 验证 $P\Big(\bigcup\limits_{i=1}^{\infty}A_i\Big)=\sum\limits_{i=1}^{\infty}P(A_i)$.

解 大圆的面积是 π, 质点等可能地落入大圆.

(a) 小圆 B_i 的面积是 πr^i. 质点落入 B_i 的概率是

$$P(B_i)=\frac{B_i\text{ 的面积}}{\Omega\text{ 的面积}}=\frac{\pi r^i}{\pi}=r^i.$$

(b) 质点落入圆环 $A_i=B_i-B_{i+1}$ 内的概率

$$P(A_i)=P(B_i)-P(B_{i+1})=(1-r)r^i.$$

(c) 因为 $\bigcup\limits_{i=1}^{\infty}A_i=B_1$, 所以 $P\big(\bigcup\limits_{i=1}^{\infty}A_i\big)=P(B_1)=r$. 又因为

$$\sum_{i=1}^{\infty}P(A_i)=\sum_{i=1}^{\infty}(1-r)r^i=r,$$

所以有

$$P\Big(\bigcup_{i=1}^{\infty}A_i\Big)=\sum_{i=1}^{\infty}P(A_i). \tag{1.3.2}$$

容易理解: 在例 1.3.1 中, 如果 $A_1,A_2,\cdots$ 是 Ω 的子集, 互不相交, 则仍然有公式 (1.3.2) 成立.

在我们的经验中, 无论是计算长度、面积、体积还是质量, 对于互不相交的 $A_1,A_2,\cdots$, 都有类似于 (1.3.2) 的公式.

如果把公式 (1.3.2) 抽象出来, 就得到概率的可列可加性: 如果事件 $A_1,A_2,\cdots$ 互不相容, 则 (1.3.2) 成立.

零概率事件与不可能事件

1.4 概率的公理化

无论在古典概型还是几何概率模型中, 事件经过有限次运算还是事件, 概率 P 具有可加性: $P(A+B)=P(A)+P(B)$.

在几何概率的定义 1.3.1 中, 如果 $A_1,A_2,\cdots$ 都是 Ω 的子集, 则

$$A=\bigcup_{j=1}^{\infty}A_j \tag{1.4.1}$$

也是 Ω 的子集. 当 $A_1,A_2,\cdots$ 互不相交时, 其面积

$$m(A)=\sum_{j=1}^{\infty}m(A_j).$$

上式的两边同时除以 $m(\Omega)$, 就得到

$$P(A)=\sum_{j=1}^{\infty}P(A_j). \tag{1.4.2}$$

这就提示我们, 如果 $A_1,A_2,\cdots$ 都是事件, 它们的并 (1.4.1) 也应当是事件. 如果事件 $A_1,A_2,\cdots$ 互不相容, 则应当有公式 (1.4.2). 于是, 引出下面的概率公理化定义.

设 Ω 是试验 S 的样本空间. 因为在实际问题中往往并不需要关心 Ω 的所有子集, 所以只要把关心的子集称为事件就够了. 但是事件必须是 Ω 的子集, 并且满足以下条件:

(1) Ω 是事件;

(2) 事件经过有限次集合运算得到的集合是事件;

(3) 如果 A_j 是事件, 则 $\bigcup\limits_{j=1}^{\infty} A_j$ 是事件.

这里的运算

$$\bigcup_{j=1}^{\infty} A_j = A_1 \cup A_2 \cup \cdots$$

称为可列并运算, 这是因为求并的运算可以依次进行.

对于事件 A, 概率 $P(A)$ 是表示 A 发生的可能性的大小的实数, 必须满足以下三个条件:

(1) 非负性: 对于任何事件 A, $P(A) \geqslant 0$;

(2) 完全性: $P(\Omega) = 1$;

(3) 可列可加性: 对于互不相容的事件 $A_1, A_2, \cdots$, 有

$$P\Big(\bigcup_{j=1}^{\infty} A_j\Big) = \sum_{j=1}^{\infty} P(A_j).$$

条件 (1), (2), (3) 称为概率的**公理化条件**. 不满足公理化条件的 P 不是概率. 以后讨论的概率 P 都满足公理化条件.

如果用 $\mathcal{F}$ 表示样本空间 Ω 的事件的全体, 用 P 表示概率, 则称 $(\Omega, \mathcal{F}, P)$ 为**概率空间**.

尽管不再明确指出, 我们以后的讨论都建立在某个确定的概率空间中. 下面是概率 P 的基本性质.

定理 1.4.1 概率 P 有如下的性质:

(1) 空集 $\varnothing$ 是事件, 且 $P(\varnothing) = 0$;

(2) 有限可加性: 如果 $A_1, A_2, \cdots, A_n$ 互不相容, 则

$$P\Big(\bigcup_{j=1}^{n} A_j\Big) = \sum_{j=1}^{n} P(A_j);$$

(3) $P(\overline{A}) = 1 - P(A)$;

(4) 可减性: 如果 $A \supset B$, 则 $P(A - B) = P(A) - P(B)$;

(5) 单调性: 如果 $B \subset A$, 则 $P(B) \leqslant P(A) \leqslant 1$;

(6) 次可加性: 对于任何事件 $A_1, A_2, \cdots$, 有

$$P\Big(\bigcup_{j=1}^{n} A_j\Big) \leqslant \sum_{j=1}^{n} P(A_j), \quad P\Big(\bigcup_{j=1}^{\infty} A_j\Big) \leqslant \sum_{j=1}^{\infty} P(A_j).$$

例 1.4.1 验证以下结论:

(1) 如果 $P(A) = 0$, 则对任何事件 B, 有 $P(A \cup B) = P(B)$;

(2) 如果 $P(A)=1$, 则对任何事件 B, 有 $P(AB)=P(B)$.

证明 (1) 当 $P(A)=0$, 一方面有 $P(A\cup B)\geqslant P(B)$, 另一方面又有 $P(A\cup B)\leqslant P(A)+P(B)=P(B)$, 所以有 $P(A\cup B)=P(B)$.

(2) 这时 $P(\overline{A})=1-P(A)=0$, $P(\overline{A}B)\leqslant P(\overline{A})=0$. 于是用 $B=AB+\overline{A}B$ 得到 $P(B)=P(AB)+P(\overline{A}B)=P(AB)$.

需要指出, 尽管样本空间 Ω 的概率等于 1, 但是概率等于 1 的事件不必等于样本空间 Ω. 举例来讲, 当质点等可能地落在闭区间 $\Omega=[0,1]$ 中, 事件 $A=(0,1)$ 发生的概率等于 1, 但是 A 不等于 Ω. 同理, 尽管空集 $\varnothing$ 的概率等于 0, 但是概率等于 0 的事件不必等于空集 $\varnothing$. 在上述例子中, 子集 $\overline{A}$ 发生的概率等于 0, 但是 $\overline{A}$ 不是空集.

例 1.4.2 如果事件 $A_1,A_2,\cdots$ 发生的概率都是 0: $P(A_j)=0$, 则

$$P\Big(\bigcup_{j=1}^{\infty}A_j\Big)=0,\quad P\Big(\bigcup_{j=1}^{n}A_j\Big)=0.$$

证明 用概率的次可加性得到

$$P\Big(\bigcup_{j=1}^{\infty}A_j\Big)\leqslant\sum_{j=1}^{\infty}P(A_j)=\sum_{j=1}^{\infty}0=0,$$

于是 $P\Big(\bigcup\limits_{j=1}^{\infty}A_j\Big)=0$. 同理可证明 $P\Big(\bigcup\limits_{j=1}^{n}A_j\Big)=0$.

在例 1.2.4 中, 尽管各家得到同花色的概率 p 是正数, 但是由于 p 很小, 相信你在一次发牌中遇不到各家同花色的情况. 注意, 0 概率事件和正概率事件有本质的区别, 所以在一次试验中, 0 概率事件是不会发生的. 例 1.4.2 的结论又告诉我们, 在依次进行的试验中, 0 概率事件永不会发生.

零概率事件浅析

有人讲, 若在 $(0,1)$ 中任取一数, 取到哪个数的概率都是 0, 但是你总能得到一个数. 真实的情况是: 你指定了哪个数, 你就一定得不到这个数. 我们将在第三章资源《随机数》中证明: 如果你真能在 $(0,1)$ 中任取一数, 你得到的一定是无理数.

例 1.4.3 如果事件 $A_1,A_2,\cdots$ 发生的概率都是 1: $P(A_j)=1$, 则

$$P\Big(\bigcap_{j=1}^{\infty}A_j\Big)=1,\quad P\Big(\bigcap_{j=1}^{n}A_j\Big)=1.$$

例 1.4.3 说明, 在依次进行的试验中, 概率等于 1 的事件次次发生. 证明留作习题 1.11.

关注小概率事件

1.5 概率与频率

古典概型只对等可能的情况定义了概率, 为了描述真实的自然世界或研究更复杂的随机现象, 很多学者使用概率的频率定义.

设 A 是试验 S 的事件. 在相同的条件下将试验 S 独立地重复 N 次, 称

$$f_N = \frac{N\text{ 次试验中 }A\text{ 发生的次数}}{N}$$

是 N 次独立重复试验中, 事件 A 发生的**频率** (frequency). 理论和试验都证明, 当 $N \to \infty$, f_N 的极限存在. 用 $P(A)$ 表示 f_N 的极限时, 称 $P(A)$ 为事件 A 在试验 S 下发生的概率, 简称为 A 的概率.

在实际问题中, 只要试验的次数够多, 或观测的数据充足, 就可以将频率作为概率的近似.

例 1.5.1　表 1.5.1 是用计算机进行的投掷一枚均匀骰子的试验总结, 其中 N 是试验的次数, 表中的百分数是频率. 例如表中第 2 行第 2 列的 17.00%, 表示试验次数 $N = 10^2$ 时, 点数 1 出现的频率是 17.00%.

表 1.5.1　投掷一枚均匀骰子的试验总结

点	$N = 10^2$	$N = 10^3$	$N = 5\,000$	$N = 10^4$	$N = 10^5$	$N = 10^6$
1	17.00%	16.50%	16.28%	16.61%	16.72%	16.69%
2	15.00%	15.50%	17.12%	16.62%	16.44%	16.62%
3	18.00%	17.10%	16.78%	16.94%	16.84%	16.69%
4	18.00%	16.00%	16.68%	16.97%	16.76%	16.64%
5	13.00%	16.60%	15.50%	15.94%	16.69%	16.64%
6	19.00%	18.30%	17.64%	16.92%	16.56%	16.71%

从表 1.5.1 可以看出, 随着试验次数 N 的增加, 每个点数出现的频率 f_N 都向概率 $1/6 \approx 16.67\%$ 收敛.

下面再独立重复投掷该骰子 100 次, 并依次记录掷出的点数如下:

6 5 4 5 5 6 1 6 4 6 4 3 5 2 3 6 4 6 5 4 2 4 1 4 4 5 6 6 5 4 6 4 1 1

6 3 5 2 4 4 1 4 3 1 3 2 1 2 1 2 1 4 2 4 5 3 4 3 1 3 6 6 2 2 4 4 3 2

6 1 1 1 1 4 4 1 6 5 5 1 6 6 6 6 5 4 2 3 1 1 6 2 2 2 3 4 1 6 4 6

这次试验中, 点数 $1, 2, \cdots, 6$ 出现的频率依次为

$$19.00\%, 14.00\%, 11.00\%, 23.00\%, 12.00\%, 21.00\%.$$

这和表 1.5.1 中 $N = 10^2$ 的试验结果有不小的差别, 说明试验次数为 100 时, 骰子的均匀性还没有很好地体现出来.

在上面的记录中, 还会发现经常有相同的点数连续出现, 比如 55, 44, 66, 等等. 也会有点数连续出现三次, 比如 222. 甚至有 1111 和 6666 出现.

如果你在手机中储存了 6 首喜欢的歌曲, 当你随机播放这些歌曲时, 按照上面的试验结果, 你经常会遇到连续播放某只歌曲的情况, 甚至连续播放 3 或 4 次. 这时你会怀疑

随机播放的真实性.

可是你真的随机播放时, 你就会听到更好的歌曲排列, 不会遇到在某段时间内反复播放相同歌曲的现象. 其实, 手机的随机播放早已不是真的随机播放了.

实际上, 真正的随机播放开始普及时, 人们就发现在一段时间内有些歌曲会被不断地反复播放, 而另一些歌曲被播放的机会很少. 于是, 随机播放的开发者不断地收到质疑: 认为随机播放是假的. 为了使得随机播放能够为使用者带来更愉悦的心情, 随机播放的开发者不得不对随机播放进行改造, 用以避免某些歌曲被反复播放的情况.

历史上许多统计学家用掷硬币的办法对频率 f_N 收敛到概率 $P(A)$ 进行过验证. 他们的结论总结在表 1.5.2 中. 这些结论都说明了随着试验次数的增加, 频率向概率 0.5 收敛.

表 1.5.2 统计学家掷硬币试验结果

试验者	掷币次数 N	正面次数 N_A	N_A/N
德摩根 (De Morgan)	2048	1061	0.5181
布丰 (Buffon)	4040	2048	0.5069
克里奇 (Kerrich)	7000	3516	0.5023
克里奇 (Kerrich)	8000	4034	0.5043
克里奇 (Kerrich)	9000	4538	0.5042
克里奇 (Kerrich)	10000	5067	0.5067
费勒 (Feller)	10000	4979	0.4979
皮尔逊 (Pearson)	12000	6019	0.5016
皮尔逊 (Pearson)	24000	12012	0.5005
罗曼诺夫斯基 (Romanovsky)	80640	40173	0.4982

零概率事件与小概率事件

游程与运气

习题一

1.1 重复地投掷一枚硬币 100 次, 用 1, 0 分别表示得到正、反面. 依次记录下正、反面出现的情况, 给出正面出现的频率和正面连续出现的最大次数.

1.2 验证事件的运算公式:

(1) $A = AB + A\overline{B}$;

(2) $A - B = A - AB$;

(3) $A \cup B = A + \overline{A}B = B + \overline{B}A = \overline{A}B + \overline{B}A + AB$.

1.3 100 件产品中有 3 件次品.

(a) 从中任取 2 件, 求至少得一件次品的概率;

(b) 从中任取 10 件, 再从这 10 件中任取 2 件, 求至少得一件次品的概率.

1.4 从一副扑克的 52 张牌中任取出 13 张, 再从这 13 张中任取出 3 张. 求这 3 张牌同花色的概率和花色互不相同的概率.

1.5 设每个人的生日随机落在 365 天中的任一天, 求 n 个人的生日互不相同的概率和至少有两个人生日相同的概率.

1.6 从标有 1 至 n 的 n 个球中任取 m 个, 记下号码后放回. 再从这 n 个球中任取 k 个, 记下号码. 求两组号码中恰有 c 个号码相同的概率.

1.7 向区间 $(0,1)$ 中随机投掷一个质点 ω, 用 A_n 表示 $\omega \in [1/(n+1),\, 1/n)$, 对正整数 m 直接验证

$$P\Big(\bigcup_{n=m}^{\infty} A_n\Big) = \sum_{n=m}^{\infty} P(A_n).$$

1.8 一只蜻蜓将要落在半径为 10 m 的圆形花坛 $\varOmega$ 上, A 是 $\varOmega$ 内半径为 5 m 的圆形花圃.

(a) 若蜻蜓随机地落在花坛内, 求它落在花圃内的概率;

(b) 若蜻蜓随机地落在花坛和花圃的边沿上, 求蜻蜓落在花圃边沿的概率;

(c) 若蜻蜓随机地落在花坛内, 求蜻蜓落在花圃边缘的概率.

1.9 如果一枚硬币能被连续掷出 6 次正面便被称为幸运硬币. 有无可能在 200 枚硬币中找到一枚幸运硬币? 如果能, 如何得到?

1.10 重复地投掷一枚硬币 n 次, 用 S_n 表示正面出现的次数, 对于 $n = 2, 3, \cdots, 100$, 总结出 S_n 等于几的概率最大?

1.11 如果事件 $B_1, B_2, \cdots$ 发生的概率都是 1, 证明

$$P\big(\bigcap_{j=1}^{n} B_j\big) = 1, \quad P\big(\bigcap_{j=1}^{\infty} B_j\big) = 1.$$

1.12 对于事件 A, B, C, 验证以下结论.

(1) 如果 $\overline{A} \subset A$, 则 $A = \Omega$;

(2) 如果 $AB = \overline{A}\,\overline{B}$, 则 $A \cup B = \Omega$;

(3) 如果 $P(A) + P(B) = 1$, 则 $P(A \cup B) = 1$ 与 $P(\overline{A} \cup \overline{B}) = 1$ 等价;

(4) $P(A) = P(B)$ 的充分必要条件是 $P(A\overline{B}) = P(\overline{A}B)$;

(5) $P(A - B) = P(A) - P(B)$ 与 $P(B - A) = 0$ 等价;

(6) $P(AB) + P(\overline{A}B) + P(A\overline{B}) + P(\overline{A}\,\overline{B}) = 1$.

1.13 一枚硬币的一面标有 1, 另一面标有 2. 重复地投掷该硬币 n 次, 用 T_n 表示掷出的数字之和, 对于 $n = 2, 3, \cdots$, 总结出 T_n 等于几的概率最大.

考研自测题一

第一章复习

第二章　概率公式

在实际问题中, 概率容易计算的事件被认为是简单事件. 而复杂事件常常可用多个简单事件表述. 遇到用简单事件发生的概率计算复杂事件的概率时, 就需要概率公式.

2.1　加法公式

当事件 A, B 不相容时, $P(A)+P(B)$ 没有将 $A \cup B$ 中的样本点重复计数, 所以有公式 $P(A \cup B)=P(A)+P(B)$. 当 AB 非空时, $P(A)+P(B)$ 将 AB 中的样本点计数了两次, 所以有下面的加法公式 (2.1.1).

加法公式 1: 对于事件 A, B, 有

$$P(A \cup B)=P(A)+P(B)-P(AB). \tag{2.1.1}$$

证明　从习题 1.2(3) 知道 $A \cup B=A+\overline{A}B=B+\overline{B}A=\overline{A}B+\overline{B}A+AB$. 于是有

$$\begin{aligned} P(A \cup B) &= P(A+\overline{A}B)+P(B+\overline{B}A)-P(\overline{A}B+\overline{B}A+AB) \\ &= P(A)+P(B)-P(AB). \end{aligned}$$

例 2.1.1　河流 A 与河流 B 是水库 C 的主要水源. 只要 A, B 之一不缺水, C 就不缺水. 根据经验知道河流 A, B 不缺水的概率分别是 0.7 和 0.9, 同时不缺水的概率是 0.65. 计算水库 C 不缺水的概率.

解　用 A, B 分别表示河流 A, B 不缺水, 用 C 表示水库不缺水, 则 $C=A \cup B$, $P(A)=0.7$, $P(B)=0.9$, $P(AB)=0.65$. 用加法公式 1 得到

$$\begin{aligned} P(C) &= P(A \cup B) \\ &= P(A)+P(B)-P(AB) \\ &= 0.7+0.9-0.65 \\ &= 0.95. \end{aligned}$$

加法公式 2: 对于事件 A_1, A_2, A_3, 有

$P(A_1 \cup A_2 \cup A_3)$

$$= P(A_1) + P(A_2) + P(A_3) - P(A_1A_2) - P(A_1A_3) - P(A_2A_3) + P(A_1A_2A_3). \quad (2.1.2)$$

证明 两次用加法公式 (2.1.1) 和 $A_1(A_2 \cup A_3) = (A_1A_2) \cup (A_1A_3)$, 得到

$$\begin{aligned}
P(A_1 \cup A_2 \cup A_3) &= P\big(A_1 \cup (A_2 \cup A_3)\big) \\
&= P(A_1) + P(A_2 \cup A_3) - P(A_1(A_2 \cup A_3)) \\
&= P(A_1) + \big[P(A_2) + P(A_3) - P(A_2A_3)\big] \\
&\quad - \big[P(A_1A_2) + P(A_1A_3) - P(A_1A_2A_3)\big] \\
&= \sum_{j=1}^{3} P(A_j) - \sum_{1 \leqslant i < j \leqslant 3} P(A_iA_j) + P(A_1A_2A_3).
\end{aligned}$$

在 (2.1.2) 中, 如果 $p_1 = P(A_1) = P(A_2) = P(A_3)$, $p_2 = P(A_1A_2) = P(A_1A_3) = P(A_2A_3)$, 则得到

$$P(A_1 \cup A_2 \cup A_3) = \mathrm{C}_3^1 p_1 - \mathrm{C}_3^2 p_2 + \mathrm{C}_3^3 p_3 \quad (2.1.3)$$

例 2.1.2 下学期将为全班的 m 个学生开设三个英语班. 如果每人独立地随机选修一个英语班, 计算至少有一个英语班没人选修的概率.

解 用 A_i 表示没有人选修第 i 个英语班, 则 $B = \bigcup_{j=1}^{3} A_j$ 表示至少有一个英语班没人选修. 题目要求计算 $P(B)$. 容易计算出

$$\begin{aligned}
&p_1 = P(A_1) = P(A_2) = P(A_3) = \Big(\frac{2}{3}\Big)^m, \\
&p_2 = P(A_1A_2) = P(A_1A_3) = P(A_2A_3) = \Big(\frac{1}{3}\Big)^m, \\
&p_3 = P(A_1A_2A_3) = 0.
\end{aligned}$$

根据加法公式 (2.1.3) 得到

$$\begin{aligned}
P(B) &= \mathrm{C}_3^1 p_1 - \mathrm{C}_3^2 p_2 + \mathrm{C}_3^3 p_3 \\
&= 3\Big(\frac{2}{3}\Big)^m - 3\Big(\frac{1}{3}\Big)^m \\
&= \frac{2^m - 1}{3^{m-1}}.
\end{aligned}$$

对于不同的 m 容易计算出下面的结果:

m	4	6	8	10	12	14	16	18
$P(B)$	0.556	0.259	0.117	0.052	0.023	0.010	0.005	0.002

可以看出, 学生数 $m \geqslant 10$ 时, 至少有一个英语班没被选修的概率就很小了. 学生数 $m > 10$ 时, 不大可能有英语班不被选修.

加法公式 3: 如果 $p_k = P(A_{j_1}A_{j_2}\cdots A_{j_k}) = P(A_1A_2\cdots A_k)$ 对所有的 $k \geqslant 1$ 和 $1 \leqslant j_1 < j_2 < \cdots < j_k \leqslant n$ 成立, 则有

$$P\Big(\bigcup_{i=1}^{n} A_i\Big) = \mathrm{C}_n^1 p_1 - \mathrm{C}_n^2 p_2 + \cdots + (-1)^{n-1}\mathrm{C}_n^n p_n. \quad (2.1.4)$$

例 2.1.3 上课时江老师把 n 个学生的作业本随机地发还给这 n 个学生, 每人一本. 计算至少有一个学生得到自己作业本的概率 p.

解 设想学生和自己的作业本有相对应的编号, 从 1 到 n, 则发作业本的不同结果有 $n!$ 个. 用 A_j 表示第 j 个学生拿到自己的作业本, 则

$$B=\bigcup_{j=1}^{n} A_j$$

表示至少有一个学生拿对自己的作业本. 对于互不相同的 $j_1<j_2<\cdots,j_k$, 有

$$\begin{aligned}
&p_1=P(A_j)=(n-1)!/n!, && \mathrm{C}_n^1 p_1=1,\\
&p_2=P(A_{j_1}A_{j_2})=(n-2)!/n!, && \mathrm{C}_n^2 p_2=1/2!,\\
&p_3=P(A_{j_1}A_{j_2}A_{j_3})=(n-3)!/n!, && \mathrm{C}_n^3 p_3=1/3!,\\
&\cdots\\
&p_{n-1}=P(A_1A_2\cdots A_{n-1})=1/n!, && \mathrm{C}_n^{n-1} p_{n-1}=1/(n-1)!,\\
&p_n=P(A_1A_2\cdots A_n)=1/n!, && \mathrm{C}_n^n p_n=1/n!.
\end{aligned}$$

代入加法公式 (2.1.4), 得到至少有一个学生拿对自己作业本的概率

$$p=P(B)=1-\frac{1}{2!}+\cdots+(-1)^{n-1}\frac{1}{n!}=\sum_{k=1}^{n}(-1)^{k-1}\frac{1}{k!}.$$

下面是具体的计算结果:

n	3	4	5	6	7	8	9
p	0.667	0.625	0.633	0.632	0.632	0.632	0.632

可以看出, 当 n 增加, $p\to 1-\mathrm{e}^{-1}\approx 0.632$. 这是因为 $1-\mathrm{e}^{-1}$ 有下面的麦克劳林级数表示:

$$1-\mathrm{e}^{-1}=\sum_{k=1}^{\infty}(-1)^{k-1}\frac{1}{k!}\approx 0.632.$$

2.2 事件的独立性

一班的 n 个同学中有 k 个男生, 二班的 m 个同学中有 j 个男生. 在每个班任选一人, 试验有 nm 个等可能的结果. 用 A 表示一班选到的是男生, 用 B 表示二班选到的是男生, 则 AB 表示两个班选到的都是男生, 并且 $^{\#}(AB)=kj$. 于是有

$$P(AB)=\frac{kj}{nm}=\frac{k}{n}\cdot\frac{j}{m}=P(A)P(B).$$

这里 A 是否发生和 B 是否发生是相互独立的, 公式

$$P(AB)=P(A)P(B)$$

表达了独立的含义.

定义 2.2.1　如果 $P(AB)=P(A)P(B)$, 则称事件 A, B 相互独立, 简称为**独立** (independent).

设 A 是试验 S_1 下的事件, B 是试验 S_2 下的事件. 如果试验 S_1 和试验 S_2 是独立进行的, 则 A 的发生与否不影响 B 的发生, 于是 A,B 独立. 这时, $\overline{A}$, B 也自然独立.

独立性浅析

不了解 A,B 分别是独立试验 S_1 和 S_2 的结果时, 仍有下面的结论.

定理 2.2.1　A, B 独立当且仅当 $\overline{A}$, B 独立.

证明　用 $B=AB+\overline{A}B$ 得到 $P(B)=P(AB)+P(\overline{A}B)$. 当 A, B 独立, 有

$$\begin{aligned}P(\overline{A}B)&=P(B)-P(AB)=P(B)-P(A)P(B)\\&=(1-P(A))P(B)=P(\overline{A})P(B),\end{aligned}$$

即 $\overline{A}$, B 独立. 如果 $\overline{A}$, B 独立, 则用刚证明的结论得到 $A=\Omega-\overline{A}$, B 独立.

定义 2.2.2　(1) 称事件 $A_1, A_2, \cdots, A_n$ 相互独立, 如果对任何 $1\leqslant j_1<j_2<\cdots<j_k\leqslant n$, 有

$$P(A_{j_1}A_{j_2}\cdots A_{j_k})=P(A_{j_1})P(A_{j_2})\cdots P(A_{j_k}). \tag{2.2.1}$$

(2) 称事件 $A_1, A_2, \cdots$ 相互独立, 如果对任何 $n\geqslant 2$, 事件 $A_1, A_2, \cdots, A_n$ 相互独立. 这时也称 $\{A_n\}$ 是**独立事件列**.

容易理解, 如果 $S_1, S_2, \cdots, S_n$ 是 n 个独立进行的试验, A_i 是试验 S_i 下的事件, 则 $A_1, A_2, \cdots, A_n$ 相互独立. 如果 $S_1, S_2, \cdots$ 是一列独立进行的试验, A_i 是试验 S_i 下的事件, 则 $A_1, A_2, \cdots$ 相互独立. 于是有下面的结论.

定理 2.2.2　设 $A_1, A_2, \cdots, A_n$ 相互独立, 则有如下的结果:

(1) 对 $1\leqslant j_1<j_2<\cdots<j_k\leqslant n$, $A_{j_1}, A_{j_2}, \cdots, A_{j_k}$ 相互独立;

(2) 用 B_i 表示 A_i 或 $\overline{A}_i$, 则 $B_1, B_2, \cdots, B_n$ 相互独立;

(3) $(A_1A_2), A_3, \cdots, A_n$ 相互独立;

(4) $(A_1\cup A_2), A_3, \cdots, A_n$ 相互独立.

从定义 2.2.2 知道: 要事件 A, B, C 相互独立, 不仅需要两两独立, 还进一步需要 $P(ABC)=P(A)P(B)P(C)$. 下面的例子说明, 在同一个试验下, 事件 A, B, C 的两两独立还不能保证它们相互独立.

例 2.2.1　在带有标号且质地相同的 4 个球中任取一个, 用 A, B, C 分别表示得到 1 或 2 号, 1 或 3 号, 1 或 4 号球. 则 $P(A)=P(B)=P(C)=1/2$, 并且 $AB=AC=BC$ 都表示得到 1 号球. 于是

$$P(AB)=P(A)P(B)=\frac{1}{4},$$

$$P(AC) = P(A)P(C) = \frac{1}{4},$$
$$P(BC) = P(B)P(C) = \frac{1}{4}.$$

说明 A, B, C 两两独立. 因为 ABC 也表示得到 1 号球, 故

$$P(ABC) = \frac{1}{4} \neq \frac{1}{8} = P(A)P(B)P(C).$$

说明 A, B, C 不相互独立.

对于 $n > 2$, 从例 2.2.1 知道, 当我们无法了解事件 $A_1, A_2, \cdots, A_n$ 是否分别为相互独立的试验 $S_1, S_2, \cdots, S_n$ 的结果时, 事件 $A_1, A_2, \cdots, A_n$ 之间的两两独立并不能保证 $A_1, A_2, \cdots, A_n$ 的相互独立.

例 2.2.2 在有 50 个人参加的登山活动中, 假设每个人意外受伤的概率是 1%, 每个人是否意外受伤是相互独立的.

(a) 计算 50 个人都没有意外受伤的概率;

(b) 计算至少有一个人意外受伤的概率;

(c) 为保证不发生意外受伤的概率大于 90%, 应如何控制参加人数?

解 记 $n = 50$. 用 A_j 表示第 j 个人没有意外受伤, 则 $A_1, A_2, \cdots, A_n$ 相互独立, $P(A_j) = 1 - 0.01 = 0.99$.

(a) $B = \bigcap\limits_{j=1}^{n} A_j$ 表示没人意外受伤, 并且有

$$P(B) = \prod_{j=1}^{n} P(A_j) = 0.99^n \approx 60.5\%.$$

(b) $\overline{B}$ 表示至少有一人意外受伤,

$$P(\overline{B}) \approx 1 - 0.605 = 39.5\%.$$

(c) 如果队员人数为 m 时可以满足要求, 则有

$$P\Big(\bigcap_{j=1}^{m} A_j\Big) = \prod_{j=1}^{m} P(A_j) = 0.99^m \geqslant 0.90.$$

取对数后得到 $m \ln 0.99 \geqslant \ln 0.90$, 于是解出

$$m \leqslant \frac{\ln 0.90}{\ln 0.99} \approx 10.48.$$

所以应当控制参加人数在 10 之内.

注 自然对数 $\ln x = \log_{\mathrm{e}} x$, 发音和 $\lg x$ 相同.

例 2.2.2 告诉我们, 在组织有多人参加的活动时, 必须要求每个人都有很高的安全可靠性. 再看下面的例子.

例 2.2.3 春节燃放烟花爆竹是延续了两千余年的民族传统, 早已成为我国悠久历史文化的一部分. 但是燃放烟花爆竹也常常引发意外, 造成惨剧. 假设每次燃放烟花爆竹

引发火警的概率是十万分之一, 如果春节期间北京有 100 万人次燃放烟花爆竹, 计算没有引发火警的概率.

解 设 $n=10^6$. 用 A_j 表示第 j 次燃放没有引发火警, 则 $B=\bigcap\limits_{j=1}^{n}A_j$ 表示春节期间燃放烟花爆竹没有引发火警. $A_1,A_2,\cdots,A_n$ 相互独立, $P(A_j)=1-10^{-5}$.

$$\begin{aligned}P(B)&=\prod_{j=1}^{n}P(A_j)\\&=(1-10^{-5})^n\\&\approx 4.54\times 10^{-5}.\end{aligned}$$

也就是说不引发火警几乎是不可能的.

2021 年是北京市严格禁放烟花爆竹的第四个春节, 据报道, 全市仍有 55 人因燃放烟花爆竹而致伤. 而在没有禁放的 2005 年春节期间, 北京市共接报火警 818 起, 其中烟花爆竹引发的火灾 282 起, 除夕夜接报火警 444 起, 因燃放烟花引起的火情 172 起. 市卫生局统计, 因燃放烟花爆竹致伤到 28 家重点医院救治的有 307 人, 4 人因燃放烟花爆竹死亡.

从例 2.2.3 可以看出, 如果事件 A 发生的概率是很小的正数 ε, 比如 0.01, 则在一次试验中 A 一般不会发生. 但是对 A 进行独立重复试验时, 总会遇到 A 发生. 这一现象被称为**小概率原理**. 史记中的 “智者千虑, 必有一失; 愚者千虑, 必有一得” 就是讲小概率事件在多次独立重复中便会以大概率发生.

事情的另一方面也要注意: 当 A 发生的概率太小后, 我们会来不及等到 A 的发生. 参考 1.2 节例 1.2.4.

小概率原理浅析

2.3 条件概率和乘法公式

在我们的日常生活中, 经常遇到忙中出错的事情. 当你早上起床晚了, 出门时就更容易把手机落在家里. 当你赶飞机的时间过于紧迫时, 就更容易把行李落在出租车上. 如果你在网络上搜索 “路怒症”, 就会发现许多不可思议的事情: 一个不礼貌的驾驶行为引发 “路怒症”, 随后导致重大交通事故的发生. 一句话, 当人的情绪处在焦急或亢奋状态时, 就更容易引发其他意外. 所有这些问题中, 前期发生的事件都大大增加了后面接连出错的概率. 这时, 因为引起忙乱的条件事件已经发生, 所以将后期出错的概率称为条件概率. 无论如何, 学会在情绪不稳定的情况下保持冷静是十分重要的.

下面通过易于量化的举例, 介绍条件概率及其计算.

例 2.3.1 在一副扑克的 52 张中任取一张, 已知抽到梅花的条件下, 求抽到的是梅花 5 的概率.

解 设 A= 抽到梅花, B= 抽到梅花 5. 用 w_j 表示梅花 j, 则

$$A=\{w_j \mid 1\leqslant j\leqslant 13\},\quad B=\{w_5\}.$$

已知 A 发生后, 可以认为试验的样本空间发生了变化, 新的样本空间就是 A. A 的样本点具有等可能性, B 是 A 的子集, ${}^{\#}A=13$, ${}^{\#}B=1$. 用 $P(B|A)$ 表示要求的概率时, 按照古典概率模型的定义,

$$P(B|A)=\frac{{}^{\#}B}{{}^{\#}A}=\frac{1}{13}.$$

设 A, B 是事件, 以后总用 $P(B|A)$ 表示已知 A 发生的条件下, B 发生的条件概率, 简称为**条件概率** (conditional probability). 下面是条件概率的计算公式.

条件概率公式 如果 $P(A)>0$, 则

$$P(B|A)=\frac{P(AB)}{P(A)}. \tag{2.3.1}$$

证明 设 A, B 是试验 S 的事件, 已知 A 发生的条件下, 有 $B=AB$. 在对 S 的 n 次独立重复试验中, 如果 A 发生了 m 次, AB 发生了 k 次, 则已知 A 发生的条件下, $B=AB$ 发生的频率为 $f_m=k/m$. 因为频率向概率收敛, 所以

$$P(B|A)=P(AB|A)=\lim_{m\to\infty}f_m=\lim_{n\to\infty}\frac{{}^{\#}(AB)/n}{{}^{\#}A/n}=\frac{P(AB)}{P(A)}.$$

例 2.3.2 新同事家有两个年龄不同的小孩. 假设男女孩的出生率相同.

(a) 已知老大是男孩的条件下, 计算老二是男孩的概率;

(b) 已知至少有 1 个男孩的条件下, 计算两个都是男孩的概率.

解 用 A_1, A_2 分别表示老大、老二是男孩, 则 $\overline{A}_1, \overline{A}_2$ 分别表示老大、老二是女孩. 样本空间 $\Omega=\{A_1A_2, \overline{A}_1\,\overline{A}_2, A_1\overline{A}_2, \overline{A}_1A_2\}$ 由 4 个等可能样本点组成.

(a) 因为 A_1, A_2 独立, 所以

$$P(A_2|A_1)=\frac{P(A_2A_1)}{P(A_1)}=\frac{P(A_2)P(A_1)}{P(A_1)}=P(A_2)=\frac{1}{2}.$$

(b) 事件 $C=\{A_1A_2, A_1\overline{A}_2, \overline{A}_1A_2\}$ 表示至少有一个是男孩, $D=\{A_1A_2\}$ 表示两个都是男孩. 要计算的概率是

$$P(D|C)=\frac{{}^{\#}D}{{}^{\#}C}=\frac{1}{3}.$$

在计算条件概率时, 公式 (2.3.1) 有时会带来许多方便. 但有时根据问题的特点可以直接得到结果.

例 2.3.3 (接 1.2 节例 1.2.6) n 个签中有 m 个标有 "中". 无放回依次随机抽签时, 已知前 j 个人恰好抽到了 i 个 "中", 判断第 $j+k$ 个人抽到 "中" 的概率.

解 这时剩下的 $n-j$ 个签中恰有 $m-i$ 个 "中", 根据抽签问题的结论, 第 $j+k$ 个人抽到 "中" 的概率为 $(m-i)/(n-j)$.

乘法公式 设 $P(A)>0$, $P(A_1A_2\cdots A_{n-1})>0$, 则

(1) $P(AB)=P(A)P(B|A)$;

(2) $P(A_1A_2\cdots A_n)=P(A_1)P(A_2|A_1)\cdots P(A_n|A_1A_2\cdots A_{n-1})$.

证明 (1) 将条件概率公式 $P(B|A)=P(AB)/P(A)$ 代入就得到结果. 对 (2) 式右边每个因子使用条件概率公式得到

$$\begin{aligned}&P(A_1)P(A_2|A_1)P(A_3|A_1A_2)\cdots P(A_n|A_1A_2\cdots A_{n-1})\\=&\frac{P(A_1)}{1}\frac{P(A_1A_2)}{P(A_1)}\frac{P(A_1A_2A_3)}{P(A_1A_2)}\cdots\frac{P(A_1A_2\cdots A_{n-1}A_n)}{P(A_1A_2\cdots A_{n-1})}\\=&P(A_1A_2\cdots A_n).\end{aligned}$$

例 2.3.4 对科研成绩的评价过于强调学术论文的发表数量就有可能导致学术造假事件的增多. 假设某人第 1 次进行学术造假没被揭发的概率是 $q_1=95/100=0.95$. 第 1 次没被揭发后, 第 2 次造假没被揭发的概率是 $q_2=90/95=0.9474,\cdots$, 前 $j-1$ 次没被揭发后, 第 j 次造假不被揭发的概率是 $q_j=(100-5j)/[100-5(j-1)],\cdots$. 计算他造假 n 次还不被揭发的概率 p_n.

解 用 A_j 表示他第 j 次造假没被揭发, 则 $A_1A_2\cdots A_n$ 表示他造假 n 次还不被揭发.

$$\begin{aligned}p_n&=P(A_1A_2\cdots A_n)\\&=P(A_1)P(A_2|A_1)\cdots P(A_n|A_1A_2\cdots A_{n-1})\\&=q_1q_2\cdots q_n\\&=\frac{95}{100}\frac{90}{95}\cdots\frac{100-5(n-1)}{100-5(n-2)}\frac{100-5n}{100-5(n-1)}\\&=\frac{100-5n}{100}=1-\frac{n}{20}.\end{aligned}$$

容易计算出

n	2	4	6	8	10	12	14	16	18	20
p_n	0.9	0.8	0.7	0.6	0.5	0.4	0.3	0.2	0.1	0.0

当 $n=10$, $p_n=0.5$. 说明造假 10 次相当于投掷一个硬币, 反面朝上他就会被揭发.

例 2.3.5 学生甲在毕业时向两个相互无关的用人单位递交了求职信. 根据经验, 他被第一个单位录用的概率为 0.4, 被第二个单位录用的概率是 0.5. 现在知道他至少被某个单位录用了, 计算他也被另一单位录用的概率.

解 用 A_1, A_2 分别表示他被第 1、第 2 个单位录用, 则 A_1, A_2 独立, $P(A_1)=0.4$, $P(A_2)=0.5$. 已知至少被某个单位录用等价于已知 $B=A_1\cup A_2$ 发生. 用 C 表示被另

一单位录用, 则已知 B 时 $C = A_1A_2$. 要计算的概率是

$$\begin{aligned}P(C|B) &= P(A_1A_2|A_1\cup A_2)\\&= \frac{P(A_1A_2)}{P(A_1\cup A_2)}\\&= \frac{P(A_1)P(A_2)}{P(A_1)+P(A_2)-P(A_1)P(A_2)}\\&= \frac{0.4\times 0.5}{0.4+0.5-0.2} = \frac{2}{7}.\end{aligned}$$

设 A 是试验 S_1 下的事件, B 是试验 S_2 下的事件. 如果试验 S_1 和试验 S_2 是独立进行的, 则 A 的发生与否不影响 B 的发生. 用公式表述出来就是 $P(B|A) = P(B)$. 因此 $P(B|A) = P(B)$ 也表示 A, B 独立.

例 2.3.6 如果 $P(A) > 0$, 则 $P(AB) = P(A)P(B)$ 和 $P(B|A) = P(B)$ 等价.

证明 当 $P(AB) = P(A)P(B)$ 成立, 有

$$P(B|A) = \frac{P(AB)}{P(A)} = \frac{P(A)P(B)}{P(A)} = P(B).$$

当 $P(B|A) = P(B)$, 用乘法公式 (1) 得到 $P(AB) = P(A)P(B|A) = P(A)P(B)$.

2.4 全概率公式

对于任何事件 A, B, 利用概率的可加性得到

$$P(B) = P(AB + \overline{A}B) = P(AB) + P(\overline{A}B).$$

再用乘法公式得到

$$P(B) = P(A)P(B|A) + P(\overline{A})P(B|\overline{A}). \tag{2.4.1}$$

公式 (2.4.1) 被称为**全概率公式**. 这是一个常用的重要公式.

例 2.4.1 陈老师 7:30 出发去参加 8:00 开始的论文答辩会. 根据以往的经验, 他骑自行车迟到的概率是 0.05, 乘出租车迟到的概率是 0.50. 他出发时首选自行车, 发现自行车有故障时再选择出租车. 设自行车有故障的概率是 0.01. 计算他迟到的概率.

解 用 B 表示他迟到, 用 A 表示自行车有故障, 则 $P(B|A)$ 是乘出租车迟到的概率, $P(B|\overline{A})$ 是骑自行车迟到的概率. 根据题意

$$P(A) = 0.01,\ P(B|\overline{A}) = 0.05,\quad P(B|A) = 0.50.$$

利用公式 (2.4.1) 得到他迟到的概率是

$$P(B) = P(A)P(B|A) + P(\overline{A})P(B|\overline{A})$$

$$= 0.01 \times 0.50 + (1 - 0.01) \times 0.05$$
$$= 0.0545.$$

例 2.4.2 (敏感问题调查) 在调查服用过兴奋剂的运动员在全体运动员中所占的比例 p 时, 如果采用直接的问卷方式, 被调查者一般不会回答真相. 为得到实际的 p 同时又不侵犯个人隐私, 调查人员先请被调查者在心目中任意选定一个整数 (不说出). 然后请他在下面的问卷中选择回答 "是" 或 "否".

当你选的最后一位数是奇数, 请回答: 你选的是奇数吗?
当你选的最后一位数是偶数, 请回答: 你服用过兴奋剂吗?
是 否

因为回答只在 "是" 或 "否" 中选一个, 所以没有人知道被调查者回答的是哪个问题, 更不知道他是否服用过兴奋剂. 假设运动员们随机地选定数字, 并且能按要求回答问题, 当回答 "是" 的概率为 p_1 时, 求 p.

解 对任一个运动员, 用 B 表示他回答 "是", 用 A 表示他选到奇数, 则 $P(A) = 0.5$, $P(\overline{A}) = 0.5$, $P(B|A) = 1$, $P(B|\overline{A}) = p$. 利用全概率公式 (2.4.1) 得到

$$\begin{aligned} p_1 &= P(B) \\ &= P(A)P(B|A) + P(\overline{A})P(B|\overline{A}) \\ &= 0.5 + 0.5p. \end{aligned}$$

于是得到

$$p = 2p_1 - 1. \tag{2.4.2}$$

实际问题中, p_1 是未知的, 需要经过调查得到. 假定调查了 n 个运动员, 其中有 k 个回答 "是", 则可以用 $\hat{p}_1 = k/n$ 估计 p_1, 于是可以用

$$\hat{p} = 2k/n - 1$$

估计 p.

如果调查了 200 个运动员, 其中有 115 个运动员回答 "是", 则 p 的估计是

$$\hat{p} = 2 \times 115/200 - 1 = 15\%.$$

上面的公式和下面的直观理解是一致的: 200 个人中大约有一半人是因为选中奇数才回答 "是", 所以余下的一半人中回答 "是" 的人才真的 "是". 于是得到

$$\hat{p} = (115 - 100)/100 = 15\%.$$

下面的定理是公式 (2.4.1) 的推广.

定理 2.4.1 (全概率公式) 如果事件 $A_1, A_2, \cdots, A_n$ 互不相容, $B \subset \bigcup_{j=1}^{n} A_j$, 则

$$P(B) = \sum_{j=1}^{n} P(A_j)P(B|A_j). \tag{2.4.3}$$

证明 因为 $B = B\bigcup_{j=1}^{n} A_j = \bigcup_{j=1}^{n} BA_j$，且 $BA_1, BA_2, \cdots$ 互不相容，所以

$$
\begin{aligned}
P(B) &= P\big(B\bigcup_{j=1}^{n} A_j\big) \\
&= P\big(\bigcup_{j=1}^{n} BA_j\big) \\
&= \sum_{j=1}^{n} P(BA_j) \\
&= \sum_{j=1}^{n} P(A_j)P(B|A_j).
\end{aligned}
$$

如果事件 $A_1, A_2, \cdots, A_n$ 互不相容，$\bigcup_{j=1}^{n} A_j = \Omega$，则称 $A_1, A_2, \cdots, A_n$ 是**完备事件组**，这时 $B \subset \bigcup_{j=1}^{n} A_j$ 自然成立，于是 (2.4.3) 对任何事件 B 成立. 全概率公式可以推广到可列个事件的情况 (见习题 2.22).

例 2.4.3 一个被劫持的人质被隐藏在地区 A_j 的概率是 p_j，$j = 1, 2, \cdots, 6$. 人质在地区 A_j 隐藏时，被解救的概率是 b_j. 根据调查的线索和各地区的办案能力，警方对 p_j 和 b_j 的判断如下:

j	1	2	3	4	5	6
p_j	0.3	0.25	0.2	0.15	0.05	0.05
b_j	0.70	0.75	0.80	0.85	0.90	0.95

计算人质能够被解救的概率.

解 就用 A_j 表示人质被藏在地区 A_j，用 B 表示人质被解救，则 $A_1, A_2, \cdots, A_6$ 是完备事件组，并且有

$$P(A_j) = p_j,\ P(B|A_j) = b_j.$$

将已知的 p_j, b_j 代入全概率公式 (2.4.3) 得到

$$P(B) = \sum_{j=1}^{6} P(A_j)P(B|A_j) = \sum_{j=1}^{6} p_j b_j = 77.75\%.$$

人质有 77.75% 的概率被解救.

上面的例子中，人质被解救的概率 $P(B)$ 偏小的原因是人质被隐藏在 A_1 的概率 p_1 较大，但是 b_1 又较小. 如果能增加地区 A_1 的警力，适当减少在地区 A_5 和 A_6 的警力，则会增加人质被解救的概率. 例如通过适当调配警力，可以使得 b_j 改动如下:

j	1	2	3	4	5	6
p_j	0.3	0.25	0.2	0.15	0.05	0.05
b_j	0.95	0.90	0.85	0.80	0.75	0.70

这时的 b_j 之和不变 (可以认为不另外增加警力), 但是人质被解救的概率增加至

$$P(B)=\sum_{j=1}^{6}P(A_j)P(B|A_j)=\sum_{j=1}^{6}p_jb_j=87.25\%.$$

2.5 贝叶斯公式

对于事件 A, B, 当 $P(B)>0$, 利用条件概率公式得到

$$P(A|B)=\frac{P(AB)}{P(B)}=\frac{P(A)P(B|A)}{P(B)}.$$

对于 $P(B)$ 再利用全概率公式, 得到

$$P(A|B)=\frac{P(A)P(B|A)}{P(A)P(B|A)+P(\overline{A})P(B|\overline{A})}. \tag{2.5.1}$$

公式 (2.5.1) 被称为**贝叶斯** (Bayes) **公式**. 这也是一个常用的重要公式. 注意在贝叶斯公式中, 分子总是分母中的一项.

例 2.5.1 (接例 2.4.1) 在例 2.4.1 中, 如果 8:00 时陈老师还没到答辩会现场, 计算他出发时自行车发生故障的概率.

解 仍用 B 表示迟到, 用 A 表示出发时自行车发生故障. 要计算 $P(A|B)$. 因为

$$P(A)=0.01,\ P(B|\overline{A})=0.05,\ P(B|A)=0.50,$$

所以用贝叶斯公式得到

$$\begin{aligned}P(A|B)&=\frac{P(A)P(B|A)}{P(A)P(B|A)+P(\overline{A})P(B|\overline{A})}\\&=\frac{0.01\times0.50}{0.01\times0.50+(1-0.01)\times0.05}\\&=9.17\%.\end{aligned}$$

这是已知陈老师迟到的条件下, 他出发时遇到自行车有故障的概率.

在各种考试中, 为了降低批改考卷的工作强度, 越来越多的人倾向于把题目出成选择题. 但是许多人并不了解出选择题的奥秘, 看看下面的例子.

例 2.5.2 在回答有 A, B, C, D 四个选项的选择题时, 由于题目较难, 全班只有 5% 的学生能解出正确答案. 假设能解出答案的学生回答正确的概率是 0.99, 不能解出答案的学生随机猜测答案. 计算答题正确的学生是猜对答案的概率. 评价这样出题是否合适.

解 根据题目, 全班有 95% 的学生在猜测答案. 用 A 表示一个学生猜测答案, 则 $P(A)=0.95$. 用 B 表示他回答正确, 则

$$P(B|A)=0.25,\ P(B|\overline{A})=0.99.$$

$P(A|B)$ 是要计算的概率. 利用贝叶斯公式得到

$$\begin{aligned}P(A|B) &= \frac{P(A)P(B|A)}{P(A)P(B|A)+P(\overline{A})P(B|\overline{A})}\\ &= \frac{0.95\times 0.25}{0.95\times 0.25+(1-0.95)\times 0.99}\\ &= 82.75\%.\end{aligned}$$

结果说明回答正确的人中有近 83% 的人是猜出答案的,所以应当认为这样的出题不合适.

问题出在题目的难度过大了. 如果把题目的难度降低, 使得全班有 90% 的人能够解出答案. 则 $P(A)=1-0.9=0.1$. 答题正确的学生是猜对答案的概率降低为

$$\begin{aligned}P(A|B) &= \frac{P(A)P(B|A)}{P(A)P(B|A)+P(\overline{A})P(B|\overline{A})}\\ &= \frac{0.1\times 0.25}{0.1\times 0.25+(1-0.1)\times 0.99}\\ &= 2.73\%.\end{aligned}$$

这样出题就基本合理了.

一般来讲, 难题不应该出成选择题.

例 2.5.3 (疾病普查问题) 艾滋病是由人类免疫缺陷病毒 (HIV) 感染引起的综合征. 为了有效防止 HIV 流入我国, 保护中国公民的健康, 1995 年在我国的出入境管理处曾制订了对 HIV 的普查规定: 对于在国外生活或工作两个月以上的中国公民回国入境时进行 HIV 的验血检查. 但是没实行多久该规定就被叫停了. 让我们假设当时符合被检查条件的公民中携带 HIV 的比例是十万分之一, 验血检查的准确率是 95% (患病被正确诊断和没病被正确诊断的概率都是 95%). 甲在检查后被通知带有 HIV, 计算甲的确带有 HIV 的概率.

解 用 A 表示甲携带 HIV, B 表示甲被检查出携带 HIV. 根据题意,

$$P(A)=10^{-5},\quad P(B|A)=0.95,\quad P(B|\overline{A})=0.05.$$

用贝叶斯公式得到

$$\begin{aligned}P(A|B) &= \frac{P(A)P(B|A)}{P(A)P(B|A)+P(\overline{A})P(B|\overline{A})}\\ &= \frac{10^{-5}\times 0.95}{10^{-5}\times 0.95+(1-10^{-5})\times 0.05}\\ &= 0.019\%.\end{aligned}$$

不带 HIV 的概率 $P(\overline{A}|B)=99.981\%>99.9\%$.

在例 2.5.3 中, 设想有 1 万人被检查出携带 HIV, 那么这 1 万人中真正携带 HIV 的人数大约是

$$10\,000\times 0.019\%=1.9.$$

也就是说, 检查出携带 HIV 的 1 万人中大约只有两人真有 HIV. 不明真相的人容易据此判定检查的准确率为万分之 2 (或者检查的失误率为 99.98%), 与检查的真实准确率 95% 矛盾, 并由此判定检查人员有渎职问题, 这明显是错误的. 不幸的是, 人们太容易犯类似的错误了.

例 2.5.3 的结论说明检查出携带 HIV 距离真正携带 HIV 还差得很远. 也说明这样的普查没有什么实质意义. 造成这个结果的原因是发病率较低和诊断的准确性还不够高. 可以设想, 如果被检查人群中没有人携带 HIV, 则 $P(A|B)=0$; 如果检查的正确率是 100%, 则 $P(A|B)=1$.

正因为以上的原因, 可以说对于发病率很低的疾病进行普查没有多大意义, 特别是在检查的准确性也不是很高的情况下. 医生通常是了解这一点的: 在健康普查中, 如果某人被查出患病, 医生一般并不下结论, 而是要求他进行复查. 复查再确定患病, 则他真患病的概率就会增加.

例 2.5.4 在例 2.5.3 中, 甲被查出携带 HIV 后再次复查, 如果复查又被认为携带 HIV, 计算他真的携带 HIV 的概率.

解 仍用 A 表示甲携带 HIV, 用 B 表示复查出携带 HIV. 这时

$$P(A)=0.019\%,\ P(B|A)=0.95,\quad P(B|\overline{A})=0.05,$$

再用贝叶斯公式计算出他携带 HIV 的概率是

$$\begin{aligned}P(A|B)&=\frac{P(A)P(B|A)}{P(A)P(B|A)+P(\overline{A})P(B|\overline{A})}\\&=\frac{0.019\%\times0.95}{0.019\%\times0.95+(1-0.019\%)\times0.05}\\&=0.36\%.\end{aligned}$$

现在, 他真的携带 HIV 的概率提高到 0.36%.

以上的举例也告诉我们, 确诊发病率很低的疾病时应当十分慎重.

下面的定理把公式 (2.5.1) 进行了推广.

定理 2.5.1 如果事件 $A_1,A_2,\cdots,A_n$ 互不相容, $B\subset\bigcup\limits_{j=1}^{n}A_j$, 则 $P(B)>0$ 时, 有

$$P(A_j|B)=\frac{P(A_j)P(B|A_j)}{\sum\limits_{i=1}^{n}P(A_i)P(B|A_i)},\quad 1\leqslant j\leqslant n.\tag{2.5.2}$$

证明 由全概率公式 (2.4.3) 得到

$$P(B)=\sum_{i=1}^{n}P(A_i)P(B|A_i).$$

再由条件概率公式得到

$$P(A_j|B)=\frac{P(A_jB)}{P(B)}=\frac{P(A_j)P(B|A_j)}{\sum\limits_{i=1}^{n}P(A_i)P(B|A_i)},\quad 1\leqslant j\leqslant n.$$

当 $A_1, A_2, \cdots, A_n$ 是完备事件组时, 总有 $B \subset \bigcup\limits_{j=1}^{n} A_j = \Omega$, 所以 (2.5.2) 成立.

例 2.5.5 郑老师出门时找眼镜. 根据回忆, 眼镜放在房间 $1,2,3,4$ 的概率各为 $1/4$. 如果眼镜在房间 1, 则郑老师在该房间找到眼镜的概率是 p. 现在郑老师在房间 1 没有找到眼镜, 计算眼镜在房间 j 的概率.

解 用 A_j 表示眼镜在房间 j, 则 $P(A_j) = 1/4$. 用 B_1 表示在房间 1 没有找到眼镜. 下面用贝叶斯公式 (2.5.2) 计算 $P(A_j|B_1)$. 设 $q = 1 - p$. 因为

$$P(B_1|A_1) = 1 - p = q, \quad P(B_1|A_j) = 1, \quad 2 \leqslant j \leqslant 4,$$

所以

$$\begin{aligned} P(B_1) &= \sum_{i=1}^{4} P(A_i)P(B_1|A_i) \\ &= P(A_1)P(B_1|A_1) + \sum_{i=2}^{4} P(A_i)P(B_1|A_i) \\ &= \frac{q}{4} + \frac{3}{4} = \frac{q+3}{4}, \end{aligned}$$

用公式 (2.5.2) 得到

$$\begin{aligned} P(A_1|B_1) &= \frac{P(A_1)P(B_1|A_1)}{\sum\limits_{i=1}^{4} P(A_i)P(B_1|A_i)} \\ &= \frac{q/4}{(q+3)/4} = \frac{q}{q+3}. \end{aligned}$$

对于 $j = 2,3,4$, 用 $P(B_1|A_j) = 1$ 得到

$$\begin{aligned} P(A_j|B_1) &= \frac{P(A_j)P(B_1|A_j)}{\sum\limits_{i=1}^{4} P(A_i)P(B_1|A_i)} \\ &= \frac{1/4}{(q+3)/4} = \frac{1}{q+3}. \end{aligned}$$

可以看出, 只要 $q < 1$, 则 $P(A_j|B_1) > P(A_1|B_1)$. 说明在房间 1 没有找到眼镜后, 眼镜在其他房间的概率增大了. 例如, 当 $q = 20\%$ 时, $P(A_1|B_1) = 6.25\%$, $P(A_2|B_1) = 31.25\% > P(A_2) = 25\%$. 特别当 $q = 0$, 如果在房间 1 没有找到眼镜, 那么眼镜在其他房间的概率都增加到 $1/3$.

习题二

2.1 公司 A 和公司 B 负责公司 C 的元件供应. 根据经验, 公司 A 和公司 B 正常供货的概率分别为 0.8 和 0.9. 只要公司 A 和公司 B 之一正常供货, 公司 C 就会正常开工. 如果公司 C 正常开工的概率为 0.99.

(a) 计算公司 A 和公司 B 都能够正常供货的概率;

(b) 计算公司 A 和公司 B 都不能正常供货的概率.

2.2 铸件的表面经常出现气孔. 当 9 个气孔随机落在 3 个同型号的铸件上.

(a) 计算至少有一个铸件无气孔的概率;

(b) 计算每个铸件至少有一个气孔的概率.

2.3 如果快递员将 $n(\geqslant 7)$ 个不同地址的包裹随机投放, 计算至少投对一件的概率和一件都没投对的概率.

2.4 开学时老师声明本学期要点名 m 个人, 每次都是有放回的随机点名. 当全班有 n 个学生, 计算你在本学期不被点到的概率.

2.5 如果事件 A, B, C 两两独立, $P(A) = P(B) = P(C) = p$, $P(ABC) = p^2$, $P(A \cup B \cup C) = 1$, 求 p.

2.6 6 个人独立破译同一个密码. 当第 j 个人能成功破译密码的概率为 p_j, 计算密码被破译的概率.

2.7 迷路在旷野后, 甲每隔一小时发出一个求救信号. 如果每个信号被搜救队发现的概率是 0.1, 要以 0.95 的概率保证搜索队能发现信号, 甲至少要发送多少个信号?

2.8 通常认为产品的名称会影响其销量. 对一种新产品现在有两种起名方案备选. 方案 1 是邀请 4 名相关专家起名, 厂家向起名成功者支付 2 万元奖励, 对其余 3 名各支付 5 000 元的酬金. 方案二是悬赏 2 万元在互联网上征名. 如果所请的每个专家能独立想出满意名称的概率为 60%, 互联网上的每个人能独立想出满意名称的概率为 1%.

(a) 计算方案 1 成功的概率;

(b) 如果有 500 人在网上参与起名, 计算方案 2 成功的概率.

2.9 一部手机第一次落地摔坏的概率是 0.5. 若第一次没摔坏, 第二次落地摔坏的概率是 0.7. 若第二次没摔坏, 第三次落地摔坏的概率是 0.9. 求该手机三次落地没有摔坏的概率.

2.10 某官员第 1 次受贿没被查处的概率是 $q_1 = 98/100 = 0.98$. 第 1 次没被查处后, 第 2 次受贿没被查处的概率是 $q_2 = 96/98 = 0.979\,6, \cdots$, 前 $j-1$ 次没被查处后, 第 j 次受贿不被查处的概率是 $q_j = (100-2j)/[100-2(j-1)], \cdots$.

(a) 计算他受贿 n 次还不被查处的概率;

(b) 假设 $q_1 = q_2 = \cdots = 0.98$ 时, 计算他受贿 n 次还不被查处的概率.

2.11 尽管通常都假设男女婴儿的出生率是相同的, 但是大量的统计资料表明男婴的出生率一般高于女婴的出生率. 现在假设男婴的出生率是 $p = 0.51$, 女婴的出生率是 $q = 0.49$. 如果新同事家有两个年龄不同的小孩, 且已知他家至少有一个女孩, 计算另一个也是女孩的概率.

2.12 老板有一个不很负责的秘书. 当老板要秘书通知张经理 5 h 后见面时, 秘书马上办理, 但是只用某种方式通知一次. 设秘书用传真通知的概率是 0.3, 用短信通知的概率是 0.2, 用电子邮件通知的概率是 0.5, 而张经理在 5 h 内能收到传真的概率是 0.8, 能看到短信的概率是 0.9, 能看到电子邮件的概率是 0.4.

(a) 计算张经理收到通知的概率;

(b) 如果收到通知的张经理也有 5% 的概率不能前来见老板, 计算老板不能按时见到张经理的概率.

2.13 如果 $P(A\cup B)=P(A)+P(B)$, 以下哪些结论成立.

$AB=\varnothing$; $P(AB)=0$; $P(\overline{A}\cup\overline{B})=1$; $P(A-B)=P(A)$.

2.14 一枚鱼雷击沉、击伤和不能击中一艘战舰的概率分别是 1/3, 1/2 和 1/6. 设击伤两次也使该战舰沉没, 求用 4 枚鱼雷击沉该战舰的概率.

2.15 两人下棋, 每局获胜者得一分, 累积多于对手两分者获胜. 设甲每局获胜的概率是 p, 求甲最终获胜的概率.

2.16 医生甲有 A, B 两种方案治疗疾病 C. 甲采用方案 A, B 的概率分别为 0.6、0.4. 方案 A, B 的治愈率分别是 0.8, 0.9. 对于疾病 C 的患者 H.

(a) 计算 H 被治愈的概率;

(b) 现在 H 已被治愈, 计算医生采用的是方案 A 的概率.

2.17 一台机床工作状态良好时, 产品的合格率是 99%, 机床发生故障时的产品合格率是 50%. 设每次新开机器时机床处于良好状态的概率是 95%. 如果新开机器后生产的第一件产品是合格品, 判断机器处于良好状态的概率.

2.18 一种新方法检测出某种疾病的概率是百分之百, 但是把没病的人判定患病的概率达到百分之五. 设群体中该病的发病率是万分之一.

(a) 甲在身体普查中被判断患病, 甲的确患病的概率是多少?

(b) 甲再次复查又被判断患病时, 甲的确患病的概率是多少?

2.19 设元件 A 和 B 在一年内烧断的概率分别是 p_1 和 p_2. 设它们是否烧断是相互独立的. 在一年内,

(a) 当 A, B 并联时, 求 A, B 构成的系统断电的概率;

(b) 当 A, B 串联时, 求 A, B 构成的系统断电的概率.

2.20 比赛中, 如果你每局取胜的概率为 0.501, 为保证比赛的最终取胜, 你期望三局两胜的比赛规则还是五局三胜的比赛规则?

2.21 某城市 A 牌出租车占 85%, B 牌出租车占 15%. 这两种出租车的外观略有区别, 但是每辆车肇事的概率相同. 在一次出租车的交通肇事逃逸案件中, 有证人指证是 B 牌车肇事. 为了确定是否 B 牌车肇事, 在肇事地点和相似的能见度下警方对证人辨别出租车的能力进行了测验, 发现证人正确识别 B 牌车的概率是 90%, 正确识别 A 牌车的概率是 80%. 如果证人没有撒谎, 计算本次是 B 牌车肇事的概率.

2.22　证明全概率公式: 如果事件 $A_1, A_2, \cdots$ 互不相容, $B \subset \bigcup\limits_{j=1}^{\infty} A_j$, 则

(1) $P(B) = \sum\limits_{j=1}^{\infty} P(A_j)P(B|A_j)$;

(2) $P(A_j|B) = P(A_j)P(B|A_j) \Big/ \sum\limits_{j=1}^{\infty} P(A_j)P(B|A_j)$.

2.23　一颗陨石等可能地坠落在区域 A_1, A_2, A_3, A_4 后, 有关部门千方百计地要找到它. 根据现有的搜索条件, 如果陨石坠落在区域 A_j, 则在该区域被找到的概率是 p_j. 这里的 p_j 是由区域 A_j 的地貌条件决定的. 现在对区域 A_1 搜索后没有发现这块陨石, 计算陨石坠落在区域 A_j 的概率.

2.24　下学期将为全系的 m 个学生开设 $n(\leqslant m)$ 个讨论班, 每个讨论班可以接纳足够多的学生. 当每人独立地随机选修一个讨论班时, 计算

(a) 至少一个讨论班无学生的概率 $P(B)$;

(b) 每个讨论班至少有一个学生的概率 q_m.

2.25　计算机将一副扑克的 52 张等可能地分为 4 组, 每秒钟分牌 1 万次, 连续分牌 100 年, 估算遇到同花色的概率.

第三章 随机变量

事件是用来描述简单随机现象的. 为了研究更复杂的随机现象, 需要引入随机变量. 从数学的角度讲, 随机变量是样本空间上的实值函数, 定义在一个确定的概率空间上. 但是从本课程的角度讲, 没有必要对随机变量的数学定义详加考虑.

3.1 随机变量及其分布函数

如果用 X 表示明天的最高气温, 则 $\{X \leqslant 30\}$ 表示明天的最高气温不会超过 30 °C, 由于 X 的取值在今天无法确定, 所以称 X 是**随机变量** (random variable).

掷一个骰子, 用 X 表示掷出的点数, 称 X 是随机变量. $\{X \leqslant 3\}$ 表示掷出的点数不超过 3, $\{2 \leqslant X \leqslant 5\}$ 表示掷出的点数在 2 和 5 之间.

在概率统计中, 人们已经习惯用靠后的大写 X, Y, Z 等表示随机变量. 不够时还可以用 X_i, Y_j, Z_k 等表示.

例 3.1.1 将 52 张扑克随机均分给四家, 用 X 表示你所得 13 张牌中的梅花数, 对于 $j = 0, 1, \cdots, 13$, 计算 $\{X = j\}$ 的概率.

解 因为 $\{X = j\}$ 表示随机取得的 13 张牌中有 j 张梅花, 所以

$$p_j = P(X = j) = \frac{\mathrm{C}_{13}^{j}\mathrm{C}_{39}^{13-j}}{\mathrm{C}_{52}^{13}},\ j = 0, 1, \cdots, 13.$$

用计算机容易计算出 p_j 的近似值如下.

X	0	1	2	3	4	5	6	$\geqslant 7$
p_j	0.013	0.080	0.206	0.286	0.239	0.125	0.042	0.010

计算表明, 得到 7 张或以上的概率大约为 1%. 得到 6 张或以上的概率大约为 5.2%. 得到 3 张梅花的概率最大.

例 3.1.2 设 X 是随机变量, 则对任何常数 $a < b$, 有

$$P(a < X \leqslant b) = P(X \leqslant b) - P(X \leqslant a). \tag{3.1.1}$$

证明 因为 $\{X \leqslant a\} \subset \{X \leqslant b\}$, 从 $\{a < X \leqslant b\} = \{X \leqslant b\} - \{X \leqslant a\}$ 和概率的可减性得到 (3.1.1).

定义 3.1.1 对随机变量 X, 称 x 的函数

$$F(x) \equiv P(X \leqslant x), \quad -\infty \leqslant x \leqslant \infty, \tag{3.1.2}$$

为 X 的**概率分布函数**, 简称为**分布函数** (distribution function).

下面是分布函数 $F(x)$ 的常用性质.

定理 3.1.1 设 $F(x) = P(X \leqslant x)$ 是 X 的分布函数, 则

(1) F 是单调不减的右连续函数;

(2) $\lim\limits_{x\to\infty} F(x) = F(\infty) = 1, \quad \lim\limits_{x\to-\infty} F(x) = F(-\infty) = 0$;

(3) F 在点 x 连续的充分必要条件是 $P(X = x) = 0$.

定义 3.1.2 设 $F(x) = P(X \leqslant x)$ 是随机变量 X 的分布函数, 如果有非负函数 $f(x)$ 使得

$$F(x) = \int_{-\infty}^{x} f(s)\,\mathrm{d}s,\ x \in (-\infty, \infty), \tag{3.1.3}$$

则称 $f(x)$ 是 X 或 $F(x)$ 的**概率密度** (probability density), 简称为**密度**.

容易看出, $F(x)$ 有概率密度时, 作为变上限的积分, $F(x)$ 是连续函数. 所以, 当分布函数 $F(x)$ 不是连续函数时, X 没有概率密度.

概率密度通过 (3.1.3) 唯一决定分布函数. 用高等数学中的牛顿–莱布尼茨公式可以给出由分布函数决定概率密度的方法如下.

定理 3.1.2 设 X 的分布函数 $F(x)$ 连续, 且在任何有限区间 (a, b) 中除去有限个点外有连续的导数, 则

$$f(x) = \begin{cases} F'(x), & \text{当 } F'(x) \text{ 存在}, \\ 0, & \text{其他} \end{cases} \tag{3.1.4}$$

是 X 的概率密度.

设 $F(x) = P(X \leqslant x)$ 是 X 的分布函数, $f(x)$ 是 $F(x)$ 的概率密度. 对于任何常数 $a < b$, 从 (3.1.1) 得到

$$\begin{aligned} P(a < X \leqslant b) &= P(X \leqslant b) - P(X \leqslant a) \\ &= \int_{-\infty}^{b} f(s)\,\mathrm{d}s - \int_{-\infty}^{a} f(s)\,\mathrm{d}s \\ &= \int_{a}^{b} f(s)\,\mathrm{d}s. \end{aligned} \tag{3.1.5}$$

由此知道当数集 A 是两个或若干个区间的并时, 有

$$P(X \in A) = \int_{A} f(s)\,\mathrm{d}s. \tag{3.1.6}$$

3.2 离散型随机变量

定义 3.2.1 如果随机变量 X 只取有限个值 $x_1, x_2, \cdots, x_n$, 或可列个值 $x_1, x_2, \cdots$, 则称 X 是**离散型随机变量**, 简称为**离散随机变量** (discrete random variable).

以下就 X 取可列个值的情况加以表述, 对于 X 取有限个值的情况可类似地表述.

定义 3.2.2 如果随机变量 X 在 $\{x_k | k=1,2,\cdots\}$ 中取值, 则称

$$p_k = P(X = x_k), \quad k \geqslant 1 \tag{3.2.1}$$

为 X 的**概率分布** (probability distribution). 称 $\{p_k\}$ 是**概率分布列**, 简称为**分布列**.

当分布列 $\{p_k\}$ 的规律性不够明显时, 也常常用

X	x_1	x_2	x_3	$\cdots$
P	p_1	p_2	p_3	$\cdots$

(3.2.2)

的方式表达.

容易看到, 分布列 $\{p_k\}$ 有如下的性质:

(1) $p_k \geqslant 0$;

(2) $\sum\limits_{k=1}^{\infty} p_k = 1$.

下面是常用的离散型随机变量及其概率分布.

(1) 伯努利分布 (Bernoulli 分布) $\mathcal{B}(1,p)$: 如果 X 只取值 0 或 1, 概率分布是

$$P(X=1)=p, \quad P(X=0)=q, \quad p+q=1, \tag{3.2.3}$$

则称 X 服从伯努利分布, 记作 $X \sim \mathcal{B}(1,p)$. 伯努利分布又称为**两点分布**.

任何试验, 当只考虑成功与否时, 都可以用服从伯努利分布的随机变量描述:

$$X = \begin{cases} 1, & \text{试验成功}, \\ 0, & \text{试验不成功}. \end{cases}$$

如果独立重复上述试验, 并引入

$$X_i = \begin{cases} 1, & \text{若第 } i \text{ 次试验成功}, \\ 0, & \text{若第 } i \text{ 次试验不成功}, \end{cases}$$

则

$$S = X_1 + X_2 + \cdots + X_n$$

是 n 次独立重复试验中成功的总次数, 它服从下面的二项分布.

(2) 二项分布 (binomial 分布) $\mathcal{B}(n,p)$: 对于 $p,\ q>0,\ p+q=1$, 如果随机变量 X 有概率分布

$$P(X=k) = \mathrm{C}_n^k p^k q^{n-k}, \ k=0,1,\cdots,n, \tag{3.2.4}$$

则称 X 服从二项分布, 记作 $X\sim\mathcal{B}(n,p)$.

称为二项分布的原因是 $\mathrm{C}_n^k p^k q^{n-k}$ 为二项展开式

$$(p+q)^n=\sum_{k=0}^{n}\mathrm{C}_n^k p^k q^{n-k}$$

的系数. $\mathcal{B}$ 表示 binomial.

图 3.2.1 是 $\mathcal{B}(n,0.6)$ 的概率分布折线图, 按最大值由高到低, n 依次等于 3, 6, $\cdots$, $15,18$, 横坐标是 k, 纵坐标是 $P(X=k)$. 图 3.2.2 是 $\mathcal{B}(5,0.6)$ 的概率分布函数, 横坐标是 x, 纵坐标是 $F(x)=P(X\leqslant x)$.

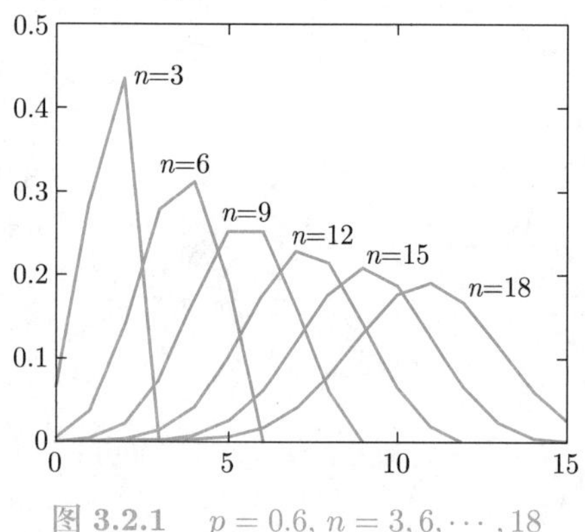

图 3.2.1 $p=0.6,\ n=3,6,\cdots,18$

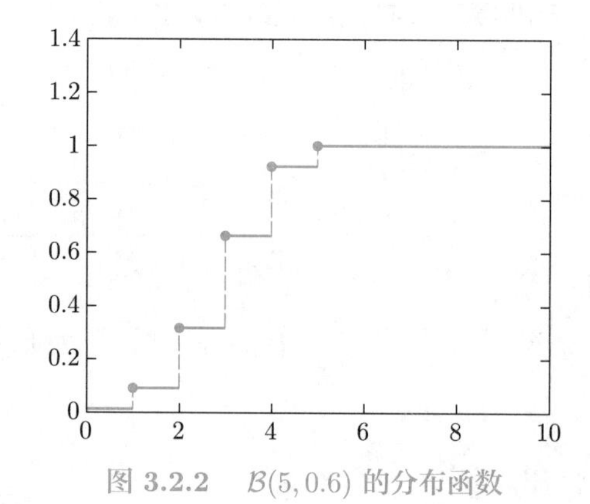

图 3.2.2 $\mathcal{B}(5,0.6)$ 的分布函数

二项分布的背景: 容易看出 $n=1$ 时的二项分布就是伯努利分布. 对于一般的 n, 设试验 S 成功的概率为 p, 将试验 S 独立重复 n 次, 用 X 表示成功的次数, 下面证明 $X\sim\mathcal{B}(n,p)$.

用 A_j 表示第 j 次试验成功, 则 A_1, A_2, $\cdots$, A_n 相互独立, 且 $P(A_j)=p$. 从 n 次试验中选定 k 次试验的方法共有 C_n^k 种. 对第 j 种选定的 $\{j_1,j_2,\cdots,j_k\}$, 用

$$B_j=A_{j_1}A_{j_2}\cdots A_{j_k}\overline{A}_{j_{k+1}}\overline{A}_{j_{k+2}}\cdots\overline{A}_{j_n}$$

表示第 $j_1,j_2,\cdots,j_k$ 次试验成功, 其余的试验不成功, 则 $\{B_j\}$ 互不相容, 并且

$$\{X=k\}=\bigcup_{j=1}^{\mathrm{C}_n^k}B_j,\quad P(B_j)=p^k q^{n-k}.$$

用概率的可加性得到

$$P(X=k)=\sum_{j=1}^{\mathrm{C}_n^k}P(B_j)=\mathrm{C}_n^k p^k q^{n-k}.$$

图 3.2.1 提示我们, 随着 n 的增大, $\mathcal{B}(n,0.6)$ 的概率分布折线图越来越接近正态分布的概率密度 (参考 6.3 节). 另外, 如果 $X\sim\mathcal{B}(n,p)$, 则 $X=k$ 的概率

$$P(X=k)=\mathrm{C}_n^k p^k q^{n-k}$$

随着 k 的增加先单调增加, 到达某一时刻后便开始单调减少. 下面通过例 3.2.1 分析 p_k 的最大值点.

用 $[x]$ 表示 x 的整数部分.

例 3.2.1 如果 $X \sim \mathcal{B}(n,p)$, $q=1-p\in(0,1)$, 则事件 $\{X=[(n+1)p]\}$ 发生的概率最大.

证明 设 $p_k=P(X=k)$, 则

$$\begin{aligned}\frac{p_k}{p_{k-1}}&=\frac{\mathrm{C}_n^k p^k q^{n-k}}{\mathrm{C}_n^{k-1}p^{k-1}q^{n-k+1}}\\&=\frac{(k-1)!(n-k+1)!p}{k!(n-k)!q}\\&=\frac{(n-k+1)p}{k(1-p)}\geqslant 1\end{aligned}$$

成立的充分必要条件是

$$np-kp+p\geqslant k-kp\quad \text{或等价地是}\quad k\leqslant np+p.$$

说明仅在 $k\leqslant np+p$ 时, p_k 单调不减. 因而, p_k 在 $k=[(n+1)p]$ 处达到最大值. 即 $\{X=[(n+1)p]\}$ 发生的概率最大.

从例 3.2.1 的结论知道, 如果独立重复投掷一枚硬币 100 次, 因为 $(n+1)p=101\times 0.5=50.5$, 所以投出 50 次正面的概率最大.

如果单次试验的成功率是 0.6, 独立重复该试验 100 次时, 因为 $101\times 0.6=60.6$, 所以成功 60 次的概率最大.

对于例 3.2.1 的结论还应当从频率和概率的关系加以理解: 因为单次试验成功的概率为 p, 所以 n 次试验中若有 k 次成功, 则成功的频率 k/n 约等于 p. 即有 $k/n\approx p$, 于是得到 $k\approx np$. 说明 $p_k=P(X=k)$ 应在 np 附近取最大值.

(3) **泊松分布 (Poisson 分布)** $\mathcal{P}(\lambda)$: 设 λ 是正常数. 如果随机变量 X 有概率分布

$$P(X=k)=\frac{\lambda^k}{k!}\mathrm{e}^{-\lambda},\quad k=0,1,\cdots, \tag{3.2.5}$$

则称 X 服从参数是 λ 的泊松分布, 简记为 $X\sim\mathcal{P}(\lambda)$.

图 3.2.3 是 $\mathcal{P}(\lambda)$ 的概率分布折线图. 按最大值由高到低参数依次是 $\lambda=1,\ 2,\cdots,6$, 横坐标是 k, 纵坐标是 $P(X=k)$.

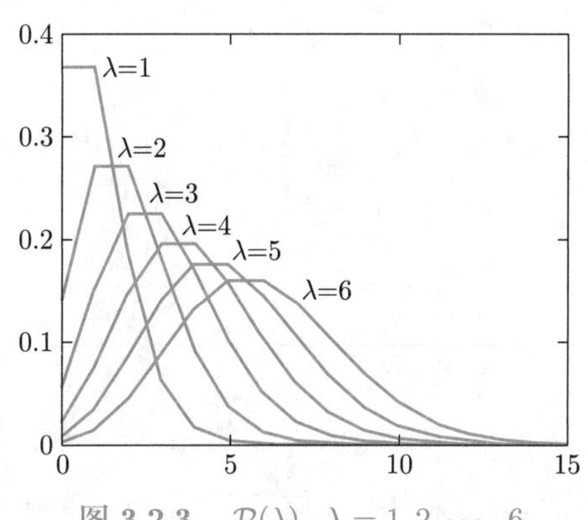

图 3.2.3 $\mathcal{P}(\lambda)$, $\lambda=1,2,\cdots,6$

从图 3.2.3 看到, 随着 λ 的增大, 泊松分布的概率分布折线图越来越接近正态分布的概率密度 (参考 6.3 节). 另外, 对于 $\lambda \geqslant 2$, 类似于二项分布, 如果 $X \sim \mathcal{P}(\lambda)$, 则 $X = k$ 的概率

$$P(X=k)=\frac{\lambda^k}{k!}\mathrm{e}^{-\lambda}$$

随着 k 的增加先单调增加, 到达某一时刻后便开始单调减少. 下面分析 p_k 的最大值点.

仍用 $[x]$ 表示 x 的整数部分.

例 3.2.2 如果 $X \sim \mathcal{P}(\lambda)$, 则 $\{X = [\lambda]\}$ 发生的概率最大.

证明 设 $p_k = P(X = k)$, 则

$$\frac{p_k}{p_{k-1}}=\frac{\lambda^k\mathrm{e}^{-\lambda}/k!}{\lambda^{k-1}\mathrm{e}^{-\lambda}/(k-1)!}=\frac{\lambda}{k}\geqslant 1$$

成立的充分必要条件是 $k \leqslant \lambda$. 说明仅在 $k \leqslant \lambda$ 时, p_k 单调不减, 因而 p_k 在 $k = [\lambda]$ 处达到最大. 即 $\{X = [\lambda]\}$ 发生的概率最大.

实际问题中有许多泊松分布的例子.

例 3.2.3 1910 年, 科学家卢瑟福和盖革观察了放射性物质钋 (polonium) 放射 α 粒子的情况. 他们进行了 $N = 2\,608$ 次观测, 每次观测 7.5 s, 一共观测到 10 094 个 α 粒子放出, 表 3.2.1 是观测记录, 其中的 Y 是服从 $\mathcal{P}(3.87)$ 分布的随机变量, $3.87 = 10\,094/2\,608$ 是 7.5 s 中放射出 α 粒子的平均数.

表 3.2.1　放射性物质钋放射 α 粒子的观测记录

观测到的 α 粒子数 k	观测到 k 个粒子的次数 m_k	发生的频率 m_k/N	$P(Y=k)$ $Y \sim \mathcal{P}$ (3.87)
0	57	0.022	0.021
1	203	0.078	0.081
2	383	0.147	0.156
3	525	0.201	0.201
4	532	0.204	0.195
5	408	0.156	0.151
6	273	0.105	0.097
7	139	0.053	0.054
8	45	0.017	0.026
9	27	0.010	0.011
$\geqslant 10$	16	0.006	0.007
总计	2 608	0.999	1.00

用 X 表示这块放射性钋在 7.5 s 内放射出的 α 粒子数. 表的最后两列表明, 事件 $\{X = k\}$ 在 $N = 2\,608$ 次重复观测中发生的频率 m_k/N 和概率 $P(Y = k)$ 基本相

同. 将它们用折线图 3.2.4 表示出来就更清楚了. 横坐标是 k, 纵坐标是频率 m_k/N 和 $P(Y=k)$. 从图 3.2.4 看到

$$P(X=k)\approx P(Y=k),\ 0\leqslant k<10. \tag{3.2.6}$$

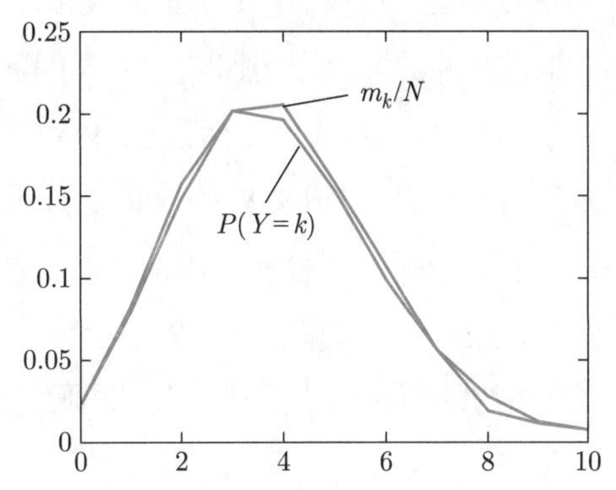

图 3.2.4 例 3.2.3 中的频率 m_k/N 和概率 $P(Y=k)$

下面证明 $X\sim\mathcal{P}(\lambda)$. 设想将 $t=7.5$ 等分成 n 段, 每段长 $\delta_n=\dfrac{t}{n}$. 对充分大的 n, 假定:

(a) 在 δ_n 内最多只有一个 α 粒子放出, 并且放出一个粒子的概率是 $p_n=\mu\delta_n=\mu t/n$, 这里 μ 是正常数;

(b) 不同的时间段内是否放射出 α 粒子相互独立.

二项分布与泊松分布

在以上的假定下, 这块放射性物质放射出的粒子数 X 服从 $\mathcal{B}(n,p_n)$. 于是

$$\begin{aligned}P(X=k)&=\lim_{n\to\infty}\mathrm{C}_n^k p_n^k(1-p_n)^{n-k}\\&=\lim_{n\to\infty}\frac{n!}{k!(n-k)!}\left(\frac{\mu t}{n}\right)^k\left(1-\frac{\mu t}{n}\right)^{n-k}\\&=\lim_{n\to\infty}\frac{(\mu t)^k}{k!}\ \frac{n(n-1)\cdots(n-k+1)}{n^k}\left(1-\frac{\mu t}{n}\right)^{n-k}\\&=\frac{(\mu t)^k}{k!}\mathrm{e}^{-\mu t}.\end{aligned} \tag{3.2.7}$$

取 $\lambda=\mu t$, 得 $X\sim\mathcal{P}(\lambda)$.

由于 λ 和 t 成正比, 所以 λ 越大, 单位时间内放射出的 α 粒子就越多. 另外, 对一般的时间段 $(0,t]$, 如果用 $N(t)$ 表示 $(0,t]$ 内观测到的 α 粒子数, 则 $N(t)$ 服从泊松分布 $\mathcal{P}(\mu t)$.

(3.2.7) 的推导过程验证了二项分布向泊松分布逼近的事实: 如果 n 很大, p 很小, 则可以用泊松分布来描述二项分布 $\mathcal{B}(n,p)$. 特别是当 n 无法确定时, 就应当使用泊松分布了.

举例来说, 今天早上的第一节课, 对于一个班来讲, 因为学生数已知且不大, 所以上

课迟到的人数服从二项分布. 但是应当认为本校 (或全校本年级) 上课迟到的总人数服从泊松分布. 这是因为第一节有课的学生数较大, 且未知.

泊松分布可以描述许多有类似背景的随机现象. 例如一部手机一小时内收到的相互独立的微信数 X 服从泊松分布. 这是因为如果只有 n 个人和该手机建立了微信联系, 每个人在这段时间发来一条微信的概率是 p, 则一小时内这部手机收到的微信数 X 服从二项分布 $\mathcal{B}(n,p)$. 但是实际上 p 比较小, n 比较大, 而且也不能确定 n 的具体数目, 根据二项分布和泊松分布的关系知道用泊松分布描述 X 的分布更合适.

完全类似地可以知道: 一个电子邮件账号在一小时内收到的相互独立的电子邮件数服从泊松分布, 确定的高速公路段上一小时内发生的交通事故数服从泊松分布, 一小时内到达某个超市的顾客次数 (相约的到达认为是一次到达) 服从泊松分布, 一小时内某办公室收到的电话数服从泊松分布.

在上面的叙述中, 我们把时间都设定为一小时, 这是为了理解的方便. 实际上, 将一小时改为一天或一周时, 结论仍然成立. 这是因为泊松分布具有可加性 (见 4.4 节例 4.4.1).

例 3.2.4 设一部手机在时间段 $[0,t]$ 内收到的微信数服从泊松分布 $\mathcal{P}(\lambda)$, 其中 $\lambda=\mu t$, μ 是正数. 每条微信是否为广告与其到达时间独立, 也与其他微信是否为广告独立. 假设每条微信是广告的概率 $p>0$.

(a) 已知 $[0,t]$ 内收到了 n 条微信, 求其中广告数的概率分布 $\{h_k\}$;

(b) 当 $p=0.35$, 在 $[0,t]$ 内收到的 8 条微信中有几条是广告的概率最大;

(c) 计算 $[0,t]$ 内收到的广告微信数的概率分布;

(d) 如果 $\lambda=11.5, p=0.35$, $[0,t]$ 收到多少条广告微信的概率最大.

解 设 $[0,t]$ 内收到的微信数是 Y, 其中的广告微信数是 X. 每收到一条微信相当于作一次试验, 遇到广告微信是试验成功.

(a) 已知 $[0,t]$ 内收到 n 条微信, 相当于作了 n 次独立重复试验, 每次试验成功的概率是 p. 根据二项分布知道其中广告微信数的概率分布是

$$h_k=P(X=k|Y=n)=\mathrm{C}_n^k p^k q^{n-k},\quad 0\leqslant k\leqslant n,\ q=1-p.$$

(b) 这时的广告数服从二项分布 $\mathcal{B}(8,0.35)$, $[(8+1)\times 0.35]=[3.15]=3$. 从例 3.2.1 知道 8 条微信中有 3 条是广告的概率最大.

(c) 因为 $\{Y=j\}, j=0,1,\cdots$ 是完备事件组, 所以用全概率公式得到

$$\begin{aligned}P(X=k)&=\sum_{n=k}^{\infty}P(Y=n)P(X=k|Y=n)\\&=\sum_{n=k}^{\infty}\frac{\lambda^n}{n!}\mathrm{e}^{-\lambda}\mathrm{C}_n^k p^k q^{n-k}\end{aligned}$$

$$
\begin{aligned}
&= \sum_{n=k}^{\infty} \frac{(\lambda q)^{n-k}}{k!(n-k)!} \mathrm{e}^{-\lambda} (\lambda p)^k \\
&= \frac{(\lambda p)^k}{k!} \mathrm{e}^{-\lambda} \sum_{j=0}^{\infty} \frac{(\lambda q)^j}{j!} \\
&= \frac{(\lambda p)^k}{k!} \mathrm{e}^{-\lambda} \mathrm{e}^{\lambda q} \\
&= \frac{(\lambda p)^k}{k!} \mathrm{e}^{-\lambda p}, \quad k = 0, 1, \cdots.
\end{aligned}
$$

说明 $[0,t]$ 内收到的广告微信数 X 服从泊松分布 $\mathcal{P}(p\lambda)$.

(d) 因为 $\lambda p = 11.5 \times 0.35 = 4.025$, 所以从例 3.2.2 的结论知道, $[0,t]$ 收到 4 条广告的概率最大.

对于例 3.2.4, 仅从问题的背景也可以想象出下面的结果: 在互不相交的时间内该手机收到的广告微信数是相互独立的, 在充分小的时间段 $(t, t+\Delta t]$ 内最多只收到一条广告微信, 收到的广告微信数和时间段的长度 Δt 成正比, 于是收到的广告微信数服从泊松分布 (参考例 3.2.3). 同理, $[0,t]$ 内收到的非广告微信数也是服从泊松分布的. 又因为发广告微信的人和发非广告微信的人是相互独立的, 所以 $[0,t]$ 内收到的非广告微信数和广告微信数是独立的 (参考 4.2 节例 4.2.1).

(4) **超几何分布 (hypergeometric 分布)** $H(N,M,n)$: 如果 X 的概率分布是

$$
P(X=m) = \frac{\mathrm{C}_M^m \, \mathrm{C}_{N-M}^{n-m}}{\mathrm{C}_N^n}, \quad m = 0, 1, \cdots, M, \tag{3.2.8}
$$

则称 X 服从超几何分布, 记作 $X \sim H(N,M,n)$.

注意对 $k<0$ 和 $k>n$, 已经约定 $\mathrm{C}_n^k = 0$. 名称超几何分布来自超几何函数, 类似于名称二项分布来自二项展开式.

例 3.2.5 在 N 件产品中恰有 M 件次品, 从中任取 n 件, 用 X 表示这 n 件中的次品数, 则 X 服从超几何分布 (3.2.8).

解 从 N 件产品中任取 n 件时, 等可能结果的总数是 $^{\#}\Omega = \mathrm{C}_N^n$. 事件 $X=m$ 表示取到的 n 件中有 m 件次品和 $n-m$ 件正品, 对这 m 件次品有 C_M^m 种取法, 对这 $n-m$ 件正品有 C_{N-M}^{n-m} 种取法, 所以从 $^{\#}\{X=m\} = \mathrm{C}_M^m \mathrm{C}_{N-M}^{n-m}$ 得到 (3.2.8).

在产品的质量检验问题中, 如果委托第三方对产品进行质量检验, 就需要等到所有产品生产完毕并装箱后, 再进行抽样检查. 现在的问题是: 在 N 件产品中恰有 M 件次品, 当这 N 件产品已经被随机装入 K 个箱子后, 随机抽取一箱, 再从这一箱中随机抽取 n 件, 用 X 表示这 n 件中的次品数, X 是否还服从超几何分布 (3.2.8).

答案是肯定的, 但是数学的推导有点繁. 让我们用下面的方式考虑和解决问题. 设想所述的产品是小球, 被放入一个大口袋中摇匀. 这时无论你怎样随机取出 n 个, 得到的次品数 $X \sim H(N,M,n)$. 现在你把手伸入口袋, 将这 N 个球分别装入大口袋中的 K 个小

塑料袋后随机指定一袋, 再从这袋中抽取 n 个, 则这 n 个中的次品数 $X \sim H(N,M,n)$. 这是因为这样的抽取和你在大口袋中直接随机抽取是等价的.

超几何分布与二项分布

在例 3.2.5 中, 如果产品数量 N 很大, 抽取的件数 n 较小, 并且是确定的, 则无放回抽取和有放回抽取就没有本质的差异. 这是因为抽取少数几件对次品率的影响极小. 有放回抽取时, 抽到的次品数服从二项分布 $\mathcal{B}(n,p_N)$, 其中 $p_N = M/N$ 是次品率. 于是得到下面的近似公式: 若 N 较大, n 较小, $p = M/N$, 则

$$\frac{\mathrm{C}_M^m\ \mathrm{C}_{N-M}^{n-m}}{\mathrm{C}_N^n} \approx \mathrm{C}_n^m p^m(1-p)^{n-m}. \tag{3.2.9}$$

实际问题中, 对于较大的 N 和 M, 计算组合数 C_N^n, C_M^m, C_{N-M}^{n-m} 要比计算 C_n^m 费劲多了. 因为抽样的个数 n 一般不会很大, 所以对较大的 N 和 M, 采用近似公式 (3.2.9) 往往会更方便.

在例 3.1.1 和 1.2 节的例 1.2.3 中, 我们都用到了超几何分布. 从这两个例子的计算结果还知道, 类似于二项分布和泊松分布, 当 $X \sim H(N,M,n)$ 时, $X=k$ 的概率 $p_k = P(X=k)$ 也随着 k 先增加然后再减少. 按照例 3.2.1 中的方法, 可以证明 P_k 在

$$k = \left[(n+1)\frac{M+1}{N+2}\right] \tag{3.2.10}$$

处达到最大. 即事件

$$\left\{X = \left[(n+1)\frac{M+1}{N+2}\right]\right\} \tag{3.2.11}$$

发生的概率最大, 其中 $[x]$ 仍是 x 的整数部分.

例 3.2.6　扑克游戏中, 4 人依次从一副扑克的 52 张中随机抽取 13 张. 如果你得到了 4 张梅花, 判断你的对家得到几张梅花的概率最大.

解　问题等价于 $52-13=39$ 张牌中有 9 张梅花, 你的对家从中任取 13 张, 得到几张梅花的概率最大. 用公式 (3.2.11) 计算出

$$(13+1) \times \frac{9+1}{39+2} \approx 3.41.$$

于是, 你的对家有 3 张梅花的概率最大.

在 1.2 节的例 1.2.3 中, $n=11$, $M=6, N=22$,

$$(n+1)\frac{M+1}{N+2} = 12 \times \frac{7}{24} = 3.5.$$

于是从 (3.2.11) 知道选出 3 位女生的概率最大.

在 3.1 节的例 3.1.1 中, 当 $n=13, M=13, N=52$,

$$(n+1)\frac{M+1}{N+2} = 14 \times \frac{14}{54} \approx 3.63$$

于是得到 3 张草花的概率最大.

对于 (3.2.11), 如果 N 很大, 则关心的比率 $p = M/N$ 约等于 $(M+1)/(N+2)$. 这时可得到 (3.2.11) 的近似公式

$$m \approx [(n+1)p] \tag{3.2.12}$$

于是, $P(X=m)$ 大约在 $[(n+1)p]$ 处达到最大. 这和二项分布的结论是一致的.

在 1.2 节的例 1.2.3 中, $n=11$, 取 $p=M/N=6/22$, 则 $(n+1)p=12\times 6/22\approx 3.27$, 于是选出 3 位女生的概率最大. 这和公式 (3.2.11) 的计算结果一致. 在 3.1 节的例 3.1.1 中, $p=M/N=1/4, n=13$, $(n+1)p=14/4=3.5$, 于是得到 3 张梅花的概率最大. 这和公式 (3.2.11) 的计算结果也一致.

例 3.2.7 当科学技术发展到今天, 任何国家的导弹发射基地都不能躲过敌方的侦察. 为了有效地保存自己的导弹发射装置, A 国采用了构建真假导弹发射井的方法. 假设 A 国的 100 个发射井中有 10 个发射井是发射导弹的真井, 另外 90 个是假井. 在对 A 国的第一波精确打击中, 至少要摧毁多少个发射井, 才能以 90% 的概率保证 A 国的真井都被摧毁.

解 假设摧毁 A 国的 n 个发射井就可以达到目的. 用 X 表示这 n 个井中的真井个数, 则 $X\sim H(100,10,n)$. 于是要求 n 使得

$$p_n = P(X=10) = \frac{\mathrm{C}_{10}^{10}\mathrm{C}_{90}^{n-10}}{\mathrm{C}_{100}^{n}} \geqslant 0.9.$$

利用 MATLAB 命令 pn=hygepdf(10, 100, 10, n) 可以计算出

n	99	98	97	96	95	94	$\leqslant 93$
p_n	0.900	0.809	0.726	0.652	0.584	0.522	$\leqslant 0.47$

所以必须摧毁 99 个发射井才能达到目的.

(5) **几何分布 (geometric 分布)**: 设 $p+q=1, pq>0$. 如果随机变量 X 有概率分布

$$P(X=k)=q^{k-1}p, \quad k=1,2,\cdots, \tag{3.2.13}$$

则称 X 服从参数为 p 的几何分布.

例 3.2.8 甲向一个目标射击, 直到击中为止. 用 X 表示首次击中目标时的射击次数. 如果甲每次击中目标的概率 $p>0$, $q=1-p$, 则

(1) X 服从几何分布 (3.2.13);

(2) 甲射击 k 次都未击中目标的概率 $P(X>k)=q^k$.

解 (1) 用 A_j 表示甲第 j 次没击中目标, 则 $P(A_j)=q$. 由 $\{A_j\}$ 的相互独立性得到

$$P(X=k)=P(A_1A_2\cdots A_{k-1}\overline{A}_k)$$

$$
\begin{aligned}
&= P(A_1)P(A_2)\cdots P(A_{k-1})P(\overline{A}_k)\\
&= q^{k-1}p, \quad k = 1, 2, \cdots. \qquad (3.2.14)
\end{aligned}
$$

(2) 因为 $\{X > k\} = A_1A_2\cdots A_k$, 所以得到

$$
P(X > k) = P(A_1A_2\cdots A_k) = q^k.
$$

从 (3.2.14) 看出, 在射击开始前做判断时, 第一次就击中目标的概率最大, 为 p. 第 k 次射击首中目标的概率 $q^{k-1}p < p$.

对例 3.2.8 中的 X, 有 $P(X < \infty) = \sum\limits_{k=1}^{\infty} q^{k-1}p = \dfrac{p}{1-q} = 1$. 说明只要 $p > 0$, 当他一直射击下去, 一定可以击中目标.

几何分布的无后效性

由此可见, 如果单次试验中事件 A 发生的概率 $p > 0$, 将试验一直独立重复进行下去, 必然遇到 A 发生.

投资与赌博

3.3　连续型随机变量

在放射性物质释放 α 粒子的例 3.2.3 中, 用 X 表示等待第一个粒子释放的时间, 则 X 是随机变量, 取值可以是任何正数. 我们把有类似性质的随机变量称为连续型随机变量.

按照定义 3.1.2, 如果 X 有分布函数 $F(x)$ 和概率密度 $f(x)$, 则有

$$
F(x) = \int_{-\infty}^{x} f(s)\,\mathrm{d}s,\ x \in (-\infty, \infty).
$$

定义 3.3.1　如果随机变量 X 有概率密度 $f(x)$, 则称 X 是**连续型随机变量**, 也称为**连续随机变量** (continuous random variable).

连续型随机变量 X 及其概率密度 $f(x)$ 有如下的基本性质:

(1) $\displaystyle\int_{-\infty}^{\infty} f(x)\,\mathrm{d}x = 1$;

(2) $P(X = a) = 0$, 于是 $P(a \leqslant X \leqslant b) = P(a < X \leqslant b)$;

(3) 对数集 A, $P(X \in A) = \displaystyle\int_A f(x)\,\mathrm{d}x$;

(4) $F(x) = \displaystyle\int_{-\infty}^{x} f(s)\,\mathrm{d}s$ 是连续函数.

下面只推导性质 (1) 和 (2). 按照分布函数的定义, 有

$$
\int_{-\infty}^{\infty} f(x)\,\mathrm{d}x = F(\infty) = 1.
$$

所以 (1) 成立. 再由

$$P(X=a) \leqslant P(X \in (a-\varepsilon, a]) = \int_{a-\varepsilon}^{a} f(x)\,\mathrm{d}x \to 0, \text{ 当 } \varepsilon \to 0,$$

知道 (2) 成立.

应当注意: 如果 X 的分布函数 $F(x)$ 有不连续点, 则 X 不是连续型随机变量. 另外, 当 X 有概率密度 $f(x)$ 时, 不必计较 $f(x)$ 在某些点的具体取值, 因为

$$g(x) = \begin{cases} 0, & x \in \{x_j | 1 \leqslant j \leqslant m\}, \\ f(x), & \text{其他} \end{cases}$$

也是 X 的概率密度. 原因在于对任意 x,

$$\int_{-\infty}^{x} g(s)\mathrm{d}s = \int_{-\infty}^{x} f(s)\mathrm{d}s$$

仍然成立.

下面介绍几个常见的连续型随机变量.

(1) **均匀分布 (uniform 分布)** $U(a,b)$: 对 $a<b$, 如果 X 的概率密度是

$$f(x) = \begin{cases} \dfrac{1}{b-a}, & x \in (a,b), \\ 0, & x \notin (a,b), \end{cases} \tag{3.3.1}$$

则称 X 服从区间 (a,b) 上的均匀分布, 记作 $X \sim U(a,b)$. 这里 U 是 uniform 的缩写.

明显, 表达式 (3.3.1) 中的区间 (a,b) 也可以写成 $(a,b]$, $[a,b)$ 或 $[a,b]$. 为了方便, 还可以把 X 的概率密度简写成

$$f(x) = \frac{1}{b-a}, \ x \in (a,b).$$

容易理解, 当 X 在 (a,b) 中均匀分布时, X 落在 (a,b) 的子区间内的概率和这个子区间的长度成正比. 反之, 如果 X 落在 (a,b) 的子区间的概率和这个子区间的长度成正比, 则 X 在 (a,b) 中均匀分布.

当我们说在区间 (a,b) 中任掷一点, 用 X 表示质点的落点时, 意指 X 在 (a,b) 中均匀分布. 当我们说某人在时间段 (a,b) 中随机到达时, 也是指他的到达时间 X 在 (a,b) 中均匀分布.

例 3.3.1 每天的整点 (如 9:00, 10:00, 11:00 等) 甲站都有列车发往乙站. 一位要去乙站的乘客在 9:00 至 10:00 之间随机到达甲站. 计算他候车时间小于 30 min 的概率.

解 用 X 表示他的到达时刻, 则 X 在 0 至 60 min 内均匀分布, 有概率密度

$$f(x) = \frac{1}{60}, \ x \in (0,60).$$

用 Y 表示他的候车时间 (单位: min), 则 $\{Y<30\} = \{30 < X \leqslant 60\}$ 表示该乘客在 9:30 至 10:00 之间到达, 于是

$$P(Y<30) = P(30 < X \leqslant 60) = \int_{30}^{60} f(x)\,\mathrm{d}x = \frac{1}{2}.$$

(2) **指数分布 (exponential 分布)** $Exp(\lambda)$: 对正常数 λ, 如果 X 的概率密度是

$$f(x)=\begin{cases}\lambda \mathrm{e}^{-\lambda x}, & x\geqslant 0,\\ 0, & x<0,\end{cases}\tag{3.3.2}$$

则称 X 服从参数为 λ 的指数分布, 记作 $X\sim Exp(\lambda)$. 这里 Exp 是 exponential 的缩写.

通常还把 (3.3.2) 简记为

$$f(x)=\lambda \mathrm{e}^{-\lambda x},\quad x\geqslant 0.$$

图 3.3.1 是概率密度 (3.3.2) 的图形. 纵轴上从高至低分别是 $\lambda=1.2$, $\lambda=0.6$, $\lambda=0.3$ 的概率密度.

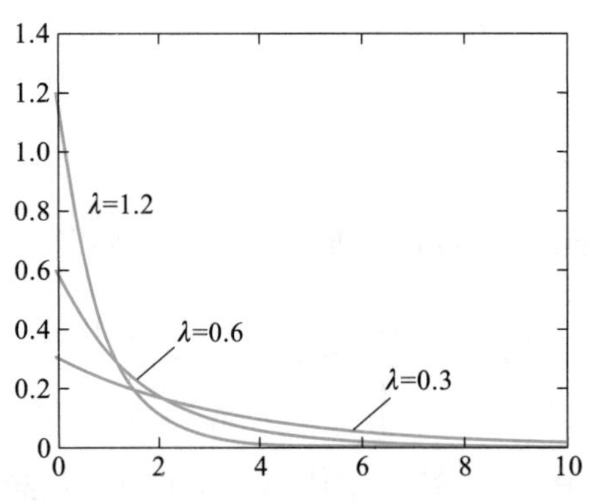

图 3.3.1　指数分布的概率密度图

如果随机变量 X 使得 $P(X<0)=0$, 则称 X 是**非负随机变量**. 容易看出, 如果 $X\sim Exp(\lambda)$, 则 X 是非负随机变量.

定理 3.3.1　设 X 是连续型非负随机变量, 则 X 服从指数分布的充分必要条件是对任何 $s,t\geqslant 0$, 有

$$P(X>s+t|X>s)=P(X>t).\tag{3.3.3}$$

性质 (3.3.3) 称为**无记忆性**, 它是指数分布的特征.

证明　设 $X\sim Exp(\lambda)$, 利用

$$P(X>x)=\int_x^{\infty}\lambda \mathrm{e}^{-\lambda s}\,\mathrm{d}s=\mathrm{e}^{-\lambda x}$$

指数分布的无记忆性

和 $\{X>s+t\}\subset\{X>s\}$, 得到无记忆性如下:

$$\begin{aligned}P(X>s+t|X>s)&=\frac{P(X>s+t,X>s)}{P(X>s)}\\&=\frac{P(X>s+t)}{P(X>s)}\\&=\frac{\mathrm{e}^{-\lambda(s+t)}}{\mathrm{e}^{-\lambda s}}\\&=\mathrm{e}^{-\lambda t}\end{aligned}$$

$$= P(X > t).$$

反之, 设 X 有无记忆性 (3.3.3), 定义 $G(x) = P(X > x)$, 则有

$$\begin{aligned} G(t) &= P(X > t) \\ &= P(X > t + s \,|\, X > s) \\ &= \frac{P(X > t + s, X > s)}{P(X > s)} \\ &= \frac{P(X > t + s)}{P(X > s)} \\ &= \frac{G(t + s)}{G(s)}. \end{aligned}$$

于是得到

$$G(t + s) = G(s)G(t), \ s, t \geqslant 0.$$

因为 $G(t) = 1 - F(t)$ 是连续函数, 所以根据高等数学的知识 (见附录 (A28)) 知道 $G(x)$ 是指数函数, 即有常数 λ 使得 $G(x) = \mathrm{e}^{-\lambda x}$. 因为 $G(x) < 1$, 所以 $\lambda > 0$. X 的分布函数是

$$F(x) = 1 - G(x) = 1 - \mathrm{e}^{-\lambda x}, \ x \geqslant 0,$$

求导数后得到 X 的概率密度 (3.3.2). 说明 $X \sim Exp(\lambda)$.

指数分布的概率密度图形也表现出无记忆性: 在图 3.3.1 中, 用垂直线段 $x = t, 0 \leqslant t \leqslant f(t)$, 截取密度函数的后面部分, 得到的曲线和原密度函数曲线在形状上是相同的.

如果 X 表示某仪器的工作寿命, 无记忆性 (3.3.3) 的解释是: 当仪器工作了 s h 后再能继续工作 t h 的概率等于该仪器刚开始就能工作 t h 的概率. 说明该仪器的剩余寿命不随使用时间的增加发生变化, 或说仪器是 "永葆青春" 的.

一般来说, 当一个物体的寿命终结只由外部的突发随机因素造成时, 应当认为该物体的寿命服从指数分布. 举例来讲, 我们使用的玻璃杯、瓷盘都是由于不小心打破的, 和其自身的磨损基本无关, 所以可认为其使用寿命服从指数分布.

通常, 人们认为电子元件和计算机软件等具备无记忆性. 因为它们本身的老化是可以忽略不计的, 造成损坏的原因是意外的高电压、计算机病毒等.

例 3.3.2 用 X_1 表示例 3.2.3 中从开始至观测到第 1 个 α 粒子的等待时间, 证明 X_1 服从指数分布.

证明 用 $N(t)$ 表示时间段 $(0, t]$ 内观测到的 α 粒子数. 按例 3.2.3 中的推导, $N(t) \sim \mathcal{P}(\mu t)$, 其中 μ 是正常数. 于是用 $\{X_1 > t\} = \{N(t) = 0\}$ 得到

$$P(X_1 > t) = P(N(t) = 0) = \mathrm{e}^{-\mu t}.$$

所以, 对任何 $t > 0$, X_1 有分布函数

$$F(t) = P(X_1 \leqslant t) = 1 - P(X_1 > t) = 1 - \mathrm{e}^{-\mu t}. \tag{3.3.4}$$

对 $F(t)$ 求导数得到概率密度 $f(t)=\mu e^{-\mu t}$, $t>0$. 说明 $X_1 \sim Exp(\mu)$.

仅从这个例子的背景也可以体会出等待第一个 α 粒子释放的时间 X 是服从指数分布的. 因为 X 是从开始观测到有一个粒子释放出的时间, 其概率分布与开始计时的具体时间无关, 所以 X 有无记忆性.

可以想象, 如果 X_2 是从观测到第一个 α 粒子开始到观测到第二个 α 粒子的间隔时间, 则 X_2 也服从指数分布. 这一点可以得到理论证明, 不再赘述.

(3) **正态分布 (normal 分布)** $N(\mu,\sigma^2)$: 设 μ 是常数, σ 是正常数. 如果 X 的概率密度是

$$f(x)=\frac{1}{\sqrt{2\pi\sigma^2}}\exp\Big[-\frac{(x-\mu)^2}{2\sigma^2}\Big],\quad x\in\mathbf{R}, \tag{3.3.5}$$

则称 X 服从参数为 (μ,σ^2) 的正态分布, 记作 $X\sim N(\mu,\sigma^2)$. 这里 N 是 normal 的缩写. 特别, 当 $X\sim N(0,1)$ 时, 称 X 服从**标准正态分布** (standard normal distribution). 标准正态分布的概率密度有特殊的重要地位, 所以用特定的符号 φ 表示:

$$\varphi(x)=\frac{1}{\sqrt{2\pi}}\exp\Big(-\frac{x^2}{2}\Big),\quad x\in\mathbf{R}. \tag{3.3.6}$$

图 3.3.2 是 $\mu=0$ 时正态分布的概率密度 (3.3.5) 的图形. 纵轴上从低至高分别是 $\sigma=2$, $\sigma=1$, $\sigma=0.5$ 的概率密度.

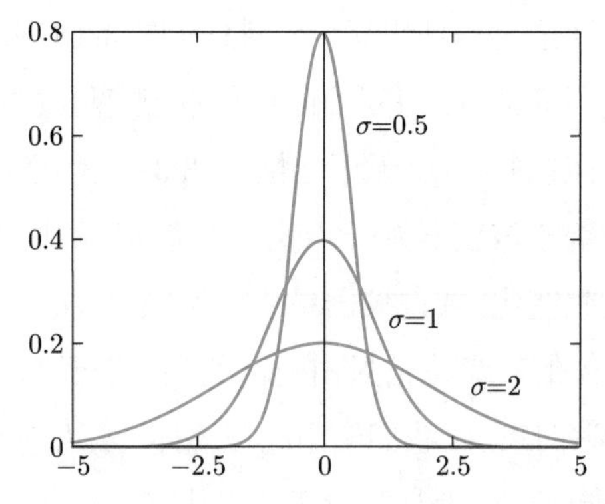

图 3.3.2 $\mu=0$ 时正态分布的概率密度图

正态分布在概率论和数理统计中有特殊的重要地位. 一般来讲, 测量误差服从正态分布. 随机干扰、产品的许多质量指标、生物和动物的许多生理指标等都服从或近似服从正态分布. 大量相互独立且有相同分布的随机变量的累积也近似服从正态分布 (参考 6.3 节).

正态概率密度 (3.3.5) 有如下的简单性质:

(1) $f(x)$ 关于 $x=\mu$ 对称;

(2) $f(x)$ 在 μ 处达到最大值 $f(\mu)=1/\sqrt{2\pi\sigma^2}$.

对 $X\sim N(\mu,\sigma^2)$, 在许多的应用问题中会遇到计算概率 $P(X\leqslant a)$ 的问题. 为了方

便, 人们已经习惯于用

$$\Phi(x)=\int_{-\infty}^{x}\varphi(s)\,\mathrm{d}s \tag{3.3.7}$$

表示标准正态分布 $N(0,1)$ 的分布函数. $\Phi(x)$ 的取值可以查附表 C1 得到. 利用 $\varphi(x)$ 的对称性 (见图 3.3.2) 得到

$$\Phi(x)+\Phi(-x)=1,\quad x\in\mathbf{R}. \tag{3.3.8}$$

并且, 只要 $X\sim N(\mu,\sigma^2)$, 则有

$$\begin{aligned}P(X\leqslant a)&=\frac{1}{\sqrt{2\pi\sigma^2}}\int_{-\infty}^{a}\exp\Big[-\frac{(x-\mu)^2}{2\sigma^2}\Big]\mathrm{d}x\\&=\frac{1}{\sqrt{2\pi}}\int_{-\infty}^{(a-\mu)/\sigma}\exp\Big(-\frac{x^2}{2}\Big)\mathrm{d}x\\&=\Phi\left(\frac{a-\mu}{\sigma}\right).\end{aligned} \tag{3.3.9}$$

于是对任何 $a<b$, 当 $X\sim N(\mu,\sigma^2)$, 用

$$P(a<X\leqslant b)=P(X\leqslant b)-P(X\leqslant a)$$

得到公式

$$P(a<X\leqslant b)=\Phi\left(\frac{b-\mu}{\sigma}\right)-\Phi\left(\frac{a-\mu}{\sigma}\right). \tag{3.3.10}$$

例 3.3.3 一台机床加工的部件长度服从正态分布 $N(10,36\times10^{-6})$. 当部件的长度在 $[10-0.01,10+0.01]$ 内为合格品, 求一个部件是合格品的概率.

解 用 X 表示部件的长度, 则 $X\sim N(10,36\times10^{-6})$. 事件

$$\{10-0.01\leqslant X\leqslant 10+0.01\}$$

表示这个部件是合格品. 利用 (3.3.10) 和 (3.3.8) 得到

$$\begin{aligned}&P(10-0.01\leqslant X\leqslant 10+0.01)\\&=\Phi\Big(\frac{0.01}{6\times10^{-3}}\Big)-\Phi\Big(\frac{-0.01}{6\times10^{-3}}\Big)\\&\approx\Phi(1.67)-\Phi(-1.67)\\&=2\Phi(1.67)-1\\&=2\times0.9525-1=0.905.\end{aligned}$$

这个概率太不令人满意了, 说明这台机床的质量有问题. 以后会知道质量问题是由参数 σ 控制的. σ 越小, 质量越好.

为了介绍伽马分布, 先介绍 Γ 函数. 这里 Γ 是 gamma 的简写. 伽马函数 $\Gamma(\alpha)$ 由积分

$$\Gamma(\alpha)=\int_0^{\infty}x^{\alpha-1}\mathrm{e}^{-x}\,\mathrm{d}x,\ \alpha>0 \tag{3.3.11}$$

定义. 对正数 α 和正整数 n, 容易验证如下的基本性质:

$$\Gamma(1+\alpha)=\alpha\Gamma(\alpha),\ \Gamma(n)=(n-1)!,\ \Gamma(1/2)=\sqrt{\pi}. \tag{3.3.12}$$

(4) **伽马分布 (gamma 分布)** $\mathit{\Gamma}(\alpha,\beta)$: 设 α,β 是正常数, 如果 X 的概率密度是

$$f(x)=\begin{cases}\dfrac{\beta^{\alpha}}{\Gamma(\alpha)}x^{\alpha-1}\mathrm{e}^{-\beta x}, & x\geqslant 0,\\ 0, & x<0,\end{cases} \tag{3.3.13}$$

则称 X 服从参数是 (α,β) 的伽马分布, 记作 $X\sim \mathit{\Gamma}(\alpha,\beta)$.

图 3.3.3 是 $\mathit{\Gamma}(\alpha,2)$ 分布的概率密度图, 按概率密度的最大值由大到小依次排列的是 $\alpha=1,\ 2,\ 3,\ 6,\ 10$ 时的图形.

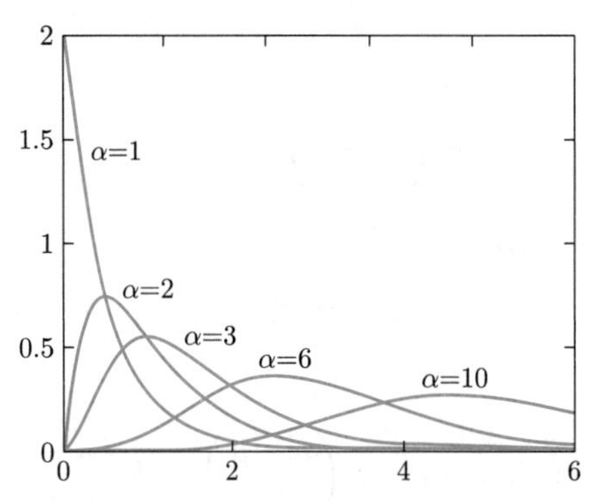

图 3.3.3 $\mathit{\Gamma}(\alpha,2)$ 分布的概率密度图

英国著名统计学家皮尔逊 (Pearson) 在研究物理、生物及经济中的随机变量时, 发现很多连续型随机变量的分布都不是正态分布. 这些随机变量的特点是只取非负值, 于是他致力于这类随机变量的研究. 从 1895 到 1916 年, 皮尔逊连续发表了一系列的概率密度曲线, 认为这些曲线可以包括常见的单峰分布, 其中就有伽马分布. 在气象学中, 干旱地区的年、季度或月降水量被认为服从伽马分布, 指定时间段内的最大风速等也被认为服从伽马分布.

例 3.3.4 在泊松分布的例 3.2.3 中, 用 S_k 表示从开始至观测到第 k 个 α 粒子的时间, 则 S_k 服从 $\mathit{\Gamma}(k,\mu)$ 分布.

解 用 $N(t)$ 表示放射性物质在 $(0,t]$ 释放的 α 粒子数, 则从例 3.2.3 知道, $N(t)$ 有概率分布

$$P(N(t)=k)=\frac{(\mu t)^k}{k!}\mathrm{e}^{-\mu t},\ k=0,1,\cdots.$$

因为 $S_k\leqslant t$ 和 $N(t)\geqslant k$ 都表示在时间段 $(0,t]$ 内至少释放了 k 个 α 粒子, 所以这两个事件相等. 于是得到 S_k 的分布函数

$$\begin{aligned}F(t)&=P(S_k\leqslant t)\\&=P(N(t)\geqslant k)\end{aligned}$$

$$\begin{aligned}
&= 1 - P(N(t) \leqslant k-1) \\
&= 1 - \sum_{j=0}^{k-1} P(N(t) = j) \\
&= 1 - \sum_{j=0}^{k-1} \frac{(\mu t)^j}{j!} \mathrm{e}^{-\mu t}.
\end{aligned}$$

易见 $F(0)=0$, 所以 $F(t)$ 是连续函数, 求导数得到 S_k 的概率密度

$$\begin{aligned}
f(t) &= F'(t) \\
&= \sum_{j=0}^{k-1} \frac{(\mu t)^j}{j!} \mu \mathrm{e}^{-\mu t} - \sum_{j=1}^{k-1} \frac{(\mu t)^{j-1}}{(j-1)!} \mu \mathrm{e}^{-\mu t} \\
&= \frac{(\mu t)^{k-1}}{(k-1)!} \mu \mathrm{e}^{-\mu t} \\
&= \frac{\mu^k}{\Gamma(k)} t^{k-1} \mathrm{e}^{-\mu t},\ t \geqslant 0.
\end{aligned} \tag{3.3.14}$$

说明 $S_k \sim \Gamma(k, \mu)$.

用MATLAB计算概率分布和概率密度

3.4 随机变量函数的分布

先通过下面的例子学习计算随机变量函数的分布的一般方法.

例 3.4.1 设 X 有如下的概率分布

X	-2	-1	0	1	2	3
P	0.2	0.2	0.3	0.1	0.1	0.1

求 $Y=X^2$ 的分布.

解 Y 的取值是 $0,1,4,9$, 而且

$P(Y=0)=P(X=0)=0.3$,

$P(Y=1)=P(X^2=1)=P(X=-1)+P(X=1)=0.2+0.1=0.3$,

$P(Y=4)=P(|X|=2)=P(X=-2)+P(X=2)=0.2+0.1=0.3$,

$P(Y=9)=P(X=3)=0.1$.

于是 Y 有概率分布

Y	0	1	4	9
P	0.3	0.3	0.3	0.1

下面介绍连续型随机变量函数的概率密度的计算方法.

设随机变量 X 有分布函数 $F(x)$, 用 $\mathrm{d}x$ 表示 x 的微分. 从微积分的知识知道当 $F'(x)$ 在 x 连续时, 有

$$\begin{aligned} P(X=x) &= \lim_{\Delta x\to 0}|F(x)-F(x-\Delta x)| \\ &= \mathrm{d}F(x) \\ &= F'(x)\,\mathrm{d}x. \end{aligned}$$

所以我们用

$$P(X=x)=g(x)\,\mathrm{d}x$$

表示 X 在 x 有概率密度 $g(x)$.

如果 D 是开区间或开区间的并集, 则称 D 是**开集**.

定理 3.4.1 如果开集 D 使得 $P(X\in D)=1$, 非负函数 $g(x)$ 在 D 中连续, 使得

$$P(X=x)=g(x)\,\mathrm{d}x,\ x\in D, \tag{3.4.1}$$

则 X 有概率密度

$$f(x)=g(x),\ x\in D. \tag{3.4.2}$$

如果 $h(y)$ 在 y 处可微, $F(x)$ 在 $x=h(y)$ 处有连续的导数 $f(h(y))$, 则对 $h(y)=x$, 用 (3.4.1) 得到

$$P(X=h(y))=|f(h(y))\mathrm{d}h(y)|=f(h(y))|h'(y)|\,\mathrm{d}y. \tag{3.4.3}$$

在使用定理 3.4.1 计算随机变量函数的概率密度时, 公式 (3.4.3) 是非常有用的.

用定理 3.4.1 计算随机变量函数的概率密度的方法被称为**微分法**. 在使用微分法时, 需要遵守以下的约定: 当且仅当 $A=B$ 时, 可用公式 $P(A)=P(B)$; 当且仅当 $A=\bigcup_{i=1}^{n}A_i$, 且 $A_1,A_2,\cdots,A_n$ 作为集合互不相交时, 可用公式

$$P(A)=\sum_{i=1}^{n}P(A_i).$$

例 3.4.2 设 $X\sim N(\mu,\sigma^2)$, 则

$$Z=\frac{X-\mu}{\sigma}\sim N(0,1).$$

解 因为 X 有概率密度

$$f_X(x)=\frac{1}{\sqrt{2\pi}\sigma}\exp\Big[-\frac{(x-\mu)^2}{2\sigma^2}\Big],$$

且对任何 z, 有

$$\begin{aligned}P(Z=z)=P\Big(\frac{X-\mu}{\sigma}=z\Big)&=P(X=\sigma z+\mu)\\&=f_X(\sigma z+\mu)\,|\,\mathrm{d}(\sigma z+\mu)|\\&=\frac{1}{\sqrt{2\pi}\sigma}\exp\Big[-\frac{(\sigma z+\mu-\mu)^2}{2\sigma^2}\Big]\sigma\,\mathrm{d}z\\&=\frac{1}{\sqrt{2\pi}}\exp\Big(-\frac{z^2}{2}\Big)\,\mathrm{d}z,\end{aligned}$$

所以 Z 有概率密度

$$f_Z(z)=\frac{1}{\sqrt{2\pi}}\exp\Big(-\frac{z^2}{2}\Big).$$

这正是标准正态分布的概率密度.

例 3.4.3 设 $X\sim N(0,1)$, $b\neq 0$, 求 $Y=a+bX$ 的概率密度.

解 因为 X 有概率密度

$$\varphi(x)=\frac{1}{\sqrt{2\pi}}\exp\Big(-\frac{x^2}{2}\Big),$$

且对任何 y, 有

$$\begin{aligned}P(Y=y)&=P(a+bX=y)\\&=P\Big(X=\frac{y-a}{b}\Big)\\&=\varphi\Big(\frac{y-a}{b}\Big)\Big|\mathrm{d}\Big(\frac{y-a}{b}\Big)\Big|\\&=\frac{1}{\sqrt{2\pi}\,|b|}\exp\Big[-\frac{(y-a)^2}{2b^2}\Big]\,\mathrm{d}y.\end{aligned}$$

所以 $Y\sim N(a,b^2)$, 有概率密度

$$f_Y(y)=\frac{1}{\sqrt{2\pi}\,|b|}\exp\Big[-\frac{(y-a)^2}{2b^2}\Big],\ y\in(-\infty,\infty).$$

用 X 表示某种产品的使用寿命, $F_X(x)=P(X\leqslant x)$ 是 X 的分布函数. 在产品的可靠性研究中, 人们称产品的使用寿命 X 大于某固定值 a 的概率

$$P(X>a)=1-F_X(a)$$

为该产品的**可靠性**. 如果产品的使用寿命 X 服从指数分布 $Exp(\lambda)$, 则已经使用了一段时间的旧产品和新产品有相同的可靠性 (见定理 3.3.1). 在实际中的大多数场合, 人们都不愿意使用旧产品, 也就是说, 人们并不认为产品的使用寿命服从指数分布. 为了更加合理地描述产品的使用寿命, 可以对 X 进行改造. 设 a, b 是正数, $X\sim Exp(1)$, 定义

$$Y=(X/a)^{1/b}.$$

现在用 Y 表示产品的使用寿命, 并称 Y 的分布为**韦布尔** (Weibull) **分布**.

实际经验表明许多电子元件和机械设备的使用寿命都可以用韦布尔分布描述. 另外, 凡是由局部部件的失效或故障会引起全局停止运行的设备的寿命也都常用韦布尔分布近似. 特别是金属材料 (如轴承等) 的疲劳寿命被认为是服从韦布尔分布的 (参考书目 [4]).

例 3.4.4 (韦布尔分布) 设 X 服从参数为 $\lambda=1$ 的指数分布 $Exp(1)$, a, b 是正常数. 则 $Y=(X/a)^{1/b}$ 有概率密度

$$f_Y(y)=aby^{b-1}\exp\big(-ay^b\big),\ y>0. \tag{3.4.4}$$

这时称 Y 服从参数为 (a,b) 的韦布尔分布, 记作 $Y\sim W(a,b)$.

解 X 有概率密度 $f_X(x)=\mathrm{e}^{-x}$, $x>0$. 因为 $P(Y>0)=1$, 且对 $y>0$, 有

$$\begin{aligned}P(Y=y)&=P\big((X/a)^{1/b}=y\big)\\&=P\big(X=ay^b\big)\\&=f_X(ay^b)\mathrm{d}(ay^b)\\&=\exp\big(-ay^b\big)aby^{b-1}\,\mathrm{d}y,\end{aligned}$$

所以 Y 的概率密度是 (3.4.4).

图 3.4.1 和图 3.4.2 是韦布尔分布的概率密度 (3.4.4) 的图形. 横轴是 y, 纵轴是 $f_Y(y)$.

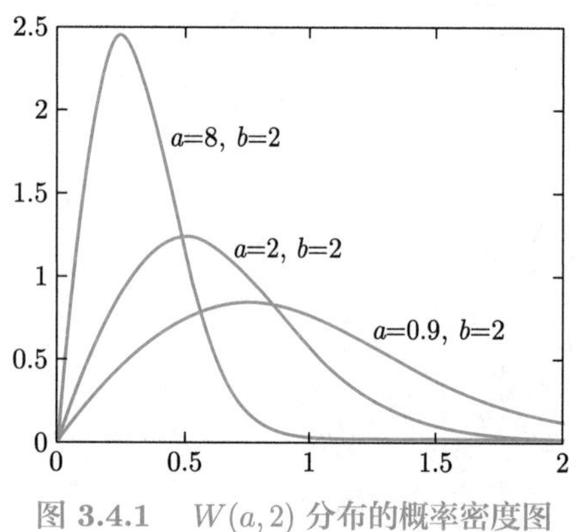

图 3.4.1 $W(a,2)$ 分布的概率密度图

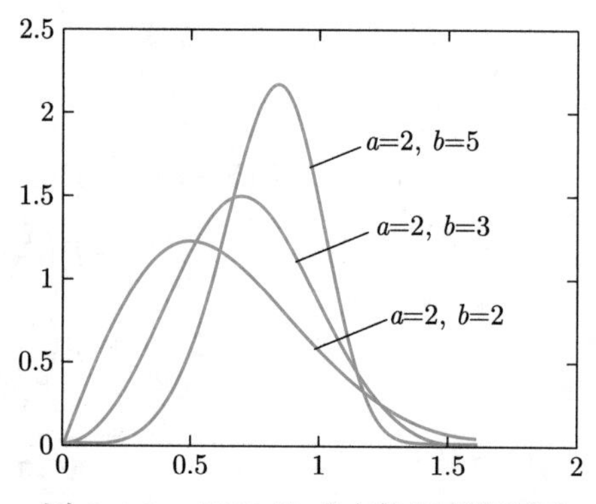

图 3.4.2 $W(2,b)$ 分布的概率密度图

设 $X\sim N(\mu,\sigma^2)$, 则称 $Y=\mathrm{e}^X$ 的分布为**对数正态分布**. 在产品的可靠性研究中, 人们经常用到对数正态分布. 实践表明, 在研究因化学或物理化学的缓慢变化造成的断裂或失效时 (如绝缘体等), 用对数正态分布描述使用寿命是合适的 (参考书目 [4]).

按照定理 3.4.1, 如果开集 D 使得 $P(X\in D)=1$, D 中的连续函数 $g(x)$ 使得

$$\frac{P(X=x)}{\mathrm{d}x}=g(x),\ x\in D,$$

则 X 的概率密度是 $g(x)$, $x\in D$.

例 3.4.5 (对数正态分布) 设 $X\sim N(\mu,\sigma^2)$, 则 $Y=\mathrm{e}^X$ 有概率密度

$$f_Y(y)=\frac{1}{\sqrt{2\pi}\,\sigma y}\exp\Big[-\frac{(\ln y-\mu)^2}{2\sigma^2}\Big],\ y>0. \tag{3.4.5}$$

这时称 Y 服从参数为 (μ,σ^2) 的对数正态分布.

解 易见 $P(Y>0)=1$, 对 $y>0$, 利用

$$f_X(x)=\frac{1}{\sqrt{2\pi}\,\sigma}\exp\Big[-\frac{(x-\mu)^2}{2\sigma^2}\Big]$$

得到 Y 的概率密度

$$\begin{aligned} f_Y(y) &= \frac{P(Y=y)}{\mathrm{d}y} = \frac{P(\mathrm{e}^X=y)}{\mathrm{d}y} \\ &= \frac{P(X=\ln y)}{\mathrm{d}y} \\ &= \frac{f_X(\ln y)\mathrm{d}(\ln y)}{\mathrm{d}y} \\ &= \frac{1}{y}f_X(\ln y) \\ &= \frac{1}{\sqrt{2\pi}\,\sigma y}\exp\Big[-\frac{(\ln y-\mu)^2}{2\sigma^2}\Big],\ y>0. \end{aligned}$$

图 3.4.3 和图 3.4.4 是对数正态分布的概率密度 (3.4.5) 的图形, 横轴是 y, 纵轴是 $f_Y(y)$.

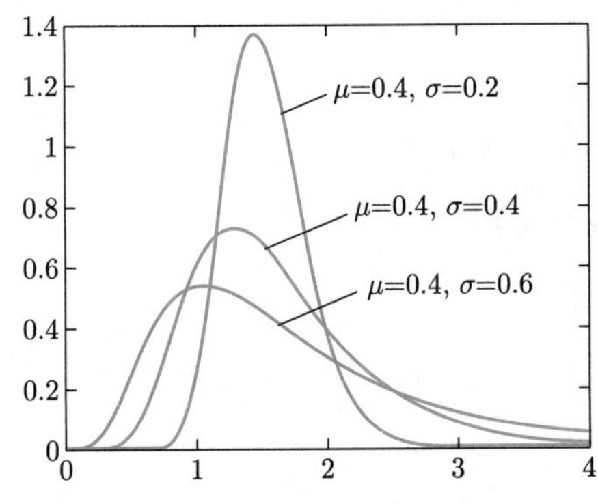

图 3.4.3 对数正态分布的概率密度图, $\mu=0.4$

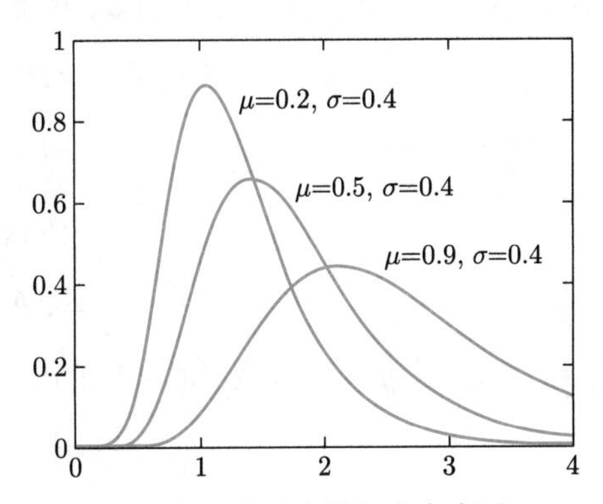

图 3.4.4 对数正态分布的概率密度图, $\sigma=0.4$

例 3.4.6 设 $a>0$, $X\sim U[-a,a]$, 计算 $Y=1/|X|$ 的概率密度.

解 易见 $P(Y>a^{-1})=1$. 对 $y>a^{-1}$ 有 $1/y<a$, 并且

$$f_X\Big(\frac{1}{y}\Big)=f_X\Big(-\frac{1}{y}\Big)=\frac{1}{2a}.$$

于是从

$$\begin{aligned} P(Y=y) &= P(|X|=\frac{1}{y}) \\ &= P(X=\frac{1}{y})+P(X=-\frac{1}{y}) \\ &= \frac{1}{y^2}f_X\big(\frac{1}{y}\big)\,\mathrm{d}y+\frac{1}{y^2}f_X\big(-\frac{1}{y}\big)\,\mathrm{d}y \\ &= \frac{1}{ay^2}\,\mathrm{d}y, \end{aligned}$$

得到 Y 的概率密度

$$f_Y(y)=\frac{1}{ay^2},\quad y>a^{-1}.$$

例 3.4.7 设 $X\sim N(0,1)$, 计算 $Y=X^2$ 的概率密度.

解 X 有概率密度

$$\varphi(x)=\frac{1}{\sqrt{2\pi}}\exp\Big(-\frac{x^2}{2}\Big).$$

因为 $P(Y>0)=1$, 且对 $y>0$, 有

$$\begin{aligned}P(Y=y)&=P(X=\pm\sqrt{y})\\&=P(X=\sqrt{y})+P(X=-\sqrt{y})\\&=\left|\varphi(\sqrt{y})\mathrm{d}\sqrt{y}\right|+\left|\varphi(-\sqrt{y})\mathrm{d}\sqrt{y}\right|\\&=\frac{1}{\sqrt{y}}\varphi(\sqrt{y})\,\mathrm{d}y.\end{aligned}$$

所以 Y 有概率密度

$$f_Y(y)=\frac{1}{\sqrt{y}}\varphi(\sqrt{y})=\frac{1}{\sqrt{2\pi y}}\mathrm{e}^{-y/2},\quad y>0.$$

除了微分法, 还可以利用分布函数求导的方法来计算概率密度. 在例 3.4.7 中, 用 $\Phi(x)$ 表示标准正态分布的分布函数, 对 $y>0$, Y 的分布函数

$$\begin{aligned}F_Y(y)&=P(Y\leqslant y)\\&=P(-\sqrt{y}\leqslant X\leqslant\sqrt{y})\\&=\Phi(\sqrt{y})-\Phi(-\sqrt{y})\\&=2\Phi(\sqrt{y})-1\end{aligned}$$

是连续函数, 对 $y>0$ 可微, 所以 Y 的概率密度是

$$\begin{aligned}f_Y(y)&=F_Y'(y)\\&=2\varphi(\sqrt{y})\frac{1}{2\sqrt{y}}\\&=\frac{1}{\sqrt{2\pi y}}\mathrm{e}^{-y/2},\quad y>0.\end{aligned}$$

例 3.4.8 设 $X\sim U(0,1)$, $\Phi^{-1}(x)$ 是 $\Phi(x)$ 的反函数, 则 $Y=\Phi^{-1}(X)$ 服从标准正态分布 $N(0,1)$.

证明 利用 $P(X\leqslant x)=x$, 当 $x\in(0,1)$, $\Phi(y)\in(0,1)$ 和直接计算得到

$$F_Y(y)=P(\Phi^{-1}(X)\leqslant y)=P(X\leqslant\Phi(y))=\Phi(y).$$

所以 $Y\sim N(0,1)$.

计算连续型随机变量函数的概率密度时, 用先求分布函数然后求导的传统方法可以解决的问题都可以用微分法解决, 反之亦然. 但是用微分法更简单方便.

随机数

用MATLAB产生随机数

习题三

3.1 某投资公司的三年期理财项目限定 200 个投资客户. 根据经验, 有 65% 的潜在客户愿意投资 300 万以上. 用 X 表示本次投资 300 万以上的客户数,

(a) X 取何值的概率最大?

(b) (a) 中事件发生的概率是多少?

3.2 在习题 3.1 中, 如果投资额只有 200 万和 300 万两个档次,

(a) 该投资公司募集到多少钱的概率最大?

(b) 如果投资 300 万的年利率是 9%, 投资 200 万的年利率是 8%, 第一年到期时, 投资公司支付多少利息的概率最大?

3.3 设某手机一天收到了 8 个微信, 每个微信是公事的概率为 0.2, 是私事的概率是 0.8. 用 X 表示这天收到的公事微信数, 计算 X 的概率分布和 $P(X \geqslant 3)$.

3.4 甲、乙击中目标的概率分别是 0.6, 0.7, 各射击 3 次.

(a) 计算他们击中次数相同的概率;

(b) 计算甲击中的次数多的概率;

(c) 甲击中目标几次的概率最大;

(d) 甲、乙一共击中目标几次的概率最大.

3.5 甲每天收到的电子邮件数服从泊松分布 $\mathcal{P}(\lambda)$, 且每封电子邮件被随机过滤掉的概率是 0.2.

(a) 当有 n 封电子邮件发给甲, 计算其中有 k 封被滤掉的概率 h_k;

(b) 计算每天被滤掉的电子邮件数的分布;

(c) 已知甲看到了自己的 k 封电子邮件, 计算他有 m 封被过滤掉的概率;

(d) 甲每天见到的邮件数和被滤掉的邮件数是否独立?

(e) 已知甲看到了自己的 k 封电子邮件, 他有多少封被过滤掉的概率最大?

3.6 设车间有 100 台型号相同的机床相互独立地工作着, 每台机床在时间段 $(0,t]$ 内发生故障的概率是 0.01. 发生故障的机床只需要一人维修, 且一人在 $(0,t]$ 内也只能维修一台机床. 考虑两种配备维修工人的方法:

(a) 五个工人每人分工负责 20 台机床;

(b) 三个工人同时负责这 100 台机床.

在以上两种情况下计算机床在 $(0,t]$ 内发生故障时不能及时维修的概率, 比较哪种方案的效率更高.

3.7 全班有 40 名学生, 本课程的期末成绩在 85 分之上的人数服从什么分布? 如果本学期全校有若干门相同的课程, 期末成绩在 85 分以上的总人数应当用什么分布描述?

3.8 侦察卫星每 24 h 一次地通过 K21 地区, 具体时间未知. 如果在 K21 地区随机选取时间开始一次 6 h 的军事活动, 计算该活动不被监测的概率.

3.9 在习题 3.8 中, 若卫星通过 K21 地区的间隔时间服从指数分布 $Exp(1/24)$, 在条件 (a) 和 (b) 下, 分别计算上述军事活动不被监测的概率.

(a) 卫星刚通过就开始军事活动;

(b) 随机选取时间开始军事活动.

3.10 求救者每间隔 2 min 发出一次瞬时呼叫, 随机到达的救援者在收到呼叫信号的范围内至少停留多长时间才能以 0.95 的概率收到呼叫.

3.11 一个使用了 t 小时的热敏电阻在 Δt 内失效的概率是 $\lambda\Delta t + o(\Delta t)$, 设该热敏电阻的使用寿命是连续型随机变量, 求该热敏电阻的寿命的分布.

3.12 一台机床加工的部件长度服从正态分布 $N(8, 36\times 10^{-8})$. 当部件的长度在 $[8-0.0015, 8+0.0015]$ 内为合格品, 求一部件是合格品的概率.

3.13 设 $X \sim \mathcal{P}(\lambda)$, 计算 $Y=\sqrt{X}$ 的概率分布.

3.14 设电流 I 在 $8\sim 9$ A 均匀分布. 当电流通过 2 Ω 的电阻时, 消耗的功率 (单位: W) 是 $W=2I^2$, 求 W 的概率密度.

3.15 设 $X\sim Exp(\lambda)$, $Y=aX+b$, $a>0$, 求 Y 的概率密度.

3.16 设 X 有概率密度

$$f(x)=\frac{c}{\pi(1+x^2)},\ x\geqslant 0.$$

确定常数 c, 并求 $Y=\ln X$ 的概率密度.

3.17 车间 A 和车间 B 组装相同的产品. 从这两个车间随机选出的 n 件产品中有 m 件来自车间 A. 如果车间 A 的主任知道本车间一共组装了 M 件, 他应当猜测车间 B 组装了多少件?

3.18 设 X 服从二项分布 $\mathcal{B}(n,p)$.

(a) 已知 $n=19$, $p=0.7$, 求 $p_k=P(X=k)$ 的最大值点 k;

(b) 已知 $n=19$, $X=9$, 求使得 $P(X=9)$ 达到最大的 p.

3.19 全班有 95 个学生, 每个学生上课迟到的概率为 p. 假设每个学生是否迟到是相互独立的.

(a) 当 $p=0.05$ 时, 有多少个学生迟到的概率最大?

(b) 如果有 7 个人迟到, 你认为 p 是多少?

3.20 设 X 服从参数是 λ 的泊松分布.

(a) 已知 $\lambda=23.8$, 求 $p_k=P(X=k)$ 的最大值点 k;

(b) 已知 $X=21$, 求使得 $P(X=21)$ 达到最大的 λ.

3.21 假设你每天收到的微信数服从参数是 λ 的泊松分布.

(a) 已知 $\lambda = 8.9$ 时, 你今天收到多少个微信的概率最大?

(b) 如果你今天收到了 12 个微信, 你认为 λ 应当是多少?

3.22 假设飞机晚点的概率为 0.15, 程老师经常乘飞机去开会.

(a) 计算他第 3 次乘飞机才遇到晚点的概率;

(b) 计算他前 3 次乘飞机都遇到晚点的概率;

(c) 计算他前 3 次乘飞机都未遇到晚点的概率;

(d) 程老师明年参加会议的次数可以用什么分布描述?

3.23 将一个骰子投掷 n 次, 用 m 表示掷得的最小点数, 用 M 表示掷得的最大点数, 计算

(a) $P(m = k), 1 \leqslant k \leqslant 6$;

(b) $P(M = k), 1 \leqslant k \leqslant 6$.

3.24 设点随机地落在中心在原点, 半径为 R 的圆周上. 求落点横坐标的概率密度.

3.25 你认为以下随机变量应当用什么概率分布描述?

(a) 飞机上有 N 位乘客. 飞机遇到颠簸时, 未系安全带的乘客数; 飞机突然遇到强烈颠簸时, 已知仅有 M 个人因没来得及系安全带而受伤时, 该飞机上的任意 n 位乘客中的受伤人数.

(b) 林荫大道的两边是排列整齐的高大树木. 五公里内的路边树上的鸟巢数; 路边相邻两棵树之间的距离.

(c) 铸铁件的粘砂数; 针织品面料的疵点数; 郊野公园的鸟巢数; 住宅小区中的蚁穴数; 社区医院一天内的就诊人数.

(d) 城市交通行驶缓慢时, 两辆汽车之间的距离; 高速路的车流量很低时, 两辆汽车之间的距离, 第 1 辆和第 5 辆车之间的距离.

(e) 路边打车时, 你等待上车的时间; 如果你成功地乘上了从你面前路过的第 N 辆出租车, N 的分布.

(f) 从今天开始的一年内亚洲地区发生的地震数; 对一次地震烈度的测量误差; 不限定时间时两次不同地点地震的间隔时间.

考研自测题三　　第三章复习

第四章 随机向量

在全班的 n 个人中任选一人, 用 X, Y 分别表示被选人的身高和臂展, 则 X, Y 都是随机变量. 这时称 (X, Y) 是 2 维随机向量. 因为身高和臂展有关, 所以分别研究身高 X 和臂展 Y 时, 就会丢失身高和臂展之间的信息. 而研究随机向量 (X, Y) 就不会丢失上述信息.

4.1 随机向量

如果 X, Y 是定义在同一个概率空间上的随机变量, 则称 (X, Y) 是 2 维随机向量, 简称为**随机向量** (random vector). 以下的随机变量都定义在相同的概率空间上, 不再赘述.

对随机事件 $A, B, A_1, A_2, \cdots, A_n$, 以后用 $\{A, B\}$ 表示 AB, 用

$$\{A_1, A_2, \cdots, A_n\} \text{ 表示 } \bigcap_{j=1}^{n} A_j.$$

于是有

$$\{X \leqslant x, Y \leqslant y\} = \{X \leqslant x\} \cap \{Y \leqslant y\}.$$

对于随机变量 $X_1, X_2, \cdots, X_m$, 有

$$\{X_1 \leqslant x_1, X_2 \leqslant x_2, \cdots, X_m \leqslant x_m\} = \bigcap_{j=1}^{m} \{X_j \leqslant x_j\}.$$

对于随机向量 (X, Y), 称

$$F(x, y) = P(X \leqslant x, Y \leqslant y) \tag{4.1.1}$$

为 (X, Y) 的**联合分布函数** (joint distribution function).

因为对于 $x_1 < x_2$, 有

$$\{X \leqslant x_1, Y \leqslant y\} \subset \{X \leqslant x_2, Y \leqslant y\},$$

所以有

$$F(x_1, y) = P(X \leqslant x_1, Y \leqslant y) \leqslant P(X \leqslant x_2, Y \leqslant y) = F(x_2, y).$$

说明联合分布函数 $F(x,y)$ 是 x 的单调不减函数. 同理, $F(x,y)$ 也是 y 的单调不减函数.

设 $F(x,y)$ 是 (X,Y) 的联合分布函数, 由于 $\{Y \leqslant \infty\}$ 和 $\{X \leqslant \infty\}$ 是必然事件. 所以 X, Y 分别有概率分布

$$F_X(x) = P(X \leqslant x, Y \leqslant \infty) = F(x, \infty),$$

$$F_Y(y) = P(X \leqslant \infty, Y \leqslant y) = F(\infty, y).$$

这时称 X 的分布函数 $F_X(x)$, Y 的分布函数 $F_Y(y)$ 为 (X,Y) 的**边缘分布函数** (marginal distribution function).

和随机变量的分布函数一样, 联合分布函数 $F(x,y)$ 也是右连续函数, 并且

$$\lim_{x\to\infty} F(x,y) = F(\infty,y) = F_Y(y), \quad \lim_{x\to-\infty} F(x,y) = F(-\infty,y) = 0,$$

$$\lim_{y\to\infty} F(x,y) = F(x,\infty) = F_X(x), \quad \lim_{y\to-\infty} F(x,y) = F(x,-\infty) = 0.$$

定义 4.1.1 如果对任何实数 x, y, 事件 $\{X \leqslant x\}$ 和 $\{Y \leqslant y\}$ 独立, 则称随机变量 X, Y 独立.

按照定义 4.1.1, X, Y 独立的充分必要条件是对任何 x, y,

$$P(X \leqslant x, Y \leqslant y) = P(X \leqslant x)P(Y \leqslant y),$$

或等价地有

$$F(x,y) = F_X(x)F_Y(y).$$

下面把随机变量的独立性定义推广到多个随机变量的情况.

定义 4.1.2 设 $X_1, X_2, \cdots$ 是随机变量.

(1) 如果对任何实数 $x_1, x_2, \cdots, x_n$,

$$P(X_1 \leqslant x_1, X_2 \leqslant x_2, \cdots, X_n \leqslant x_n)$$

$$= P(X_1 \leqslant x_1)P(X_2 \leqslant x_2)\cdots P(X_n \leqslant x_n),$$

则称随机变量 $X_1, X_2, \cdots, X_n$ 相互独立.

(2) 如果对任何 n, $X_1, X_2, \cdots, X_n$ 相互独立, 则称随机变量的序列 $\{X_j\} = \{X_j | j = 1, 2, \cdots\}$ 相互独立.

容易理解, 如果 $S_1, S_2, \cdots, S_n$ 是 n 个独立进行的试验, X_i 是试验 S_i 下的随机变量, 则 $X_1, X_2, \cdots, X_n$ 相互独立. 如果 $S_1, S_2, \cdots$ 是独立进行的试验, X_i 是试验 S_i 下的事件, 则 $X_1, X_2, \cdots$ 相互独立.

值得指出, 常数与任何随机变量独立. 这是因为任何随机变量的取值都不会影响常数的取值.

在一个城市进行家庭年均收入调查时, 随机选定了 n 个家庭. 用 X_i 表示其中第 i 个家庭的收入时, X_i 是随机变量. 容易理解, 随机变量 $X_1, X_2, \cdots, X_n$ 相互独立. 对于区间 $A_1 = (a_1, b_1]$, $A_2 = (a_2, b_2]$, $\cdots$, $A_n = (a_n, b_n]$, 因为 $X_i \in A_i$ 表示第 i 个家庭的收入在范围 $(a_i, b_i]$ 内, 所以事件

$$\{X_1 \in A_1\}, \ \{X_2 \in A_2\}, \ \cdots, \ \{X_n \in A_n\}$$

相互独立. 用 Y_i 表示第 i 个家庭在这一年中用于日常生活的支出. 因为支出依赖于收入, 所以 Y_i 是 X_i 的函数, 可以写成

$$Y_i = g_i(X_i),$$

其中 $g_i(x)$ 是某个函数. 可以理解, 随机变量 $Y_1, Y_2, \cdots, Y_n$ 也相互独立. 若用

$$\overline{X}_k = \frac{X_1 + X_2 + \cdots + X_k}{k}$$

表示前 k 个家庭的平均收入, 则随机变量 $\overline{X}_k$, X_{k+1}, $X_{k+2}, \cdots$, X_n 相互独立.

这就引出下面的定理.

定理 4.1.1 设随机变量 $X_1, X_2, \cdots, X_n$ 相互独立, 则有如下的结果:

(1) 对于数集 A_1, A_2, $\cdots$, A_n, 事件

$$\{X_1 \in A_1\},\ \{X_2 \in A_2\},\ \cdots,\ \{X_n \in A_n\}$$

相互独立;

(2) 对于一元函数 $g_1(x)$, $g_2(x), \cdots$, $g_n(x)$, 随机变量 $Y_1 = g_1(X_1)$, $Y_2 = g_2(X_2), \cdots$, $Y_n = g_n(X_n)$ 相互独立;

(3) 对于 k 元函数 $g(x_1, x_2, \cdots, x_k)$, 定义 $Z_k = g(X_1, X_2, \cdots, X_k)$, 则 Z_k, $X_{k+1}, \cdots$, X_n 相互独立.

如果 $X_1, X_2, \cdots, X_n$ 都是随机变量, 则称 $\boldsymbol{X} = (X_1, X_2, \cdots, X_n)$ 是 n 维随机向量, 也简称为随机向量.

定义 4.1.3 设 $\boldsymbol{X} = (X_1, X_2, \cdots, X_n)$ 是随机向量, 称 $\mathbf{R}^n$ 上的 n 元函数

$$F(x_1, x_2, \cdots, x_n) = P(X_1 \leqslant x_1, X_2 \leqslant x_2, \cdots, X_n \leqslant x_n) \tag{4.1.2}$$

为 $\boldsymbol{X}$ 的**联合分布函数**. 如果非负函数 $f(\boldsymbol{x}) = f(x_1, x_2, \cdots, x_n)$ 使得

$$P(X_1 \leqslant x_1, X_2 \leqslant x_2, \cdots, X_n \leqslant x_n) = \int_{-\infty}^{x_1} \int_{-\infty}^{x_2} \cdots \int_{-\infty}^{x_n} f(\boldsymbol{s})\,\mathrm{d}\boldsymbol{s}.$$

则称 $f(\boldsymbol{x})$ 为 $\boldsymbol{X}$ 的**联合密度函数**.

当随机向量 $\boldsymbol{X}$ 和 $\boldsymbol{Y} = (Y_1, Y_2, \cdots, Y_n)$ 有相同的联合分布函数, 称 $\boldsymbol{X}$, $\boldsymbol{Y}$ **同分布**.

设 X_i 有分布函数 $F_i(x_i) = P(X_i \leqslant x_i)$. 根据定义 4.1.2, $X_1, X_2, \cdots, X_n$ 相互独立的充分必要条件是 $(X_1, X_2, \cdots, X_n)$ 的联合分布函数

$$F(x_1, x_2, \cdots, x_n) = F_1(x_1)F_2(x_2)\cdots F_n(x_n). \tag{4.1.3}$$

下面主要介绍 2 维随机向量的基本内容, 但是所述结论都可以自然推广到 n 维的情况.

4.2 离散型随机向量

如果 X, Y 都是离散型随机变量, 则称 (X, Y) 是离散型随机向量. 设离散型随机向量 (X, Y) 有联合概率分布

$$p_{ij} = P(X = x_i, Y = y_j), \quad i, j \geqslant 1, \tag{4.2.1}$$

则 X 和 Y 分别有概率分布

$$
\begin{aligned}
p_i &\equiv P(X=x_i)=\sum_{j=1}^{\infty}P(X=x_i,Y=y_j)=\sum_{j=1}^{\infty}p_{ij},\ i\geqslant 1,\\
q_j &\equiv P(Y=y_j)=\sum_{i=1}^{\infty}P(X=x_i,Y=y_j)=\sum_{i=1}^{\infty}p_{ij},\ j\geqslant 1.
\end{aligned}\tag{4.2.2}
$$

这时称 X 的分布 $\{p_i\}$, Y 的分布 $\{q_j\}$ 为 (X,Y) 的**边缘分布**.

联合概率分布常被简称为**联合分布**或概率分布.

当 (X,Y) 的联合分布的规律性不强, 或不能用 (4.2.1) 明确表达时, 还可以用表格的形式表达如下:

p_{ij}	y_1	y_2	y_3	$\cdots$	y_n	$\cdots$	p_i
x_1	p_{11}	p_{12}	p_{13}	$\cdots$	p_{1n}	$\cdots$	p_1
x_2	p_{21}	p_{22}	p_{23}	$\cdots$	p_{2n}	$\cdots$	p_2
x_3	p_{31}	p_{32}	p_{33}	$\cdots$	p_{3n}	$\cdots$	p_3
$\vdots$	$\vdots$	$\vdots$	$\vdots$		$\vdots$		$\vdots$
q_j	q_1	q_2	q_3	$\cdots$	q_n	$\cdots$	1

其中 $p_i=P(X=x_i)$ 是其所在行中的诸 p_{ij} 之和, $q_j=P(Y=y_j)$ 是其所在列的诸 p_{ij} 之和.

按定义 4.1.1: 如果对任何实数 x,y, 有

$$P(X\leqslant x,Y\leqslant y)=P(X\leqslant x)P(Y\leqslant y),$$

则称随机变量 X,Y 独立.

关于离散型的 (X,Y), 我们有如下的定理.

定理 4.2.1 设离散型随机向量 (X,Y) 的所有不同取值是

$$(x_i,y_j),\quad i,j\geqslant 1,$$

则 X, Y 独立的充分必要条件是对任何 (x_i,y_j),

$$P(X=x_i,Y=y_j)=P(X=x_i)P(Y=y_j).\tag{4.2.3}$$

证明 当 (4.2.3) 成立, 对任何 x,y, 在 (4.2.3) 的两边对 $\{i\,|x_i\leqslant x\}$ 中的 i 求和, 得到

$$P(X\leqslant x,Y=y_j)=P(X\leqslant x)P(Y=y_j).$$

再对 $\{j\,|y_j\leqslant y\}$ 中的 j 求和, 得到

$$P(X\leqslant x,Y\leqslant y)=P(X\leqslant x)P(Y\leqslant y).$$

于是 X,Y 独立.

反之, 设 X, Y 独立. 对于单点集合 $A=\{x_i\}$ 和 $B=\{y_j\}$, 由定理 1.1 知道 $\{X=x_i\}=\{X\in A\}$ 与 $\{Y=y_j\}=\{Y\in B\}$ 独立, 所以 (4.2.3) 成立.

例 4.2.1 (接 3.2 节例 3.2.4) 设一部手机在时间段 $[0,t]$ 内收到的微信数服从泊松分布 $\mathcal{P}(\lambda)$, 其中 $\lambda=\mu t$, μ 是正常数. 每个微信是否广告与其到达时间独立, 也与其他微信是否广告独立. 如果每条微信是广告的概率为正数 p, 则 $[0,t]$ 内到达的广告微信数和非广告微信数相互独立.

证明 设 $[0,t]$ 内收到的微信数是 Y. 根据 3.2 节例 3.2.4 的结论, 收到的广告微信数 $X\sim\mathcal{P}(\lambda p)$, 收到的非广告微信数 $Z=Y-X\sim\mathcal{P}(\lambda q)$, 其中 $q=1-p$. 每收到一条微信相当于作一次试验, 遇到广告是试验成功. 于是得到

$$
\begin{aligned}
P(X=k,Z=j)&=P(X=k,Y-X=j)\\
&=P(X=k,Y=j+k)\\
&=P(Y=j+k)P(X=k|Y=j+k)\\
&=\frac{\lambda^{j+k}}{(j+k)!}\mathrm{e}^{-\lambda}\mathrm{C}_{j+k}^{k}p^kq^j\\
&=\frac{(\lambda p)^k}{k!}\mathrm{e}^{-\lambda p}\ \frac{(\lambda q)^j}{j!}\mathrm{e}^{-\lambda q}\\
&=P(X=k)P(Z=j).
\end{aligned}
$$

从定理 4.2.1 知道 X, Y 独立.

从这个例子不难理解, 一部手机在一天内收到的互不相交的朋友圈的微信数是相互独立的, 且都服从泊松分布.

例 4.2.2 (三项分布) 设 A,B,C 是试验 S 的完备事件组, $P(A)=p_1$, $P(B)=p_2$, $P(C)=p_3$. 对试验 S 进行 n 次独立重复试验时, 用 X_1,X_2,X_3 分别表示 A,B,C 发生的次数, 则 (X_1,X_2,X_3) 的联合分布是

$$
P(X_1=i,X_2=j,X_3=k)=\frac{n!}{i!\,j!\,k!}p_1^ip_2^jp_3^k, \tag{4.2.4}
$$

其中 $i,\ j,k\geqslant 0,\ i+j+k=n$.

证明 将 $1,2,\cdots,n$ 分成有次序的 3 组, 不考虑每组中元素的次序, 第 1,2,3 组分别有 i,j,k 个元素的不同结果数为

$$
N=\frac{n!}{i!\,j!\,k!}.
$$

用第 l 个分组结果 $\{a_1,a_2,\cdots,a_i\}\equiv A_l$, $\{b_1,b_2,\cdots,b_j\}\equiv B_l$, $\{c_1,c_2,\cdots,c_k\}\equiv C_l$ 表示第 $a_1,a_2,\cdots,a_i$ 次试验 A 发生, 第 $b_1,b_2,\cdots,b_j$ 次试验 B 发生, 第 $c_1,c_2,\cdots,c_k$ 次试验 C 发生, 则

$$
P(A_lB_lC_l)=p_1^ip_2^jp_3^k,\ 1\leqslant l\leqslant N.
$$

因为对于不同的 l, 事件 $A_lB_lC_l$ 互不相容, 所以得到

$$
P(X_1=i,X_2=j,X_3=k)=P\Big(\bigcup_{l=1}^{N}A_lB_lC_l\Big)
$$

$$= \sum_{l=1}^{N} P\big(A_l B_l C_l\big) = \frac{n!}{i!\,j!\,k!} p_1^i p_2^j p_3^k.$$

例 4.2.3 在例 4.2.2 的条件下, 计算 X_1 和 (X_1, X_2) 的边缘分布.

解 在例 4.2.2 中的单次试验中, 如果 A 发生就称试验成功, 则试验成功的概率是 $p_1 = P(A)$. X_1 是 n 次独立重复试验中成功的次数, 所以 X_1 有概率分布

$$P(X_1 = i) = \mathrm{C}_n^i p_1^i (1 - p_1)^{n-i}, \quad i \geqslant 0.$$

即 $X_1 \sim \mathcal{B}(n, p_1)$. 因为 $X_1 + X_2 + X_3 = n$, 所以

$$\begin{aligned} & P(X_1 = i, X_2 = j) \\ = & P(X_1 = i, X_2 = j, X_3 = n - i - j) \\ = & \frac{n!}{i!j!(n-i-j)!} p_1^i p_2^j p_3^{n-i-j}, i + j \leqslant n. \end{aligned}$$

例 4.2.3 告诉我们, 在一些情况下根据问题的背景更容易计算出随机向量的边缘分布.

4.3 连续型随机向量

4.3.1 联合密度

在向平面坐标系的原点射击时, 用 (X, Y) 表示弹落点, 则 (X, Y) 是随机向量. 因为 X 取任何实数值 x 的概率为 0, 所以是连续型随机变量. 于是对于任何指定的常数向量 (x, y) 都有

$$P(X = x, Y = y) \leqslant P(X = x) = 0.$$

但是对于任何包含原点且面积为正数的长方形

$$D = \{\, (x, y) \mid a < x \leqslant b, c < y \leqslant d \,\},$$

有

$$P((X, Y) \in D) > 0.$$

为了刻画上述概率, 设想有一个 (x, y) 平面上的曲面 $z = f(x, y)$, 使得概率 $P((X, Y) \in D)$ 等于以 D 为底, 以 $f(x, y)$ 为顶的柱体体积. 于是有下面的定义.

定义 4.3.1 设 (X, Y) 是随机向量, 如果有 $\mathbf{R}^2$ 上的非负函数 $f(x, y)$ 使得对 $\mathbf{R}^2$ 的任何长方形子集

$$D = \{\, (x, y) \mid a < x \leqslant b, c < y \leqslant d \,\}, \tag{4.3.1}$$

有

$$P((X, Y) \in D) = \iint_D f(x, y)\,\mathrm{d}x\mathrm{d}y, \tag{4.3.2}$$

则称 (X,Y) 是连续型随机向量, 并称 $f(x,y)$ 是 (X,Y) 的联合概率密度或联合密度.

按照上述定义, 连续型随机向量有联合密度, 没有联合密度的随机向量不是连续型随机向量. 另外, 如果两个随机向量有相同的联合密度, 则称它们同分布.

设 $f(x,y)$ 是 (X,Y) 的联合密度. 可以证明对 $\mathbf{R}^2$ 的任何子区域 D, 有

$$\begin{aligned} P((X,Y)\in D) &= \iint_{\mathbf{R}^2} f(x,y)\mathrm{I}[(x,y)\in D]\mathrm{d}x\mathrm{d}y \\ &= \iint_D f(x,y)\,\mathrm{d}x\mathrm{d}y, \end{aligned} \tag{4.3.3}$$

其中

$$\mathrm{I}[(x,y)\in D]=\begin{cases} 1, & 当\ (x,y)\in D, \\ 0, & 其他 \end{cases}$$

是集合 D 的示性函数, 也常简写成 $\mathrm{I}[D]$. 于是

$$\mathrm{I}[D]=\mathrm{I}[(x,y)\in D].$$

公式 (4.3.3) 是常用公式, 值得牢记. 在 (4.3.3) 中取 $D=\mathbf{R}^2$ 时, 得到

$$\iint_{\mathbf{R}^2} f(x,y)\,\mathrm{d}x\mathrm{d}y = P((X,Y)\in\mathbf{R}^2)=1. \tag{4.3.4}$$

为了计算重积分的方便, 列出下面的定理.

定理 4.3.1 设 D 是 $\mathbf{R}^2$ 的子区域, 函数 $h(x,y)$ 在 D 中非负, 或 $|h(x,y)|$ 在 D 上的积分有限. 用 $\mathrm{I}[D]$ 表示 D 的示性函数, 则

$$\begin{aligned} \iint_D h(x,y)\,\mathrm{d}x\mathrm{d}y &= \int_{-\infty}^{\infty}\left(\int_{-\infty}^{\infty} h(x,y)\mathrm{I}[D]\,\mathrm{d}y\right)\mathrm{d}x \\ &= \int_{-\infty}^{\infty}\left(\int_{-\infty}^{\infty} h(x,y)\mathrm{I}[D]\,\mathrm{d}x\right)\mathrm{d}y. \end{aligned}$$

定理 4.3.1 给出了化二重积分为一元积分的方法. 注意, 计算

$$\int_{-\infty}^{\infty}\left(\int_{-\infty}^{\infty} h(x,y)\mathrm{I}[D]\,\mathrm{d}y\right)\mathrm{d}x$$

时, 将 x 视为常数先对 y 积出 $\int_{-\infty}^{\infty} h(x,y)\mathrm{I}[D]\,\mathrm{d}y$, 然后再对 x 进行积分. 同理, 计算

$$\int_{-\infty}^{\infty}\left(\int_{-\infty}^{\infty} h(x,y)\mathrm{I}[D]\,\mathrm{d}x\right)\mathrm{d}y$$

时, 将 y 视为常数先对 x 积出 $\int_{-\infty}^{\infty} h(x,y)\mathrm{I}[D]\,\mathrm{d}x$, 然后再对 y 进行积分.

在定理 4.3.1 中, 示性函数 $\mathrm{I}[D]$ 的使用为计算二重积分带来方便, 简化了累次积分上、下限的寻找过程. 在积分区域比较复杂或更高维的重积分中, 使用示性函数往往能带来更大方便. 在下面学习中应逐步习惯示性函数的使用.

示性函数有以下的常用性质: 如果 $\mathrm{I}[D_1],\mathrm{I}[D_2]$ 分别为 $\mathbf{R}^2$ 的子集 (或随机事件) D_1, D_2 的示性函数, 则有

$$\mathrm{I}[D_1]\mathrm{I}[D_2]=\mathrm{I}[D_1D_2].$$

这是因为上式两边等于 1 的充分必要条件都是 $(x,y)\in D_1D_2$.

4.3.2 边缘密度

如果 $f(x,y)$ 是随机向量 (X,Y) 的联合密度, 则称 X,Y 各自的概率密度为 $f(x,y)$ 或 (X,Y) 的边缘密度 (marginal density), 下面计算 (X,Y) 的边缘密度.

对任何 x, 从概率密度的定义和

$$\begin{aligned}P(X\leqslant x)&=P(X\leqslant x,Y<\infty)\\&=\int_{-\infty}^{x}\Big(\int_{-\infty}^{\infty}f(x,y)\,\mathrm{d}y\Big)\,\mathrm{d}x\end{aligned}$$

知道 X 有边缘密度

$$f_X(x)=\int_{-\infty}^{\infty}f(x,y)\,\mathrm{d}y. \tag{4.3.5}$$

完全对称地得到 Y 的边缘函数

$$f_Y(y)=\int_{-\infty}^{\infty}f(x,y)\,\mathrm{d}x. \tag{4.3.6}$$

从联合密度计算边缘密度的公式是容易掌握的: 求 $f_X(x)$ 时, 对 $f(x,y)$ 的 y 积分, 留下 x; 求 $f_Y(y)$ 时, 对 $f(x,y)$ 的 x 积分, 留下 y.

设 D 是 $\mathbf{R}^2$ 的子区域, D 的面积 $m(D)$ 是正数. 如果 (X,Y) 有联合密度

$$f(x,y)=\begin{cases}\dfrac{1}{m(D)}, & (x,y)\in D,\\[2mm] 0, & (x,y)\notin D,\end{cases} \tag{4.3.7}$$

则称 (X,Y) 在 D 上均匀分布, 记作 $(X,Y)\sim U(D)$.

例 4.3.1 设 (X,Y) 在单位圆 $D=\{(x,y)|x^2+y^2\leqslant 1\}$ 内均匀分布, 求 X 和 Y 的概率密度.

解 用 $\mathrm{I}[D]$ 表示 D 的示性函数, 即

$$\mathrm{I}[D]=\mathrm{I}[x^2+y^2\leqslant 1]=\begin{cases}1, & \text{当 } x^2+y^2\leqslant 1,\\ 0, & \text{其他},\end{cases} \tag{4.3.8}$$

则 (X,Y) 有联合密度 $f(x,y)=(1/\pi)\mathrm{I}[D]$. X 只在 $[-1,1]$ 中取值. 由 (4.3.5) 知道

$$\begin{aligned}f_X(x)&=\int_{-\infty}^{\infty}f(x,y)\,\mathrm{d}y\\&=\frac{1}{\pi}\int_{-\infty}^{\infty}\mathrm{I}[x^2+y^2\leqslant 1]\,\mathrm{d}y\\&=\frac{1}{\pi}\int_{-\infty}^{\infty}\mathrm{I}[\,|y|\leqslant\sqrt{1-x^2}\,]\,\mathrm{d}y\\&=\frac{2}{\pi}\sqrt{1-x^2},\ \ |x|\leqslant 1.\end{aligned} \tag{4.3.9}$$

对称地得到 Y 的概率密度 $f_Y(y)=(2/\pi)\sqrt{1-y^2},\ |y|\leqslant 1$.

4.3.3 独立性

关于连续型随机变量的独立性, 我们介绍下面的定理.

定理 4.3.2 设 X,Y 分别有概率密度 $f_X(x)$, $f_Y(y)$. 则 X,Y 独立的充分必要条件是随机向量 (X,Y) 有联合密度

$$f(x,y)=f_X(x)f_Y(y). \tag{4.3.10}$$

证明 如果 (4.3.10) 是 (X,Y) 的联合密度, 则有

$$\begin{aligned}P(X\leqslant x,Y\leqslant y)&=\int_{-\infty}^{x}\left(\int_{-\infty}^{y}f_X(s)f_Y(t)\,\mathrm{d}t\right)\mathrm{d}s\\&=\int_{-\infty}^{x}f_X(s)\,\mathrm{d}s\int_{-\infty}^{y}f_Y(t)\,\mathrm{d}t\\&=P(X\leqslant x)P(Y\leqslant y).\end{aligned}$$

由定义 4.1.1 知道 X,Y 独立.

如果 X,Y 独立, 对 $a\leqslant b$, $c\leqslant d$, 利用定理 4.3.1 得到

$$\begin{aligned}&P(a<X\leqslant b,c<Y\leqslant d)\\&=P(a<X\leqslant b)P(c<Y\leqslant d)\\&=\int_a^b f_X(x)\,\mathrm{d}x\int_c^d f_Y(y)\,\mathrm{d}y\\&=\int_a^b\int_c^d f_X(x)f_Y(y)\,\mathrm{d}x\mathrm{d}y.\end{aligned}$$

从联合密度的定义知道 $f_X(x)f_Y(y)$ 是 (X,Y) 的联合密度.

设 X 有概率密度 $f_X(x)$, 则 X 的取值范围是 $\{x\,|f_X(x)>0\}$. 如果观测到 $X=x$, 则 $f_X(x)>0$. 设 (X,Y) 有联合密度 $f(x,y)$, 对于确定的 x, 已知 $X=x$ 时, Y 的取值范围是

$$\{y\,|f(x,y)>0\}. \tag{4.3.11}$$

如果 X,Y 独立, 则已知 $X=x$ 时, 可以用 (4.3.10) 和 $f_X(x)>0$ 将 Y 的取值范围写成

$$\{y\,|f_X(x)f_Y(y)>0\}=\{y\,|f_Y(y)>0\}. \tag{4.3.12}$$

(4.3.12) 的右边与 x 无关. 说明如果 X,Y 独立, 则已知 $X=x$ 时, Y 的取值范围与 x 无关. 这就得到下面的结论.

定理 4.3.3 设 (X,Y) 是随机向量. 已知 $X=x$ 时, 如果 Y 的取值范围和 x 有关, 则 X,Y 不独立.

在例 4.3.1 中, (X,Y) 在单位圆 $D=\{(x,y)|x^2+y^2\leqslant 1\}$ 中均匀分布. 已知 $X=x$ 时, Y 的取值范围 $[-\sqrt{1-x^2},\sqrt{1-x^2}]$ 与 x 有关, 所以 X,Y 不独立.

例 4.3.2 设 (X,Y) 在矩形 $D=\{(x,y)\,|a<x\leqslant b,c<y\leqslant d\}$ 上均匀分布. 计算 X, Y 的边缘分布, 并证明 X, Y 独立.

解 用 I[D] 表示 D 的示性函数, 则

$$\mathrm{I}[D]=\mathrm{I}[a<x\leqslant b]\cdot\mathrm{I}[c<y\leqslant d],$$

(X,Y) 的联合密度

$$f(x,y)=\frac{1}{m(D)}\mathrm{I}[D]=\frac{1}{b-a}\mathrm{I}[a<x\leqslant b]\cdot\frac{1}{d-c}\mathrm{I}[c<y\leqslant d].$$

容易计算出 X 和 Y 的概率密度如下:

$$f_X(x)=\frac{1}{b-a}\mathrm{I}[a<x\leqslant b],\quad f_Y(y)=\frac{1}{d-c}\mathrm{I}[c<y\leqslant d].$$

于是 $X\sim U(a,b]$, $Y\sim U(c,d]$. 由于 $f_X(x)f_Y(y)=f(x,y)$, 所以 X,Y 相互独立.

现在将例 4.3.2 中的矩形 D 作一转动, 使得矩形的边不与坐标轴平行. 这时 X 的取值会影响 Y 的取值范围, 因而 X,Y 不再独立. 同理, 如果 (X,Y) 的联合密度仅在圆、椭圆或三角形内大于 0, 则 X,Y 不独立 (参考定理 4.3.3).

例 4.3.3 两人某天在 1:00 至 2:00 间独立地随机到达某地会面, 先到者等候 20 min 后离去. 求这两人能相遇的概率.

解 认为每个人在 0 至 60 min 内等可能到达, 用 X, Y 分别表示他们的到达时间. 则 $X\sim U(0,60)$, $Y\sim U(0,60)$, X,Y 独立. 利用

$$f_X(x)=\begin{cases}\dfrac{1}{60}, & x\in(0,60),\\ 0, & x\notin(0,60),\end{cases}\qquad f_Y(y)=\begin{cases}\dfrac{1}{60}, & y\in(0,60),\\ 0, & y\notin(0,60),\end{cases}$$

得到 (X,Y) 的联合密度

$$f(x,y)=f_X(x)f_Y(y)=\begin{cases}\left(\dfrac{1}{60}\right)^2, & (x,y)\in D,\\ 0, & (x,y)\notin D,\end{cases}$$

其中 $D=\{(x,y)|0\leqslant x,y\leqslant 60\}$. 定义 (见图 4.3.1)

$$A=\{\ (x,y)\ \big|\ |x-y|\leqslant 20,(x,y)\in D\ \}.$$

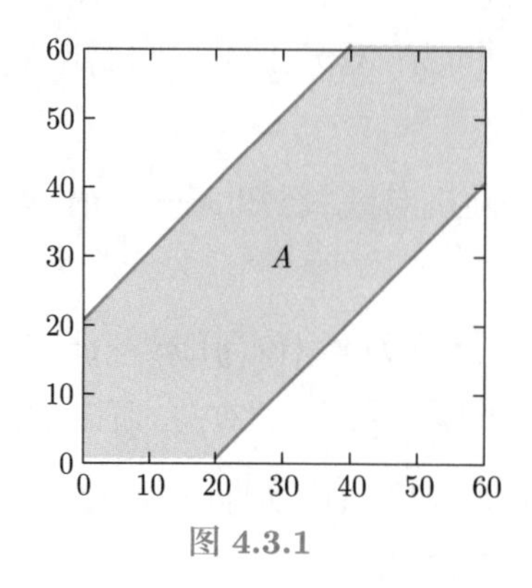

图 4.3.1

要计算的概率是

$$\begin{aligned}P(|X-Y|\leqslant 20) &= \iint_A f(x,y)\,\mathrm{d}x\mathrm{d}y \\ &= \frac{m(A)}{m(D)} \\ &= \frac{60^2-40^2}{60^2} = \frac{5}{9}.\end{aligned}$$

例 4.3.4 设 (X,Y) 在由曲线 $y=x^2/2$ 和 $y=x$ 所围的有限区域内均匀分布.

(a) 求 (X,Y) 的联合密度;

(b) X, Y 是否独立;

(c) 计算 $f_X(x)$ 和 $f_Y(y)$.

解 (a) 从 $x^2/2=x$ 解出 $x=0$ 或 2. 两条曲线的交点是 $(0,0)$ 和 $(2,2)$, 所述的区域是 (见图 4.3.2)

$$D=\{(x,y)\,|\,x^2/2<y<x, 0<x<2\}. \tag{4.3.13}$$

用 $\mathrm{I}[D]=\mathrm{I}[x^2/2<y<x]\cdot\mathrm{I}[0<x<2]$ 表示 D 的示性函数, 则 D 的面积是

$$\begin{aligned}m(D) &= \int_{-\infty}^{\infty}\int_{-\infty}^{\infty}\mathrm{I}[D]\,\mathrm{d}y\,\mathrm{d}x \\ &= \int_{-\infty}^{\infty}\Big(\int_{-\infty}^{\infty}\mathrm{I}[x^2/2<y<x]\,\mathrm{d}y\Big)\mathrm{I}[0<x<2]\,\mathrm{d}x \\ &= \int_0^2\Big(\int_{x^2/2}^{x}\mathrm{d}y\Big)\mathrm{d}x \\ &= \int_0^2(x-x^2/2)\,\mathrm{d}x \\ &= \frac{2}{3}.\end{aligned}$$

于是 (X,Y) 的联合密度是

$$f(x,y)=\frac{1}{m(D)}\mathrm{I}[D]=1.5\,\mathrm{I}[D].$$

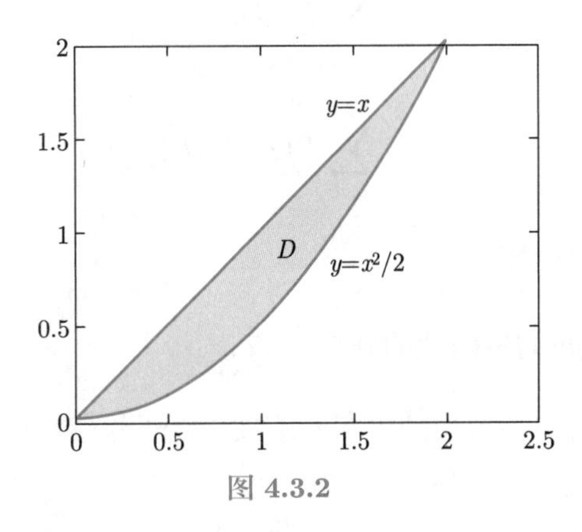

图 4.3.2

(b) 因为已知 $X=x$ 时, Y 在 $(x^2/2,x)$ 中取值. X 的取值影响了 Y 的取值范围, 所以 X 和 Y 不独立.

(c) 用公式 (4.3.5), (4.3.6) 和 $\{x^2/2<y<x\}=\{y<x<\sqrt{2y}\}$ 计算出

$$\begin{aligned}f_X(x)&=\int_{-\infty}^{\infty}1.5\,\mathrm{I}[D]\,\mathrm{d}y=1.5\int_{x^2/2}^{x}\mathrm{I}[0<x<2]\,\mathrm{d}y\\&=1.5(x-x^2/2)\mathrm{I}[0<x<2]\\&=1.5(x-x^2/2),\ x\in(0,2),\\f_Y(y)&=\int_{-\infty}^{\infty}1.5\mathrm{I}[D]\,\mathrm{d}x=1.5\int_0^2\mathrm{I}[y<x<\sqrt{2y}]\,\mathrm{d}x\\&=1.5(\sqrt{2y}-y),\ y\in(0,2).\end{aligned}$$

4.4 随机向量函数的分布

先将 2.4 节中的全概率公式作一推广.

定理 4.4.1 (全概率公式) 如果随机变量 X 有概率分布 $p_j=P(X=x_j),\ j\geqslant 0$, 则对事件 B 有

$$P(B)=\sum_{j=0}^{\infty}P(B|X=x_j)P(X=x_j).$$

证明 事件 $A_j=\{X=x_j\},\ j\geqslant 0$ 构成完备事件组. 所以有

$$\bigcup_{j=0}^{\infty}A_j=\Omega,\ B=B\bigcup_{j=0}^{\infty}A_j=\bigcup_{j=0}^{\infty}BA_j.$$

因为 $BA_1,BA_2,\cdots$ 互不相容, 所以用概率的可列可加性得到

$$\begin{aligned}P(B)&=P\Big(\bigcup_{j=0}^{\infty}BA_j\Big)\\&=\sum_{j=0}^{\infty}P(BA_j)\\&=\sum_{j=0}^{\infty}P(B|A_j)P(A_j).\end{aligned}$$

4.4.1 离散型随机向量函数的分布

下面通过例子学习计算离散型随机向量函数的概率分布.

例 4.4.1 (泊松分布的可加性) 设一个公交车站有 1 路, 2 路, $\cdots$, n 路汽车停靠. 早 7:00 至 8:00 之间乘 i 路车的乘客的到达数 X_i 服从参数是 λ_i 的泊松分布. 设 $X_1, X_2, \cdots, X_n$ 相互独立, 计算 7:00 至 8:00 之间

(a) 乘 1 路和 2 路汽车的到达人数 $S_2 = X_1 + X_2$ 的概率分布;

(b) 到达总人数 $S_n = X_1 + X_2 + \cdots + X_n$ 的概率分布.

解 (a) S_2 是取非负整数值的随机变量. 用 $B|A$ 表示已知 A 发生后的事件 B, 则对 $k = 0, 1, \cdots$, 有

$$\{S_2 = k|X_1 = i\} = \{i + X_2 = k|X_1 = i\}.$$

用全概率公式得到

$$\begin{aligned}
P(S_2 = k) &= \sum_{i=0}^{\infty} P(S_2 = k|X_1 = i)P(X_1 = i) \\
&= \sum_{i=0}^{k} P(X_2 = k - i)P(X_1 = i) \\
&= \sum_{i=0}^{k} \frac{\lambda_2^{k-i}}{(k-i)!} \frac{\lambda_1^i}{i!} \mathrm{e}^{-\lambda_1 - \lambda_2} \\
&= \frac{1}{k!} \sum_{i=0}^{k} \mathrm{C}_k^i \lambda_1^i \lambda_2^{k-i} \mathrm{e}^{-\lambda_1 - \lambda_2} \\
&= \frac{(\lambda_1 + \lambda_2)^k}{k!} \mathrm{e}^{-(\lambda_1 + \lambda_2)}.
\end{aligned}$$

说明到达人数 $S_2 = X_1 + X_2 \sim \mathcal{P}(\lambda_1 + \lambda_2)$.

(b) 用归纳法. 假设 $S_{n-1} \sim \mathcal{P}(\lambda_1 + \lambda_2 + \cdots + \lambda_{n-1})$. 利用 S_{n-1} 和 X_n 独立, $S_n = S_{n-1} + X_n$ 和 (1) 中的结果得到

$$S_n \sim \mathcal{P}(\lambda_1 + \lambda_2 + \cdots + \lambda_n).$$

从例 4.4.1 可以得到如下的结果: 如果 $X_1, X_2, \cdots, X_n$ 相互独立, $X_i \sim \mathcal{P}(\lambda_i)$, 则 $S_n = X_1 + X_2 + \cdots + X_n \sim \mathcal{P}(\lambda_1 + \lambda_2 + \cdots + \lambda_n)$.

从问题的背景也可以理解两个相互独立的服从泊松分布的随机变量之和仍然服从泊松分布. 在放射物放射 α 粒子的 3.2 节例 3.2.3 中, 放射物在 7.5 秒内放射出的 α 粒子数服从 $\lambda = 3.87$ 的泊松分布. λ 是 7.5 秒内平均放射出的粒子数. 设想将此放射物分成两块, 则各块放射的粒子数相互独立, 都服从泊松分布. 若第 1 块在 7.5 秒内平均释放出 λ_1 个 α 粒子, 第 2 块在 7.5 秒内平均释放出 λ_2 个 α 粒子, 则两块之和在 7.5 秒内平均释放出 $\lambda = \lambda_1 + \lambda_2$ 个 α 粒子.

例 4.4.2 实验室有 n 个学生, 在相同的条件下每人独立重复同一试验. 如果第 i 个人作了 m_i 次试验, 其中试验成功的次数是 X_i. 计算这 n 个学生试验的成功总次数

$$S_n = X_1 + X_2 + \cdots + X_n$$

的概率分布.

解　设每次试验成功的概率是 p. 因为这 n 个同学一共进行了 $m = m_1 + m_2 + \cdots + m_n$ 次独立重复试验, 所以试验成功的总次数 S_n 服从二项分布 $\mathcal{B}(m,p)$.

例 4.4.2 说明: 如果 X_i 服从二项分布 $\mathcal{B}(m_i,p)$, $X_1, X_2, \cdots, X_n$ 相互独立, 则它们的和 $S_n = X_1 + X_2 + \cdots + X_n$ 服从二项分布 $\mathcal{B}(m_1 + m_2 + \cdots + m_n, p)$.

当然也可以按照例 4.4.1 的方法推导出上述结果, 但是从问题的背景出发得到的结果更加直观.

4.4.2　连续型随机向量函数的分布

设随机向量 (X,Y) 有联合密度 $f(x,y)$, $u = u(x,y)$ 是二元函数, 则 $U = u(X,Y)$ 是随机变量. 于是可以研究 U 的概率分布问题.

如果 X, Y 独立, 分别服从正态分布 $N(0,\sigma_1^2)$, $N(0,\sigma_2^2)$, 则称

$$R = \sqrt{X^2 + Y^2}$$

为**脱靶量**. 这是因为若将 (X,Y) 视为弹落点, 则 R 是弹落点脱开目标 $(0,0)$ 的距离.

例 4.4.3　设 X, Y 独立, 都服从标准正态分布 $N(0,1)$, 求脱靶量 $R = \sqrt{X^2 + Y^2}$ 的概率密度.

解　(X,Y) 有联合密度

$$f(x,y) = \frac{1}{2\pi} \exp\left(-\frac{x^2+y^2}{2}\right). \tag{4.4.1}$$

R 在 $(0,\infty)$ 中取值. 定义 $D = \{(x,y) \mid x^2 + y^2 \leqslant r^2\}$. 对 $r > 0$, 利用公式 (4.3.3) 得到 R 的分布函数

$$\begin{aligned}
F_R(r) &= P(\sqrt{X^2+Y^2} \leqslant r) \\
&= \iint_D \frac{1}{2\pi} \exp\left(-\frac{x^2+y^2}{2}\right) \mathrm{d}x\mathrm{d}y \\
&= \frac{1}{2\pi} \int_0^{2\pi} \mathrm{d}\theta \int_0^r \mathrm{e}^{-z^2/2} z \,\mathrm{d}z \qquad [\text{取 } x = z\cos\theta, y = z\sin\theta] \\
&= \int_0^r \mathrm{e}^{-z^2/2} z \,\mathrm{d}z.
\end{aligned}$$

$F_R(r)$ 连续, 求导得到 R 的概率密度

$$f_R(r) = r\mathrm{e}^{-r^2/2}, \ r > 0. \tag{4.4.2}$$

(4.4.2) 称为瑞利 (Rayleigh) 概率密度. 图 4.4.1 是 (4.4.2) 的图形. 横轴是 r, 纵轴是 $f_R(r)$.

值得指出, 瑞利概率密度 $f_R(r)$ 在 $r = 1$ 取最大值. 如果以原点为心画出若干宽度为 2ε 的圆环, 则子弹落在圆环

$$\{(x,y) \mid 1 - \varepsilon < \sqrt{x^2+y^2} < 1 + \varepsilon\}$$

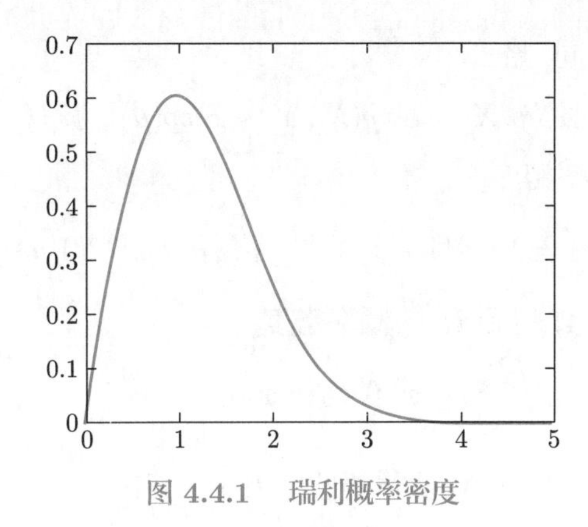

图 4.4.1 瑞利概率密度

的概率较大. 这就解释了为什么有经验的射击运动员在比赛时打出 9 或 8 环的机会较多, 打出 10 环或 7, 6 环的机会较少.

定理 4.4.2 设随机向量 (X,Y) 有联合密度 $f(x,y)$, 则 $U=X+Y$ 有概率密度

$$f_U(u)=\int_{-\infty}^{\infty} f(x,u-x)\mathrm{d}x. \tag{4.4.3}$$

当 X,Y 独立时, $U=X+Y$ 有概率密度

$$f_U(u)=\int_{-\infty}^{\infty} f_X(x)f_Y(u-x)\mathrm{d}x. \tag{4.4.4}$$

证明 下面的积分中视 x 为常数, 并取变换 $y=t-x$, 得到

$$\int_{-\infty}^{\infty} f(x,y)\mathrm{I}[x+y\leqslant u]\mathrm{d}y=\int_{-\infty}^{\infty} f(x,t-x)\mathrm{I}[t\leqslant u]\mathrm{d}t=\int_{-\infty}^{u} f(x,t-x)\mathrm{d}t.$$

于是有

$$\begin{aligned}
F_U(u)&=P(U\leqslant u)=P(X+Y\leqslant u)\\
&=\int_{-\infty}^{\infty}\left(\int_{-\infty}^{\infty} f(x,y)\mathrm{I}[x+y\leqslant u]\mathrm{d}y\right)\mathrm{d}x\\
&=\int_{-\infty}^{\infty}\left(\int_{-\infty}^{u} f(x,t-x)\mathrm{d}t\right)\mathrm{d}x\\
&=\int_{-\infty}^{u}\left(\int_{-\infty}^{\infty} f(x,t-x)\mathrm{d}x\right)\mathrm{d}t.
\end{aligned}$$

从定义 (或对 u 求导数) 得到 U 的概率密度 (4.4.3). 当 X,Y 独立时, 由 $f(x,y)=f_X(x)f_Y(y)$ 得到 (4.4.4).

例 4.4.4 如果随机向量 (X,Y) 有联合密度 $f(x,y)$, 则 $V=X-Y$ 有概率密度

$$f_V(v)=\int_{-\infty}^{\infty} f(x,x-v)\mathrm{d}x. \tag{4.4.5}$$

特别当 X,Y 独立时, $V=X-Y$ 有概率密度

$$f_V(v)=\int_{-\infty}^{\infty} f_X(x)f_Y(x-v)\mathrm{d}x. \tag{4.4.6}$$

证明和 (4.4.3) 的相同, 略去.

例 4.4.5 设 X, Y 独立, $X \sim Exp(\lambda)$, $Y \sim Exp(\mu)$. 求 $U = X + Y$ 的概率密度.

解 X, Y 分别有概率密度

$$f_X(x) = \lambda \mathrm{e}^{-\lambda x}\mathrm{I}[x > 0], \quad f_Y(y) = \mu \mathrm{e}^{-\mu y}\mathrm{I}[y > 0].$$

对于 $u > 0$, 按公式 (4.4.4) 得到 U 的概率密度

$$\begin{aligned} f_U(u) &= \int_{-\infty}^{\infty} f_X(x) f_Y(u - x)\mathrm{d}x \\ &= \int_0^{\infty} \lambda\mu \mathrm{e}^{-\lambda x}\mathrm{e}^{-\mu(u-x)}\mathrm{I}[x > 0]\mathrm{I}[u - x > 0]\mathrm{d}x \\ &= \lambda\mu \mathrm{e}^{-\mu u}\int_0^{u} \mathrm{e}^{-(\lambda-\mu)x}\mathrm{d}x \\ &= \begin{cases} \lambda\mu u \mathrm{e}^{-\mu u}, & \text{当 } \lambda = \mu, \\ \dfrac{\lambda\mu}{\lambda - \mu}(\mathrm{e}^{-\mu u} - \mathrm{e}^{-\lambda u}), & \text{当 } \lambda \neq \mu. \end{cases} \end{aligned}$$

例 4.4.6 设随机变量 X, Y 独立, Y 有离散分布 $p_j = P(Y = a_j), j \geqslant 0$.

(a) 当 X 有概率密度 $f_X(x)$, 求 $U = X + Y$ 的概率密度;

(b) 当 $X \sim U(a, b)$, 求 $U = X + Y$ 的概率密度.

解 (a) 利用全概率公式 (定理 4.4.1) 和微分法得到

$$\begin{aligned} P(U = u) &= \sum_{j=0}^{\infty} P(Y = a_j)P(X + Y = u|Y = a_j) \\ &= \sum_{j=0}^{\infty} p_j P(X + a_j = u|Y = a_j) \\ &= \sum_{j=0}^{\infty} p_j P(X = u - a_j) \\ &= \sum_{j=0}^{\infty} p_j f_X(u - a_j)\mathrm{d}(u - a_j) \\ &= \sum_{j=0}^{\infty} p_j f_X(u - a_j)\mathrm{d}u. \end{aligned}$$

再从微分法得到 $U = X + Y$ 的概率密度

$$f_U(u) = \sum_{j=0}^{\infty} p_j f_X(u - a_j). \tag{4.4.7}$$

(b) 利用示性函数 $\mathrm{I}[a < x < b]$ 将 X 的概率密度表示成

$$f(x) = \frac{1}{b - a}\mathrm{I}[a < x < b],$$

再用 (4.4.7) 得到 $U = X + Y$ 的概率密度

$$f_U(u) = \sum_{j=0}^{\infty} \frac{p_j}{b - a}\mathrm{I}[a < u - a_j < b].$$

定理 4.4.2 和例 4.4.6 表明: 当 X, Y 独立, 只要 X, Y 之一是连续型随机变量, 则 $X+Y$ 是连续型随机变量.

如果随机变量 $X_1, X_2, \cdots, X_n$ 相互独立, 有共同的概率分布, 则称它们**独立同分布**.

例 4.4.7 如果 $X_1, X_2, \cdots, X_n$ 独立同分布, 有共同的分布函数 $F(x)$,

(a) 计算最大值 $U=\max\{X_1, X_2, \cdots, X_n\}$ 的分布函数;

(b) 计算最小值 $V=\min\{X_1, X_2, \cdots, X_n\}$ 的分布函数;

(c) 当 X_i 有概率密度 $f(x)=F'(x)$, 分别计算 U, V 的概率密度

解 (a) U 的分布函数是

$$\begin{aligned} F_U(u) &= P(U \leqslant u) = P(X_1 \leqslant u, X_2 \leqslant u, \cdots, X_n \leqslant u) \\ &= P(X_1 \leqslant u) P(X_2 \leqslant u) \cdots P(X_n \leqslant u) \\ &= [F(u)]^n. \end{aligned} \tag{4.4.8}$$

(b) V 的分布函数是

$$\begin{aligned} F_V(v) &= P(V \leqslant u) = 1-P(V>v) \\ &= 1-P(X_1>v, X_2>v, \cdots, X_n>v) \\ &= 1-P(X_1>v) P(X_2>v) \cdots P(X_n>v) \\ &= 1-[1-F(v)]^n. \end{aligned} \tag{4.4.9}$$

(c) 对分布函数求导数分别得到 U, V 的概率密度

$$f_U(u)=n[F(u)]^{n-1} f(u), \quad f_V(v)=n[1-F(v)]^{n-1} f(v). \tag{4.4.10}$$

4.5 随机向量函数的联合密度

当 X 的概率密度 $f(x)$ 在点 x 连续, 则按微分法有 $P(X=x)=f(x)\mathrm{d}x$. 当 (X, Y) 的联合密度 $f(x, y)$ 在 (x, y) 连续, 我们也用

$$P(X=x, Y=y)=g(x, y)\, \mathrm{d}x \mathrm{d}y$$

表示 (X, Y) 在点 (x, y) 有联合密度 $g(x, y)$.

设 D 是 $\mathbf{R}^2$ 的子集, 如果对 D 中每个点, 都能在 D 中画出一个以该点为心的小圆, 则称 D 是**开集**.

定理 4.5.1 如果平面的开集 D 使得 $P((X, Y) \in D)=1$, 且 D 中的连续函数 $g(x, y)$ 使得

$$P(X=x, Y=y)=g(x, y)\, \mathrm{d}x \mathrm{d}y, \ (x, y) \in D,$$

则

$$f(x, y)=g(x, y), \ (x, y) \in D$$

是 (X,Y) 的联合密度.

和一元情况相似, 在应用定理 4.5.1 时, 要遵守以下约定:

(1) 只有在 $A=B$ 时, 才能写 $P(A)=P(B)$;

(2) 只有在 $A=\bigcup_{i=1}^{n} A_i$, 且 $A_1,A_2,\cdots,A_n$ 作为集合互不相交时, 才能写

$$P(A)=\sum_{i=1}^{n} P(A_i).$$

让我们再回忆微积分的知识: 如果 $x=x(u,v)$, $y=y(u,v)$ 在平面的开集 D 内有连续的偏导数, 并且雅可比 (Jacobi) 行列式

$$J=\frac{\partial(x,y)}{\partial(u,v)}=\begin{vmatrix} \partial x/\partial u & \partial x/\partial v \\ \partial y/\partial u & \partial y/\partial v \end{vmatrix} \neq 0,$$

则有

$$\mathrm{d}x\mathrm{d}y=\left|\frac{\partial(x,y)}{\partial(u,v)}\right|\mathrm{d}u\mathrm{d}v=|J|\,\mathrm{d}u\mathrm{d}v,\ \ (u,v)\in D, \tag{4.5.1}$$

其中 $|J|$ 是 J 的绝对值.

例 4.5.1 设 (X,Y) 有联合密度 $f(x,y)$, 计算最大值和最小值

$$U=\max(X,Y),\ V=\min(X,Y)$$

的联合密度.

解 对于开集 $D=\{(u,v)|u>v\}$, 有

$$P((U,V)\in D)=P(X\neq Y)=\iint_{\mathbf{R}^2} \mathrm{I}[x\neq y]f(x,y)\,\mathrm{d}x\mathrm{d}y=1.$$

对于 $(u,v)\in D$, 从

$$\begin{aligned} P(U=u,V=v) &= P(X=u,Y=v)+P(X=v,Y=u) \\ &= f(u,v)\,\mathrm{d}u\,\mathrm{d}v+f(v,u)\,\mathrm{d}v\,\mathrm{d}u \\ &= [f(u,v)+f(v,u)]\,\mathrm{d}u\,\mathrm{d}v \end{aligned}$$

知道 (U,V) 的联合密度是

$$g(u,v)=f(u,v)+f(v,u),\ \ u>v.$$

例 4.5.2 设 (X,Y) 有联合密度 $f(x,y)$, (U,V) 由线性变换

$$U=2X-Y,\quad V=2X+3Y \tag{4.5.2}$$

决定, 求 (U,V) 的联合密度.

解 从 $u=2x-y$, $v=2x+3y$ 解出

$$x=(3u+v)/8,\ \ y=(-u+v)/4,$$

并且

$$J^{-1}=\frac{\partial(u,v)}{\partial(x,y)}=\begin{vmatrix}2 & -1\\ 2 & 3\end{vmatrix}=8,\quad J=\frac{\partial(x,y)}{\partial(u,v)}=\frac{1}{8}.$$

对于 (u,v), 从

$$\begin{aligned}P(U=u,V=v)&=P\Big(2X-Y=u,2X+3Y=v\Big)\\&=P\Big(X=\frac{3u+v}{8},Y=\frac{v-u}{4}\Big)\\&=f\Big(\frac{3u+v}{8},\ \frac{v-u}{4}\Big)|J|\,\mathrm{d}u\mathrm{d}v\end{aligned}$$

得到 (U,V) 的联合密度

$$g(u,v)=\frac{1}{8}f\Big(\frac{3u+v}{8},\ \frac{v-u}{4}\Big).$$

4.6 二维正态分布

当 Z_1,Z_2 独立, 都服从标准正态分布 $N(0,1)$, 则 $\boldsymbol{Z}=(Z_1,Z_2)$ 有联合密度

$$\varphi(z_1,z_2)=\frac{1}{2\pi}\exp\Big[-\frac{1}{2}(z_1^2+z_2^2)\Big]. \tag{4.6.1}$$

这时称 $\boldsymbol{Z}=(Z_1,Z_2)$ 服从**二维标准正态分布**. $\varphi(z_1,z_2)$ 的图形见图 4.6.1.

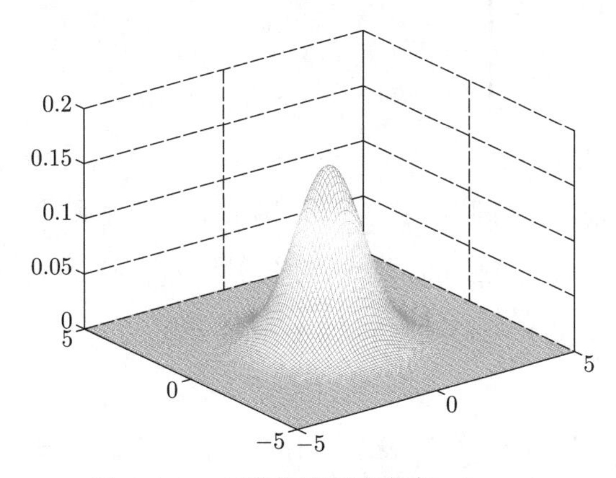

图 4.6.1 二维标准正态密度 $\varphi(z_1,z_2)$

下面从二维标准正态分布引入二维正态分布.

设 $\boldsymbol{Z}=(Z_1,Z_2)$ 服从二维标准正态分布, $ad-bc\neq 0$. 定义

$$\begin{cases}X_1=aZ_1+bZ_2+\mu_1,\\ X_2=cZ_1+dZ_2+\mu_2,\end{cases} \tag{4.6.2}$$

则称 (X_1,X_2) 服从的分布为二维正态分布. 引入

$$\sigma_1=\sqrt{a^2+b^2},\ \sigma_2=\sqrt{c^2+d^2},\quad \rho=(ac+bd)/(\sigma_1\sigma_2). \tag{4.6.3}$$

则由 $ad-bc\neq 0$ 和内积不等式得到 $|\rho|<1$. 按照解例 4.5.2 的方法, 可以得到 $\boldsymbol{X}=(X_1,X_2)$ 的联合密度

$$f(x_1,x_2)=\frac{1}{2\pi\sigma_1\sigma_2\sqrt{1-\rho^2}}\exp\Big\{-\frac{1}{2(1-\rho^2)}\Big[\frac{(x_1-\mu_1)^2}{\sigma_1^2}-\frac{2\rho(x_1-\mu_1)(x_2-\mu_2)}{\sigma_1\sigma_2}+\frac{(x_2-\mu_2)^2}{\sigma_2^2}\Big]\Big\}. \tag{4.6.4}$$

因为 (4.6.4) 中有 5 个参数 $\mu_1,\mu_2;\ \sigma_1^2,\sigma_2^2;\ \rho$, 所以又称 (X_1,X_2) 服从参数为 $(\mu_1,\mu_2;\ \sigma_1^2,\sigma_2^2;\ \rho)$ 的正态分布, 记作

$$(X_1,X_2)\sim N(\mu_1,\mu_2;\ \sigma_1^2,\sigma_2^2;\ \rho).$$

特别, 当 $\mu_1=\mu_2=0,\ \sigma_1^2=\sigma_2^2=1,\ \rho=0$ 时,

$$(X_1,X_2)\sim N(0,0;1,1;0)$$

表示 (X_1,X_2) 服从二维标准正态分布. 二维标准正态分布也常用 $\boldsymbol{Z}\sim N\ (\boldsymbol{0},\boldsymbol{I})$ 表示, 其中 $\boldsymbol{0}$ 表示 0 向量, $\boldsymbol{I}$ 表示单位矩阵.

定理 4.6.1 如果 (X_1,X_2) 有联合密度 (4.6.4), 则

(1) $X_1\sim N(\mu_1,\sigma_1^2)$, $X_2\sim N(\mu_2,\sigma_2^2)$;

(2) X_1, X_2 独立的充分必要条件是 $\rho=0$;

(3) 当 $a_1a_4-a_3a_2\neq 0$, 随机向量 (Y_1,Y_2) 服从二维正态分布, 其中

$$\begin{cases}Y_1=a_1X_1+a_2X_2+c_1,\\ Y_2=a_3X_1+a_4X_2+c_2;\end{cases}$$

(4) 当 a_1,a_2 不全为 0, 线性组合 $Y_1=a_1X_1+a_2X_2+c_1$ 服从正态分布;

(5) 若 Y_1, Y_2 相互独立, 都服从正态分布, 则 (Y_1,Y_2) 服从二维正态分布;

(6) 当 $Y_1,Y_2,\cdots,Y_n$ 相互独立, 都服从正态分布, a_i 不全为 0, 则线性组合

$$Y=a_1Y_1+a_2Y_2+\cdots+a_nY_n+c$$

服从正态分布.

* **证明** 用 $f_1(x_1)$ 和 $f_2(x_2)$ 分别表示 $N(\mu_1,\sigma_1^2)$ 和 $N(\mu_2,\sigma_2^2)$ 的概率密度, 则

$$f_1(x_1)=\frac{1}{\sqrt{2\pi}\sigma_1}\exp\Big(-\frac{(x_1-\mu_1)^2}{2\sigma_1^2}\Big),$$

$$f_2(x_2)=\frac{1}{\sqrt{2\pi}\sigma_2}\exp\Big(-\frac{(x_2-\mu_2)^2}{2\sigma_2^2}\Big).$$

(1) 在 (4.6.2) 中取 $(c,d)=(b,-a)$, 得 $\rho=0$, 这时 (4.6.4) 中的 $f(x_1,x_2)=f_1(x_1)f_2(x_2)$, 说明 X_1, X_2 独立, 且 $X_1\sim N(\mu_1,\sigma_1^2)$. 对称地得到 $X_2\sim N(\mu_2,\sigma_2^2)$.

(2) 从 (4.6.4) 看出, $\rho=0$ 的充分必要条件是 $f(x_1,x_2)=f_1(x_1)f_2(x_2)$. 这恰是 X_1, X_2 独立的充分必要条件.

(3) 因为 (Y_1,Y_2) 仍然是 (Z_1,Z_2) 的可逆线性变换, 所以结论 (3) 成立.

(4) 从结论 (3) 和 (1) 知道结论 (4) 成立.

(5) 这时 (Y_1, Y_2) 的联合密度也是 (4.6.4) 中 $\rho = 0$ 的形式, 所以结论成立.

(6) 从结论 (5) 和 (4) 知道结论 (6) 对于 $n = 2$ 成立. 这时 $a_1Y_1 + a_2Y_2$ 服从正态分布, 且和 $Y_3, \cdots, Y_n$ 独立, 再用 (5) 和 (4) 知道 (6) 对于 $n = 3$ 成立. 依此类推可得结论.

设想一粒花粉在水面由于受到水分子的碰撞而做布朗运动. 再设想在水面建立一个直角坐标系, 使得花粉运动的起点是 (μ_1, μ_2). 用 (X, Y) 表示花粉在 t 时刻的坐标. 由于花粉的运动是各向同性的, 所以 (X, Y) 在 (μ_1, μ_2) 周围取值的概率较大, 在离开 (μ_1, μ_2) 较远的地方取值的概率较小. 对 $t > 0$, 可以证明 (X, Y) 服从二维正态分布.

再设想运动员的打靶, 用 (μ_1, μ_2) 表示靶心的坐标, 用 (X, Y) 表示弹落点. 则 (X, Y) 落在 (μ_1, μ_2) 附近的概率较大, 落在较远的地方的概率较小. 二维正态联合密度也正好描述这一现象.

4.7 条件分布

设 A, B 是事件, $P(A) > 0$. 已知 A 发生的条件下, B 的条件概率是

$$P(B|A) = \frac{P(AB)}{P(A)}.$$

以后称 $P(B|A)$ 是 $B|A$ 的概率.

定义 4.7.1 设 A 是随机事件, X, Y 是随机变量.

(1) 如果已知 A 发生的条件下, X 的取值是 $x_1, x_2, \cdots$, 则称

$$h_i = P(X = x_i|A),\ i = 1, 2, \cdots$$

为 $X|A$ 的概率分布;

(2) 如果离散型随机向量 (X, Y) 的取值是 (x_i, y_j), $i, j = 1, 2, \cdots$, 则称

$$h_i = P(X = x_i|Y = y_j),\ i = 1, 2, \cdots$$

为 $X|\{Y = y_j\}$ 的概率分布.

例 4.7.1 设 (X, Y) 是离散型随机向量, 有联合分布

$$p_{ij} = P(X = x_i, Y = y_j) > 0, \quad i, j = 1, 2, \cdots. \tag{4.7.1}$$

(a) 对确定的 j, 计算 $X|\{Y = y_j\}$ 的概率分布;

(b) 对确定的 i, 计算 $Y|\{X = x_i\}$ 的概率分布.

解 X, Y 分别有边缘分布

$$p_i = P(X = x_i) = \sum_{j=1}^{\infty} p_{ij},\ i = 1, 2, \cdots,$$

$$q_j = P(Y = y_j) = \sum_{i=1}^{\infty} p_{ij},\ j = 1, 2, \cdots.$$

根据条件概率公式得到 $X|\{Y=y_j\}$ 的概率分布

$$P(X=x_i|Y=y_j)=\frac{p_{ij}}{q_j},\ i=1,2,\cdots. \tag{4.7.2}$$

同理得到 $Y|\{X=x_i\}$ 的概率分布

$$P(Y=y_j|X=x_i)=\frac{p_{ij}}{p_i},\ j=1,2,\cdots. \tag{4.7.3}$$

例 4.7.2 甲向一个目标独立重复射击，用 S_n 表示第 n 次击中目标时的射击次数. 如果甲每次击中目标的概率是 $p=1-q$, 计算

(a) (S_1,S_2) 的联合分布;

(b) S_2 的概率分布;

(c) $S_1|\{S_2=j\}$ 的概率分布.

解 (a) 根据题意得到 (S_1,S_2) 的联合分布

$$P(S_1=i,S_2=j)=q^{i-1}pq^{j-i-1}p=p^2q^{j-2},\ j>i\geqslant 1. \tag{4.7.4}$$

(b) S_2 的边缘密度是

$$\begin{aligned}P(S_2=j)&=\sum_{i=1}^{j-1}P(S_1=i,S_2=j)\\&=\sum_{i=1}^{j-1}p^2q^{j-2}\\&=(j-1)p^2q^{j-2},\quad j=2,3,\cdots.\end{aligned}$$

(c) 从 (a) 和 (b) 的结论得到 $S_1|\{S_2=j\}$ 的概率分布

$$\begin{aligned}P(S_1=i|S_2=j)&=\frac{P(S_1=i,S_2=j)}{P(S_2=j)}\\&=\frac{p^2q^{j-2}}{(j-1)p^2q^{j-2}}\\&=\frac{1}{j-1},\quad 1\leqslant i<j.\end{aligned} \tag{4.7.5}$$

公式 (4.7.5) 说明 $S_1|\{S_2=j\}$ 在 $\{1,2,\cdots,j-1\}$ 中等可能地取值. 也就是说已知 $S_2=j$ 时, S_1 在 $\{1,2,\cdots,j-1\}$ 中的取值是等可能的.

近 30 年来, 随着生活水平的日益提高, 人们普遍认为中小学生的平均身高有明显的增长. 为了证实这一情况, 需要对中小学生的身高现状进行抽样调查. 因为身高和年龄密切相关, 所以抽样调查时必须同时考虑年龄的因素. 在北京随机选取一个男生, 用 X 和 Y 分别表示他的身高和年龄时, 得到随机向量 (X,Y). 因为对任何 x,y, 理论上讲有 $P(X=x,Y=y)=0$, 所以 (X,Y) 的联合分布函数 $F(x,y)$ 应当是连续函数. 假设 $F(x,y)$ 有连续的偏导数, 则 (X,Y) 是连续型随机向量, 有联合密度

$$f(x,y)=\frac{\partial^2}{\partial x\partial y}F(x,y).$$

这时 Y 有边缘密度

$$f_Y(y) = \int_{-\infty}^{\infty} f(x, y)\,\mathrm{d}x.$$

如果只调查年龄为 15 周岁的男生的身高情况, 则相当于在条件 $Y = 15$ 下, 研究 X 的分布和平均身高. 所以研究 $X|\{Y = 15\}$ 的概率分布是有明确意义的实际问题. 同理, 对于任何使得 $f_Y(y) > 0$ 的 y, 研究 $X|\{Y = y\}$ 的概率分布都是有意义的问题.

对于使得 $f_Y(y) > 0$ 的 y, 例如 $y = 15$, 形式的推导给出

$$\begin{aligned} P(X = x|Y = y) &= \frac{P(X = x, Y = y)}{P(Y = y)} \\ &= \frac{f(x, y)\,\mathrm{d}x\mathrm{d}y}{f_Y(y)\,\mathrm{d}y} \\ &= \frac{f(x, y)}{f_Y(y)}\,\mathrm{d}x. \end{aligned}$$

根据微分法知道, 已知 $Y = y$ 的条件下, X 有条件密度

$$f_{X|Y}(x|y) = \frac{f(x, y)}{f_Y(y)}. \tag{4.7.6}$$

以后称 $f_{X|Y}(x|y)$ 为 $X|\{Y = y\}$ 的概率密度.

当 $y = 15$, 条件密度 $f_{X|Y}(x|y)$ 就是年龄为 15 周岁的男生身高的概率密度.

如果用

$$F_{X|Y}(x|y) = P(X \leqslant x|Y = y)$$

表示 $X|\{Y = y\}$ 的分布函数, 则根据概率密度和分布函数的关系知道

$$F_{X|Y}(x|y) = \int_{-\infty}^{x} f_{X|Y}(s|y)\,\mathrm{d}s = \int_{-\infty}^{x} \frac{f(s, y)}{f_Y(y)}\,\mathrm{d}s. \tag{4.7.7}$$

以后称 $F_{X|Y}(x|y)$ 为 $X|\{Y = y\}$ 的分布函数.

当 $y = 15$, 条件分布函数 $F_{X|Y}(x|y) = F_{X|Y}(x|15)$ 就是年龄为 15 周岁的男生身高的分布函数.

定义 4.7.2 设随机向量 (X, Y) 有联合密度 $f(x, y)$, Y 有边缘密度 $f_Y(y)$. 如果在 y 处 $f_Y(y) > 0$, 则称

$$F_{X|Y}(x|y) = P(X \leqslant x|Y = y) = \int_{-\infty}^{x} \frac{f(s, y)}{f_Y(y)}\,\mathrm{d}s,\ x \in \mathbf{R} \tag{4.7.8}$$

为 $X|\{Y = y\}$ 的分布函数, 简称为条件分布函数. 称

$$f_{X|Y}(x|y) = \frac{f(x, y)}{f_Y(y)},\ x \in \mathbf{R} \tag{4.7.9}$$

为 $X|\{Y = y\}$ 的概率密度, 简称为**条件密度**.

根据定义 4.7.2 可以得到条件密度和条件分布函数的关系如下: 如果 y 使得 $f_Y(y) > 0$, 则

$$F_{X|Y}(x|y) = P(X \leqslant x|Y = y) = \int_{-\infty}^{x} f_{X|Y}(s|y)\,\mathrm{d}s,\ x \in \mathbf{R}.$$

容易看出, X, Y 独立的充分必要条件是

$$F_{X|Y}(x|y) = F_X(x) \quad 或 \quad f_{X|Y}(x|y) = f_X(x)$$

之一对所有的 x, y 成立.

例 4.7.3 假设北京市男生年龄的概率密度是 $h(y)$, 年龄为 y 的男生的身高的概率密度是 $g(x, y)$. 计算北京市男生的身高和年龄的联合密度.

解 用 X, Y 分别表示男生的身高和年龄. 根据题意, 年龄 Y 有概率密度 $f_Y(y) = h(y)$, 年龄为 y 的男生身高 $X|\{Y=y\}$ 有条件密度 $f_{X|Y}(x|y) = g(x, y)$. 从公式 (4.7.9) 得到 (X, Y) 的联合密度

$$f(x, y) = f_Y(y) f_{X|Y}(x|y) = h(y) g(x, y).$$

从公式 (4.7.9) 看出: **对于固定的 y, 条件密度 $f_{X|Y}(x|y)$ 是 x 的函数且和联合密度 $f(x, y)$ 只相差一个常数因子 $1/f_Y(y)$.**

以上性质可以加深我们对条件密度的几何理解, 并帮助我们方便地计算条件密度. 看下面的例子.

例 4.7.4 设 (X, Y) 在单位圆 $D = \{(x, y) | x^2 + y^2 \leqslant 1\}$ 内均匀分布. 计算条件密度 $f_{X|Y}(x|y)$.

解 对 $|y| < 1$, 设 $c_y = \sqrt{1 - y^2}$, 则 (X, Y) 的联合密度是

$$f(x, y) = \frac{1}{\pi} \mathrm{I}[x^2 + y^2 \leqslant 1] = \frac{1}{\pi} \mathrm{I}[\,|x| \leqslant c_y].$$

已知 $Y = y$, 因为对 $x \in [-c_y, c_y]$, $f(x, y)$ 是常数, 所以 $f_{X|Y}(x|y)$ 在 $[-c_y, c_y]$ 中也是常数. 说明 $X|\{Y = y\}$ 在 $[-c_y, c_y]$ 中均匀分布. 于是, 对 $y \in (-1, 1)$,

$$f_{X|Y}(x|y) = \frac{1}{2c_y}, \ x \in [-c_y, c_y].$$

例 4.7.5 设炮击的目标是 (μ_1, μ_2), 弹落点的坐标 (X, Y) 服从二维正态分布 $N(\mu_1, \mu_2; \sigma_1^2, \sigma_2^2; \rho)$, 有概率密度

$$f(x, y) = \frac{1}{2\pi\sigma_1\sigma_2\sqrt{1-\rho^2}} \exp\Big\{ -\frac{1}{2(1-\rho^2)} \Big[\frac{(x-\mu_1)^2}{\sigma_1^2} - \frac{2\rho(x-\mu_1)(y-\mu_2)}{\sigma_1\sigma_2} + \frac{(y-\mu_2)^2}{\sigma_2^2} \Big] \Big\}. \tag{4.7.10}$$

已知弹落点的纵坐标是 y 时, 计算弹落点横坐标的概率密度.

解 对确定的 y, 需要计算 $X|\{Y = y\}$ 的概率密度 $f_{X|Y}(x|y)$. 定义

$$\mu_y = \mu_1 + \rho(\sigma_1/\sigma_2)(y - \mu_2), \ \sigma_y^2 = (1 - \rho^2)\sigma_1^2. \tag{4.7.11}$$

用 $A(x) \propto B(x)$ 表示函数 $A(x)$ 和 $B(x)$ 相差一个常数因子. 对于确定的 y, 作为 x 的函数, 有

$$
\begin{aligned}
f_{X|Y}(x|y) &\propto f(x,y) \\
&\propto \exp\left\{-\frac{1}{2(1-\rho^2)}\left[\frac{(x-\mu_1)^2}{\sigma_1^2}-\frac{2\rho(x-\mu_1)(y-\mu_2)}{\sigma_1\sigma_2}\right]\right\} \\
&\propto \exp\left\{-\frac{1}{2(1-\rho^2)\sigma_1^2}\left[(x-\mu_1)^2-2\rho(\sigma_1/\sigma_2)(x-\mu_1)(y-\mu_2)\right]\right\} \\
&\propto \exp\left\{-\frac{1}{2\sigma_y^2}\left[x-\mu_1-\rho(\sigma_1/\sigma_2)(y-\mu_2)\right]^2\right\} \\
&\propto \frac{1}{\sqrt{2\pi}\,\sigma_y}\exp\left[-\frac{(x-\mu_y)^2}{2\sigma_y^2}\right].
\end{aligned}
$$

说明 $X|\{Y=y\}$ 服从正态分布 $N(\mu_y,\sigma_y^2)$.

从例 4.7.5 可以总结出以下定理.

定理 4.7.1 如果 (X,Y) 服从二维正态分布 $N(\mu_1,\mu_2;\sigma_1^2,\sigma_2^2;\rho)$, 则 $X|\{Y=y\}$ 服从正态分布 $N(\mu_y,\sigma_y^2)$, 其中 μ_y, σ_y^2 由 (4.7.11) 定义.

人们称定理 4.7.1 的结论为: 二维正态分布的条件分布仍然是正态分布.

多维正态分布

习题四

4.1 设 (X,Y) 有联合分布函数

$$
F(x,y)=\begin{cases} c(1-\mathrm{e}^{-2x})(1-\mathrm{e}^{-5y}), & x,y>0, \\ 0, & \text{其他}. \end{cases}
$$

确定常数 c, 并求 X,Y 的边缘分布函数. X, Y 是否独立?

4.2 设离散联合分布 $p_{ij}=P(X=i,Y=j)$ 如下所示:

p_{ij}	1	2	3	4	5
1	0.06	0.05	0.04	0.01	0.02
2	0.05	0.10	0.10	0.05	0.03
3	0.07	0.05	0.01	0.02	0.02
4	0.05	0.02	0.01	0.01	0.03
5	0.05	0.06	0.05	0.02	0.02

(a) 求 X,Y 的边缘分布;

(b) 求 $U=\max(X,Y)$ 的分布;

(c) 求 $V=\min(X,Y)$ 的分布;

(d) 计算 $P(X=2|Y=3)$.

4.3 设 X, Y 独立, $X\sim\mathcal{B}(n,p)$, $Y\sim\mathcal{B}(m,p)$. 计算 $X+Y$ 的概率分布.

4.4 如果随机向量 (X,Y) 有如下的联合分布:

$$P(X=i,Y=1/j)=c,\quad i=1,2,\cdots,8;j=1,2,\cdots,6.$$

确定常数 c, 并求 X, Y 的概率分布.

4.5 设随机变量 X,Y 都只取值 -1 和 1, 满足

$$P(X=1)=1/2,P(Y=1|X=1)=P(Y=-1|X=-1)=1/3.$$

(a) 求 (X,Y) 的联合分布;

(b) 求 t 的方程 $t^2+Xt+Y=0$ 有实根的概率.

4.6 设 a 是常数, (X,Y) 有联合密度

$$f(x,y)=\begin{cases}ax^2y, & x^2<y<1,\\ 0, & \text{其他}.\end{cases}$$

确定常数 a, 并求 X, Y 的边缘密度, 说明 X, Y 不独立.

4.7 设 X, Y 独立, $X\sim Exp(\lambda)$, $Y\sim Exp(\mu)$, 计算 $P(X>Y)$.

4.8 设 (X,Y) 有联合密度

$$f(x,y)=\begin{cases}\mathrm{e}^{-x}, & 0<y<x,\\ 0, & \text{其他}.\end{cases}$$

求 X,Y 的边缘密度. X, Y 是否独立?

4.9 设 X 服从二项分布 $\mathcal{B}(n,p)$, Y 服从指数分布 $Exp(\lambda)$. 当 X, Y 独立, 求 $Y-X$ 的分布函数和概率密度.

4.10 设 X,Y 独立, 且都在 $(0,1)$ 上均匀分布, 计算 $Z=X+Y$ 的分布函数和概率密度.

4.11 二人相约在 5:00 至 6:00 之间见面, 如果两人在 5:00 至 6:00 之间独立地随机到达, 求一人至少等另一人半小时的概率.

4.12 在同一个小时内有两辆汽车独立到达同一个加油站加油, 车 A 加油需要 5 min, 车 B 需要 8 min. 如果每辆车在这一个小时内等可能地到达, 计算这两辆车在加油站不能相遇的概率.

4.13 设 $(Y_1,Y_2)\sim f(x,y)$, 求 $X=2Y_1+3Y_2$, $Y=3Y_1-2Y_2$ 的联合密度.

4.14 设 (X,Y) 有联合密度

$$f(x,y)=\begin{cases}c(x+y)\mathrm{e}^{-(x+y)}, & x,y>0,\\ 0, & \text{其他}.\end{cases}$$

确定常数 c, 并求 $Z=X+Y$ 的概率密度. X, Y 是否独立?

4.15 设 X,Y 独立, 都服从 $N(0,1)$ 分布, 求 $(U,V)=(X+Y,X-Y)$ 的联合密度, X, Y 是否独立?

4.16 设 $X_1,X_2,\cdots,X_n$ 相互独立, 都服从正态分布, 则平均值

$$\overline{X}=(X_1+X_2+\cdots+X_n)/n$$

服从正态分布.

4.17 设 X, Y 独立, $X\sim Exp(\lambda)$, $Y\sim Exp(\mu)$. 分别求 $\min(X,Y)$ 和 $\max(X,Y)$ 的概率密度.

4.18 设 $X\sim Exp(\lambda)$, $Y\sim\mathcal{P}(\mu)$, X,Y 独立, 计算 $Z=X+Y$ 的概率密度.

4.19 $X\sim Exp(\lambda)$, $t>0$. 求 $X|\{X\leqslant t\}$ 的概率密度.

4.20 设 X 在 $(0,1)$ 中均匀分布, 已知 $X=x$ 时, Y 在 $(x,1)$ 中均匀分布. 求 (X,Y) 的联合密度 $f(x,y)$ 和 Y 的边缘密度 $f_Y(y)$.

4.21 设 (X,Y) 有联合密度 $f(x,y)=y\mathrm{e}^{-y(x+1)}$, $x>0,y>0$. 计算 $X|\{Y=y\}$ 和 $Y|\{X=x\}$ 的概率密度.

4.22 设 $a<b<c$, X 在 (a,c) 中均匀分布, 求 $X|\{X<b\}$ 的分布.

4.23 设 $X\sim Exp(\lambda)$, $a>0$, 求 $X|\{X>a\}$ 的概率密度.

4.24 设 $X\sim Exp(1)$, $Y\sim Exp(1)$, X,Y 独立, $U=X+Y$, $V=X/Y$. 求 (U,V) 的联合密度. U,V 是否独立?

4.25 设 X, Y 独立, 都服从标准正态分布 $N(0,1)$, $(R,\varTheta)$ 由极坐标变换

$$\varDelta:\begin{cases}X=R\cos\varTheta,\\ Y=R\sin\varTheta\end{cases}$$

决定, 求 $(R,\varTheta)$ 的联合密度.

4.26 设随机变量 X 和 Y 独立, X 有概率密度 $f(x)$, Y 有离散分布 $P(Y=a_j)=p_j>0$, $j=1,2,\cdots$.

(a) 若 $a_1,a_2,\cdots$ 都不为 0, 求 $Z=XY$ 的概率密度;

(b) 若有某个 $a_i=0$, 说明 XY 不是连续型随机变量.

考研自测题四

第四章复习

第五章　数学期望和方差

随机变量的分布函数或概率密度描述了随机变量的统计性质, 从中可以了解随机变量落入某个区间的概率, 但是还不能给人留下更直接的总体印象. 例如用 X 表示某计算机软件的使用寿命, 当知道 X 服从指数分布 $Exp(\lambda)$ 后, 我们还不知道该软件的平均使用寿命是多少. 这里的平均使用寿命应当是一个常数. 我们需要为随机变量 X 定义一个平均值, 这就是数学期望, 它反映随机变量的平均取值. 在独立重复试验中, 观测数据常常在数学期望附近较为集中, 方差便是用来描述该集中程度的量. 有了数学期望和方差, 就对该随机变量有了大致的了解. 协方差和相关系数则是用来描述随机变量之间线性关系的量.

5.1　数学期望

例 5.1.1　甲每次投资成功的概率为 70%, 失败的概率为 30%. 假设每次投资成功将获利 3 万元, 投资失败将损失 1.2 万元, 下次投资时甲期望赢利多少?

解　在以后的 n 次独立重复的投资中, 甲大约有 $0.7n$ 次获利 3 万元, 大约有 $0.3n$ 次损失 1.2 万元, 每次投资平均获利是

$$\frac{3\times 0.7n-1.2\times 0.3n}{n}=3\times 0.7-1.2\times 0.3=1.74.$$

于是, 甲下次投资期望获利 1.74 万元.

在上面的例子中, 甲的期望值是多次投资的平均收益. 如果用随机变量

$$X=\begin{cases}3, & \text{当投资成功,}\\ -1.2, & \text{当投资失败}\end{cases}$$

描述甲的投资情况, 则称 1.74 是 X 的数学期望. 用 $\mathrm{E}(X)$ 表示 X 的数学期望时, 有

$$\mathrm{E}(X)=3P(X=3)+(-1.2)P(X=-1.2)=1.74. \tag{5.1.1}$$

例 5.1.1 中, 数学期望指多次独立重复投资时, 每次投资的平均收益.

对 $i=1,2,\cdots,n$, 引入独立同分布的随机变量

$$X_i=\begin{cases}3, & \text{如果第 } i \text{ 次投资成功,}\\ -1.2, & \text{如果第 } i \text{ 次投资失败,}\end{cases}$$

用 N_n 和 M_n 分别表示前 n 次投资中成功和失败的次数, 则 $\sum\limits_{i=1}^{n}X_i=3N_n-1.2M_n$ 是前 n 次投资中的总收益. 因为频率向概率收敛, 所以当 $n\to\infty$, $N_n/n\to 0.7$, $M_n/n\to 0.3$, 于是得到

$$\begin{aligned}\frac{1}{n}\sum_{i=1}^{n}X_i&=\frac{3N_n-1.2M_n}{n}\\&=3\frac{N_n}{n}-1.2\frac{M_n}{n}\\&\to 3\times 0.7-1.2\times 0.3\\&=\mathrm{E}(X).\end{aligned}\tag{5.1.2}$$

从 (5.1.2) 看出, $n\to\infty$ 时, X 的数学期望 $\mathrm{E}(X)$ 还等于 $\frac{1}{n}\sum\limits_{i=1}^{n}X_i$ 的极限.

例 5.1.2 一个班有 $m=180$ 个学生, 期中考试后有 m_j 个人的成绩是 j 分 ($0\leqslant j\leqslant 100$). 成绩是 j 分的学生所占的比例是 $p_j=m_j/m$. 用向量

$$(p_0,p_1,p_2,\cdots,p_{100})\tag{5.1.3}$$

表示这个班期中成绩的分布, 称为**总体分布**. 用 x_i 表示第 i 个学生的成绩, 则期中考试的全班平均分是

$$\mu\equiv\frac{1}{m}\sum_{i=1}^{m}x_i=\frac{1}{m}\sum_{j=0}^{100}j\cdot m_j=\sum_{j=0}^{100}jp_j.$$

在统计学中, 称全班的分数构成的集合 $\{x_i\,|\,1\leqslant i\leqslant m\}$ 为**总体**, 称总体的平均 μ 为总体平均, 而 (5.1.3) 恰好是总体分布.

现在从班中任选一人, 用 X 表示他的期中成绩, 则 X 有概率分布

$$p_j=P(X=j)=\frac{m_j}{m},\ 0\leqslant j\leqslant 100.$$

因为 X 是从总体 $\{x_i\,|\,1\leqslant i\leqslant 180\}$ 中随机抽样得到的, 所以把 X 的数学期望定义成总体平均 μ. 用 $\mathrm{E}(X)$ 表示 X 的数学期望时, 有

$$\mu=\mathrm{E}(X)=\sum_{j=0}^{100}jp_j.\tag{5.1.4}$$

在例 5.1.2 中, X 的数学期望是总体平均.

设想在班里有放回地独立重复随机抽样 n 次. 当 n 充分大, 因为得 j 分的学生被选到的概率是 p_j, 所以被选到的次数大约是 np_j. 这 n 次随机选择得到的平均分大约是

$$\frac{1}{n}\sum_{j=0}^{100}j\cdot np_j=\sum_{j=0}^{100}jp_j=\mathrm{E}(X).$$

为此, 我们也称 E(X) 是在班里任选一人时, 期望得到的分数.

用 X_i 表示第 i 次抽到的期中成绩, 则 X_i, $i=1,2,\cdots,n$, 是独立同分布的随机变量, 和 X 同分布. 下面说明当 $n\to\infty$, 也有

$$\frac{1}{n}\sum_{i=1}^{n}X_i \to \mathrm{E}(X).$$

用 $\hat{p}_j$ 表示在前 n 次抽取中, 分数 "j" 被抽到的频率, 则 $n\hat{p}_j$ 是分数 "j" 被抽到的次数, 于是

$$\sum_{i=1}^{n}X_i=\sum_{j=0}^{100}j(n\hat{p}_j).$$

因为频率 $\hat{p}_i$ 收敛到概率 p_i, 所以 $n\to\infty$ 时, 得到

$$\frac{1}{n}\sum_{i=1}^{n}X_i=\frac{1}{n}\sum_{j=0}^{100}j(n\hat{p}_j)=\sum_{j=0}^{100}j\hat{p}_j \ \to\ \sum_{j=0}^{100}jp_j=\mathrm{E}(X). \tag{5.1.5}$$

下面是随机变量的数学期望的定义.

定义 5.1.1 设 X 有概率分布

$$p_j=P(X=x_j),\ j=0,1,\cdots,$$

如果 $\sum\limits_{j=0}^{\infty}|x_j|p_j<\infty$, 则称 X 的数学期望存在, 并且称

$$\mathrm{E}(X)=\sum_{j=0}^{\infty}x_jp_j \tag{5.1.6}$$

为 X 或分布 $\{p_j\}$ 的**数学期望** (expected value).

在定义 5.1.1 中, 要求 $\sum\limits_{j=0}^{\infty}|x_j|p_j<\infty$ 的原因是要使 (5.1.6) 中的级数有确切的意义. 当所有的 x_j 非负时, 如果 (5.1.6) 中的级数是无穷, 则由 (5.1.6) 定义的 E(X) 也有明确的意义, 它表明 X 的平均取值是无穷. 这时称 X 的数学期望是正无穷.

在定义 5.1.1 中, 将 p_j 视为 $\{p_i\}$ 在横坐标 x_j 处的质量, 由

$$\sum_{j=1}^{\infty}(x_j-\mu)p_j=\sum_{j=1}^{\infty}x_jp_j-\mu=0,$$

知道 $\{p_i\}$ 的质心是 μ. 所以 X 的数学期望 E(X) 还是其概率分布 $\{p_i\}$ 的质心.

对于有概率密度 $f(x)$ 的连续型随机变量 X, 我们也用 $f(x)$ 和横轴所夹面积的几何重心定义 X 的数学期望. 设 μ 是所述的重心, 如果

$$\int_{-\infty}^{\infty}|x|f(x)\,\mathrm{d}x<\infty, \tag{5.1.7}$$

则有

$$\int_{-\infty}^{\infty}(x-\mu)f(x)\,\mathrm{d}x=\int_{-\infty}^{\infty}xf(x)\,\mathrm{d}x-\mu=0.$$

于是 $\mu=\int_{-\infty}^{\infty}xf(x)\,\mathrm{d}x$ 是所述的重心.

定义 5.1.2　设 X 是有概率密度 $f(x)$ 的随机变量, 如果 (5.1.7) 成立, 则称 X 的数学期望存在, 并且称

$$\mathrm{E}(X)=\int_{-\infty}^{\infty}xf(x)\,\mathrm{d}x \tag{5.1.8}$$

为 X 或 $f(x)$ 的**数学期望**.

和离散时的情况一样, 在定义 5.1.2 中要求条件 (5.1.7) 的原因是要使 (5.1.8) 中的积分有确切的意义. 当 X 非负时, 如果 (5.1.8) 等于无穷, 则由 (5.1.8) 定义的 $\mathrm{E}(X)$ 也有明确的意义, 它表明 X 的平均取值是无穷. 这时称 X 的数学期望是正无穷.

由于随机变量的数学期望由随机变量的概率分布唯一决定, 所以也可以对概率分布定义数学期望. 概率分布的数学期望就是以它为概率分布的随机变量的数学期望. 有相同分布的随机变量必有相同的数学期望.

例 5.1.3　17 世纪曾有人向帕斯卡请教如下的问题: 两个赌博水平相当的人各出 50 法郎作赌注, 并约定五局三胜者获得这 100 法郎. 前三局中甲赢了 2 局, 乙赢了 1 局, 这时因故要中止赌博, 问应当怎样合理分配这 100 法郎.

解　下面是帕斯卡的回答. 设想赌博可以继续下去, 再赌两局必出结果, 这两局的结果只能是以下四个事件之一:

甲乙,　乙甲,　甲甲,　乙乙,

其中的 "甲乙" 表示第一局甲胜, 第二局乙胜; "乙甲" 表示第一局乙胜, 第二局甲胜…… 这 4 个事件发生的可能性相同. 因为甲在前 3 局中赢了 2 局, 所以只有 "乙乙" 发生时, 甲获得 0 法郎, 否则甲获得 100 法郎. 用 X 表示甲应当分到的赌资, 按照以上分析有

$$P(X=0)=P(\text{乙乙})=\frac{1}{4},\quad P(X=100)=1-\frac{1}{4}=\frac{3}{4}.$$

于是甲期望分得的赌资是

$$\mathrm{E}(X)=0+100\times\frac{3}{4}=75\ (\text{法郎}).$$

这个例子也是 "数学期望" 的来源之一.

在例 5.1.3 中, 认为甲应当分得赌资的 2/3 是不合理的. 因为按照这个逻辑, 甲赢第一局就因故停止赌博时, 甲将获得全部的赌资.

例 5.1.4　在境外赌场, 有很多人在赌廿一点时顺便押对子. 其规则如下: 庄家从 6 副 (每副 52 张) 扑克中随机发给你两张. 如果你下注 a 元, 当得到的两张牌是一对时, 庄家赔你十倍, 否则输掉你的赌注. 如果你下注 100 元, 你在每局中期望赢多少元?

解　用 X 表示你在一局中的获利, $a=100$. 则

$$P(X=10a)=\frac{13\mathrm{C}_{4\times 6}^{2}}{\mathrm{C}_{52\times 6}^{2}}=0.074,\quad P(X=-a)=1-0.074,$$

于是, 你期望赢

$$\mathrm{E}(X) = 10a \cdot 0.074 - a \cdot (1 - 0.074) = -0.186a = -18.6\ (元).$$

当只使用一副扑克, 可以计算出你每局期望赢 -35.29 元.

在例 5.1.4 中, 设甲下注 n 次, 每次下注 a 元. 如果用 N_a 表示他下注 n 次得到的"对子数", 因为频率收敛到概率, 所以 $n \to \infty$ 时, 得到

$$\frac{N_a}{n} \to P(X_1 = 10a) = 0.074,$$
$$\frac{n - N_a}{n} \to P(X_1 = -a) = 1 - 0.074 = 0.926.$$

用 X_i 表示他第 i 次下注的收益, 则他独立重复下注 n 次的平均收益是

$$\begin{aligned}\overline{X}_n &= \frac{X_1 + X_2 + \cdots + X_n}{n} \\ &= \frac{10aN_a - a(n - N_a)}{n} \\ &= 10a\frac{N_a}{n} - a\frac{n - N_a}{n} \\ &\to 10a \cdot 0.074 - a \cdot (1 - 0.074) \\ &= \mathrm{E}(X_1).\end{aligned}$$

以上例子说明, 当试验次数增加时, 独立重复试验的结果的平均收敛到总体分布的平均. 或者说, 当 $n \to \infty$, 独立同分布的随机变量的平均 $\overline{X}_n$ 收敛到随机变量的数学期望 $\mathrm{E}(X_1) = \mu$.

对于连续型的随机变量, 也有相同的结论. 在例 5.1.5 中, 两个电子邮件的间隔时间有数学期望 $\mathrm{E}(X) = 1.25$. 用计算机产生 10^7 个独立同分布的都服从指数分布 $Exp(0.8)$ 的随机变量的观测值, 利用前 n 个观测值计算的平均数 $\overline{x}_n$ 如下:

n	10	10^2	10^3	10^4	10^5	10^6	10^7
$\overline{x}_n$	1.043 9	1.412 6	1.300 1	1.253 1	1.255 3	1.250 6	1.250 1

计算结果支持结论: $\overline{X}_n \to \mathrm{E}(X)$.

例 5.1.5 某个电子邮件地址收到相邻的电子邮件的时间间隔是独立同分布的随机变量, 都服从参数为 $\lambda = 0.8\,\mathrm{h}$ 的指数分布.

(1) 计算两个电子邮件之间的平均间隔时间;

(2) 计算从 t 开始对于下一个电子邮件的平均等待时间.

解 (1) 用 X 表示两个电子邮件的间隔时间. 根据题意知 $X \sim Exp(\lambda)$, 有概率密度 $f(x) = \lambda \mathrm{e}^{-\lambda x}$, $\lambda > 0$. 平均间隔时间是

$$\mathrm{E}(X) = \int_0^{\infty} x f(x)\,\mathrm{d}x = \int_0^{\infty} \lambda x \mathrm{e}^{-\lambda x}\,\mathrm{d}x = \frac{1}{0.8} = 1.25(\mathrm{h}).$$

(2) 由于指数分布具有无记忆性 (参考 3.3 节定理 3.3.1), 所以从时刻 t 开始, 需要等待的时间和 X 同分布, 因而也平均需要等待 1.25 h.

数学期望浅析

5.2 常用的数学期望

数学期望的符号 E 在概率论和统计学中是最常用的符号. 为了简化, 在不引起混淆的情况下, 经常将 E 后面的括号 ( ) 省略. 例如将 $\mathrm{E}(X)$ 写成 $\mathrm{E}X$, 将 $\mathrm{E}(X^2)$ 写成 $\mathrm{E}X^2$ 等.

下面是实际中常用分布的数学期望及其计算.

(1) 伯努利分布 $\mathcal{B}(1,p)$: 设 $X\sim\mathcal{B}(1,p)$, 则

$$\mathrm{E}X=1\cdot p+0\cdot(1-p)=p.$$

又设 A 是事件, $\mathrm{I}[A]$ 是 A 的示性函数, 即

$$\mathrm{I}[A]=\begin{cases}1, & \text{当 } A \text{ 发生},\\ 0, & \text{当 } A \text{ 不发生},\end{cases}$$

则 $\mathrm{I}[A]$ 服从伯努利分布, 且 $P(\mathrm{I}[A]=1)=P(A)$. 于是

$$\mathrm{E}\,\mathrm{I}[A]=P(\mathrm{I}[A]=1)=P(A).$$

(2) 二项分布 $\mathcal{B}(n,p)$: 设 $X\sim\mathcal{B}(n,p)$, 则 $\mathrm{E}X=np$.

证明 设 $q=1-p$, 由

$$p_j=P(X=j)=\mathrm{C}_n^j p^j q^{n-j},\ 0\leqslant j\leqslant n,$$

得到

$$\begin{aligned}\mathrm{E}X&=\sum_{j=0}^{n} j\mathrm{C}_n^j p^j q^{n-j}\\&=np\sum_{j=1}^{n}\mathrm{C}_{n-1}^{j-1}p^{j-1}q^{n-j}\quad [\text{用 } j\mathrm{C}_n^j=n\mathrm{C}_{n-1}^{j-1}]\\&=np\sum_{k=0}^{n-1}\mathrm{C}_{n-1}^{k}p^{k}q^{n-1-k}\qquad [\text{取 } k=j-1]\\&=np(p+q)^{n-1}=np.\end{aligned}$$

$\mathrm{E}X=np$ 说明单次试验成功的概率 p 越大, 则在 n 次独立重复试验中, 平均成功的次数越多.

(3) 泊松分布 $\mathcal{P}(\lambda)$: 设 $X \sim \mathcal{P}(\lambda)$, 则 $\mathrm{E}X = \lambda$.

证明 由

$$P(X = k) = \frac{\lambda^k}{k!}\mathrm{e}^{-\lambda},\ k = 0, 1, \cdots,$$

得到

$$\mathrm{E}X = \sum_{k=0}^{\infty} k\frac{\lambda^k}{k!}\mathrm{e}^{-\lambda} = \lambda\sum_{k=1}^{\infty}\frac{\lambda^{k-1}}{(k-1)!}\mathrm{e}^{-\lambda} = \lambda.$$

说明参数 λ 是泊松分布 $\mathcal{P}(\lambda)$ 的数学期望. 回忆在 3.2 节的例 3.2.3 中, 因为 7.5 s 内放射性钋平均放射出 3.87 个 α 粒子, 所以当时认为 7.5 s 内释放出的粒子数 $X \sim \mathcal{P}(3.87)$.

(4) 几何分布: 设 X 服从参数为 p 的几何分布, 则 $\mathrm{E}X = 1/p$.

证明 由

$$P(X = j) = pq^{j-1},\ j = 1, 2, \cdots,$$

得到

$$\mathrm{E}X = \sum_{j=1}^{\infty} jpq^{j-1} = p\Big(\sum_{j=0}^{\infty} q^j\Big)' = p\Big(\frac{1}{1-q}\Big)' = \frac{1}{p}.$$

结论说明单次试验中的成功概率 p 越小, 首次成功所需要的平均试验次数就越多.

(5) 均匀分布 $U(a, b)$: 设 $X \sim U(a, b)$, 则 $\mathrm{E}X = (a + b)/2$.

证明 因为 X 有概率密度 $f(x) = 1/(b - a), x \in (a, b)$, 所以

$$\mathrm{E}X = \int_a^b \frac{x}{b-a}\mathrm{d}x = \frac{b^2 - a^2}{2(b-a)} = \frac{a+b}{2}.$$

说明 $\mathrm{E}X$ 是密度函数 $f(x)$ 的对称点.

(6) 指数分布 $Exp(\lambda)$: 设 $X \sim Exp(\lambda)$, 则 $\mathrm{E}X = 1/\lambda$.

证明 因为 X 有概率密度

$$f(x) = \lambda\mathrm{e}^{-\lambda x},\ x \geqslant 0,$$

所以

$$\mathrm{E}X = \int_{-\infty}^{\infty} xf(x)\,\mathrm{d}x = \int_0^{\infty} x\lambda\mathrm{e}^{-\lambda x}\,\mathrm{d}x = \frac{1}{\lambda}.$$

说明数学期望和参数 λ 成反比关系: λ 越大, 数学期望越小.

(7) 正态分布 $N(\mu, \sigma^2)$: 设 $X \sim N(\mu, \sigma^2)$, 则 $\mathrm{E}X = \mu$.

证明 因为 X 有概率密度

$$f(x) = \frac{1}{\sqrt{2\pi\sigma^2}}\exp\left[-\frac{(x-\mu)^2}{2\sigma^2}\right], \quad x \in \mathbf{R},$$

所以在下面的积分中取变换 $x = \sigma t + \mu$, 得到

$$\mathrm{E}X = \frac{1}{\sqrt{2\pi\sigma^2}}\int_{-\infty}^{\infty} x\exp\left[-\frac{(x-\mu)^2}{2\sigma^2}\right]\mathrm{d}x$$

$$
\begin{aligned}
&= \frac{1}{\sqrt{2\pi}} \int_{-\infty}^{\infty} (\sigma t + \mu) \exp\left(-\frac{t^2}{2}\right) \mathrm{d}t \\
&= \frac{\sigma}{\sqrt{2\pi}} \int_{-\infty}^{\infty} t \exp\left(-\frac{t^2}{2}\right) \mathrm{d}t + \frac{\mu}{\sqrt{2\pi}} \int_{-\infty}^{\infty} \exp\left(-\frac{t^2}{2}\right) \mathrm{d}t \\
&= 0 + \mu = \mu.
\end{aligned}
$$

说明 $\mathrm{E}X$ 是密度函数 $f(x)$ 的对称点 μ.

从均匀分布和正态分布看出: 当概率密度有对称点时, 只要数学期望存在, 则等于该对称点.

定理 5.2.1 设 X 的数学期望有限, 概率密度 $f(x)$ 关于 c 对称: $f(c+x) = f(c-x)$, 则 $\mathrm{E}X = c$.

证明 这时 $g(t) = tf(c+t)$ 是奇函数: $g(-t) = -g(t)$. 因为 $g(t)$ 在 $(-\infty, \infty)$ 中的积分等于 0, 所以有

$$
\begin{aligned}
\mathrm{E}X &= \int_{-\infty}^{\infty} xf(x)\,\mathrm{d}x \\
&= \int_{-\infty}^{\infty} cf(x)\,\mathrm{d}x + \int_{-\infty}^{\infty} (x-c)f(x)\,\mathrm{d}x \\
&= c + \int_{-\infty}^{\infty} tf(c+t)\,\mathrm{d}t \quad [\text{取 } x = c+t] \\
&= c + \int_{-\infty}^{\infty} g(t)\,\mathrm{d}t \\
&= c.
\end{aligned}
$$

定理 5.2.1 的结论是自然的, 因为只要 $f(x)$ 关于 c 对称, 则 c 就是曲线 $f(x)$ 和 x 轴所夹面积的几何重心的横坐标.

根据概率分布的对称性还可以得到离散分布的相应结论, 例如

(1) 投掷一颗均匀的骰子, 得到点数的数学期望为 $(1+6)/2 = 3.5$;

(2) 在 $\{1, 2, \cdots, m\}$ 任取一个数 X, 则 $\mathrm{E}X = (1+m)/2$.

5.3 数学期望的计算

如果 $P(X \geqslant 0) = 1$, 则 X 是非负随机变量. 对于非负的随机变量 X, 无论其数学期望 $\mathrm{E}X$ 是否无穷, 都可以直接计算 $\mathrm{E}X$.

为了方便计算随机变量函数的数学期望, 再介绍下面的定理.

定理 5.3.1 设 X, Y 是连续型随机变量, $\mathrm{E}g(X)$, $\mathrm{E}h(X, Y)$ 存在.

(1) 若 X 有概率密度 $f(x)$, 则

$$
\mathrm{E}g(X) = \int_{-\infty}^{\infty} g(x)f(x)\,\mathrm{d}x. \tag{5.3.1}
$$

(2) 若 (X,Y) 有联合密度 $f(x,y)$, 则

$$\mathrm{E}h(X,Y)=\iint_{\mathbf{R}^2} h(x,y)f(x,y)\,\mathrm{d}x\mathrm{d}y. \tag{5.3.2}$$

(3) 若 X 是非负随机变量, 则

$$\mathrm{E}X=\int_0^\infty P(X>x)\,\mathrm{d}x. \tag{5.3.3}$$

使用定理 5.3.1 计算随机向量函数的数学期望有很多方便, 最主要的是不再需要推导随机变量 $g(X)$ 或 $g(X,Y)$ 的概率分布.

例 5.3.1 设 X 在 $(0,\pi/2)$ 上均匀分布, 计算 $\mathrm{E}(\cos X)$.

解 X 有概率密度 $f(x)=2/\pi$, $x\in(0,\pi/2)$. 用公式 (5.3.1) 得到

$$\mathrm{E}\cos X=\int_{-\infty}^{\infty} f(x)\cos x\,\mathrm{d}x=\frac{2}{\pi}\int_0^{\pi/2}\cos x\,\mathrm{d}x=\frac{2}{\pi}.$$

例 5.3.2 设 X, Y 独立, 都服从标准正态分布, 计算 $\mathrm{E}(X^2+Y^2)$.

解 (X,Y) 有联合密度

$$f(x,y)=\frac{1}{2\pi}\exp\left(-\frac{x^2+y^2}{2}\right).$$

用公式 (5.3.2), 且在积分中采用变换 $x=r\cos\theta$, $y=r\sin\theta$, 得到

$$\begin{aligned}\mathrm{E}(X^2+Y^2)&=\iint_{\mathbf{R}^2}(x^2+y^2)f(x,y)\,\mathrm{d}x\mathrm{d}y\\&=\frac{1}{2\pi}\int_0^{2\pi}\mathrm{d}\theta\int_0^\infty r^3\exp(-r^2/2)\,\mathrm{d}r\\&=\int_0^\infty r^3\exp(-r^2/2)\,\mathrm{d}r\qquad[\text{取 } t=r^2/2]\\&=2\int_0^\infty t\exp(-t)\,\mathrm{d}t=2.\end{aligned}$$

例 5.3.3 秘书长的 3 台传真机独立工作. 第 j 台传真机对下一个到达的传真的等待时间服从参数为 λ_j 的指数分布. 计算该秘书长对第一个到达的传真的平均等待时间.

解 用 X_j 表示第 j 台传真机对下一个传真的等待时间, 则 X_1, X_2, X_3 相互独立, $X_j\sim Exp(\lambda_j)$. $Y=\min(X_1,X_2,X_3)$ 是对第一个传真的等待时间. 容易计算

$$P(X_j>y)=\int_y^\infty \lambda_j\mathrm{e}^{-\lambda_j x}\,\mathrm{d}x=\mathrm{e}^{-\lambda_j y}.$$

$$\begin{aligned}P(Y>y)&=P(X_1>y,X_2>y,X_3>y)\\&=P(X_1>y)P(X_2>y)P(X_3>y)\\&=\mathrm{e}^{-(\lambda_1+\lambda_2+\lambda_3)y}.\end{aligned}$$

再用定理 5.3.1(3) 得到

$$\mathrm{E}Y=\int_0^\infty \mathrm{e}^{-(\lambda_1+\lambda_2+\lambda_3)y}\,\mathrm{d}y=\frac{1}{\lambda_1+\lambda_2+\lambda_3}.$$

由于指数分布具有无记忆性, 所以例 5.3.3 中的等待时间可以是从任何时刻开始的等待时间.

对于离散型随机变量和随机向量也有类似定理 5.3.1 的结论, 这就是下面的定理 5.3.2.

定理 5.3.2 设 X, Y 是离散型随机变量, $\mathrm{E}g(X)$, $\mathrm{E}h(X,Y)$ 存在.

(1) 若 X 有离散分布 $p_j = P(X = x_j)$, $j \geqslant 1$, 则

$$\mathrm{E}g(X) = \sum_{j=1}^{\infty} g(x_j)p_j;$$

(2) 若 (X,Y) 有离散分布 $p_{ij} = P(X = x_i, Y = y_j)$, $i, j \geqslant 1$, 则

$$\mathrm{E}h(X,Y) = \sum_{i=1}^{\infty}\sum_{j=1}^{\infty} h(x_i, y_j)p_{ij}.$$

例 5.3.4 设 X 服从二项分布 $\mathcal{B}(n,p)$, 计算 $\mathrm{E}[X(X-1)]$.

解 从 $P(X=j) = \mathrm{C}_n^j p^j q^{n-j}$ 知道

$$\begin{aligned}\mathrm{E}[X(X-1)] &= \sum_{j=0}^{n} j(j-1)\mathrm{C}_n^j p^j q^{n-j} \\ &= p^2\Big(\frac{\mathrm{d}^2}{\mathrm{d}x^2}\sum_{j=0}^{n}\mathrm{C}_n^j x^j q^{n-j}\Big)\Big|_{x=p} \\ &= p^2\frac{\mathrm{d}^2}{\mathrm{d}x^2}(x+q)^n\Big|_{x=p} \\ &= n(n-1)p^2.\end{aligned}$$

5.4 数学期望的性质

根据定理 5.3.1 和定理 5.3.2,

$$\mathrm{E}|X| = \begin{cases}\sum\limits_{j=1}^{\infty}|x_j|P(X=x_j), & \text{当 } \sum\limits_{j=1}^{\infty}P(X=x_j)=1, \\ \int_{-\infty}^{\infty}|x|f(x)\mathrm{d}x, & \text{当 } X \text{ 有概率密度 } f(x).\end{cases}$$

于是, $\mathrm{E}X$ 存在的充分必要条件是 $\mathrm{E}|X| < \infty$.

定理 5.4.1 设 $\mathrm{E}|X_j| < \infty$ $(1 \leqslant j \leqslant n)$,$c_0, c_1, \cdots, c_n$ 是常数, 则有以下结果:

(1) 线性组合 $Y = c_0 + c_1X_1 + c_2X_2 + \cdots + c_nX_n$ 的数学期望存在, 而且

$$\begin{aligned}&\mathrm{E}(c_0 + c_1X_1 + c_2X_2 + \cdots + c_nX_n) \\ &= c_0 + c_1\mathrm{E}X_1 + c_2\mathrm{E}X_2 + \cdots + c_n\mathrm{E}X_n;\end{aligned} \tag{5.4.1}$$

(2) 如果 $X_1, X_2, \cdots, X_n$ 相互独立, 则乘积 $Z = X_1X_2\cdots X_n$ 的数学期望存在, 并且

$$\mathrm{E}(X_1X_2\cdots X_n) = (\mathrm{E}X_1)(\mathrm{E}X_2)\cdots(\mathrm{E}X_n);$$

(3) 如果 $P(X_1 \leqslant X_2) = 1$, 则 $\mathrm{E}X_1 \leqslant \mathrm{E}X_2$.

性质 (1) 说明对随机变量求数学期望的运算是线性运算; 性质 (2) 说明相互独立的随机变量乘积的数学期望等于数学期望的乘积; 性质 (3) 说明如果 $X_1 \leqslant X_2$, 则对 X_1 的期望值要小于等于对 X_2 的期望值.

例 5.4.1 设 $X \sim N(0,1)$, 则 $\mathrm{E}X^2 = 1$.

证明 取随机变量 Y 和 X 独立同分布, 则 $\mathrm{E}Y^2 = \mathrm{E}X^2$. 从例 5.3.2 的结论知道 $\mathrm{E}(X^2+Y^2) = 2$, 于是有

$$\mathrm{E}X^2 = (\mathrm{E}X^2 + \mathrm{E}Y^2)/2 = \mathrm{E}(X^2+Y^2)/2 = 2/2 = 1.$$

X 的数学期望是指对 X 的**期望值**, 它也是 X 的均值. 看下面的例子.

例 5.4.2 (二项分布 $\mathcal{B}(n,p)$) 设单次试验成功的概率是 p, 问 n 次独立重复试验中, 期望有几次成功?

解 引入

$$X_i = \begin{cases} 1, & \text{第 } i \text{ 次试验成功}, \\ 0, & \text{第 } i \text{ 次试验不成功}. \end{cases}$$

则 $\mathrm{E}X_i = p$. $X = X_1 + X_2 + \cdots + X_n$ 是 n 次试验中的成功次数, 服从二项分布 $\mathcal{B}(n,p)$. 期望的成功次数是

$$\mathrm{E}X = \mathrm{E}X_1 + \mathrm{E}X_2 + \cdots + \mathrm{E}X_n = np.$$

例 5.4.3 (超几何分布 $H(N,M,n)$) N 件产品中有 M 件正品, 从中任取 n 件, 期望有几件正品?

解 定义随机变量

$$X_i = \begin{cases} 1, & \text{第 } i \text{ 次取得正品}, \\ 0, & \text{第 } i \text{ 次取得次品}. \end{cases}$$

则无论是否有放回地抽取, 总有 $\mathrm{E}X_i = M/N$(参考 §1.2 抽签问题). 无放回抽取时, 抽到的正品数 $Y = X_1 + X_2 + \cdots + X_n$ 服从超几何分布 $H(N,M,n)$. 期望的正品数是

$$\mathrm{E}Y = \mathrm{E}X_1 + \mathrm{E}X_2 + \cdots + \mathrm{E}X_n = nM/N.$$

本例中, 如果有放回地抽取, 则 $Y \sim \mathcal{B}(n, M/N)$. 如果无放回地抽取, 则 $Y \sim H(N,M,n)$. 无论是否有放回地抽取, 期望得到的正品数都是 n 倍的正品率.

例 5.4.4 将 n 个不同的信笺随机放入 n 个写好地址的信封, 期望有几封能正确搭配?

解 定义随机变量

$$X_i = \begin{cases} 1, & \text{第 } i \text{ 封信正确搭配}, \\ 0, & \text{第 } i \text{ 封信没有正确搭配}, \end{cases}$$

则 $\mathrm{E}X_i = P(X_i = 1) = 1/n$. 因为 $Y = X_1 + X_2 + \cdots + X_n$ 是正确搭配的个数, 所以平均正确搭配的个数是

$$\mathrm{E}Y = \mathrm{E}X_1 + \mathrm{E}X_2 + \cdots + \mathrm{E}X_n = n/n = 1.$$

本例说明无论有多少个信封, 平均只有一封信能正确搭配.

例 5.4.5 设建筑供应商每销售一吨水泥获利 a 元, 每库存一吨水泥损失 b 元, 假设水泥的销量 Y 服从指数分布 $Exp(\lambda)$. 问库存多少吨水泥才能获得最大的平均利润.

解 库存量是 x 时, 利润是

$$Q(x, Y) = \begin{cases} aY - b(x - Y), & Y < x, \\ ax, & Y \geqslant x. \end{cases}$$

用 $\mathrm{I}[Y < x]$ 表示事件 $\{Y < x\}$ 的示性函数, 用 $\mathrm{I}[Y \geqslant x]$ 表示 $\{Y \geqslant x\}$ 的示性函数, 则可以将 $Q(x, Y)$ 写成

$$Q(x, Y) = \big[aY - b(x - Y)\big]\mathrm{I}[Y < x] + ax\mathrm{I}[Y \geqslant x].$$

Y 有概率密度 $f_Y(y) = \lambda \mathrm{e}^{-\lambda y}, y > 0$. 所以平均利润是

$$\begin{aligned} q(x) &= \mathrm{E}Q(x, Y) \\ &= \int_{-\infty}^{\infty} Q(x, y) f_Y(y)\,\mathrm{d}y \\ &= \int_0^x (ay - bx + by) f_Y(y)\,\mathrm{d}y + ax\int_x^{\infty} f_Y(y)\,\mathrm{d}y \\ &= (a+b)\int_0^x y f_Y(y)\,\mathrm{d}y - bx\int_0^x f_Y(y)\,\mathrm{d}y + ax\int_x^{\infty} f_Y(y)\,\mathrm{d}y. \end{aligned}$$

$q(x)$ 的最大值点是所要的库存数. 由

$$\begin{aligned} q'(x) &= (a+b)xf_Y(x) - b\int_0^x f_Y(y)\,\mathrm{d}y - bxf_Y(x) + a\int_x^{\infty} f_Y(y)\,\mathrm{d}y - axf_Y(x) \\ &= -b(1 - \mathrm{e}^{-\lambda x}) + a\mathrm{e}^{-\lambda x} \\ &= (a+b)\mathrm{e}^{-\lambda x} - b = 0 \end{aligned}$$

得到 $q(x)$ 的唯一极值点 $x = \lambda^{-1}\ln[(a+b)/b]$. 由 $q''(x) = -(a+b)\lambda \mathrm{e}^{-\lambda x} < 0$ 知道 $q(x)$ 是上凸函数. 所以, $x = \lambda^{-1}\ln[(a+b)/b]$ 是 $q(x)$ 的唯一最大值点. 于是, 库存 $\lambda^{-1}\ln[(a+b)/b]$ 吨水泥可以获得最大平均利润.

定理 5.4.2 $\mathrm{E}|X| = 0$ 的充分必要条件是 $P(X = 0) = 1$.

如果 $P(X = 0) = 1$, 则称 $X = 0$ **以概率 1 发生**. 完全类似地, 我们把 $P(X \leqslant Y) = 1$ 称为 $\{X \leqslant Y\}$ 以概率 1 发生. 当 $P(A) = 1$, 我们称 A 以概率 1 发生. 以概率 1 发生又称作几乎处处或几乎必然 (almost surely) 发生, 常被简记为 a.s..

概率等于1的事件要加以标注

5.5 随机变量的方差

在许多问题中, 只知道随机变量的数学期望是远远不够的. 在例 5.1.2 中, 如果知道全班期中考试的平均成绩是 75 分, 我们还是不知道这个班的学习情况是否整齐, 也不知道这次考试的试题是否合理. 可以设想, 当全班的成绩过于集中时, 试题可能有问题. 过于分散时, 会有较多的学生不及格, 也不合乎情理. 于是应当有一个量描述考试成绩是否过于集中或分散. 这个量就是方差.

例 5.5.1 在例 5.1.2 中, 全班同学期中考试的平均分是

$$\mu = \frac{1}{m}\sum_{i=1}^{m} x_i,\ m = 180.$$

可以用

$$\sigma^2 = \frac{1}{m}\sum_{i=1}^{m}(x_i - \mu)^2$$

描述全班期中考试成绩的分散程度. 因为考试成绩是总体, 所以称 σ^2 是**总体方差**. 总体方差用来描述总体的分散程度.

从例 5.1.2 知道, 若用 X 表示任选一个同学的期中成绩, 则 X 的概率分布 (5.1.3) 是总体分布, $\mu = \mathrm{E}X$ 是总体均值. 因为 X 的取值的分散程度由总体的分散程度 σ^2 决定, 所以把 X 的方差定义成总体方差 σ^2. 因为得 j 分的同学共有 m_j 个, $p_j = P(X = j) = m_j/m$, 所以有

$$\begin{aligned}\sigma^2 &= \frac{1}{m}\sum_{i=1}^{m}(x_i - \mu)^2 \\ &= \sum_{j=0}^{100}(j-\mu)^2\frac{m_j}{m} \\ &= \sum_{j=0}^{100}(j-\mu)^2 p_j \\ &= \mathrm{E}(X-\mu)^2.\end{aligned}$$

说明应当用 $\mathrm{E}(X - \mathrm{E}X)^2$ 描述随机变量 X 的分散程度.

定义 5.5.1 设 $\mu = \mathrm{E}X$, 如果 $\mathrm{E}(X-\mu)^2 < \infty$, 则称

$$\sigma^2 = \mathrm{E}(X-\mu)^2 \tag{5.5.1}$$

为 X 的**方差** (variance), 记作 $\mathrm{Var}(X)$ 或 σ_{XX}. 称 $\sigma_X = \sqrt{\mathrm{Var}(X)}$ 为 X 的**标准差**.

也可以从另外的角度解释方差. 设 X 是对长度为 μ 的物体的测量值, 则 $X - \mu$ 是测量误差, $(X-\mu)^2$ 是测量误差的平方. 如果测量仪器无系统偏差 (即 $\mathrm{E}X = \mu$), 则 $\mathrm{E}(X-\mu)^2$ 是测量误差平方的平均, 正是方差.

当 X 有离散分布 $p_j=P(X=x_j),\ j=1,2,\cdots$ 时, 利用定理 5.3.2(1) 得到

$$\mathrm{Var}(X)=\mathrm{E}(X-\mu)^2=\sum_{j=1}^{\infty}(x_j-\mu)^2p_j.$$

当 X 有概率密度 $f(x)$ 时, 利用定理 5.3.1(1) 得到

$$\mathrm{Var}(X)=\mathrm{E}(X-\mu)^2=\int_{-\infty}^{\infty}(x-\mu)^2f(x)\,\mathrm{d}x.$$

上面两式都说明随机变量 X 的方差 $\mathrm{Var}(X)$ 由 X 的概率分布唯一决定. 这就是下面的定理.

注 在概率统计领域 Var 是方差的通用符号. 也有国内教材用 $\mathrm{D}(X)$ 表示 X 的方差.

定理 5.5.1 如果 X, Y 有相同的概率分布, 则它们有相同的数学期望和方差.

X 的方差描述了 X 的分散程度, $\mathrm{Var}(X)$ 越小, 说明 X 在数学期望 μ 附近越集中. 特别当 $\mathrm{Var}(X)=0$ 时, 由定理 5.4.2 知道 $X=\mu$ 以概率 1 成立.

利用方差的定义和 $\mathrm{E}(X-\mu)\mu=0$, 得到

方差浅析

$$\mathrm{Var}(X)=\mathrm{E}(X-\mu)(X-\mu)=\mathrm{E}(X^2-X\mu)=\mathrm{E}X^2-\mu^2.$$

这就得到计算方差的常用公式

$$\mathrm{Var}(X)=\mathrm{E}X^2-(\mathrm{E}X)^2. \qquad (5.5.2)$$

5.5.1 常用的方差

下面计算几个常见分布的方差.

(1) 伯努利分布 $\mathcal{B}(1,p)$: 设 $P(X=1)=p,\ P(X=0)=1-p=q$, 则 $\mathrm{Var}(X)=pq$.

证明 由 $X^2=X$ 和 $\mathrm{E}X=p$, 得到

$$\mathrm{Var}(X)=\mathrm{E}X^2-(\mathrm{E}X)^2=p-p^2=pq.$$

(2) 二项分布 $\mathcal{B}(n,p)$: 设 $q=1-p$,

$$P(X=j)=\mathrm{C}_n^jp^jq^{n-j},\ 0\leqslant j\leqslant n,$$

则 $\mathrm{Var}(X)=npq$.

证明 由 $\mathrm{E}X=np$ 和 $\mathrm{E}[X(X-1)]=n(n-1)p^2$ (见例 5.3.4) 得到

$$\mathrm{E}X^2=\mathrm{E}[X(X-1)]+\mathrm{E}X=n(n-1)p^2+np.$$

最后用 (5.5.2) 得到

$$\mathrm{Var}(X)=n(n-1)p^2+np-(np)^2=npq.$$

(3) 泊松分布 $\mathcal{P}(\lambda)$: 设

$$P(X=k)=\frac{\lambda^k}{k!}\mathrm{e}^{-\lambda},\ k=0,1,\cdots,$$

则 $\mathrm{Var}(X)=\lambda$.

证明 由 $\mathrm{E}X=\lambda$ 得到

$$\begin{aligned}\mathrm{E}X^2&=\mathrm{E}[X(X-1)]+\mathrm{E}X\\&=\sum_{k=0}^{\infty}k(k-1)\frac{\lambda^k}{k!}\mathrm{e}^{-\lambda}+\lambda\\&=\lambda^2\sum_{k=2}^{\infty}\frac{\lambda^{k-2}}{(k-2)!}\mathrm{e}^{-\lambda}+\lambda=\lambda^2+\lambda.\end{aligned}$$

用公式 (5.5.2) 得到

$$\mathrm{Var}(X)=\lambda^2+\lambda-\lambda^2=\lambda.$$

(4) 几何分布: 设 X 有概率分布

$$P(X=j)=pq^{j-1},\ j=1,2,\cdots,q=1-p,$$

则 $\mathrm{Var}(X)=q/p^2$.

证明 用 $\mathrm{E}X=1/p$ 得到

$$\begin{aligned}\mathrm{E}X^2&=\mathrm{E}[X(X-1)]+\mathrm{E}X\\&=\sum_{j=1}^{\infty}j(j-1)pq^{j-1}+\frac{1}{p}\\&=pq\Big(\sum_{j=0}^{\infty}q^j\Big)''+\frac{1}{p}\\&=pq\Big(\frac{1}{1-q}\Big)''+\frac{1}{p}\\&=\frac{2pq}{(1-q)^3}+\frac{1}{p}=\frac{2q}{p^2}+\frac{1}{p}.\end{aligned}$$

最后用公式 (5.5.2) 得到

$$\mathrm{Var}(X)=\frac{2q}{p^2}+\frac{1}{p}-\frac{1}{p^2}=\frac{q}{p^2}.$$

(5) 均匀分布 $U(a,b)$: 设 X 有概率密度 $f(x)=1/(b-a),\ x\in(a,b)$, 则

$$\mathrm{Var}(X)=\frac{(b-a)^2}{12}.$$

证明 因为 X 有数学期望 $\mathrm{E}X=(a+b)/2$, 且

$$\mathrm{E}X^2=\int_a^b\frac{x^2}{b-a}\,\mathrm{d}x=\frac{b^3-a^3}{3(b-a)}.$$

再用公式 $b^3-a^3=(b-a)(b^2+ab+a^2)$ 得到

$$\begin{aligned}\mathrm{Var}(X)&=\frac{b^3-a^3}{3(b-a)}-\Big(\frac{a+b}{2}\Big)^2\\&=\frac{b^2+ab+a^2}{3}-\frac{b^2+2ab+a^2}{4}\end{aligned}$$

$$=\frac{(b-a)^2}{12}.$$

(6) 指数分布 $Exp(\lambda)$: 设 X 有概率密度 $f(x)=\lambda\mathrm{e}^{-\lambda x},\ x>0$, 则 $\mathrm{Var}(X)=1/\lambda^2$.

证明 X 有数学期望 $\mathrm{E}X=1/\lambda$, 由

$$\begin{aligned}\mathrm{E}X^2&=\int_0^\infty x^2\lambda\mathrm{e}^{-\lambda x}\,\mathrm{d}x\\&=\frac{1}{\lambda^2}\int_0^\infty t^2\mathrm{e}^{-t}\,\mathrm{d}t \qquad [取\ x=t/\lambda]\\&=\frac{1}{\lambda^2}\Gamma(3)=\frac{2!}{\lambda^2},\end{aligned}$$

得到

$$\mathrm{Var}(X)=\frac{2}{\lambda^2}-\frac{1}{\lambda^2}=\frac{1}{\lambda^2}.$$

(7) 正态分布 $N(\mu,\sigma^2)$: 设 $X\sim N(\mu,\sigma^2)$, 则 $\mathrm{Var}(X)=\sigma^2$.

证明 X 有数学期望 $\mathrm{E}X=\mu$, 并且由 3.4 节例 3.4.2 知道

$$Y=\frac{X-\mu}{\sigma}\sim N(0,1).$$

从例 5.4.1 知道 $\mathrm{E}Y^2=1$, 于是用 $(X-\mu)^2=\sigma^2Y^2$ 得到

$$\mathrm{Var}(X)=\mathrm{E}(X-\mu)^2=\sigma^2\mathrm{E}Y^2=\sigma^2.$$

现在我们知道了正态分布 $N(\mu,\sigma^2)$ 中的 μ 和 σ^2 就是该正态分布的数学期望和方差. 如果已知 X 服从正态分布, 那么只要再计算它的数学期望 μ 和方差 σ^2, 则可以得到 X 的概率密度了.

例 5.5.2 设 X,Y 相互独立, 都服从标准正态分布, 求

$$U=3X-4Y+5$$

的分布.

解 从 4.6 节定理 4.6.1 知道 U 服从正态分布. 再从 $\mathrm{E}X=\mathrm{E}Y=0$, $\mathrm{Var}(X)=\mathrm{Var}(Y)=1$ 得到 $\mathrm{E}X^2=\mathrm{E}Y^2=1$, 从而得到

$$\begin{aligned}\mathrm{E}U&=3\mathrm{E}X-4\mathrm{E}Y+5=5,\\\mathrm{E}(XY)&=\mathrm{E}X\cdot\mathrm{E}Y=0,\\\mathrm{Var}(U)&=\mathrm{E}(U-\mathrm{E}U)^2=\mathrm{E}(3X-4Y)^2\\&=9\mathrm{E}X^2+16\mathrm{E}Y^2-24\mathrm{E}(XY)\\&=25.\end{aligned}$$

于是 $U\sim N(5,25)$.

5.5.2 方差的性质

定理 5.5.2 设 a, b, c 是常数, $\mathrm{E}X = \mu$, $\mathrm{Var}(X) < \infty$, $\mu_j = \mathrm{E}X_j$, $\mathrm{Var}(X_j) < \infty$, $j = 1, 2, \cdots, n$, 则

(1) $\mathrm{Var}(a + bX) = b^2\mathrm{Var}(X)$;

(2) $\mathrm{Var}(X) = \mathrm{E}(X - \mu)^2 < \mathrm{E}(X - c)^2$, 只要常数 $c \neq \mu$;

(3) $\mathrm{Var}(X) = 0$ 的充分必要条件是 $P(X = \mu) = 1$;

(4) 当 $X_1, X_2, \cdots, X_n$ 相互独立时, $\mathrm{Var}\left(\sum\limits_{j=1}^{n} X_j\right) = \sum\limits_{j=1}^{n} \mathrm{Var}(X_j)$.

证明 (1) 由方差的定义得到

$$\begin{aligned}\mathrm{Var}(a + bX) &= \mathrm{E}\big[a + bX - (a + b\mathrm{E}X)\big]^2 \\ &= \mathrm{E}\,[b^2(X - \mu)^2] \\ &= b^2\mathrm{Var}(X).\end{aligned}$$

(2) 对 $c \neq \mu$, 由 $\mathrm{E}(X - \mu) = 0$ 得到

$$\begin{aligned}\mathrm{E}(X - c)^2 &= \mathrm{E}(X - \mu + \mu - c)^2 \\ &= \mathrm{E}(X - \mu)^2 + 2\mathrm{E}(X - \mu)(\mu - c) + \mathrm{E}(\mu - c)^2 \\ &= \mathrm{Var}(X) + (\mu - c)^2 > \mathrm{Var}(X).\end{aligned}$$

于是结论 (2) 成立.

(3) 由定理 5.4.2 知道 $\mathrm{Var}(X) = \mathrm{E}(X - \mu)^2 = 0$ 的充分必要条件是 $(X - \mu)^2 = 0$ 以概率 1 成立, 即 $X = \mu$ 以概率 1 成立.

(4) 的证明留给读者.

在性质 (1) 中取 $b = 1$ 得到 $\mathrm{Var}(a + X) = \mathrm{Var}(X)$, 说明对随机变量进行常数平移后, 随机变量的分散程度不变; 取 $a = 0$ 得到 $\mathrm{Var}(bX) = b^2\mathrm{Var}(X)$, 说明将 X 扩大 b 倍后, 标准差扩大 $|b|$ 倍. (2) 说明随机变量 X 在均方误差的意义下距离数学期望 μ 最近. (3) 说明除了以概率 1 等于常数的随机变量外, 任何随机变量的方差都大于零.

以后无特殊说明时, 都认为所述随机变量的方差大于零.

设 $\mathrm{E}X = \mu, \sigma^2 = \mathrm{Var}(X) < \infty$, 则称

$$Y = \frac{X - \mu}{\sigma} \tag{5.5.3}$$

是 X 的**标准化**. 因为这时有

$$\mathrm{E}Y = 0,\ \mathrm{Var}(Y) = \frac{1}{\sigma^2}\mathrm{Var}(X - \mu) = 1. \tag{5.5.4}$$

特别地, 当 $X \sim N(\mu, \sigma^2)$, $Y \sim N(0, 1)$.

例 5.5.3 设 $X_1, X_2, \cdots, X_n$ 相互独立, 有共同的方差 $\sigma^2 < \infty$, 则

$$\mathrm{Var}\Big(\frac{1}{n}\sum_{j=1}^{n} X_j\Big) = \frac{1}{n}\sigma^2.$$

证明 用定理 5.5.2 的 (1) 和 (4) 得到

$$\begin{aligned}\operatorname{Var}\left(\frac{1}{n}\sum_{j=1}^{n}X_j\right)&=\frac{1}{n^2}\operatorname{Var}\left(\sum_{j=1}^{n}X_j\right)\\&=\frac{1}{n^2}\sum_{j=1}^{n}\operatorname{Var}(X_j)\\&=\frac{1}{n^2}\sum_{j=1}^{n}\sigma^2=\frac{1}{n}\sigma^2.\end{aligned}$$

在例 5.5.3 中, 如果 X_i 是第 i 次测量质量为 μ 的物体时的测量值, 测量的方差是 $\operatorname{Var}(X_i)=\sigma^2$. 当用 n 次测量的平均

$$\overline{X}_n=\frac{1}{n}\sum_{j=1}^{n}X_j$$

作为 μ 的测量值时, 方差降低 n 倍. 说明只要测量仪器没有系统偏差 (指 $\mathrm{E}X=\mu$, 这时有 $\mathrm{E}\overline{X}_n=\mu$), 测量精度总可以通过多次测量的平均来改进.

下面是用方差的性质计算方差的例子.

例 5.5.4 设 $X\sim\mathcal{B}(n,p)$, 则 $\operatorname{Var}(X)=npq$.

证明 设 $X_1,X_2,\cdots,X_n$ 独立同分布, 都服从伯努利分布 $\mathcal{B}(1,p)$, 则 $Y=X_1+X_2+\cdots+X_n\sim\mathcal{B}(n,p)$. 利用 $\operatorname{Var}(X_i)=pq$ 得到

$$\begin{aligned}\operatorname{Var}(X)&=\operatorname{Var}(Y)\\&=\operatorname{Var}(X_1)+\operatorname{Var}(X_2)+\cdots+\operatorname{Var}(X_n)\\&=npq.\end{aligned}$$

在金融领域, 若用 X 表示某项投资的收益, 则数学期望 $\mathrm{E}X$ 是平均收益, 而方差 $\operatorname{Var}(X)$ 可以描述投资风险. 这是因为方差越大, 收益 X 的不确定性越大.

5.6 协方差和相关系数

5.6.1 内积不等式

定理 5.6.1 (内积不等式) 设 $\mathrm{E}X^2<\infty$, $\mathrm{E}Y^2<\infty$, 则有

$$|\mathrm{E}(XY)|\leqslant\sqrt{\mathrm{E}X^2\,\mathrm{E}Y^2},\tag{5.6.1}$$

并且等号成立的充分必要条件是有不全为零的常数 a,b, 使得

$$P(aX+bY=0)=1.$$

证明 对于不全为零的常数 a,b, 二次型

$$\mathrm{E}(aX+bY)^2=a^2\mathrm{E}X^2+2ab\mathrm{E}(XY)+b^2\mathrm{E}Y^2$$

$$= (a,b)\boldsymbol{\Sigma}(a,b)^{\mathrm{T}} \geqslant 0, \tag{5.6.2}$$

其中

$$\boldsymbol{\Sigma} = \begin{pmatrix} \mathrm{E}X^2 & \mathrm{E}(XY) \\ \mathrm{E}(XY) & \mathrm{E}Y^2 \end{pmatrix}.$$

由 $\boldsymbol{\Sigma}$ 的半正定性得到 (5.6.1). 从 $\det(\boldsymbol{\Sigma}) = \mathrm{E}X^2\,\mathrm{E}Y^2 - [\mathrm{E}(XY)]^2$ 知道, (5.6.1) 中的等号成立当且仅当 $\boldsymbol{\Sigma}$ 退化, 当且仅当有不全为零的常数 a,b 使 $\mathrm{E}(aX+bY)^2=0$, 当且仅当 (见定理 5.4.2) 有不全为零的常数 a,b 使 $P(aX+bY=0)=1$.

例 5.6.1 若 $\mathrm{E}X^2<\infty$, 则 $\mathrm{E}|X|<\infty$.

证明 由内积不等式得到

$$\mathrm{E}|X| = \mathrm{E}|X|\cdot 1 \leqslant \sqrt{\mathrm{E}X^2\mathrm{E}1^2} = \sqrt{\mathrm{E}X^2} < \infty.$$

5.6.2 协方差和相关系数

为了研究随机变量 X, Y 的关系, 引入协方差和相关系数的定义. 注意, 我们也用 σ_{XX} 表示 X 的方差. 用 $\sigma_X=\sqrt{\sigma_{XX}}$, $\sigma_Y=\sqrt{\sigma_{YY}}$ 分别表示 X, Y 的标准差.

定义 5.6.1 设 $\mu_X=\mathrm{E}X$, $\mu_Y=\mathrm{E}Y$.

(a) 当 σ_X,σ_Y 存在时, 称

$$\sigma_{XY} = \mathrm{E}[(X-\mu_X)(Y-\mu_Y)] \tag{5.6.3}$$

为随机变量 X, Y 的**协方差** (covariance). 当 $\sigma_{XY}=0$ 时, 称 X, Y **不相关**.

(b) 当 $0<\sigma_X\sigma_Y<\infty$ 时, 称

$$\rho_{XY} = \frac{\sigma_{XY}}{\sigma_X\sigma_Y} \tag{5.6.4}$$

为 X, Y 的**相关系数** (correlation coefficient). 相关系数 ρ_{XY} 也常用 $\rho(X,Y)$ 表示.

因为相关系数也可以表示成

$$\rho_{XY} = \mathrm{Cov}\left(\frac{X-\mu_X}{\sigma_X}, \frac{Y-\mu_Y}{\sigma_Y}\right),$$

所以, ρ_{XY} 是 X,Y 的标准化的协方差. 这样, X,Y 各加减一个常数, 或各乘一个正数后, 其相关系数不变.

协方差也常用 $\mathrm{Cov}(X,Y)$ 表示: $\mathrm{Cov}(X,Y)=\sigma_{XY}$. 下面是计算协方差的常用公式:

$$\begin{cases} \mathrm{Cov}(X,Y) = \mathrm{E}(XY) - (\mathrm{E}X)(\mathrm{E}Y); \\ \mathrm{Cov}(aX+bY,Z) = a\mathrm{Cov}(X,Z) + b\,\mathrm{Cov}(Y,Z). \end{cases} \tag{5.6.5}$$

(5.6.5) 第一式证明: 利用 $\mathrm{E}(X-\mu_X)\mu_Y=0$, 得到

$$\sigma_{XY} = \mathrm{E}[(X-\mu_X)(Y-\mu_Y)]$$

$$
\begin{aligned}
&= \mathrm{E}(X-\mu_X)Y \\
&= \mathrm{E}(XY) - \mu_X \mathrm{E}Y \\
&= \mathrm{E}(XY) - (\mathrm{E}X)(\mathrm{E}Y).
\end{aligned}
$$

第二式的证明留作练习.

从内积不等式和 (5.6.5) 马上得到以下结论.

定理 5.6.2 设 ρ_{XY} 是 X, Y 的相关系数, 则有

(1) $|\rho_{XY}| \leqslant 1$;

(2) $|\rho_{XY}| = 1$ 的充分必要条件是有常数 a, b 使得

$$P(Y = a + bX) = 1;$$

(3) 如果 X, Y 独立, 则 X, Y 不相关;

(4) 当方差有限的 $X_1, X_2, \cdots, X_n$ 两两不相关时, $\mathrm{Var}\Big(\sum\limits_{j=1}^{n} X_j\Big) = \sum\limits_{j=1}^{n} \mathrm{Var}(X_j)$.

从定理 5.6.2(2) 看出, 当 $|\rho_{XY}| = 1$ 成立时, X, Y 有线性关系. 这时称 X, Y **线性相关**. 一般来讲, $|\rho_{XY}|$ 越小, X, Y 的线性相关性越弱.

例 5.6.2 设 (X,Y) 在单位圆 $D = \{(x,y) | \, x^2 + y^2 \leqslant 1\}$ 内均匀分布, 则 X, Y 不相关, 也不独立.

证明 (X,Y) 有联合密度 $f(x,y) = \mathrm{I}[D]/\pi$, 其中示性函数

$$\mathrm{I}[D] = \mathrm{I}[\,|x| \leqslant \sqrt{1-y^2}\,] \cdot \mathrm{I}[\,|y| \leqslant 1\,].$$

注意 x 在 $(-\sqrt{1-y^2}, \sqrt{1-y^2}\,)$ 中的积分是 0, 用公式 (5.3.2) 得到

$$
\begin{aligned}
\mathrm{E}X &= \iint_{\mathbf{R}^2} x f(x,y)\,\mathrm{d}x\mathrm{d}y \\
&= \frac{1}{\pi}\int_{-\infty}^{\infty}\Big(\int_{-\infty}^{\infty} \mathrm{I}[D] x\,\mathrm{d}x\Big)\,\mathrm{d}y \\
&= \frac{1}{\pi}\int_{-\infty}^{\infty}\Big(\int_{-\sqrt{1-y^2}}^{\sqrt{1-y^2}} x\,\mathrm{d}x\Big)\mathrm{I}[\,|y| \leqslant 1]\,\mathrm{d}y \\
&= \frac{1}{\pi}\int_{-\infty}^{\infty} 0\,\mathrm{I}[\,|y| \leqslant 1]\,\mathrm{d}y = 0.
\end{aligned}
$$

对称地得到 $\mathrm{E}Y = 0$. 于是

$$
\begin{aligned}
\mathrm{Cov}(X,Y) &= \mathrm{E}(XY) \\
&= \iint_{\mathbf{R}^2} xy f(x,y)\,\mathrm{d}x\mathrm{d}y \\
&= \frac{1}{\pi}\int_{-\infty}^{\infty} y\Big(\int_{-\sqrt{1-y^2}}^{\sqrt{1-y^2}} x\,\mathrm{d}x\Big)\mathrm{I}[\,|y| \leqslant 1]\,\mathrm{d}y \\
&= 0.
\end{aligned}
$$

所以 X, Y 不相关. 因为知道 X 取值 x 后, Y 在 $[-\sqrt{1-x^2}, \sqrt{1-x^2}\,]$ 中取值, 所以从 4.3 节定理 4.3.3 知道 X, Y 不独立.

相关系数 ρ_{XY} 只表示了 X,Y 间的线性关系. 当 $\rho_{XY}=0$, 尽管称 X,Y 不相关, 它们之间还可以有非线性关系. 例如当 $Y=X^2$, $X\sim N(0,1)$ 时, (X,Y) 的取值总在抛物线 $y=x^2$ 上, 但是 X,Y 不相关. 这是因为 X 的概率密度 $\varphi(x)$ 是偶函数, $x^3\varphi(x)$ 是奇函数, 所以

$$\mathrm{E}X^3=\int_{-\infty}^{\infty}x^3\varphi(x)\,\mathrm{d}x=0.$$

于是得到

$$\mathrm{Cov}(X,Y)=\mathrm{E}(XY)-(\mathrm{E}X)(\mathrm{E}Y)=\mathrm{E}X^3-0=0.$$

5.6.3 协方差矩阵

定义 5.6.2 称随机向量 $\boldsymbol{X}=(X_1,X_2)$ 的协方差 $\sigma_{ij}=\mathrm{Cov}(X_i,X_j)$ 构成的矩阵

$$\boldsymbol{\Sigma}=\begin{pmatrix}\sigma_{11} & \sigma_{12}\\ \sigma_{21} & \sigma_{22}\end{pmatrix}$$

为 $\boldsymbol{X}$ 的协方差矩阵.

因为 $\sigma_{ij}=\sigma_{ji}$, 所以协方差矩阵 $\boldsymbol{\Sigma}$ 是对称矩阵.

定理 5.6.3 设 $\boldsymbol{X}=(X_1,X_2)$ 有协方差矩阵 $\boldsymbol{\Sigma}$, $\mathrm{E}\boldsymbol{X}=(\mu_1,\mu_2)$, 则

(1) $\boldsymbol{\Sigma}$ 是半正定矩阵;

(2) $\boldsymbol{\Sigma}$ 退化的充分必要条件是有不全为零的常数 a_1,a_2 使得

$$P\Big(\sum_{i=1}^{2}a_i(X_i-\mu_i)=0\Big)=1. \tag{5.6.6}$$

证明 任取二维实向量 $\boldsymbol{a}=(a_1,a_2)$, 有

$$\begin{aligned}\boldsymbol{a\Sigma a}^{\mathrm{T}}&=\sum_{i=1}^{2}\sum_{j=1}^{2}a_ia_j\sigma_{ij}\\&=\sum_{i=1}^{2}\sum_{j=1}^{2}a_ia_j\mathrm{E}[(X_i-\mu_i)(X_j-\mu_j)]\\&=\mathrm{E}\Big[\sum_{i=1}^{2}\sum_{j=1}^{2}a_ia_j(X_i-\mu_i)(X_j-\mu_j)\Big]\\&=\mathrm{E}\Big[\sum_{i=1}^{2}a_i(X_i-\mu_i)\Big]^2\\&\geqslant 0.\end{aligned} \tag{5.6.7}$$

所以 $\boldsymbol{\Sigma}$ 半正定. 从 (5.6.7) 看出, $\boldsymbol{\Sigma}$ 退化的充分必要条件是有非零向量 $\boldsymbol{a}=(a_1,a_2)$ 使得

$$\mathrm{E}\Big[\sum_{i=1}^{2}a_i(X_i-\mu_i)\Big]^2=0.$$

再从定理 5.5.2(3) 得到结论 (2).

5.7 正态分布的参数计算

现在回到正态分布的参数计算. 设 Z_1, Z_2 独立都服从标准正态分布, $ad-bc\neq 0$ 和

$$\begin{cases} X_1 = aZ_1 + bZ_2 + \mu_1, \\ X_2 = cZ_1 + dZ_2 + \mu_2, \end{cases} \tag{5.7.1}$$

则 $\mathrm{Cov}(X_1, X_2) = ac + bd$. 根据 4.6 节 (4.6.2) 和 (4.6.4) 知道

$$(X_1, X_2) \sim N(\mu_1, \mu_2;\ \sigma_1^2, \sigma_2^2;\ \rho),$$

其中

$$\sigma_1^2 = a^2 + b^2,\ \sigma_2^2 = c^2 + d^2,\ \rho = (ac+bd)/(\sigma_1\sigma_2).$$

容易计算

$$\begin{cases} \mathrm{E}X_1 = \mu_1, \quad \mathrm{E}X_2 = \mu_2, \\ \mathrm{Var}(X_1) = \sigma_1^2,\ \mathrm{Var}(X_2) = \sigma_2^2, \\ \rho(X_1, X_2) = \rho. \end{cases} \tag{5.7.2}$$

于是根据 4.6 节定理 4.6.1(2) 得到下面的定理.

定理 5.7.1 如果 $(X_1, X_2) \sim N(\mu_1, \mu_2;\ \sigma_1^2, \sigma_2^2;\ \rho)$, 则 (5.7.2) 成立, 且 X_1, X_2 独立的充分必要条件是 X_1, X_2 不相关.

根据上述定理, 已知某随机向量 $\boldsymbol{Y}$ 服从正态分布后, 只要再计算它的数学期望、协方差和相关系数就得到具体的分布了.

例 5.7.1 设 $X \sim N(1,2)$, $Y \sim N(3,4)$, X, Y 独立, 求 $U = 4X+3Y$, $V = 6X-2Y$ 的联合分布和边缘分布.

解 从 4.6 节的定理 4.6.1(5) 知道 (U,V) 服从二维正态分布. 利用 $\mathrm{E}X=1$, $\mathrm{E}Y=3$ 计算出

$$EU = 4\mathrm{E}X + 3\mathrm{E}Y = 4 + 3\times 3 = 13,$$

$$EV = 6\mathrm{E}X - 2\mathrm{E}Y = 6 - 2\times 3 = 0.$$

因为 X, Y 独立, 所以从 $\sigma_X^2 = 2$, $\sigma_Y^2 = 4$ 得到

$$\mathrm{Var}(U) = 4^2\sigma_X^2 + 3^2\sigma_Y^2 = 16\times 2 + 9\times 4 = 68,$$

$$\mathrm{Var}(V) = 6^2\sigma_X^2 + 2^2\sigma_Y^2 = 36\times 2 + 4\times 4 = 88.$$

因为 $X' = X - \mathrm{E}X$ 和 X 有相同的方差 $\mathrm{E}(X')^2 = 2$, $Y' = Y - \mathrm{E}Y$ 和 Y 有相同的方差 $\mathrm{E}(Y')^2 = 4$, 且 X', Y' 独立, 所以 U, V 有协方差

$$\begin{aligned} \sigma_{UV} &= \mathrm{E}(U - \mathrm{E}U)(V - \mathrm{E}V) \\ &= \mathrm{E}(4X' + 3Y')(6X' - 2Y') \end{aligned}$$

$$
\begin{aligned}
&= 24\mathrm{E}(X')^2 - 6\mathrm{E}(Y')^2 + 10\mathrm{E}(X'Y') \\
&= 24 \times 2 - 6 \times 4 + 10 \times 0 \\
&= 24.
\end{aligned}
$$

再计算 U, V 的相关系数如下:

$$\rho_{UV} = \sigma_{UV}/\sigma_U\sigma_V = 24/\sqrt{68 \times 88} \approx 0.31.$$

最后得到 $(U,V) \sim N(13,0;68,88;0.31)$. 根据 4.6 节定理 4.6.1 知道 $U \sim N(13,68)$, $V \sim N(0,88)$.

习题五

5.1 设 $X_1, X_2, \cdots, X_n$ 是独立同分布的随机变量, 有概率分布 $P(X = a_j) = p_j$, $j = 1, 2, \cdots, m$. 用频率和概率的关系验证 $\dfrac{1}{n}\sum\limits_{i=1}^{n} X_i \to \mathrm{E}X$.

5.2 在例 5.1.4 中, 如果不是使用 6 副扑克, 而是使用 1 副扑克, 你押 100 元时, 期望获利多少?

5.3 在例 5.1.3 中, 如果甲赢前两局时因故停止赌博, 甲期望分多少法郎?

5.4 一部手机收到的短信中有 2% 是广告, 你期望相邻的两次广告短信中有多少个不是广告短信?

5.5 假设一本书稿中每页的打印错误数服从参数为 $\lambda = 2$ 的泊松分布. 假设编辑审稿时以概率 0.85 校对出每一个打印错误. 如果该书有 290 页, 计算校对后全书打印错误数的数学期望.

5.6 甲每天收到的电子邮件数服从泊松分布 $\mathcal{P}(\lambda)$, 且每封电子邮件被过滤掉的概率是 0.2.

(a) 计算一天平均被滤掉的电子邮件数;

(b) 今天甲见到了 24 h 内的 12 封电子邮件, 计算这 24 h 内平均被滤掉的电子邮件数

5.7 设 X, Y 独立, 都服从标准正态分布 $N(0,1)$, 求脱靶量 $R = \sqrt{X^2 + Y^2}$ 的数学期望.

5.8 设 X 在 $(0, \pi/2)$ 上均匀分布, 计算 $\mathrm{E}(\sin X)$.

5.9 设 (X,Y) 有联合密度

$$f(x,y)=\begin{cases}\dfrac{3}{2x^3y^2}, & x>1, 1<xy<x^2,\\ 0, & \text{其他}.\end{cases}$$

计算 $\mathrm{E}Y$, $\mathrm{E}(XY)^{-1}$.

5.10 设 (X,Y) 有联合密度

$$f(x,y)=\begin{cases}2(3x^3+xy)/5, & 0<x<1, 0<y<2,\\ 0, & \text{其他}.\end{cases}$$

计算 $\mathrm{E}X$.

5.11 机场巴士从机场运送 38 位乘客离开, 共有 9 个车站. 设每个乘客的行动相互独立, 且在各车站下车的可能性相同, 问平均有多少个车站有人下车?

5.12 设办公室的 5 台计算机独立工作, 每台计算机等待感染病毒的时间都服从参数是 λ 的指数分布 $Exp(\lambda)$.

(a) 你对首台计算机被病毒感染前的时间期望是多少?

(b) 你对 5 台计算机都被病毒感染前的时间期望是多少?

5.13 设一点随机地落在中心在原点,半径为 R 的圆周上. 求落点横坐标的数学期望.

5.14 设 (X,Y) 在单位圆 $D=\{(x,y)|\ x^2+y^2\leqslant 1\}$ 内均匀分布, 计算 $\mathrm{E}\sqrt{X^2+Y^2}$.

5.15 设 $X_1,X_2,\cdots,X_n$ 是两两不相关的随机变量, 有相同的数学期望 μ 和方差 σ^2, 计算

(a) $S_n=X_1+X_2+\cdots+X_n$ 的数学期望和方差;

(b) S_n/n 的数学期望和方差;

(c) $T_n=X_1-X_2+\cdots+(-1)^{n-1}X_n$ 的数学期望和方差.

5.16 一个公交车站有 1 路, 2 路, $\cdots$, 5 路汽车停靠. 早 7:00 至 8:00 之间到达的乘客数服从参数为 $\lambda=90$ 的泊松分布. 若其中有 $i/15$ 的人乘 i 路车, 且每个人的行为相互独立, 计算乘各路车的人数的数学期望和方差.

5.17 设一种电子产品的使用寿命服从指数分布 $Exp(\lambda)$, 该产品工作了 20 h 后, 计算剩余寿命的数学期望和方差.

5.18 设 (X,Y) 有概率密度

$$f(x,y)=\begin{cases}x+y, & x\in(0,1), y\in(0,1),\\ 0, & \text{其他}.\end{cases}$$

计算 $\mathrm{Cov}(X,Y)$.

5.19 设 X,Y,Z 相互独立, $X\sim N(\mu_X,\sigma_X^2)$, $Y\sim N(\mu_Y,\sigma_Y^2)$, $Z\sim N(\mu_Z,\sigma_Z^2)$,

a,b,c 不全为零. 求 $U=aX+bY+cZ+d$ 的概率分布.

5.20 设 $X_1,X_2,\cdots,X_n$ 相互独立, $X_j\sim N(\mu_j,\sigma_j^2)$, $a_1,a_2,\cdots,a_n$ 是不全为零的常数, 求 $V=a_1X_1+a_2X_2+\cdots+a_nX_n$ 的概率分布.

5.21 设活塞 X 的平均直径是 20.00 cm, 标准差是 0.02; 气缸 Y 的平均直径是 20.10 cm, 标准差是 0.02. 设 X,Y 独立且都服从正态分布, 计算活塞能装入气缸的概率.

5.22 设 $X_1,X_2,\cdots,X_n$ 相互独立, 都在 $(0,1)$ 上均匀分布. 计算 $\mathrm{E}\min(X_1,X_2,\cdots,X_n)$, $\mathrm{E}\max(X_1,X_2,\cdots,X_n)$.

5.23 假设你的手机接到短信的时间间隔是相互独立的随机变量, 都服从参数为 $\lambda=1/2$ 的指数分布. 当你在等一个老朋友的短信时, 如果每个短信以概率 $p=0.1$ 来自你的这位朋友, 从 $t=0$ 开始, 用 Y 表示等待时间的长度. 计算

(a) 等待时间 Y 的概率分布;

(b) 等待时间 Y 的数学期望和方差.

5.24 如果每个人的手机对下一个呼叫的等待时间服从指数分布 $Exp(1/48)$, 单位是分. 在以下的情况下, 平均几分钟会听到一次电话呼叫.

(a) 开会时有 4 个人没将手机调到静音;

(b) 开会时有 24 个人没将手机调到静音;

(c) 开会时有 60 个人没将手机调到静音.

5.25 甲有 8 万元可以投资两个项目. 项目 A 需要投资至少 5 万, 成功的概率是 0.8, 失败的概率是 0.2, 成功后收回本金并获利 50%, 失败将损失 2 万. 项目 B 需要投资至少 6 万, 成功的概率是 0.6, 失败的概率是 0.4, 成功后收回本金并获利 70%, 失败将损失 3 万. 假设甲总是将手中的资金全部用于投资, 且只能对各项目投资一次.

(a) 分别计算投资项目 A, B 的平均收益;

(b) 先投资项目 A, 然后再投资项目 B 时, 求平均收益和方差;

(c) 先投资项目 B, 然后再投资项目 A 时, 求平均收益和方差;

(d) 应当先投资项目 A 然后再投资项目 B, 还是应当先投资项目 B 然后再投资项目 A?

5.26 当方差有限的 $X_1,X_2,\cdots,X_n$ 两两不相关时, 证明

$$\mathrm{Var}\Big(\sum_{j=1}^{n}X_j\Big)=\sum_{j=1}^{n}\mathrm{Var}(X_j).$$

5.27 当 X, Y, U, V 的方差有限, a, b, c, d 是常数, 证明

(1) $\mathrm{Var}(X\pm Y)=\mathrm{Var}(X)+\mathrm{Var}(Y)\pm 2\mathrm{Cov}(X,Y)$;

(2) $\mathrm{Cov}(aX+bY,cU+dV)$

$=ac\mathrm{Cov}(X,U)+ad\mathrm{Cov}(X,V)+bc\mathrm{Cov}(Y,U)+bd\mathrm{Cov}(Y,V)$.

考研自测题五

第五章复习

第六章　大数律和中心极限定理

实际问题中, 有时人们不很关心每次试验的具体结果, 而只关心多次试验的平均结果. 例如, 保险公司并不对单个投保车辆预测其未来索赔, 而只关心多辆投保车的平均索赔 $\overline{X}_n$. 因为大数律揭示了以下事实: 随着 $n \to \infty$, 平均索赔 $\overline{X}_n$ 以概率 1 收敛到 μ, 而 μ 恰是单辆车索赔额的数学期望. 这样, 如果承保单辆车的额外费用为 a 时, 只要每辆车的保费大于 $\mu + a$, 且投保车辆足够多, 保险公司就会大概率盈利. 而要详细研究盈利多少, 就需要知道 $\overline{X}_n$ 的概率分布. 中心极限定理恰恰解决了 $\overline{X}_n$ 的概率分布问题.

6.1　强大数律

在引入随机变量的数学期望时, 我们已经知道: 如果 $X_1, X_2, \cdots$ 是独立同分布的, 取有限个值的离散型随机变量, 则其**样本均值**

$$\overline{X}_n = \frac{X_1 + X_2 + \cdots + X_n}{n}$$

收敛到数学期望 $\mathrm{E}X_1 = \mu$, 即

$$\lim_{n\to\infty} \overline{X}_n = \mu.$$

这就是将要介绍的强大数律.

定理 6.1.1 (强大数律)　如果 $X_1, X_2, \cdots$ 是独立同分布的随机变量, $\mu = \mathrm{E}X_1$, 则

$$\lim_{n\to\infty} \overline{X}_n = \mu \text{ 以概率 1 成立.} \tag{6.1.1}$$

因为概率等于 1 的事件在实际中必然发生, 所以在强大数律中, 如果用 x_n 表示 X_n 的观测值, 则有

$$\lim_{n\to\infty} \frac{x_1 + x_2 + \cdots + x_n}{n} = \mu.$$

注　因为强大数律的数学证明并不需要概率的频率定义, 所以它从理论上保证了概率的频率定义是正确的.

例 6.1.1 (接 5.1 节例 5.1.4) 在赌对子时, 甲每次下注 100 元. 用 S_n 表示他下注 n 次后的盈利, 则 $\lim\limits_{n\to\infty} S_n = -\infty$ 以概率 1 成立.

样本均值的收敛性

解 用 X_i 表示甲第 i 次下注后的盈利, 则 $X_1, X_2, \cdots, X_n$ 独立同分布. 由 5.1 节的例 5.1.4 知道 $\mu = \mathrm{E}X_i = -18.6$. 用强大数律得到

$$\frac{S_n}{n} = \frac{X_1 + X_2 + \cdots + X_n}{n} \to -18.6 \text{ 以概率 1 成立.}$$

于是有 $\lim\limits_{n\to\infty} S_n = -\infty$ 以概率 1 成立. 也就是说, 如果甲一直赌下去, 有多少钱都得输光.

例 6.1.2 在敏感问题调查中 (见 2.4 节例 2.4.2), 已经推导了服用过兴奋剂的运动员在全体运动员中所占的比例 p 满足公式

$$p = 2p_1 - 1,$$

其中 p_1 是回答“是”的概率. 实际问题中, p_1 是未知的, 需要经过调查得到. 如果调查了 n 个运动员, 则用回答“是”的比例 $\hat{p}_1$ 估计 p_1. 于是自然用 $\hat{p} = 2\hat{p}_1 - 1$ 估计 p. 当 $n \to \infty$ 时, 证明 $\hat{p} \to p$ 以概率 1 成立.

证明 对 $j = 1, 2, \cdots$ 引入随机变量

$$X_j = \begin{cases} 1, & \text{第 } j \text{ 个人回答“是”}, \\ 0, & \text{第 } j \text{ 个人回答“否”}, \end{cases}$$

则 $X_1, X_2, \cdots$ 独立同分布, 满足

$$P(X_j = 1) = p_1, \quad \mathrm{E}X_j = p_1, \quad \hat{p}_1 = \frac{1}{n}\sum_{j=1}^{n} X_j.$$

根据强大数律得到, 当被调查的人数 $n \to \infty$ 时, $\hat{p}_1 \to p_1$ 以概率 1 成立. 所以当 $n \to \infty$ 时,

$$\hat{p} = 2\hat{p}_1 - 1 \to 2p_1 - 1 = p \text{ 以概率 1 成立.}$$

6.2 弱大数律

有强大数律, 自然就有弱大数律. 为了介绍弱大数律, 先介绍随机变量的**依概率收敛**和**切比雪夫不等式**.

定义 6.2.1 设 $U, U_1, U_2, \cdots$ 是随机变量. 如果对任何 $\varepsilon > 0$, 有

$$\lim_{n\to\infty} P(|U_n - U| \geqslant \varepsilon) = 0, \tag{6.2.1}$$

则称 U_n 依概率收敛到 U, 记作 $U_n \xrightarrow{p} U$.

引理 6.2.1 (切比雪夫不等式) 设随机变量 X 有数学期望 μ 和方差 $\mathrm{Var}(X)$, 则对常数 $\varepsilon > 0$, 有

$$P(|X-\mu| \geqslant \varepsilon) \leqslant \frac{1}{\varepsilon^2}\mathrm{Var}(X). \tag{6.2.2}$$

证明 用 $\mathrm{I}[A]$ 表示事件 A 的示性函数. 定义 $Y = |X-\mu|$, 则无论 $\{Y \geqslant \varepsilon\}$ 是否发生, 总有

$$\mathrm{I}[Y \geqslant \varepsilon] \leqslant \frac{1}{\varepsilon^2}Y^2.$$

因为示性函数 $\mathrm{I}[Y \geqslant \varepsilon]$ 服从伯努利分布, 所以

$$P(|X-\mu| \geqslant \varepsilon) = P(Y \geqslant \varepsilon) = \mathrm{E}\,\mathrm{I}[Y \geqslant \varepsilon] \leqslant \frac{1}{\varepsilon^2}\mathrm{E}Y^2 = \frac{1}{\varepsilon^2}\mathrm{Var}(X).$$

切比雪夫不等式是概率论中最重要和最基本的不等式, 由此得到的定理 6.2.2 被称为 "切比雪夫大数律".

定理 6.2.2 设随机变量 $X_1, X_2, \cdots$ 两两不相关, $\mu_i = \mathrm{E}X_j$, 如果有常数 M 使得 $\mathrm{Var}(X_j) \leqslant M$, $j = 1, 2, \cdots$, 则对任何 $\varepsilon > 0$, 有

$$\lim_{n\to\infty} P(|\overline{X}_n - \overline{\mu}_n| \geqslant \varepsilon) = 0. \tag{6.2.3}$$

其中 $\overline{\mu}_n = \mathrm{E}\overline{X}_n = \frac{1}{n}\sum\limits_{j=1}^{n}\mu_j$.

证明 因为 $X_1, X_2, \cdots$ 两两不相关, 所以用 5.6 节定理 5.6.2(4) 得到

$$\mathrm{Var}(\overline{X}_n) = \mathrm{Var}\Big(\frac{1}{n}\sum_{j=1}^{n}X_j\Big) = \frac{1}{n^2}\sum_{j=1}^{n}\mathrm{Var}(X_j) \leqslant \frac{M}{n}.$$

再用切比雪夫不等式得到

$$\lim_{n\to\infty} P(|\overline{X}_n - \overline{\mu}_n| \geqslant \varepsilon) \leqslant \lim_{n\to\infty}\frac{M}{n\varepsilon^2} = 0.$$

从理论上讲, 从强大数律可以推出弱大数律. 所以下面的推论 6.2.3 是定理 6.1.1 的推论, 被称为 "辛钦大数律".

推论 6.2.3 (弱大数律) 设 $X_1, X_2, \cdots$ 独立同分布, $\mu = \mathrm{E}X_1$, 则 $\overline{X}_n \xrightarrow{p} \mu$.

因为在大数律的研究中, 伯努利最早研究了伯努利分布的大数律, 所以当 $X_1, X_2, \cdots$ 相互独立且都服从伯努利分布 $\mathcal{B}(1, p)$ 时, 也称推论 6.2.3 的结论为 "伯努利大数律".

要理解弱大数律的确弱于强大数律, 只要理解依概率收敛的确弱于以概率 1 成立的收敛. 从定义 6.2.1 知道, $U_n \xrightarrow{p} U$ 只需要对任何 $\varepsilon > 0$, (6.2.1) 成立. 如果要求 (6.2.1) 的收敛更快一些, 比如快到对任何 $\varepsilon > 0$, 有

$$\sum_{n=1}^{\infty} P(|U_n - U| \geqslant \varepsilon) < \infty, \tag{6.2.4}$$

则可以证明 $U_n \to U$ 以概率 1 成立.

再看下面的例子:

用随机变量 U 表示一位司机在一个工作日内因失误造成交通事故的损失, U 取值越大说明损失越大, $U=0$ 表示没有造成实际损失. 对于正数 ε, 用 $U \geqslant \varepsilon$ 表示造成较大的损失. 对于一位优秀的老司机来讲, 假设他的 U 已经很小. 为方便, 假设他的 $U=0$.

设甲某是一位新司机, 用 U_n 表示他在第 n 个工作日的交通事故造成的损失. 因为他的开车经验在不断提高, 所以随着时间的推移, 他的 U_n 会向老司机的 $U=0$ 收敛. 如果 $U_n \xrightarrow{p} U$, 我们只能得到

$$P(U_n \geqslant \varepsilon) = P(|U_n - U| \geqslant \varepsilon) \to 0.$$

所以对任意大的 n, 都不能保证 $P(U_n \geqslant \varepsilon)=0$. 也就是说, 无论有多长的开车经验, 这位新司机因交通事故造成较大损失的概率都是正数, 从而都有可能造成较大的损失.

用 u_n 表示 U_n 的观测值. 如果 $U_n \to U$ 以概率 1 成立, 则实际中有 $u_n \to 0$. 说明存在 n_0, 使得 $n \geqslant n_0$ 时, $u_n < \varepsilon$. 也就是说, 从某天开始, 这位新司机就再也不会发生有较大损失的交通事故了.

6.3 中心极限定理

强大数律和弱大数律分别讨论了随机变量的样本均值的几乎处处收敛和依概率收敛. 中心极限定理表明: 当 n 较大时, 独立同分布随机变量的部分和 $\sum\limits_{j=1}^{n} X_j$ 近似服从正态分布. 下面的例子可以帮助我们理解中心极限定理.

例 6.3.1 设 $\{X_j\}$ 独立同分布都服从 $\mathcal{B}(1,p)$ 分布, 则部分和 $\sum\limits_{j=1}^{n} X_j$ 服从二项分布 $\mathcal{B}(n,p)$. 图 6.3.1 是 $p=0.6$ 时, $\sum\limits_{j=1}^{n} X_j$ 的概率分布折线图, 按最大值由高到低 n 依次等于 3, 6, $\cdots$, 15, 18, 横坐标是 k, 纵坐标是 $P(X=k)$.

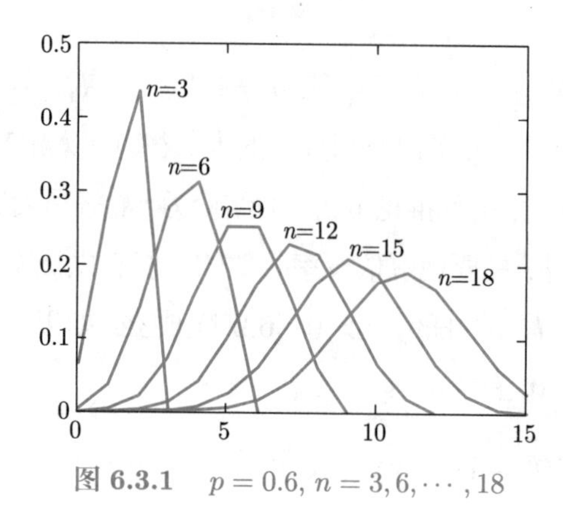

图 6.3.1 $p=0.6, n=3,6,\cdots,18$

二项分布依分布

可以看出, 随着 n 的增加, $\sum\limits_{j=1}^{n} X_j$ 的概率分布折线图越来越接近正态概率密度的形

状. 也就是说, 对于较大的 n,

$$\sum_{j=1}^{n} X_j \quad 近似服从正态分布.$$

或者等价地说, 样本均值

$$\overline{X}_n = \frac{1}{n}\sum_{j=1}^{n} X_j \sim N(\mu, \sigma^2/n) \quad 近似成立,$$

其中 $\mu = \mathrm{E}\overline{X}_n = p$, $\sigma^2/n = \mathrm{Var}(\overline{X}_n) = p(1-p)/n$.

例 6.3.2 设 $\{X_j\}$ 独立同分布且都服从泊松分布 $\mathcal{P}(\lambda)$, 则由 4.4 节例 4.4.1 知道部分和 $\sum_{j=1}^{n} X_j$ 服从泊松分布 $\mathcal{P}(n\lambda)$.

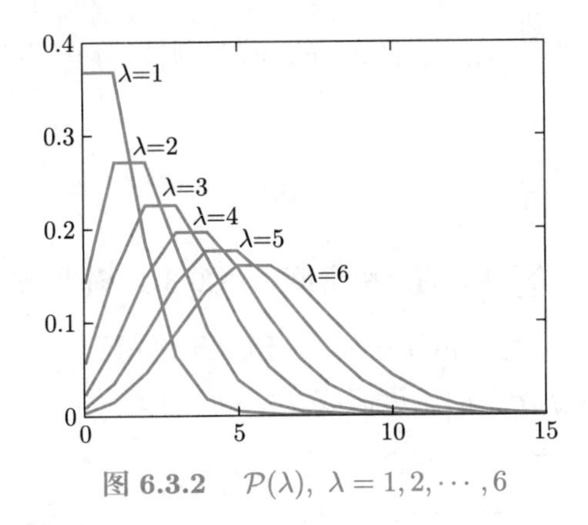

图 6.3.2 $\mathcal{P}(\lambda)$, $\lambda = 1, 2, \cdots, 6$

泊松分布依分布收敛到正态分布

图 6.3.2 是 $\lambda = 1$ 时, $\sum_{j=1}^{n} X_j$ 的概率分布折线图. 随着 n 的增加, $\sum_{j=1}^{n} X_j$ 的概率分布的折线图越来越接近正态概率密度. 也就是说, 对于较大的 n,

$$\sum_{j=1}^{n} X_j \quad 近似服从正态分布.$$

即有

$$\overline{X}_n \sim N(\mu, \sigma^2/n) \quad 近似成立,$$

其中 $\mu = \mathrm{E}\overline{X}_n = \lambda$, $\sigma^2/n = \mathrm{Var}(\overline{X}_n) = \lambda/n$.

例 6.3.3 设 $\{X_j\}$ 独立同分布且都服从几何分布 $P(X=k) = pq^{k-1}$, $k = 1, 2, \cdots$, $p + q = 1$, 则部分和 $S_n = \sum_{j=1}^{n} X_j$ 服从**帕斯卡分布**

$$P(S_n = k) = \mathrm{C}_{k-1}^{n-1} p^n q^{k-n}, \quad k = n, n+1, \cdots.$$

这是因为可将 S_n 视为第 n 次击中目标时的射击次数 (参考 3.2 节例 3.2.8).

取 $p = 0.6$ 时, $\sum_{j=1}^{n} X_j$ 的概率分布折线图见图 6.3.3. 容易看出, 对于较大的 n, $\sum_{j=1}^{n} X_j$ 近似服从正态分布. 于是

$$\overline{X}_n \sim N(\mu, \sigma^2/n) \quad 近似成立,$$

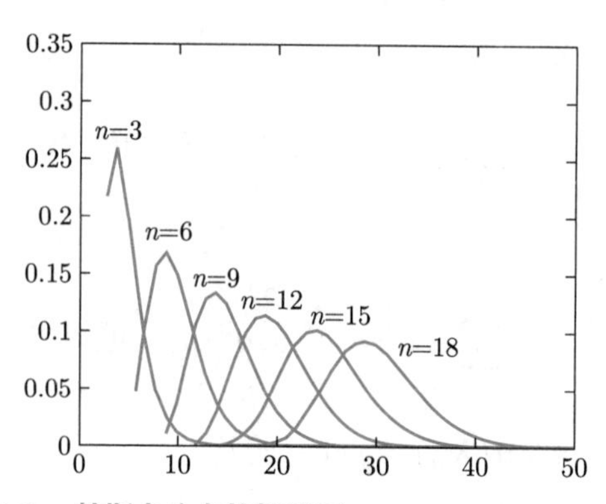

图 6.3.3　帕斯卡分布的折线图, $p=0.6$, $n=3,6,\cdots,18$

其中 $\mu=\mathrm{E}X_i=p$, $\sigma^2/n=\mathrm{Var}(\overline{X}_n)$.

例 6.3.4　设 $\{X_j\}$ 独立同分布都服从指数分布 $Exp(\lambda)$, 则部分和 $\sum\limits_{j=1}^{n}X_j$ 服从 $\Gamma(n,\lambda)$ 分布 (略去推导), 概率密度是

$$f_n(x)=\frac{\lambda^n}{\Gamma(n)}x^{n-1}\mathrm{e}^{-\lambda x},\ x\geqslant 0.$$

取 $\lambda=\pi$, $n=3m$, $m=1,2,\cdots,7$ 时, $\sum\limits_{j=1}^{n}X_j$ 的概率密度见图 6.3.4, 横坐标是 x, 纵坐标是 $f_n(x)$. 随着 n 的增加, $f_n(x)$ 也越来越接近正态概率密度. 于是得到

$$\overline{X}_n\ \sim\ N(\mu,\sigma^2/n)\quad 近似成立,$$

其中 $\mu=\mathrm{E}X_i=1/\lambda$, $\sigma^2/n=\mathrm{Var}(\overline{X}_n)=1/n\lambda^2$.

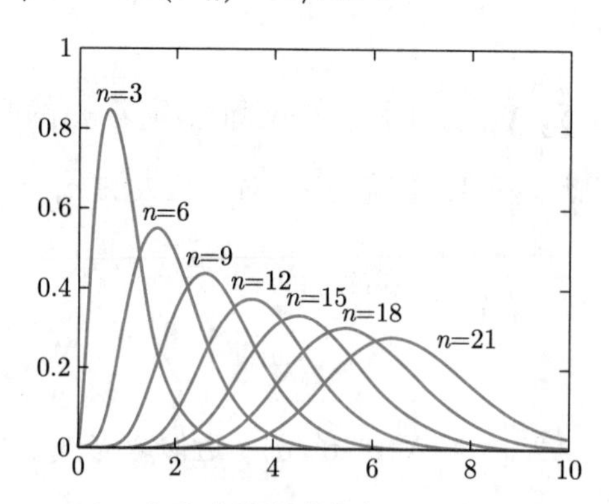

图 6.3.4　$\Gamma(n,\lambda)$ 分布的概率密度, $\lambda=\pi$, $n=3,6,\cdots,21$

例 6.3.5　设 X_1,X_2,X_3 相互独立且都在 $(0,1)$ 上均匀分布, $S_3=X_1+X_2+X_3$, 则 $\mathrm{E}S_3=3/2$, $\mathrm{Var}(X_1)=1/12$, $\mathrm{Var}(S_3)=3\mathrm{Var}(X_1)=1/4$. 用 Z_3 表示 S_3 的标准化

$$Z_3=\frac{S_3-3/2}{\sqrt{1/4}}=2S_3-3.$$

图 6.3.5 是 Z_3 的概率密度 $g(x)$ 和标准正态概率密度 $\varphi(x)$ 的比较, 二者已经大体相同. 于是得到

$$Z_3=\frac{S_3-3/2}{\sqrt{1/4}}\ \sim\ N(0,1)\ 近似成立. \tag{6.3.1}$$

上式也表示

$$S_3 = X_1 + X_2 + X_3 \sim N(3/2, 1/4) \quad \text{近似成立,}$$

其中 $3/2 = \mathrm{E}S_3, 1/4 = \mathrm{Var}(S_3)$.

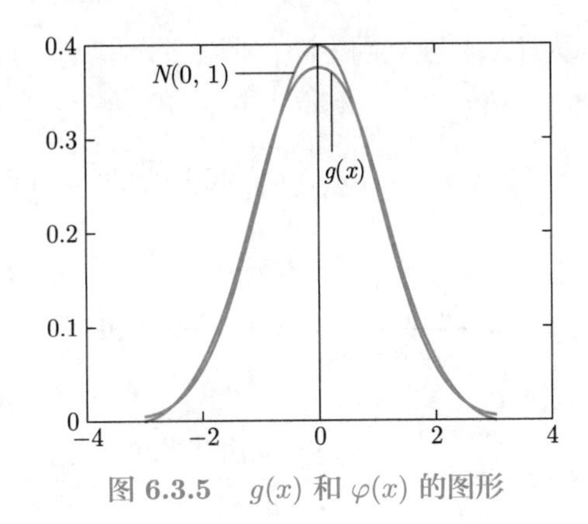

图 6.3.5 $g(x)$ 和 $\varphi(x)$ 的图形

以上的例子都显示, 独立同分布随机变量和的分布近似于正态分布. 这就是下面的中心极限定理. 该中心极限定理也被称为 "列维–林德伯格定理".

定理 6.3.1 (中心极限定理) 如果随机变量 $X_1, X_2, \cdots$ 独立同分布, $\mathrm{E}X_1 = \mu$, $\mathrm{Var}(X_1) = \sigma^2 > 0$, 则对较大的 n, 样本均值

$$\overline{X}_n \sim N(\mu, \sigma^2/n) \quad \text{近似成立.} \tag{6.3.2}$$

在中心极限定理中, 用

$$Z_n = \frac{\overline{X}_n - \mu}{\sqrt{\sigma^2/n}}$$

表示 $\overline{X}_n$ 的标准化, 用 $\Phi(x)$ 表示服从 $N(0,1)$ 的分布函数, 则 (6.3.2) 的数学表达是

$$\lim_{n\to\infty} P\big(Z_n \leqslant x\big) = \Phi(x), \ x \in (-\infty, \infty). \tag{6.3.3}$$

或者说 Z_n 的分布函数收敛到 $\Phi(x)$. 这时, 称 Z_n 依分布收敛到 $N(0,1)$, 记作

$$Z_n \xrightarrow{d} N(0,1). \tag{6.3.4}$$

因为 $\overline{X}_n \sim N(\mu, \sigma^2/n)$ 和 $\sum\limits_{j=1}^{n} X_j \sim N(n\mu, n\sigma^2)$ 是等价的, 所以 (6.3.2) 的另一等价表示是

$$S_n \equiv \sum_{j=1}^{n} X_j \sim N(n\mu, n\sigma^2) \ \text{近似成立,} \tag{6.3.5}$$

其中, $n\mu = \mathrm{E}(S_n)$, $n\sigma^2 = \mathrm{Var}(S_n)$.

用于伯努利分布或二项分布的中心极限定理也被称为 "棣莫弗–拉普拉斯定理".

例 6.3.6 空气中的 CO(一氧化碳) 与血液中的血红蛋白结合的速度比氧气要快 250 倍. CO 经呼吸道进入人的血液循环, 会削弱血液向各组织输送氧的功能, 从而造成 CO 中毒. 如果一辆民用燃油车每行驶 1 km 平均排放 0.9 g 的 CO, 标准差为 0.3 g. 当该民用燃油车一天行驶 50 km 时, 估算其排放的 CO 超过 40 g 的概率.

解 用 X_i 表示该车辆在行驶第 i km 中排放的 CO, 则 X_i 的数学期望 $\mu=0.9$, 标准差 $\sigma=0.3$. 对 $n=50$,

$$S_n=X_1+X_2+\cdots+X_n$$

是该车一天的总排放. 因为 $\{X_i\}$ 独立同分布, 所以部分和 S_n 近似服从正态分布 $N(n\mu, n\sigma^2)$, 其中

$$n\mu=50\times 0.9=45,\ n\sigma^2=50\times 0.3^2=4.5. \tag{6.3.6}$$

因为

$$Z_n=\frac{S_n-n\mu}{\sqrt{n\sigma^2}}\sim N(0,1)\text{ 近似成立},$$

所以得到

$$\begin{aligned}P(S_n>40)&=P\Big(\frac{S_n-n\mu}{\sqrt{n\sigma^2}}>\frac{40-n\mu}{\sqrt{n\sigma^2}}\Big)\\&=P\Big(Z_n>\frac{40-45}{\sqrt{4.5}}\Big)\\&=P(Z_n>-2.357)\\&\approx\varPhi(2.357)=0.99.\end{aligned}$$

这辆车一天排放超过 40 g CO 的概率约为 99%.

对于取整数值的随机变量, 例如两点分布或者二项分布, 如果 n 不是很大, 使用中心极限定理时, 需要有所调整. 设 $X_1,X_2,\cdots,X_n$ 相互独立, 都服从两点分布 $\mathcal{B}(1,p)$, 则

$$S_n=X_1+X_2+\cdots+X_n\sim\mathcal{B}(n,p),$$

且 $\mathrm{E}S_n=np$, $\mathrm{Var}(S_n)=npq$. 对于较大的 n, 从中心极限定理得到

$$Z_n=\frac{S_n-np}{\sqrt{npq}}\sim N(0,1)\text{ 近似成立}. \tag{6.3.7}$$

这时, 直接用中心极限定理会得到不合理的结论:

$$\begin{aligned}P(S_n=k)&=P\Big(\frac{S_n-np}{\sqrt{npq}}=\frac{k-np}{\sqrt{npq}}\Big)\\&=P\Big(Z_n=\frac{k-np}{\sqrt{npq}}\Big)\\&\approx 0.\end{aligned}$$

使用等式

$$P(S_n=k)=P(S_n\in(k-0.5,k+0.5]),$$

就得到合理的结果

$$\begin{aligned}P(S_n=k)&=P(k-0.5<S_n\leqslant k+0.5)\\&=P\Big(\frac{k-0.5-np}{\sqrt{npq}}<\frac{S_n-np}{\sqrt{npq}}\leqslant\frac{k+0.5-np}{\sqrt{npq}}\Big)\end{aligned}$$

$$= P\Big(\frac{k-0.5-np}{\sqrt{npq}} < Z_n \leqslant \frac{k+0.5-np}{\sqrt{npq}}\Big)$$
$$\approx \Phi\Big(\frac{k+0.5-np}{\sqrt{npq}}\Big) - \Phi\Big(\frac{k-0.5-np}{\sqrt{npq}}\Big).$$

对于 $S_n \sim \mathcal{B}(n,p)$ 和正整数 j,k, 当 n 不是很大时, 采用下面推论 6.3.2 中的公式可以提高估算精度.

但是根据问题需要, 当 n 使得推论 6.3.2 中的 $P(S_n=k)$ 和 $P(S_n=j)$ 小到可以忽略时, 就不必考虑 ± 0.5 了.

推论 6.3.2 对于 $S_n \sim \mathcal{B}(n,p)$, $q=1-p$ 和正整数 j,k, 当 n 使得 $np \geqslant 5, nq \geqslant 5$, 有

(1) $P(S_n=k) \approx \Phi(\frac{k+0.5-np}{\sqrt{npq}}) - \Phi(\frac{k-0.5-np}{\sqrt{npq}})$;

(2) $P(S_n \leqslant k) = P(S_n \leqslant k+0.5) \approx \Phi(\frac{k+0.5-np}{\sqrt{npq}})$;

(3) $P(S_n \geqslant k) = P(S_n \geqslant k-0.5) \approx \Phi(-\frac{k-0.5-np}{\sqrt{npq}})$;

(4) $P(j \leqslant S_n \leqslant k) = P(j-0.5 \leqslant S_n \leqslant k+0.5)$
$$\approx \Phi(\frac{k+0.5-np}{\sqrt{npq}}) - \Phi(\frac{j-0.5-np}{\sqrt{npq}}).$$

$np\geqslant 5, nq\geqslant 5$
浅析

例 6.3.7 某药厂试制了一种新药, 声称对贫血患者的治疗有效率达到 80%. 医药监管部门准备对 100 位贫血患者进行此药的疗效试验, 若这 100 人中至少有 75 人用药有效, 就批准此药的生产. 如果该药的有效率确实达到 80%, 此药被批准生产的概率是多少?

解 用 S_n 表示这 $n=100$ 位患者中用药后有效的人数. 如果该药的有效率确实是 $p=80\%$, 则 $S_n \sim \mathcal{B}(n,p)$. 由 $np=80>5$, $n(1-p)=20>5$, 知道可用推论 6.3.2 的公式 (3). 于是

$$\begin{aligned} P(\text{药被批准}) &= P(S_n \geqslant 75) \\ &= P(S_n \geqslant 75-0.5) \\ &\approx \Phi\Big(-\frac{74.5-80}{\sqrt{80\times 0.2}}\Big) \\ &= \Phi(1.375) = 0.92. \end{aligned}$$

于是药获得批准的概率约为 92%. 如果有效率 $p>80\%$, 则获得批准的概率大于 92%.

例 6.3.8 某研究所有 50 位科研人员. 由于研究兴趣的不同, 每场学术报告会平均只有 30 人参加. 假设每个人是否参加报告会是独立同分布的.

(a) 估算下次报告会参加人数恰为 30 人的概率;

(b) 估算下次报告会参加人数不多于 38 人的概率;

(c) 估算下次报告会参加人数不少于 25 人的概率;

(d) 估算下次报告会参加人数在 [25, 38] 内的概率.

解　用 $X_i=1$ 或 0 分别表示第 i 个人参加或不参加, 则 $X_1,X_2,\cdots,X_{50}$ 独立同分布, $S_n=X_1+X_2+\cdots+X_{50}$ 是参加报告会的总人数. 由题目知道 $X_i\sim\mathcal{B}(1,3/5)$, 于是 $S_n\sim\mathcal{B}(50,3/5)$,

$$np=30,\ npq=30\times 2/5=12.$$

因为 $np=30>5$, $nq=20>5$, 所以可用推论 6.3.2. 本例中

$$\frac{30+0.5-30}{\sqrt{npq}}\approx 0.14,\ \frac{30-0.5-30}{\sqrt{npq}}\approx -0.14,$$
$$\frac{38+0.5-30}{\sqrt{npq}}\approx 2.45,\quad \frac{25-0.5-30}{\sqrt{npq}}\approx -1.59.$$

利用推论 6.3.2 的结论, 得到

(a) $P(S_n=30)\approx\varPhi(0.14)-\varPhi(-0.14)=2\varPhi(0.14)-1=11.1\%$;

(b) $P(S_n\leqslant 38)\approx\varPhi\Big(\dfrac{38+0.5-np}{\sqrt{npq}}\Big)=\varPhi(2.45)=99.3\%$;

(c) $P(S_n\geqslant 25)\approx\varPhi\Big(-\dfrac{25-0.5-np}{\sqrt{npq}}\Big)=\varPhi(1.59)=94.4\%$;

(d) $P(25\leqslant S_n\leqslant 38)\approx\varPhi\Big(\dfrac{38+0.5-np}{\sqrt{npq}}\Big)-\varPhi\Big(\dfrac{25-0.5-np}{\sqrt{npq}}\Big)$
$$=0.993-0.056=93.7\%.$$

中心极限定理是概率论中最重要的基本定理, 在本书的统计部分将多次使用中心极限定理. 在一些实际问题中, 随机变量的方差 σ^2 是未知的, 这时可用

$$\hat\sigma^2=\frac{1}{n-1}\sum_{j=1}^{n}(X_j-\overline{X}_n)^2\quad\text{或}\quad\hat\sigma^2=\frac{1}{n}\sum_{j=1}^{n}(X_j-\overline{X}_n)^2\tag{6.3.8}$$

代替定理 6.3.1 中的 σ^2, 得到下面的定理 6.3.3.

定理 6.3.3 (中心极限定理)　在定理 6.3.1 的条件下, 当 n 较大时近似地有

$$Z_n=\frac{\overline{X}_n-\mu}{\sqrt{\hat\sigma^2/n}}\sim N(0,1).\tag{6.3.9}$$

下面用 μ_1 和 σ_1^2 表示独立同分布的 $X_1,X_2,\cdots,X_n$ 的数学期望和方差. 用 μ_2 和 σ_2^2 表示独立同分布的 $Y_1,Y_2,\cdots,Y_m$ 的数学期望和方差. 从定理 6.3.1 知道, 当 n,m 较大时, 近似地有

$$\overline{X}_n\sim N\Big(\mu_1,\frac{\sigma_1^2}{n}\Big),\quad \overline{Y}_m\sim N\Big(\mu_2,\frac{\sigma_2^2}{m}\Big).$$

当 $\overline{X}_n,\overline{Y}_m$ 独立, 则从 4.6 节定理 4.6.1(6) 知道

$$(\overline{X}_n-\overline{Y}_m)\ \sim\ N\Big(\mu_1-\mu_2,\ \frac{\sigma_1^2}{n}+\frac{\sigma_2^2}{m}\Big)$$

近似成立.

再用 $\hat\sigma_1^2$ 和 $\hat\sigma_2^2$ 分别表示用 $X_1,X_2,\cdots,X_n$ 和 $Y_1,Y_2,\cdots,Y_m$ 按 (6.3.8) 计算的 $\hat\sigma^2$. 则有下面的定理.

定理 6.3.4 (中心极限定理) 如果独立同分布的 $X_1, X_2, \cdots, X_n$ 和独立同分布的 $Y_1, Y_2, \cdots, Y_m$ 相互独立, 则 n, m 都较大时, 以下结论近似成立:

$$\frac{(\overline{X}_n - \overline{Y}_m) - (\mu_1 - \mu_2)}{\sqrt{\sigma_1^2/n + \sigma_2^2/m}} \sim N(0,1), \tag{6.3.10}$$

$$\frac{(\overline{X}_n - \overline{Y}_m) - (\mu_1 - \mu_2)}{\sqrt{\hat{\sigma}_1^2/n + \hat{\sigma}_2^2/m}} \sim N(0,1). \tag{6.3.11}$$

习题六

6.1 用 X_k 表示第 k 次拨通电话后的通话时间. 已知通话时间长为 t 时的话费是 $g(t)$. 当 $X_1, X_2, \cdots$ 独立同分布, $\mathrm{E}g(X_1) = 0.6$ 元, 求 $\lim\limits_{n\to\infty} n^{-1}\sum\limits_{k=1}^{n} g(X_k)$.

6.2 设 $X_0, X_1, \cdots$ 是独立同分布的随机变量序列, $\mu = \mathrm{E}X_1$. 对非零常数 a, b, 定义

$$Y_k = aX_k + bX_{k-1} + c, \quad k = 1, 2, \cdots,$$

计算 $n^{-1}\sum\limits_{k=1}^{n} Y_k$ 的极限.

6.3 设 $X_1, X_2, \cdots$ 独立同分布, 都在 $(0, \pi/2)$ 中均匀分布. 当 $n \to \infty$, 计算 Y_n 的极限, 其中

$$Y_n = \frac{\sin X_1 + \sin X_2 + \cdots + \sin X_n}{\cos X_1 + \cos X_2 + \cdots + \cos X_n}, \ n \geqslant 1.$$

6.4 一位职工每天乘公交车上班. 如果每天用于等车的时间服从数学期望为 5 min 的指数分布, 估算他在 303 个工作日中用于上班的等车时间之和大于 24 h 的概率.

6.5 甲某每天平均上网 5 h, 标准差是 4 h, 估算此人一年内上网的时间小于 1 700 h 的概率.

6.6 某学校学生上课的出勤率是 97%, 全校有 5 000 名学生上课时, 求出勤人数少于 4 880 的概率.

6.7 设独立同分布的随机变量 $X_1, X_2, \cdots, X_n$ 和独立同分布的随机变量 $Y_1, Y_2, \cdots, Y_m$ 相互独立, $\mathrm{E}X_1 = \mu_1$, $\mathrm{Var}(X_1) = \sigma_1^2$, $\mathrm{E}Y_1 = \mu_2$, $\mathrm{Var}(Y_1) = \sigma_2^2$. 对较大的 n 和 m, 写出

$$\frac{1}{n}\sum_{j=1}^{n} X_j - \frac{1}{m}\sum_{k=1}^{m} Y_k$$

的近似分布.

6.8　生产线共有两道工序, 第一道工序的次品率是 0.001, 第二道工序将次品加工成正品的概率是 0.92, 将正品加工成次品的概率是 0.001. 求 10^6 个出厂产品中, 次品少于 1 000 件的概率.

6.9　一本书共有 300 页. 在该书的第一稿中, 每页的打印错误数相互独立, 都服从参数为 6 的泊松分布. 在第二稿中, 每个打印错误相互独立地以概率 0.8 被订正. 在第三稿中, 第二稿的打印错误被相互独立地以概率 0.9 被订正. 如果第三稿完成后交付印刷, 估算这本书的打印错误数大于等于 30 个的概率.

考研自测题六

第六章复习

第七章 统计初步

现代生活是建立在数据之上的, 没有数据, 一切很难想象. 统计学是利用数据解释自然规律的科学, 内容包括如何收集和分析数据. 随着数据科学的快速发展, 统计学也日益得到广泛的应用.

基于统计学的数据处理方法称为统计方法. 在科学研究、工农业生产、新产品开发、产品质量的提高乃至政治、教育、社会科学等各个领域, 使用统计方法和不使用统计方法获得的结果是大不相同的. 只要统计方法使用得当, 就能够收到事半功倍的效果. 这也是统计学能随着科学技术和国民经济的发展而快速发展的重要原因.

统计学没有自己的基于试验的专门研究对象, 但是可以为物理学家、化学家、医生、社会学家、心理学家等提供一套研究问题的有效方法. 这套方法可以帮助各个领域的研究工作者更快地获得成功.

7.1 总体、样本与参数

日常生活中我们总是下意识地和总体与样本打交道. 买橘子时, 先要尝尝这批橘子甜不甜. 这时称这批橘子是一个总体, 单个的橘子是个体.

在仅关心橘子的甜度时, 我们可以称单个橘子的甜度是个体, 称所有橘子的甜度为总体. 这样就可以把橘子的甜不甜数量化.

要了解一批橘子的甜度情况, 你只需品尝一两个, 然后通过这一两个橘子的甜度判断这批橘子的甜度. 这就是用个体推断总体.

为把上面的实际情况总结出来, 需要引入一些术语.

7.1.1 总体、个体和总体均值

在统计学中, 我们把所要调查对象的全体叫做**总体** (population), 把总体中的每个成员叫做**个体** (individual).

总体中的个体总可以用数量表示. 为了叙述的简单和明确, 我们把个体看成数量, 把总体看成数量的集体. 我们要调查的是总体的性质.

总体中个体的数目有时是确定的, 有时较难确定, 但是往往并不影响总体的确定, 也不影响问题的解决. 在判断一批橘子甜不甜时, 你没有必要知道一共有多少个橘子.

总体平均是总体的平均值, 也称为**总体均值** (mean). 在统计学中, 常用 μ 表示总体均值. 当总体含有 N 个个体, 第 i 个个体是 y_i 时, 总体均值

$$\mu = \frac{y_1 + y_2 + \cdots + y_N}{N}.$$

当 $y_1, y_2, \cdots, y_N$ 是总体的全部个体, μ 是总体均值时, 称

$$\sigma^2 = \frac{(y_1 - \mu)^2 + (y_2 - \mu)^2 + \cdots + (y_N - \mu)^2}{N}$$

为**总体方差**或**方差** (variance).

总体方差描述了总体中的个体向总体均值 μ 的集中程度. 方差越小, 个体向 μ 集中得越好. 总体方差 σ^2 也描述了总体中个体的分散程度或波动幅度, 方差越小, 个体就越整齐.

总体标准差是总体方差的算术平方根 $\sigma = \sqrt{\sigma^2}$, 简称为**标准差**.

总体参数是描述总体特性的指标, 简称为**参数** (parameter).

参数表示总体的特征, 是要调查的指标. 总体均值、总体方差、总体标准差都是参数. 在讲到参数的时候, 要明确它是哪个总体的参数.

7.1.2 样本与估计

考虑某大学一年级 2000 个同学的平均身高 μ. 要得到这 2000 个同学的平均身高不是一件很困难的事情, 只要了解了每个同学的身高, 就可以利用公式

$$\mu = \frac{\text{这 2000 个同学身高之和}}{2000}$$

计算得到.

但是在同一时刻要了解每个同学的准确身高也不是很容易的事情. 如果让各班长在班上依次点名登记全班同学的身高, 然后汇总, 可能有些同学一时不能给出准确的回答, 也可能有些同学受到其他同学的影响后, 偏向于把自己的身高报高或报低. 用这样的数据进行计算后得到的结果可能会产生偏差.

同一天对每个同学进行一次身高测量可以得到均值 μ 的准确值, 但是要花费大家很多的时间和精力. 统计上解决这类问题的最好方法是进行抽样调查, 例如在 2000 个同学中只具体测量 50 个同学的身高, 用这 50 个同学的平均身高作为总体平均身高 μ 的近似. 这时我们称这 50 个同学的身高为总体的样本, 称 50 为样本量.

从总体中抽取一部分个体, 称这些个体为**样本** (sample), 样本也叫做**观测数据** (observation data).

称构成样本的个体数目为**样本容量**, 简称为**样本量** (sample size).

称从总体抽取样本的工作为**抽样** (sampling).

在考虑身高问题时, 对于前述被选中的 50 个同学, 用 $x_1, x_2, \cdots, x_{50}$ 分别表示第 $1, 2, \cdots, 50$ 个同学在调查日的身高, 则这 50 个同学的身高

$$x_1, x_2, \cdots, x_{50}$$

是样本. 用 n 表示样本量, 则 $n = 50$.

样本均值是样本的平均值, 用 $\overline{x}$ 表示.

给定 n 个观测数据 $x_1, x_2, \cdots, x_n$, 称

$$s^2 = \frac{1}{n-1}[(x_1 - \overline{x})^2 + (x_2 - \overline{x})^2 + \cdots + (x_n - \overline{x})^2]$$

为这 n 个数据的**样本方差**.

样本方差 s^2 是描述观测数据关于样本均值 $\overline{x}$ 分散程度的指标, 也是描述数据的分散程度或波动幅度的指标.

样本标准差是样本方差的算术平方根 $s = \sqrt{s^2}$.

和总体均值 μ 比较后知道, 只要抽样合理, 对于较大的样本量 n, 样本均值 $\overline{x}$ 会接近 μ. 于是, $\overline{x}$ 是总体均值 μ 的近似, 所以称为 μ 的**估计** (estimator).

估计是利用样本计算出的对参数的估计值, 可以从观测数据直接计算出来.

对相同的观测数据, 不同的方法可以给出不同的估计结果, 所以估计不是唯一的. 这种不唯一性恰恰为统计学家们寻找更好的估计留下了余地.

实际问题中, 总体中的个体数往往是非常大的, 这时从数据本身无法看清总体的情况. 样本均值和样本方差可以提供必要的信息.

例 7.1.1 比赛中甲、乙两位射击运动员分别进行了 10 次射击, 成绩分别如下:

甲	9.5	9.9	9.9	9.9	9.8	9.7	9.5	9.3	9.6	9.6
乙	9.4	9.3	9.5	9.0	9.1	9.8	9.7	9.5	9.3	9.4

问哪个运动员平均水平高, 哪个运动员水平更稳定.

解 用 $\overline{x}$, s_x 和 $\overline{y}$, s_y 分别表示甲和乙成绩的样本均值和样本标准差, 经过计算得到

$$\overline{x} = 9.67,\ s_x = 0.2058, \quad \overline{y} = 9.4,\ s_y = 0.2449.$$

甲的平均水平和稳定性都比乙好.

此例表明, 知道样本标准差后, 可以给出更好的比较结果.

7.2 抽样调查

在日常生活中人们总是自觉或不自觉地应用抽样方法, 例如在市场上买花生或瓜子时总要先尝几个看看是否饱满和新鲜, 在烧菜的过程中经常要取一点尝尝味道.

在考察锅里汤的味道时, 没有必要把汤喝完, 只要把汤 "搅拌均匀", 从中品尝一勺就可以了. 注意无论这锅汤有多多, 只要一勺就够了.

记住上面的例子是大有好处的, 因为它提供了抽样调查方法的最重要信息.

第一, 把汤 "搅拌均匀" 是说明抽样的随机性, 没有抽样的随机性, 样本就不能很好地反映总体的情况. 把刚加盐的地方舀出的汤作样本, 你会作出汤太咸了的错误结论.

第二, "品尝一勺" 指出了选取的样本量不能太少, 也不必太大. 太少了不足以品出味道, 品尝一大碗也没有必要.

第三, "无论这锅汤有多多, 只要一勺就够了". 这里体现出抽样调查的如下基本性质: 总体个数增大时, 样本量不必跟着增大.

有人认为, 总体数目很大时, 样本量也必须跟着增大. 这种认识带有片面性.

随机抽样浅析

实际的情况是这样的: 在随机抽样下, 一开始增加样本量会很快地增加估计的准确度, 但是当样本量到达一定的时候, 继续增加样本量效果就不明显了, 再增加样本量就只是造成浪费了.

7.2.1 抽样调查的必要性

抽样调查是相对于普查而言的, 其含义是从总体中按一定的方式抽出样本进行考察, 然后用样本的情况来推断总体的情况.

在评价 1000 个同型号的微波炉的平均工作寿命 μ 时, 预备从中抽取 n 个进行工作寿命的测量试验, 用这 n 个微波炉的平均工作寿命估计总体的平均工作寿命 μ.

这里, 总体是 1000 个微波炉的工作寿命, 样本量是 n, 被选中的微波炉的工作寿命构成样本. 样本平均 $\bar{x}$ 是总体均值 μ 的估计.

在正确抽样的前提下, 样本量越大, $\bar{x}$ 越接近总体均值 μ. 但是, 较大的样本量造成的花费也很大, 因为这 n 个微波炉做完寿命试验后就报废了. 在本问题中要想得到真正的总体均值 μ 是不可能的, 除非把这 1000 个微波炉都拿来做工作寿命试验, 报废掉这 1000 个微波炉.

在很多实际问题中, 采用抽样的方法来确定总体性质不仅是必要的, 也是必需的.

总体很大时, 抽样调查往往可以提高调查的质量. 有人认为抽样调查不如全面调查得到的结论准确, 这是不客观的. 看到抽样调查是用局部推断全体, 带有抽样的误差, 只是看到了问题的一个方面. 实际上调查数据的质量更重要, 总体很大时进行全面调查, 往往因为工作量过大、时间过长等而影响数据的质量. 一项经过科学设计并严格实施的抽样调查可能得到比全面调查更可靠的结果.

7.2.2 随机抽样

如果总体中的每个个体都有相同的机会被抽中, 就称这样的抽样方法为**随机抽样**方法. 人们经常用 **"任取"** **"随机抽取"** 或 **"等可能抽取"** 等来表示随机抽样.

从概率论的知识知道, 如果从总体中任选一个个体, 这个个体是随机变量, 这个随机变量的数学期望是总体均值, 方差是总体方差.

随机抽样又分为无放回的随机抽样和有放回的随机抽样. 无放回的随机抽样指在总体中随机抽出一个个体后, 下次在余下的个体中再进行随机抽样. 有放回的随机抽样指抽出一个个体, 记录下抽到的结果后放回, 摇匀后再进行下一次随机抽样.

例 7.2.1 设 N 件产品中有 M 件次品, N, M 都是未知的. 估计这批产品的次品率 $p = M/N$.

解 无放回的从中依次取 n 件, 用 Y 表示取得的次品数, 则 $Y \sim H(N, M, n)$, 按照附录 B, 有

$$\mathrm{E}Y = np, \quad \mathrm{Var}(Y) = np(1-p)\frac{N-n}{N-1}.$$

用样本次品率 $\hat{p} = Y/n$ 估计 p 时, 有

$$\mathrm{E}\hat{p} = p, \quad \mathrm{Var}(\hat{p}) = \frac{1}{n}p(1-p)\frac{N-n}{N-1}. \tag{7.2.1}$$

如果采用有放回的随机抽样, 用 X 表示取得的次品数, 则 $X \sim \mathcal{B}(n, p)$, 这时有

$$\mathrm{E}X = np, \quad \mathrm{Var}(X) = np(1-p).$$

用这时的样本次品率 $\tilde{p} = X/n$ 估计 p 时, 有

$$\mathrm{E}\tilde{p} = p, \quad \mathrm{Var}(\tilde{p}) = \frac{1}{n}p(1-p). \tag{7.2.2}$$

$\mathrm{E}\hat{p} = \mathrm{E}\tilde{p} = p$, 说明这两种方法都是较好的估计方法, 没有系统偏差.

由于方差 $\mathrm{E}(\hat{p} - p)^2$ 描述的是 $\hat{p}$ 向真实参数 p 的集中程度, 因而是描述估计精度的量. 方差越小, 说明估计的精度越高. $\mathrm{Var}(\hat{p}) < \mathrm{Var}(\tilde{p})$ 说明无放回随机抽样的估计精度好于有放回随机抽样的估计精度. 但是当 N 比 n 大很多时, $(N-n)/(N-1)$ 接近于 1, 说明两种抽样方法差别不大.

另外 $\mathrm{Var}(\tilde{p})$ 与 N 无关, 说明要达到一定的估计精度, 只需要适当地增加 n. 并不是说总体数目 N 越大, 就需要多抽样. 无放回随机抽样下的情况也是类似的, 因为实际问题中 N 通常都很大, 而相比之下 n 较小.

在相同的总体中和相同的样本量下, 无放回随机抽样得到的结果比有放回随机抽样得到的结果要好. 但是当总体的数量很大, 样本量相对总体的数量又很小时, 这两种抽样方法得到的结果是相近的.

试验和理论都证明: 在随机抽样下, 样本均值 $\overline{x}$ 是总体均值 μ 很好的估计, 样本标准差 s 是总体标准差 σ 很好的估计. 在样本量不大时, 增加样本量可以比较好地提高估计的精确度.

考虑某大学一年级 2 000 个同学的平均身高 μ 时, 需要调查 50 个同学的身高. 实现无放回的随机抽样的方法是先将 2 000 个同学的学号分别写在 2 000 张小纸片上, 然后放入一个纸箱充分摇匀, 最后从纸箱中无放回地抽取 50 个纸片, 纸片上的学号就是被选中的同学的学号.

7.2.3 随机抽样的无偏性

样本均值是对总体均值的估计. 在总体中任取一个个体 X, X 是随机变量, 从数学期望的定义知道 $\mathrm{E}X = \mu$ 是总体均值. 这说明随机抽样是无偏的. 如果用 $X_1, X_2, \cdots, X_n$ 表示依次随机抽取的样本, 则样本均值

$$\overline{X} = \frac{1}{n}\sum_{j=1}^{n} X_j$$

是总体均值 μ 的估计. 下面证明 $\mathrm{E}\overline{X} = \mu$. 在有放回的随机抽样下, $X_1, X_2, \cdots, X_n$ 有相同的数学期望 μ, 于是有

$$\mathrm{E}\overline{X} = \frac{1}{n}\sum_{j=1}^{n} \mathrm{E}X_j = \frac{1}{n}\sum_{j=1}^{n} \mu = \mu.$$

在无放回的随机抽样下, 根据抽签的原理 (1.2 节例 1.2.6), 第 j 次抽到每个个体的概率是相同的, 所以 X_1 和 X_j 是同分布的, 因而有相同的数学期望, 于是也有 $\mathrm{E}\overline{X} = \mu$. 说明在随机抽样下, 用样本均值 $\overline{X}$ 估计总体均值 μ 时, 也是无偏的.

下面是没有采取正确的抽样方案导致调查结论严重失真的著名案例.

例 7.2.2 1936 年是美国总统选举年. 这年罗斯福 (Roosevelt) 任美国总统期满, 参加第二届的连任竞选, 对手是堪萨斯州州长兰登 (Landon). 当时美国刚从经济大萧条中恢复过来, 失业人数仍高达 900 多万, 人们的经济收入下降了三分之一后开始逐步回升. 当时, 观察家们普遍认为罗斯福会当选. 而美国的《文学摘要》杂志的调查却预测兰登会以 57% 对 43% 的压倒优势获胜.

《文学摘要》的预测是基于对 240 万选民的民意调查得出的. 自 1916 年以来, 在历届美国总统的选举中《文学摘要》都作了正确的预测. 《文学摘要》的威信有力地支持着它的这次预测.

但是选举的结果是罗斯福以 62% 对 38% 的压倒优势获胜, 此后不久《文学摘要》杂志就破产了.

要了解《文学摘要》预测失败的原因就必须检查他们的抽样调查方案.《文学摘要》是将问卷寄给了 1000 万个选民, 基于收回的 240 万份问卷得出的判断. 这些选民的地址是在诸如电话簿、俱乐部会员名单等上查到的.

分析: 1936 年只有大约四分之一的家庭安装了电话. 由于有钱人才更有可能安装家庭电话和参加俱乐部, 所以《文学摘要》的调查方案漏掉了那些不属于俱乐部的穷人和没有安装电话的穷人, 这就导致了调查结果有排除穷人的偏向.

在 1936 年, 由于经济开始好转, 穷人普遍有赞同罗斯福当选的倾向, 富人有赞同兰登当选的倾向.《文学摘要》的调查结果更多地代表了富人的意愿, 导致了预测的失败.

抽样的方案应当公平地对待每一位选民和每一个群体, 以便得到选民的真实情况. 将哪一个群体排除在外的抽样方案都可能导致有偏的样本, 从而导致错误的结论.

7.2.4 分层抽样方法

例 7.2.3 2000 年, 某市进行家庭年收入调查时, 分别对城镇家庭和农村家庭进行调查. 在全部城镇的 85679 户中无放回随机抽取了 350 户, 在全部农村的 275692 户中无放回随机抽取了 360 户. 调查结果如下:

城镇家庭年平均收入是 35612 元, 农村家庭年平均收入是 5623 元.

这里遇到了两个子总体 A_1 和 A_2, 第一个子总体 A_1 是所有城镇家庭的年收入, 第二个子总体 A_2 是所有农村家庭的年收入. 用 A 表示该市所有家庭的年收入时, 总体 A 是两个子总体 A_1 和 A_2 的并.

用 $\overline{x}_1$ 表示来自子总体 A_1 的样本均值, 用 $\overline{x}_2$ 表示来自子总体 A_2 的样本均值, 则

$$\overline{x}_1 = 35\,612,\ \overline{x}_2 = 5\,623.$$

A_1 在 A 中所占的比例是

$$W_1 = \frac{85\,679}{85\,679 + 275\,692} = 0.237\,1.$$

A_2 在 A 中所占的比例是

$$W_2 = \frac{275\,692}{85\,679 + 275\,692} = 0.762\,9.$$

A 的总体均值 μ 的估计是

$$\overline{X} = W_1\overline{x}_1 + W_2\overline{x}_2 = 0.237\,1 \times 35\,612 + 0.762\,9 \times 5\,623 = 12\,733(\text{元}).$$

于是该市家庭年平均收入的估计是 12733 元.

上面的抽样调查问题中, 还可以把全部家庭再细分成城镇中的工人、公务员、教师等; 将农村家庭分成农民家庭、农村干部家庭等.

于是引出下面的分层抽样方法.

分层抽样就是把总体 A 分成 L 个互不相交子总体, 即

$$A = A_1 + A_2 + \cdots + A_L,$$

称这些子总体为层, 称 A_i 为第 i 层, 然后在每层中独立地进行随机抽样.

用 N 表示总体 A 的个体总数, 用 N_i 表示第 i 层的个体总数时, 有

$$N = N_1 + N_2 + \cdots + N_L.$$

这时称

$$W_i = \frac{N_i}{N} \ (i = 1, 2, \cdots, L)$$

为第 i 层的层权 (weight).

用 μ 表示 A 的总体均值. 对 $i = 1, 2, \cdots, L$, 用 $\overline{x}_i$ 表示从第 i 层抽出样本的样本均值, 我们称

$$\overline{x}_{st} = W_1\overline{x}_1 + W_2\overline{x}_2 + \cdots + W_L\overline{x}_L$$

是总体均值 μ 的**简单估计**. 称

$$V(\overline{x}_{st}) \equiv W_1^2\mathrm{Var}(\overline{x}_1) + W_2^2\mathrm{Var}(\overline{x}_2) + \cdots + W_L^2\mathrm{Var}(\overline{x}_L)$$

是简单估计 $\overline{x}_{st}$ 的抽样方差.

简单估计的抽样方差 $V(\overline{x}_{st})$ 是评价简单估计 $\overline{x}_{st}$ 的估计精度的指标. $V(\overline{x}_{st})$ 越小, 说明 $\overline{x}_{st}$ 越好.

在例 7.2.3 中, 如果从城镇家庭中只抽取一个个体, 在农村家庭中也只抽取一个个体, 这两个个体的平均值是不能估计总体均值的. 同样的道理, 如果不对例 7.2.3 中的样本进行加层权平均, 将得到错误的估计.

分层抽样是一种常用的抽样方法, 有如下的特点:

(1) 分层抽样在获得总体均值估计的同时, 也得到各层的均值估计. 在例 7.2.3 中, 不但得到了总体 A 的均值估计, 还得到了子总体 A_1 和 A_2 的均值估计;

(2) 将差别不大的个体分在同一层, 使得分层抽样得到的样本更具有代表性, 从而提高估计的准确度;

(3) 抽样调查的实施更加方便, 调查数据的收集、处理也更加方便.

7.2.5 系统抽样方法

例 7.2.4 在调查某居民住宅区的 999 个住户对住宅区的环境满意程度时, 要按照 1∶14 的比例进行抽样调查. 为方便抽样, 将这 999 户按门牌号码的顺序依次编号. 下面

的每个数对应一户的门牌号码.

$$\begin{array}{cccccccccc}
1 & 2 & 3 & 4 & 5 & 6 & 7 & \cdots & 13 & 14 \\
15 & 16 & 17 & 18 & 19 & 20 & 21 & \cdots & 27 & 28 \\
29 & 30 & 31 & 32 & 33 & 34 & 35 & \cdots & 41 & 42 \\
\multicolumn{3}{l}{\cdots\cdots\cdots\cdots} \\
981 & 982 & 983 & 984 & 985 & 986 & 987 & \cdots & 993 & 994 \\
995 & 996 & 997 & 998 & 999
\end{array}$$

先在 1~14 中随机抽取一个数字, 如果抽到 7, 就调查排在第 7 列的所有家庭, 请这些家庭对小区环境的满意程度打分, 分数分为 $1,2,3,4,5$ 级. 第 7 列有 71 户, 所以样本量 $n=71$. 这 71 户的平均分是样本均值, 用样本均值作为全体住户对小区环境满意度的平均分的估计.

用 x_i 表示这 71 户中第 i 户的打分, 样本均值是

$$\overline{x}=\frac{x_1+x_2+\cdots+x_{71}}{71}.$$

我们称上面的抽样方法为系统抽样.

如果总体中的个体按一定的方式排列, 在规定的范围内随机抽取一个个体, 然后按照制定好的规则确定其他个体的抽样方法称为**系统抽样**.

最简单的系统抽样是取得一个个体后, 按相同的间隔抽取其他个体.

系统抽样的主要优点是实施简单, 只需要先随机抽取第一个个体, 以后按规定抽取就可以了. 系统抽样不像随机抽样, 随机抽样每次都要随机抽取个体. 如果了解总体中个体排列的规律, 设计合适的系统抽样规则可以增加估计的精度.

7.3 直方图

数据中的大量信息都可以概括在图表内, 图表使人一目了然. 在实际问题中, 样本量往往是比较大的, 这时数据中的主要信息隐藏在背后. 要从数据中得到这些信息, 必须对观测数据进行整理. 下面是几种常用的数据整理方法.

7.3.1 频率分布表

制作频率分布表时, 先将数据从小到大排列, 然后将排列后的数据进行分段. 每段中的数据被称为一组数据, 所以又把分段称为**分组**. 一般来讲, 当样本量是 n 时, 可以参照下面的经验公式将数据分成大约

$$K=1+4\lg n$$

段. 这里的经验公式只对分段起参考作用, 实际应用时, 应当根据样本量的大小和数据的特点以及分析的要求灵活确定.

例 7.3.1 下面是某城市公共图书馆在一年中通过随机抽样调查得到的 60 天的读者借书数, 数据已经从小到大排列, 制作频率分布表.

213	230	239	289	291	301	308	310	311	312
318	318	337	343	344	348	349	351	360	362
368	372	374	379	383	385	390	393	396	399
400	404	406	425	429	430	436	438	440	441
444	446	450	453	456	458	471	473	475	483
484	495	498	498	521	524	549	556	568	584

解 数据中的最小值是 213, 最大值是 584. 这 60 个数据就散布在闭区间 $[213, 584]$ 中. 取一个略大的区间 $(200, 600]$, 它的端点都是整数. 用经验公式计算出

$$K = 1 + 4\lg n = 1 + 4\lg 60 = 8.1126.$$

我们将 $(200, 600]$ 8 等分, 排在下表的第一列. 计算出数据落入各段的个数 n_i, 填入第二列. 计算出数据落入各段的频率

$$f_1 = \frac{3}{60} = 5\%,\ f_2 = \frac{2}{60} \approx 3.3\%,\ \cdots,\ f_8 = \frac{3}{60} = 5\%,$$

依次填入第三列. 最后将各列之和填入最后一行, 得到频率分布表 7.3.1.

表 7.3.1 频率分布表

借出书数 i	发生次数 n_i	发生频率 f_i
(200, 250]	3	5%
(250, 300]	2	3.3%
(300, 350]	12	20%
(350, 400]	14	23.3%
(400, 450]	12	20%
(450, 500]	11	18.3%
(500, 550]	3	5%
(550, 600]	3	5%
总计	60	99.9%

由于计算频率时四舍五入引起计算误差, 频率之和可能是 1 的近似.

从上述频率分布表可以方便地分析出以下结果:

有 8.3% 的工作日借出的图书少于等于 300 册;

有 63.3% 的工作日借出图书的数量在 301 至 450 册之间;

有 48.3% 的工作日借出的图书在 400 册以上;

只有 10% 的工作日借出的图书多于 500 册.

当总体是全年每个工作日的借书数量时, 上述结果可以作为对总体的推测.

注 由于频率分布表的制作没有统一的数据分段方法, 所以对相同的数据, 可以作出不同的频率分布表. 但是好的频率分布表应当是简单明了的.

7.3.2 频率分布直方图

数据的频率分布表初步展示了数据分布的一些规律. 如果用图形来表示频率分布就会更加形象和直观. 从文献记载上看, 直方图在 1895 年由著名的英国统计学家皮尔逊 (Pearson) 作了描述, 这可能是直方图的第一次使用. 他在伦敦皇家协会发表的讲话中, 当谈及 1885–1886 年英格兰房地产估价的时候使用了直方图.

有了数据的频率分布表, 很容易作出频率分布的直方图. 将观测数据按照制作频率分布表的方法进行分段, 计算出数据落入各段的频率 f_i. 将各段的端点画在直角坐标系中的横坐标上, 用

$$g_i = \frac{f_i}{\text{本段的区间长度}}$$

作为纵坐标的高, 就得到了由相连长方形构成的图形. 我们把所得到的图形称为数据的频率分布直方图, 简称为**直方图** (histogram).

例 7.3.2 绘制例 7.3.1 中图书馆借出图书数据的频率分布直方图.

解 在横坐标上标出数据分段的端点 $200, 250, \cdots, 550, 600$.

在区间 $[200, 250]$ 上绘制以 $g_1 = 0.05/50$ 为高的矩形;

在区间 $[250, 300]$ 上绘制以 $g_2 = 0.033/50$ 为高的矩形;

……

在区间 $[550, 600]$ 上绘制以 $g_8 = 0.05/50$ 为高的矩形.

于是就得到了需要的频率分布直方图. 见图 7.3.1.

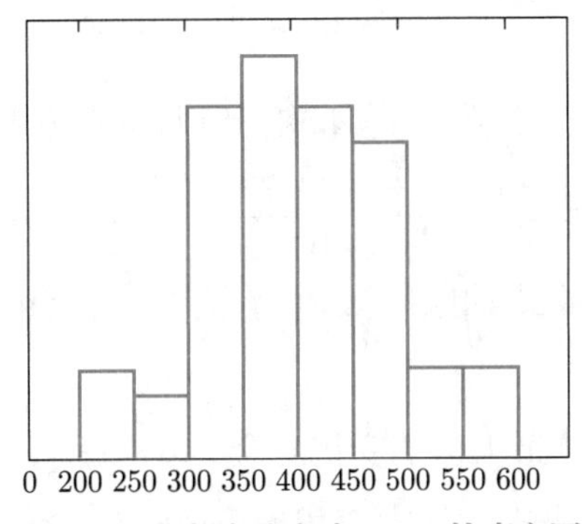

图 7.3.1 频率分布表 7.3.1 的直方图

从直方图可以更直观地看到图书馆每日借出图书册数的分布情况.

用MATLAB计算样本均值、样本标准差，绘制直方图

7.4 众数和分位数

数据的频率分布表、直方图都可以展示出数据的分布形状, 从中可以对数据有一个大致的了解. 为了更好地掌握数据的特性和规律, 还需要进一步考虑代表数据特征的其他指标.

7.4.1 众数

我们称观测数据中出现次数最多的数是**众数** (mode), 用 M_0 表示.

按照这个定义, 在抽样调查中, 样本中出现次数最多的数据是样本的众数.

如果观测数据中每个数出现的次数都相同, 它就没有众数. 如果观测数据中有两个或两个以上的数出现次数相同, 且出现次数超过其他数的出现次数, 这几个数都是众数.

众数是观测数据的代表值, 它受数据中极大或极小值变化的影响较小. 从分布的角度看, 众数出现的频率最高.

例 7.4.1 某超市用随机抽样的方式调查了 30 个顾客购买商品的件数, 结果从小到大排列如下:

$$0 \quad 0 \quad 1 \quad 1 \quad 1 \quad 2 \quad 2 \quad 2 \quad 3 \quad 3 \quad 4 \quad 5 \quad 6 \quad 6 \quad 8 \quad 9 \quad 9$$

$$10 \quad 10 \quad 10 \quad 10 \quad 12 \quad 12 \quad 13 \quad 15 \quad 16 \quad 18 \quad 20 \quad 23 \quad 29$$

求众数和样本均值.

解 样本中 10 出现的次数最多, 是 4 次, 所以 10 是众数. 样本均值是

$$\overline{x} = \frac{1+1+\cdots+23+29}{30} = 8.667.$$

在例 7.4.1 中, 如果购买件数最多的那个顾客购买件数从 29 增加到 40, 众数不变, 样本均值增加到 9.03.

从这个例子看出, 数据中最大值的变化对众数没有影响, 对样本均值的影响较大.

在统计学上, 我们将数据中的最大值和最小值统一称为极值, 称最大值和最小值之差为**极差**:

$$\text{极差} = \text{最大值} - \text{最小值}.$$

例 7.4.1 中数据的极差是 $29-0=29$, 说明所有数据的变化范围或波动幅度不超过 29.

7.4.2 分位数

设观测数据已经从小到大排列为 $x_1 \leqslant x_2 \leqslant \cdots \leqslant x_n$.

(1) 如果样本量 n 是奇数, 我们称中间的数据是**中位数** (median), 记作 M_d.

$$M_d = x_m, \text{ 其中 } m = \frac{n+1}{2}.$$

例如样本 $1,5,9,12,13$ 的中位数是 9. 样本 $4,26,45,67,96,98,112$ 的中位数是 67.

(2) 如果样本量 n 是偶数, 我们称中间两个数据的平均值是中位数, 也记作 M_d.

$$M_d = \frac{x_m + x_{m+1}}{2}, \text{ 其中 } m = \frac{n}{2}.$$

例如 $1,5,9,12,13,21$ 的中位数是

$$M_d = \frac{9+12}{2} = 10.5.$$

$34,36,45,67,96,98,112,134$ 的中位数是

$$M_d = \frac{67+96}{2} = 81.5.$$

由于中位数位于顺序数据的中间, 所以有以下性质:

小于等于中位数的数据不少于样本量的二分之一, 大于等于中位数的数据不少于样本量的二分之一.

例 7.4.2 2001 年, 在对 A 城市进行年人均收入 (单位: 万元) 调查时, 采用随机抽样的方法得到了以下 10 个数据:

0.79 0.98 1.17 1.46 1.67 1.79 1.82 1.98 2.26 9.78

计算中位数和样本均值.

解 数据已经从小到大排列. 中位数是

$$M_d = \frac{1.67+1.79}{2} = 1.73.$$

样本均值

$$\overline{x} = \frac{0.79+0.98+\cdots+9.78}{10} = 2.37.$$

在例 7.4.2 中, 因为 9.78 万元的年收入比其他人的年收入高得太多了, 所以 9.78 拉高了样本均值. 但是, 即使将 9.78 改为 2.78, 中位数也不变化.

例 7.4.3 数学考试后, 甲班成绩的中位数是 72 分, 乙班成绩的中位数是 78 分. 仅从这两个数看, 哪班数学好的同学更多一些.

解 甲班有不少于 50% 的同学的成绩在 72 分之下, 乙班有不少于 50% 的同学的学习成绩在 78 分之上, 乙班数学好的同学更多一些.

中位数又称为 1/2 分位数. 类似地还可以定义数据的 1/4 分位数和 3/4 分位数. 把数据由小到大排列后四等分, 从小到大处于三个分位点的数分别是 1/4, 1/2 和 3/4 分位数. 计算方法如下:

中位数将从小到大排列的数据分为两组. 当 n 为奇数时, 每组有 $(n-1)/2$ 个数, 1/4 分位数是第一组的中位数, 3/4 分位数是第二组的中位数. 当 n 为偶数时, 每组有 $n/2$ 个数, 1/4 分位数是第一组的中位数, 3/4 分位数是第二组的中位数.

分位数的稳健性

7.5 随机对照试验

近年来, 生命安全事件已经成为公众关心的热点. 在大洋彼岸, 美国食品药品监督管理局 (简称 FDA) 一直恪守成规, 遵照美国的食品和药品法规行事, 最大限度地将食品药品安全事故降到最低. 尽管如此, 在 20 世纪 80 年代上市的抗心律失常药 Tambocor (氟卡胺) 和 Enkaid (英卡胺) 等还是引发了一次重大的药害事件. 短短的几年内, 估计有 5 万人因服用这类药物导致心脏骤停而死亡. 下面的内容来自参考书目 [11].

在 20 世纪 80 年代, 3M 是美国最大的公司之一, 曾在财富 500 强中名列第 47 位. 它因买下一个小型制药公司, 再经过 10 多年的研发, 终于有了自己的新药 Tambocor. 新药的上市, 成了 3M 公司的摇钱树. 13 年来, Tambocor 曾在小鼠、大鼠、兔子、猪、狗、猫和狒狒体内进行了试验研究. 1975 年, FDA 批准了 Tambocor 的临床研究申请, 1975—1978 年, 对于 Tambocor 的 I 期和 II 期的临床试验结果比较令人满意. 与此同时, 百时美公司也加快了同类药品 Enkaid 的研发速度.

20 世纪 70 年代, 用药物预防心律失常的理论开始流行, 尽管缺乏充分的科学依据, 1979 年医生开出了 1 200 万次处方药, 这些事实强烈刺激着 3M 的 Tambocor 研发.

1982 年, 德国批准了 Tambocor 的销售. 接下来, 斯坦福大学的温克医生发表文章讲述了 Enkaid 导致了一些重症患者的死亡. Tambocor 和 Enkaid 的化学结构相似, 但是不一定有相同的问题. 温克医生和 3M 公司讨论 Tambocor 时, 提出在重症患者中试验 Tambocor, 而 3M 公司只想在有室性早搏症, 且身体健康的人群中试验 Tambocor.

1982 年 11 月, 3M 公司邀请了医学界的专家分析临床试验数据. 在 45 家医院服用 Tambocor 的患者中, Tambocor 没有体现出良好的疗效, 反而导致了部分患者的死亡. Enkaid 也遇到了同样的问题. **可惜的是, 因为没有统一的试验方案, 研究人员很难对于这些数据加以统计分析.** 尽管如此, 在进一步的试验结果出来之前, 3M 公司还是按原计划向 FDA 提交了新药上市的申请.

1983 年, 3M 公司在旅游胜地百慕大召开了 Tambocor 研讨会. 3M 支付全部费用. 除了温克医生继续表示担忧外, 大部分收了报酬的专家对 Tambocor 给予热情的支持.

1985 年 10 月 8 日, 在缺乏严密的试验数据的情况下, Tambocor 及其同类药品获得上市批准. 新一代抗心律失常药开始大量涌向市场. 之后, 3M 借助推销、广告、研讨会等大力推广 Tambocor. 1988 年春, 美国的医生每月平均开出 57 000 张 Tambocor 处方.

1986 年 12 月, FDA 批准了 Enkaid 上市. 在一个以市场促销为目的的临床试验中, 6 周内 Enkaid 导致了 39 人死亡. 至此, FDA、制药公司和医生都注意到这类药会导致心脏骤停, 但是他们认为这些药利大于弊. 百时美和 3M 继续开动着赚钱机器.

幸运的是, 在抗心律失常药被审批和销售的同时, 美国心肺血液研究所开始对这类药物进行大规模的心律失常抑制试验 (简称 CAS 试验). 试验包括 Tambocor 和 Enkaid 等, 涉及 4 400 位患者, 27 个研究中心和 100 多家医院, 耗时 5 年, 耗资 4 000 万美元.

CAS 试验严格按照**随机对照双盲试验**的原则进行: 把每个患者随机地分在 X 组或 Y 组, 为其中一组提供药品, 为另一组提供**安慰剂** (貌似药品, 但无任何药效). 这是随机对照的含义. 不管是研究人员还是患者, 除了生物统计学家霍尔斯乔姆一人, 没人知道哪些是真药, 哪些是安慰剂. 这是双盲的含义. 谁也没有权利过问治疗组 (服用真药的组) 和对照组 (服用安慰剂的组) 的身份情况. 由于霍尔斯乔姆默默地保守着秘密, 使得想为药品讲话的医生也无从开口. 大家只能默默地等待试验的进展.

到 1988 年 9 月 1 日, CAS 试验的内部结果如表 7.5.1 (其中的猝死人数包括心脏骤停但是抢救成功的患者).

表 7.5.1 CAS 试验的内部结果

	X 组	Y 组
患者总数	576	571
猝死人数	3	19

可以看出, Y 组的猝死率是 X 组的

$$\frac{19/571}{3/576} > 6.38$$

倍. 这样的差异大大超出了随机因素所能解释的范围 (见 11 章例 11.2.3 和例 11.3.3 的分析). 没有任何线索能够解释 X 组和 Y 组猝死率间的巨大差异. 随着试验的继续, 两组间的差异没有缩小, 趋势也没有发生转变. 因为患者是被随机分配在 X 组和 Y 组的, 所以结论表明, 不是药品有效, 就是药品致命.

现在我们已经知道了, X 组是安慰剂组, Y 组是试验组. 随机对照双盲试验清楚地揭示了 Tambocor 和 Enkaid 的确是致命的药物. 在 CAS 试验终止后, CAS 试验项目长官弗里德曼在给 3M 公司的信中写道: "采取这个行动是因为 Tambocor 经证明基本不太可能存在疗效, 反而它很有可能对该患者群体有危害".

在 CAS 试验中, 称使用真药的人在试验组, 使用安慰剂的人在对照组. 通常, 试验组由随机选择出的对象构成, 试验组的成员接受特殊的待遇或治疗. 而对照组由那些没有接受这种特殊待遇的对象构成, 通常为他们提供的是安慰剂. 任何好的试验设计应当有一个试验组和一个对照组.

在 CAS 试验中, 如果没有对照组, 为所有的患者提供药品, 就无法确认 Tambocor 和 Enkaid 会造成心脏骤停的结论. 如果试验组和对照组不是随机选择的, 由于两组人群的差异, 也无法分析出正确的结论. 同样, 不让医生和患者知道患者在哪一组, 甚至不让他们知道安慰剂的存在, 是为了得到没有偏见的数据.

当然, 随机对照试验也会遇到道德方面的谴责. 在决定停止对 Tambocor 和 Enkaid 的 CAS 试验时, 就有医生愤怒指责 CAS 试验 "不道德". 因为一旦试验证明药品有效, 那么分在对照组的一半人就没有得到治疗. 有这样想法的医生并不少. 因为当时有一半的医生在治疗心脏早搏, 都以为自己在帮助患者. 但是 CAS 试验的结论证明, 他们正在无意中杀害自己的患者.

注 上述抗心律失常药对于部分轻度心律失常患者有效.

随机选择试验对象是英国统计学家费希尔 (Fisher) 的贡献, 在 20 世纪初, 他用此方法致力于农业试验的研究. 从此随机选择试验组成为安排试验的基本原则. 下面的例子来自参考书目 [7], [8], [9], [12].

例 7.5.1 (静脉吻合分流术) 在一些肝硬化病例中, 许多患者会从肝出血直至死亡. 历史上有一种称为 "静脉吻合分流术" 的外科手术用于治疗肝硬化, 其原理是运用外科手术的方法使血流改变方向. 这种手术花费很大并且有很高的危险性. 值得做这样的手术吗?

为了解决上述问题, 一共有三批共 51 次手术试验. 第一批进行了 32 次无对照组的试验. 结果如下:

设计方法	试验次数	显著有效	中等有效	无效
无对照组	32	24	7	1
所占比例		75%	21.9%	3.1%

试验说明有 75% 的手术显著有效, 21.9% 的手术中等有效, 看来手术是值得做的.

第二批共进行了 15 次手术试验, 这批试验有对照组, 但是对照组的患者不是随机选取的. 医生根据患者的临床诊断情况决定是将患者编入试验组做手术, 还是编入对照组不做手术. 结果如下:

设计方法	试验次数	显著有效	中等有效	无效
非随机对照	15	10	3	2
所占比例		66.7%	20%	13.3%

这次试验的结果是 66.7% 的手术显著有效, 20% 的手术中等有效, 13.3% 的手术无效. 这个试验结果也是对 "静脉吻合分流术" 的肯定. 这次的结果与无对照组的试验结果差别不是很大.

再看有随机选取的对照组的第三批试验, 这批试验只有 4 次手术. 随机选取的方式类似于掷硬币, 如果硬币正面朝上就将患者选入试验组做手术. 这次试验的结果如下:

设计方法	试验次数	显著有效	中等有效	无效
随机对照	4	0	1	3
所占比例		0 %	25%	75%

随机对照试验的结果显著地否定了外科手术 "静脉吻合分流术".

结果显示: 设计差的试验研究过分夸大了外科手术 "静脉吻合分流术" 的价值. 经过认真设计的试验研究显示 "静脉吻合分流术" 几乎没有什么价值.

为什么会出现如此大的差别呢?

在无对照组和非随机选取对照组的试验中, 试验者根据患者的临床诊断决定是否将他编入试验组进行手术. 这样做就出现一种自然的倾向: 试验人员更倾向于将那些身体状态较好的患者选入试验组, 以减少手术风险. 其结果有利于对手术的肯定评价, 这种结果是不真实的.

对上述试验的跟踪观测发现, 做手术的 51 个患者中 3 年后大约有 60% 仍然活着, 随机对照组中 (没做手术的患者) 3 年后大约也有 60% 的患者仍然活着. 这就说明手术基本是无效的. 而在非随机对照组中, 只有 45% 的患者存活期超过 3 年, 这就说明了非随机对照组中的患者健康情况较差, 验证了健康情况较好的患者更容易被选入试验组做手术.

随机安排对照组是十分必要的, 否则可能得出错误的结论. 我们称随机选取试验组的对照试验为**随机对照试验**. 在随机对照试验中, 为了得到更真实的结果, 有时还需要其他的手段配合.

在人类历史上还有许多成功使用随机对照试验的例子, 也有许多惨痛的教训. 例如,随机对照试验否定了治疗冠状动脉病的冠状动脉旁道外科手术 (该手术费用昂贵), 否定了用抗凝剂治疗心脏病突发, 否定了用 5-FU 对结肠癌进行化疗, 否定了用己烯雌酚预防流产. 具体情况如下:

医疗方法	随机对照试验		非随机对照试验	
	有效	无效	有效	无效
冠状旁道外科手术	1	7	16	5
抗凝剂治疗	1	9	5	1
5-FU 结肠癌化疗	0	5	2	0
己烯雌酚预防流产	0	3	5	0

特别需要指出的是有关己烯雌酚的试验, 随机对照试验完全否定了这种预防流产的药. 而历史上糟糕的非随机对照试验却赞同药的疗效, 这是一个医学的悲剧. 在 20 世纪 60 年代末的美国, 医生每年大约为 5 万名孕妇发放这种药. 后来揭示, 怀孕期间的母亲服用己烯雌酚, 20 年后给她们的女儿带来灾害性的副作用, 可能引发她们的女儿得一种罕见的癌症. 该药于 1971 年被禁止使用.

人们从太多的悲剧中总结了教训: 对一种新药不作随机对照试验是非常危险的.

例 7.5.2 1916 年小儿麻痹症 (脊髓灰质炎) 袭击了美国, 以后的 40 年间, 受害者成千上万. 20 世纪 50 年代, 人们开始发现预防疫苗. 当时萨凯 (Salk) 培育的疫苗最有希望. 他的疫苗在试验室中表现良好: 安全, 产生对脊髓灰质炎病毒的抗体. 但是在大规模使用前必须进行现场人体试验, 通过试验最后确定疫苗是否有效. 只有这样才能达到保护儿童的目的.

当时采用了随机对照的研究方案, 对每个儿童用类似投掷一个硬币的方法决定是否将他编入试验组: 正面朝上分在试验组, 否则分在对照组. 除了试验的设计人员, 连医生也不知道哪个儿童分在试验组, 哪个儿童分在对照组.

然后给分在试验组的儿童注射疫苗, 给分在对照组的儿童注射生理盐水, 让他们认为也被注射了疫苗. 得到的结果如下:

	试验人数	试验后的发病率
试验组	20 万	28/(10 万)
对照组	20 万	71/(10 万)

试验结果显示, 疫苗将小儿麻痹症的发病率从 10 万分之 71 降低到 10 万分之 28. 由于 71 和 28 的差别超出了随机性本身所能解释的范围, 所以宣布疫苗是成功的. 进一步的分析指出, 可以以近 100% 的概率保证疫苗是有效的 (见 11.2 节例 11.2.4).

例 7.5.2 中的安慰剂是注射生理盐水, 给对照组的儿童使用安慰剂是为了避免儿童的心理作用影响试验的结果. 尽管可以认为仅靠精神作用不能抵抗小儿麻痹症, 但是为了确认试验结果的可靠性, 使用安慰剂是必要的.

例 7.5.2 中的随机对照试验是双盲的. 双盲之一是指儿童自己不知道自己是在试验组还是在对照组, 也就是说不知道自己被注射的是疫苗还是生理盐水 (安慰剂), 甚至不知道有安慰剂, 这就有效地避免了潜在的心理影响. 另外一盲是指医生不了解他诊断的患者在对照组还是在试验组, 这就避免了医生对疫苗的主观看法带来的可能影响. 在可能的场合, 随机对照双盲试验可以最大限度地避免心理因素的影响.

在许多场合, 心理因素是不能忽视的. 有资料显示在医院中给那些手术后产生剧痛的患者服用由淀粉制成的 "止痛片" 后, 大约有 1/3 的患者感觉剧痛减轻.

艾滋病疫苗试验

习题七

7.1 用 s_x^2 表示 $x_1, x_2, \cdots, x_n$ 的样本方差, 用 b 表示常数, 用 s_y^2 表示 $y_1, y_2, \cdots, y_n$ 的样本方差. 当 $y_1 = x_1 + b$, $y_2 = x_2 + b, \cdots, y_n = x_n + b$ 时, 验证 $s_y^2 = s_x^2$.

7.2 下面的数据是 1900—1936 年奥林匹克男子跳高比赛金牌获得者的跳跃高度 (单位: m). 计算样本均值、样本方差和标准差.

年份	高度/m	年份	高度/m
1900	1.900	1924	1.981
1904	1.903	1928	1.941
1908	1.905	1932	1.971
1912	1.930	1936	2.029
1920	1.935		

7.3 某连锁超市销售部收到甲、乙两厂家送来的质地相同的白糖各 10 包, 测量后得到甲、乙两厂家白糖的净重 (单位: g) 分别是

甲厂	501	500	499	500	502	500	500	501	499	498
乙厂	497	501	500	502	499	501	503	500	500	497

问销售部应当销售哪家的白糖?

7.4 在调查某个城市的家庭年平均收入时, 能否只在该市的娱乐场所 (如电影院、歌剧院、游乐场、健身馆等) 进行随机抽样? 原因是什么? 能否只在该市的公共汽车站进行随机抽样? 原因是什么?

7.5 一年级的 500 个同学中有 218 名女生, 在调查全年级同学的平均身高时, 预备抽样调查 50 个同学. 请你做以下工作, 并回答以下问题.

(a) 设计一个合理的分层抽样方案;

(b) 你的设计中, 第一和第二层分别是什么?

(c) 分层抽样是否在得到全年级同学平均身高的估计时, 还分别得到了男生和女生的平均身高的估计.

7.6 2004 年 8 月 6 日, 用随机抽样方法调查了 50 辆北京市出租车的日营业额 (单位: 元), 数据已从小到大排列如下:

259	294	295	297	300	300	300	301	301	302
303	306	308	309	311	314	315	315	321	323
327	328	331	334	336	339	339	339	347	348
350	350	352	355	359	359	361	363	370	376
377	383	388	389	390	396	404	410	410	411

(a) 制作频率分布表;

(b) 对频率分布表进行简单的分析 (参考例 7.3.1 的分析).

7.7 叙述什么是对照组, 什么是试验组, 什么是随机对照试验.

7.8 在评价一种治疗高血压的磁疗手表时, 调查了 100 位刚开始使用这种手表的高血压患者, 他们中有 75 人回答磁疗手表对降低高血压有效.

(a) 能否认为这种磁疗手表对高血压的治疗效率是 75%?

(b) 设计一种能够公正评价这种磁疗手表的试验方案;

(c) 你的设计中试验组和对照组是随机选取的吗?

(d) 在你的设计中, 使用 “安慰剂” 了吗? 安慰剂是什么?

(e) 在对参加试验的人进行高血压的测量时, 你让医生知道被测者使用的是磁疗手表还是外观完全相同的普通手表了吗?

数学星空 光辉典范——数学家与数学家精神

科尔莫戈罗夫与概率论公理化

科尔莫戈罗夫 (1903—1987) 苏联数学家. 科尔莫戈罗夫堪称是 20 世纪最伟大的数学家之一, 他最重要的贡献——概率论公理化, 对当代数学的发展和科学技术的进步有着深远的影响. 然而, 你可能不知道, 他最初的成名作是早年当列车员时在火车上钻研数学的结果; 你可能也不知道, 他的许多奇妙而关键的思想往往是在湖中畅游、山坡滑雪的时候诞生的. 科尔莫戈罗夫也是一位淡泊名利, 漠视金钱的数学家. 1980 年, 他因拒领高达十万美金、号称"数学界的诺贝尔奖"的沃尔夫奖金而使世人惊叹. 正是这样一位数学家, 获得了全世界各国数学家的爱戴与尊敬.

第八章　参数估计

如果 X 是从总体中随机抽样得到的个体, 则 X 是随机变量. 从 5.1 节和 5.5 节知道 X 的分布是总体分布, X 的数学期望是总体平均 μ, X 的方差是总体方差 σ^2. 总体均值 μ 和总体方差 σ^2 是随机变量 X 的两个主要参数. 本章介绍包含但不限于这两个参数的估计方法.

8.1　样本均值和样本方差

如果对总体进行有放回的随机抽样, 则得到独立同分布且和 X 同分布的随机变量 $X_1, X_2, \cdots, X_n$. 这时称 $X_1, X_2, \cdots, X_n$ 是总体 X 的**简单随机样本**, 简称为总体 X 的**样本**.

在观测放射性物质钋放射 α 粒子的 3.2 节例 3.2.3 中, 用 X 表示 7.5 s 内观测到的粒子数. 独立重复观测时, 用 X_i 表示第 i 个 7.5 s 的观测结果, 则 $X_1, X_2, \cdots, X_n$ 独立同分布且和 X 同分布. 于是, $X_1, X_2, \cdots, X_n$ 是总体 X 的样本.

定义 8.1.1　如果 $X_1, X_2, \cdots, X_n$ 独立同分布且和 X 同分布, 则称 X 是总体, 称 $X_1, X_2, \cdots, X_n$ 是总体 X 的样本, 称观测数据的个数 n 为样本量.

在实际问题中得到的总是样本 $X_1, X_2, \cdots, X_n$ 的观测值 $x_1, x_2, \cdots, x_n$, 这时也称 $x_1, x_2, \cdots, x_n$ 是总体 X 的样本. 当对数据进行统计分析时用大写的 $X_1, X_2, \cdots, X_n$, 表示观测数据时多用小写的 $x_1, x_2, \cdots, x_n$. 但是在统计学中, 也常用 $X_1, X_2, \cdots, X_n$ 表示观测数据, 为的是减少不必要的繁琐.

在统计问题中, 总体 X 的分布形式往往是已知的. 例如重复测量一个物体的质量时, 认为总体 X 服从正态分布 $N(\mu, \sigma^2)$, 未知参数是 μ, σ^2, 问题是根据总体 X 的样本 $X_1, X_2, \cdots, X_n$ 估计总体参数 μ, σ^2. 观测放射物钋放射 α 粒子时, 总体 X 服从泊松分布 $\mathcal{P}(\lambda)$, 未知参数是 λ, 问题是根据总体 X 的样本 $X_1, X_2, \cdots, X_n$ 估计 λ.

设 $X_1, X_2, \cdots, X_n$ 是总体 X 的样本, θ 是总体 X 的未知参数. 如果

$$g_n(x_1, x_2, \cdots, x_n)$$

是已知函数, 则称

$$\hat{\theta}_n = g_n(X_1, X_2, \cdots, X_n)$$

是 θ 的**估计量**, 简称为**估计** (estimator). 换句话说, 估计或估计量是从观测数据 $X_1, X_2, \cdots, X_n$ 能够直接计算的量. 计算后得到的值称为**估计值**. 估计量也称为**统计量** (statistic). 为了符号使用的简便, 以后会把统计量 $\hat{\theta}_n$ 简写成 $\hat{\theta}$, 于是

$$\hat{\theta} \equiv \hat{\theta}_n.$$

设 $\hat{\theta}$ 是总体参数 θ 的估计, 作为随机变量 $X_1, X_2, \cdots, X_n$ 的函数, 估计量 $\hat{\theta}$ 也是随机变量. 估计量是样本的函数. 关于估计量有如下的定义.

定义 8.1.2 设 $\hat{\theta}$ 是 θ 的估计.

(a) 如果 $\mathrm{E}\,\hat{\theta} = \theta$, 则称 $\hat{\theta}$ 是 θ 的**无偏估计**;

(b) 如果 $\hat{\theta}_1$, $\hat{\theta}_2$ 都是 θ 的无偏估计, 当 $\mathrm{Var}(\hat{\theta}_1) < \mathrm{Var}(\hat{\theta}_2)$, 称 $\hat{\theta}_1$ 比 $\hat{\theta}_2$ **更有效**;

(c) 如果当样本量 $n \to \infty$, $\hat{\theta}$ 依概率收敛到 θ, 则称 $\hat{\theta}$ 是 θ 的**相合估计**;

(d) 如果当样本量 $n \to \infty$, $\hat{\theta}$ 以概率 1 收敛到 θ, 则称 $\hat{\theta}$ 是 θ 的**强相合估计**.

由于以概率 1 收敛可以推出依概率收敛, 所以强相合估计一定是相合估计. 一个估计起码应当是相合的, 否则我们不知道这个估计有什么用, 也不知道它到底估计谁.

注 相合估计 (consistent estimator) 也称为 "一致估计" "相容估计".

8.1.1 样本均值

设总体均值 $\mu = \mathrm{E}X$ 存在, $X_1, X_2, \cdots, X_n$ 是总体 X 的样本. 均值 μ 的估计定义为

$$\overline{X}_n = \frac{X_1 + X_2 + \cdots + X_n}{n}. \tag{8.1.1}$$

由于 $\overline{X}_n$ 是从样本计算出来的, 所以是样本均值. 样本均值 $\overline{X}_n$ 有如下的性质:

(1) $\overline{X}_n$ 是 μ 的无偏估计, 这是因为 $\mathrm{E}\overline{X}_n = \mu$;

(2) $\overline{X}_n$ 是 μ 的强相合估计, 从而是相合估计. 这是因为从强大数律得到

$$\lim_{n\to\infty} \overline{X}_n = \mu \text{ 以概率 1 成立.} \tag{8.1.2}$$

给定总体 X 的样本 $X_1, X_2, \cdots, X_n$, 也可以用

$$\overline{X}_{n-1} = \frac{X_1 + X_2 + \cdots + X_{n-1}}{n-1}$$

估计总体均值 μ. 这时仍然有

$$\mathrm{E}\overline{X}_{n-1} = \mu, \quad \lim_{n\to\infty} \overline{X}_{n-1} = \mu \text{ 以概率 1 成立.}$$

说明 $\overline{X}_{n-1}$ 也是 μ 的无偏估计和强相合估计.

但是因为少用了一个数据, 所以从 5.5 节例 5.5.3 得到

$$\mathrm{Var}(\overline{X}_{n-1}) = \frac{\sigma^2}{n-1} > \mathrm{Var}(\overline{X}_n) = \frac{\sigma^2}{n}.$$

说明 $\overline{X}_n$ 比 $\overline{X}_{n-1}$ 更有效. 即在方差最小的意义下, $\overline{X}_n$ 比 $\overline{X}_{n-1}$ 的估计精度更高.

8.1.2 样本方差

给定总体 X 的样本 $X_1, X_2, \cdots, X_n$, 以下用 $\hat{\mu}$ 表示样本均值, 于是

$$\hat{\mu} = \overline{X}_n. \tag{8.1.3}$$

总体方差 $\sigma^2 = \mathrm{Var}(X)$ 的估计由

$$S^2 = \frac{1}{n-1}\sum_{j=1}^{n}(X_j - \hat{\mu})^2 \tag{8.1.4}$$

定义. 由于 S^2 是从样本计算出来的, 所以称为样本方差.

要验证 S^2 是 σ^2 的无偏估计, 可用下面方差 Var 和协方差 Cov 的计算公式.

定理 8.1.1 设 $\mu_X = \mathrm{E}X$, $\mu_Y = \mathrm{E}Y$, $\mu_i = \mathrm{E}Y_i$. 当 X, Y, Y_i 的方差存在, 有

(1) $\mathrm{Cov}(X, X) = \mathrm{Var}(X)$;

(2) $\mathrm{Var}(X \pm Y) = \mathrm{Var}(X) + \mathrm{Var}(Y) \pm 2\mathrm{Cov}(X, Y)$;

(3) $\mathrm{Cov}\Big(X,\, c_0 + \sum\limits_{i=1}^{n} c_i Y_i\Big) = \sum\limits_{i=1}^{n} c_i \mathrm{Cov}(X, Y_i)$.

证明 因为 $\mathrm{Cov}(X, X)$ 和 $\mathrm{Var}(X)$ 都等于 $\mathrm{E}(X - \mu_X)^2$, 所以 (1) 成立. 再由

$$\begin{aligned}
\mathrm{Var}(X+Y) &= \mathrm{E}\big[(X+Y) - (\mu_X + \mu_Y)\big]^2 \\
&= \mathrm{E}\big[(X-\mu_X) + (Y-\mu_Y)\big]^2 \\
&= \mathrm{E}\big(X-\mu_X\big)^2 + \mathrm{E}\big(Y-\mu_Y\big)^2 + 2\mathrm{E}\big[(X-\mu_X)(Y-\mu_Y)\big] \\
&= \mathrm{Var}(X) + \mathrm{Var}(Y) + 2\,\mathrm{Cov}(X, Y)
\end{aligned}$$

和

$$\begin{aligned}
\mathrm{Var}(X-Y) &= \mathrm{E}\big[(X-\mu_X) - (Y-\mu_Y)\big]^2 \\
&= \mathrm{Var}(X) + \mathrm{Var}(Y) - 2\mathrm{Cov}(X, Y)
\end{aligned}$$

得到 (2). 下面推导结论 (3). 因为求数学期望是线性运算, 所以

$$\begin{aligned}
\mathrm{Cov}\Big(X,\, c_0 + \sum_{i=1}^{n} c_i Y_i\Big) &= \mathrm{E}\Big[\,(X-\mu_X)\Big(\sum_{i=1}^{n} c_i Y_i - \sum_{i=1}^{n} c_i \mu_i\Big)\Big] \\
&= \sum_{i=1}^{n} c_i \mathrm{E}[\,(X-\mu_X)(Y_i - \mu_i)\,] \\
&= \sum_{i=1}^{n} c_i \mathrm{Cov}(X, Y_i).
\end{aligned}$$

对于独立同分布的 $X_1, X_2, \ldots, X_n$, 下面验证样本方差是总体方差的无偏估计: $\mathrm{E}S^2 = \sigma^2$. 因为对 $j \neq i$, $\mathrm{Cov}(X_j, X_i) = 0, \hat{\mu} = \overline{X}_n$, 所以对每个 j,

$$\begin{aligned}\mathrm{E}(X_j - \hat{\mu})^2 &= \mathrm{Var}(X_j - \overline{X}_n) \\ &= \mathrm{Var}(X_j) + \mathrm{Var}(\overline{X}_n) - 2\mathrm{Cov}(X_j, \overline{X}_n) \\ &= \sigma^2 + \frac{\sigma^2}{n} - 2\frac{1}{n}\sum_{i=1}^{n}\mathrm{Cov}(X_j, X_i) \\ &= \sigma^2 + \frac{\sigma^2}{n} - \frac{2}{n}\mathrm{Cov}(X_j, X_j) \\ &= \frac{n-1}{n}\sigma^2.\end{aligned}$$

于是得到

$$\mathrm{E}S^2 = \frac{1}{n-1}\sum_{j=1}^{n}\mathrm{E}(X_j - \hat{\mu})^2 = \frac{n}{n-1}\cdot\frac{n-1}{n}\sigma^2 = \sigma^2.$$

说明样本方差 S^2 是总体方差的无偏估计.

下面再验证 $S^2 \to \sigma^2$ 以概率 1 成立. 利用

$$\sum_{j=1}^{n}(X_j - \hat{\mu})\hat{\mu} = 0, \quad \frac{1}{n}\sum_{j=1}^{n}X_j^2 \to \mathrm{E}X^2 \text{ 以概率 1 成立}$$

和 $\hat{\mu} \to \mu$ 以概率 1 成立得到

$$\begin{aligned}\frac{1}{n-1}\sum_{j=1}^{n}(X_j - \hat{\mu})^2 &= \frac{1}{n-1}\sum_{j=1}^{n}(X_j - \hat{\mu})X_j \\ &= \frac{n}{n-1}\frac{1}{n}\sum_{j=1}^{n}\left(X_j^2 - \hat{\mu}X_j\right) \\ &\to \mathrm{E}X^2 - \mu^2 = \sigma^2 \text{ 以概率 1 成立.}\end{aligned}$$

说明样本方差 S^2 是总体方差 σ^2 的强相合估计.

8.1.3 样本标准差

由于 S^2 是 σ^2 的估计, 所以定义标准差 σ 的估计为

$$S = \sqrt{S^2} = \sqrt{\frac{1}{n-1}\sum_{j=1}^{n}(X_j - \hat{\mu})^2},$$

称 S 为样本标准差. 由于 $S^2 \to \sigma^2$ 以概率 1 成立. 所以 $S \to \sigma$ 以概率 1 成立, 说明 S 是 σ 的强相合估计.

当 $\sigma > 0$, S 不是 σ 的无偏估计, 也就是说 $\mathrm{E}S = \sigma$ 不成立. 这是因为没有不全为零的常数 a, b, 使得 $P(aS + b = 0) = 1$, 所以由内积不等式 (5.6 节定理 5.6.1) 得到

$$\mathrm{E}S = \mathrm{E}(S \cdot 1) < \sqrt{\mathrm{E}S^2 \cdot \mathrm{E}1^2} = \sqrt{\sigma^2} = \sigma.$$

于是 $\mathrm{E}S < \sigma$. 这时称 S 低估了 σ.

我们把上面的结果总结如下.

定理 8.1.2 设 $X_1, X_2, \cdots, X_n$ 是总体 X 的样本, $\mu = \mathrm{E}X$, $\sigma^2 = \mathrm{Var}(X) > 0$, 则

(1) 样本均值 $\overline{X}_n$ 是总体均值 μ 的强相合无偏估计;

(2) 样本方差 S^2 是总体方差 σ^2 的强相合无偏估计;

(3) 样本标准差 S 是总体标准差 σ 的强相合估计, 但是 $\mathrm{E}S < \sigma$.

例 8.1.1 设 $X_1, X_2, \cdots, X_n$ 是总体 X 的样本. 当 $\mu_k = \mathrm{E}X^k$ 存在时, 试给出 μ_k 的强相合无偏估计.

解 因为 $X_1^k, X_2^k, \cdots, X_n^k$ 独立同分布, 且和 X^k 同分布, 所以是总体 X^k 的样本. 并且

$$\hat{\mu}_k = \frac{1}{n}\sum_{i=1}^{n} X_i^k \tag{8.1.5}$$

是 μ_k 的样本均值. 从定理 8.1.2 知道 $\hat{\mu}_k$ 是 μ_k 的强相合无偏估计.

在例 8.1.1 中, 称 $\mu_k = \mathrm{E}X^k$ 为 X 的 k 阶矩, 称 $\hat{\mu}_k$ 为 k 阶**样本矩**.

在实际数据的计算中, 常用 $\overline{x}_n$, s^2 和 s 分别表示样本均值、样本方差和样本标准差:

$$\overline{x}_n = \frac{1}{n}\sum_{j=1}^{n} x_j,\ s^2 = \frac{1}{n-1}\sum_{j=1}^{n}(x_j - \overline{x}_n)^2,\ s = \sqrt{s^2}. \tag{8.1.6}$$

如果 $x_1, x_2, \cdots, x_n$ 是总体 X 的样本, 则定理 8.1.2 保证了如下事实:

$$\lim_{n\to\infty} \overline{x}_n = \mu,\ \lim_{n\to\infty} s^2 = \sigma^2,\ \lim_{n\to\infty} s = \sigma. \tag{8.1.7}$$

为了解样本均值的表现, 下面用计算机产生 10^7 个正态总体 $N(\mu, \sigma^2)$ 的样本 x_1, $x_2, \cdots, x_n$. 利用公式 (8.1.5), (8.1.6) 和前 n 个观测数据计算的 $\hat{\mu}_1$, $\hat{\mu}_2$, s^2, s 如下, 真值是 $\mu_1 = 1.8$, $\mu_2 = 3.28$, $\sigma^2 = 0.04$, $\sigma = 0.2$.

n	10	10^2	10^3	10^4	10^5	10^6	10^7
$\hat{\mu}_1$	1.8794	1.8243	1.8023	1.8002	1.8006	1.8004	1.8000
$\hat{\mu}_2$	3.5688	3.3623	3.2867	3.2808	3.2826	3.2813	3.2798
s^2	0.0452	0.0350	0.0386	0.0401	0.0403	0.0400	0.0400
s	0.2126	0.1871	0.1964	0.2002	0.2007	0.2000	0.2000

计算结果支持强相合结论: $\hat{\mu}_1 \to \mu_1$, $\hat{\mu}_2 \to \mu_2$, $s^2 \to \sigma^2$, $s \to \sigma$.

8.2 矩估计

设 $x_1, x_2, \cdots, x_n$ 是总体 X 的样本. 对于 $k \geqslant 1$, 以后称

$$\hat{\mu}_k = \frac{1}{n}\sum_{i=1}^{n} x_i^k \tag{8.2.1}$$

为 $\mu_k = \mathrm{E}X^k$ 的**矩估计**.

下面通过举例介绍参数的矩估计.

例 8.2.1 某高校在一年中组织了 12 次科普报告会, 每次报告会的听众人数如下:

169 183 167 157 163 151 154 157 163 154 162 165

如果每次报告会的听众人数相互独立, 都服从泊松分布 $\mathcal{P}(\lambda)$, 试估计参数 λ.

解 用 X 表示服从泊松分布 $\mathcal{P}(\lambda)$ 的随机变量, 则

$$\lambda = \mathrm{E}X = \mu_1.$$

因为 μ_1 的矩估计是 $\hat{\mu}_1$, 所以 λ 的矩估计也是 $\hat{\mu}_1$. 将上面的数据代入 $\hat{\mu}_1$, 得到 λ 的估计

$$\hat{\lambda} = \hat{\mu}_1 = \frac{1}{12}\sum_{i=1}^{12} x_i = 162.083.$$

本例中称 $\hat{\lambda}$ 为 λ 的矩估计. $\hat{\lambda}$ 正是这 12 次报告会的平均听众数.

例 8.2.2 网民甲在某网站上发帖后就开始观察跟帖情况. 并记录了以下的跟帖间隔时间 (单位: s):

1	2	9	33	28	62	17	46	1	12
35	11	53	33	2	15	62	7	18	81
63	20	18	40	22	32	126	145	47	176
38	15	96	135	19	20	67	166	67	21

当跟帖的间隔时间服从指数分布 $Exp(\lambda)$, 试估计参数 λ.

解 设 X 服从指数分布 $Exp(\lambda)$. 由 $\mu = \mathrm{E}X = 1/\lambda$ 得到 $\lambda = 1/\mu$. 因为 $\hat{\mu}_1$ 是 μ 的矩估计, 于是可以用

$$\hat{\lambda} = 1/\hat{\mu}_1 = 1/\overline{x}_n$$

估计参数 λ. 经计算得到

$$\overline{x}_n = 46.525,\ \hat{\lambda} = 0.021\,5.$$

在例 8.2.2 中, 称 $\hat{\lambda} = 0.021\,5$ 为 λ 的矩估计.

例 8.2.3 单晶硅太阳能电池以高纯度单晶硅棒为原料. 制作时需要将单晶硅棒进行切片, 每片的厚度在 0.3 mm 左右. 现在通过随机抽样的方法测量了某厂家的 n 片单晶硅的厚度, 得到测量数据 $x_1, x_2, \cdots, x_n$. 当这批单晶硅厚度的总体分布是正态分布, 试估计这批单晶硅的总体均值和总体方差.

解 设 $x_1, x_2, \cdots, x_n$ 是总体 X 的样本观测值, 则 $X \sim N(\mu, \sigma^2)$, 并且

$$\mu = \mathrm{E}X,\ \sigma^2 = \mathrm{E}X^2 - (\mathrm{E}X)^2 = \mu_2 - \mu^2.$$

因为 $\hat{\mu}_1$, $\hat{\mu}_2$ 分别是 μ, μ_2 的矩估计, 于是分别用

$$\hat{\mu} = \hat{\mu}_1, \quad \hat{\sigma}^2 = \hat{\mu}_2 - \hat{\mu}_1^2 \tag{8.2.2}$$

估计 μ, σ^2.

在例 8.2.3 中, 称 $\hat{\mu}$ 为 μ 的矩估计, 称 $\hat{\sigma}^2$ 为 σ^2 的矩估计. 容易看出, $\hat{\mu}$ 就是 μ 的样本均值. 但是从

$$\begin{aligned}\hat{\sigma}^2 &= \hat{\mu}_2 - (\hat{\mu}_1)^2 \\ &= \frac{1}{n}\sum_{j=1}^{n} x_j^2 - \overline{x}_n^2 \\ &= \frac{1}{n}\sum_{j=1}^{n}(x_j - \hat{\mu})^2\end{aligned}$$

知道, σ^2 的矩估计 $\hat{\sigma}^2$ 比样本方差 s^2 略小.

从上面的例子看出, 如果总体 X 的分布函数 $F(x;\theta)$ 只有一个未知参数 θ, 则 $\mu_1 = \mathrm{E}X$ 常和 θ 有关. 如果存在函数 $g(s)$ 使得能从

$$\mu_1 = \mathrm{E}X \quad 得到 \quad \theta = g(\mu_1),$$

则 $\hat{\theta} = g(\hat{\mu}_1)$ 是 θ 的矩估计, 其中 $\hat{\mu}_1$ 是样本均值.

如果总体 X 的分布函数 $F(x;\theta_1,\theta_2)$ 有 2 个未知参数 θ_1,θ_2, 则 $\mu_1 = \mathrm{E}X$ 和 $\mu_2 = \mathrm{E}X^2$ 常和 θ_1, θ_2 有关. 如果 $g_1(s,t)$, $g_2(s,t)$ 是已知函数, 并且能从

$$\begin{cases}\mu_1 = \mathrm{E}X, \\ \mu_2 = \mathrm{E}X^2\end{cases} \quad 得到 \quad \begin{cases}\theta_1 = g_1(\mu_1,\mu_2), \\ \theta_2 = g_2(\mu_1,\mu_2),\end{cases}$$

则

$$\hat{\theta}_1 = g_1(\hat{\mu}_1,\hat{\mu}_2),\ \hat{\theta}_2 = g_2(\hat{\mu}_1,\hat{\mu}_2)$$

分别是 θ_1,θ_2 的矩估计, 其中 $\hat{\mu}_1$, $\hat{\mu}_2$ 分别是 μ_1, μ_2 的矩估计, 由 (8.2.1) 定义.

例 8.2.4 设数据 $x_1,x_2,\cdots,x_n$ 是总体 $U[a,b]$ 的样本观测值, 其中的 a,b 是未知参数, 求 a,b 的矩估计.

解 设 X 在 $[a,b]$ 中均匀分布, 则 X 是所述的总体. 因为 X 的概率密度关于 $(a+b)/2$ 对称, 所以

$$\mu_1 = \mathrm{E}X = \frac{a+b}{2}. \tag{8.2.3}$$

从 5.5.1 节 (5) 知道 X 的方差是

$$\mathrm{Var}(X) = \mu_2 - \mu_1^2 = \frac{(b-a)^2}{12}.$$

整理得

$$\sqrt{3(\mu_2 - \mu_1^2)} = \frac{b-a}{2}. \tag{8.2.4}$$

解由 (8.2.3) 和 (8.2.4) 构成的方程组得到

$$a = \mu_1 - \sqrt{3(\mu_2 - \mu_1^2)},\ b = \mu_1 + \sqrt{3(\mu_2 - \mu_1^2)}.$$

于是, a, b 的矩估计分别为

$$\hat{a}=\hat{\mu}_1-\sqrt{3(\hat{\mu}_2-\hat{\mu}_1^2)},\ \hat{b}=\hat{\mu}_1+\sqrt{3(\hat{\mu}_2-\hat{\mu}_1^2)}. \tag{8.2.5}$$

为了解矩估计 (8.2.5) 的表现, 用计算机产生总体 $U(0.8,5.2)$ 的样本量为 10^7 的样本观测值, 利用公式 (8.2.5) 和前 n 个观测值计算的矩估计如下:

n	10	10^2	10^3	10^4	10^5	10^6	10^7
$\hat{a}$	1.033 6	0.989 1	0.805 3	0.812 4	0.800 1	0.801 6	0.800 1
$\hat{b}$	5.454 7	5.262 3	5.213 2	5.233 0	5.206 7	5.201 8	5.199 7

计算结果支持强相合结论: $\hat{a}\to a,\ \hat{b}\to b$.

矩估计方法也可以用于不独立, 但是同分布的观测数据. 看下面的例子.

例 8.2.5 (捕获再捕获) 为估计湖中鱼的数目, 现在湖中捕获了 M 条鱼, 做记号后放回. 之后又在湖中捕获了 n 条鱼, 发现其中有 m 条带有记号. 问湖中共有多少条鱼.

解 假定湖中有 N 条鱼, 则其中的 M 条带有记号. 定义随机变量

$$X_i=\begin{cases}1, & \text{若被打捞的第 } i \text{ 条鱼带记号},\\ 0, & \text{其他}.\end{cases}$$

如果是无放回的捕鱼, 则 X_i 不独立, 但是同分布 (见 1.2 节抽签问题), 且 $\mu=\mathrm{E}X_i=M/N$. 因为 $\mu=M/N$ 的矩估计是

$$\hat{\mu}=\frac{1}{n}\sum_{i=1}^{n}X_i=\frac{m}{n},$$

所以 N 的矩估计为 $\hat{N}=Mn/m$.

如果是有放回的捕鱼, 则 X_i 独立同分布, 且 $\mu=\mathrm{E}X_i=M/N$. 因为 $\mu=M/N$ 的矩估计是 $\hat{\mu}=m/n$, 所以 N 的矩估计为 $\hat{N}=Mn/m$.

捕获再捕获方法起源于对野生动物的调查, 特别是用于野生动物总数的估计. 例如估计池塘中鱼的数量, 森林中鸟的数量, 参加集会的总人数等. 捕获再捕获还在估计人口总数和出生死亡率等方面有成功的应用, 现在还广泛应用于流行病学的调查研究.

在捕获再捕获问题中, 无论是有放回还是无放回的随机抽样, 根据随机抽样的无偏性, 样本中带标记的个体比例 m/n 约等于总体中带标记的个体比例 M/N. 于是

$$\frac{m}{n}\approx\frac{M}{N}.$$

进而得到 $N\approx Mn/m$, $M\approx Nm/n$.

注 在计算矩估计时, 如果偶遇 $\mathrm{E}X=c$ 的情况, 就需要通过计算 $\mathrm{E}X^2$ 得到矩估计.

例 8.2.6 设 X 有概率分布 $P(X=\pm1)=\theta$, $P(X=0)=1-2\theta$. 给定 X 的样本 $x_1,x_2,\cdots,x_n$, 计算 θ 的矩估计.

解 由 $\mathrm{E}X=\theta-\theta+0=0$ 无法得到矩估计. 因为 $\mu_2=\mathrm{E}X^2=2\theta$, 所以 θ 的矩估计为

$$\hat{\theta}=\frac{1}{2}\hat{\mu}_2=\frac{1}{2n}\sum_{j=1}^{n}X_j^2.$$

8.3 最大似然估计

从上一节的举例看出, 矩估计有容易计算的优点. 但是矩估计只用到了总体分布的矩, 并没有充分利用总体分布的信息, 所以在已知总体的分布形式时, 矩估计有时不如本节的最大似然估计好.

8.3.1 离散分布的情况

如果袋中有红球和黑球共 3 个, 现从中任取一个, 得到红球. 你会判断袋中有 2 个红球, 1 个黑球. 这是因为当红球多于黑球时, 才更可能取得红球.

若用 A 表示取得红球, 用 p 表示袋中红球的比例, 则 $P(A)=p$. 从已知条件知道 $p=2/3$ 或 $p=1/3$. 因为现在 A 发生了, 所以判断 $p=2/3$. 这时称 $\hat{p}=2/3$ 为 p 的最大似然估计. 这种思考问题的方法被称为最大似然方法.

甲、乙两人下棋, 用 p 表示甲在每局中获胜的概率. 如果 5 局中甲胜了 3 局, 你会判断 $p>1/2$. 这是因为当 $p>1/2$ 时, 甲才更可能 5 局 3 胜. 但是要判断 p 的具体值, 就要把问题数学化.

用 p 表示甲在每局中获胜的概率, 设 5 局中甲胜 X 局, 并假设各局的胜负相互独立, 则

$$P(X=3)=\mathrm{C}_5^3p^3(1-p)^2.$$

现在已知 $X=3$, 所以 p 应当使得 $X=3$ 发生的概率

$$L(p)=\mathrm{C}_5^3p^3(1-p)^2$$

达到最大. 对 $L(p)$ 求导数, 令

$$L'(p)=\mathrm{C}_5^3[3p^2(1-p)^2-2p^3(1-p)]=\mathrm{C}_5^3p^2(1-p)[3(1-p)-2p]=0,$$

得到 $p=3/5(p=0,1$ 不合题意). 这时称 $\hat{p}=3/5$ 为 p 的最大似然估计.

定义 8.3.1 设离散随机变量 $X_1,X_2,\cdots,X_n$ 有联合分布

$$p(x_1,x_2,\cdots,x_n;\theta)=P(X_1=x_1,X_2=x_2,\cdots,X_n=x_n),$$

其中 θ 是未知参数, 给定观测数据 $x_1,x_2,\cdots,x_n$ 后, 称 θ 的函数

$$L(\theta)=p(x_1,x_2,\cdots,x_n;\theta)$$

为似然函数, 称 $L(\theta)$ 的最大值点 $\hat{\theta}$ 为 θ 的**最大似然估计**.

按照定义 8.3.1, 当总体 X 有概率分布 $P(X=x_j)=p_j(\theta),\ j=1,2,\cdots$, 如果在 X 的观测样本中恰得到 n_1 个 x_1, n_2 个 x_2, $\cdots$, n_m 个 x_m, 则 θ 的似然函数

$$\begin{aligned}L(\theta)&=[P(X=x_1)]^{n_1}[P(X=x_2)]^{n_2}\cdots[P(X=x_m)]^{n_m}\\&=[p_1(\theta)]^{n_1}[p_2(\theta)]^{n_2}\cdots[p_m(\theta)]^{n_m}.\end{aligned}\tag{8.3.1}$$

注 定义 8.3.1 中的 θ 也可以是向量 $\boldsymbol{\theta}=(\theta_1,\theta_2,\cdots,\theta_m)$. 最大似然估计通常被缩写成 **MLE**(maximum likelihood estimator).

因为 $\ln x$ 是严格单调的增函数, 所以 $l(\theta)=\ln L(\theta)$ 和 $L(\theta)$ 有相同的最大值点. 通常称 $l(\theta)$ 为**对数似然函数**. 在许多情况下, 最大似然估计可由**似然方程**

$$l'(\theta)=0$$

解出.

注意在定义 8.3.1 中, $x_1,x_2,\cdots,x_n$ 是观测数据, 不再变动, 所以 $L(\theta)$ 和 $l(\theta)$ 都是 θ 的函数.

例 8.3.1 设 $X_1,X_2,\cdots,X_n$ 独立同分布, 都服从泊松分布 $\mathcal{P}(\lambda)$.

(a) 给定 X_1 的观测值 $x_1=169$, 计算 λ 的 MLE;

(b) 给定 $X_1,X_2,\cdots,X_{12}$ 的观测值:

169 167 157 196 163 151 154 157 163 154 162 165

计算 λ 的 MLE.

解 (a) X_1 有概率分布

$$P(X_1=x)=\frac{\lambda^x}{x!}\mathrm{e}^{-\lambda},\ x=0,1,\cdots.$$

因为 $X_1=x_1$, 所以 λ 的似然函数为

$$L(\lambda)=\frac{\lambda^{x_1}}{x_1!}\mathrm{e}^{-\lambda}.$$

对数似然函数为

$$l(\lambda)=\ln L(\lambda)=x_1\ln\lambda-\lambda-\ln(x_1!).$$

解似然方程 $l'(\lambda)=x_1/\lambda-1=0$, 得到 λ 的 MLE 为 $\hat{\lambda}=x_1=169$.

(b) λ 的似然函数为

$$\begin{aligned}L(\lambda)&=P(X_1=x_1,X_2=x_2,\cdots,X_n=x_n)\\&=\frac{\lambda^{x_1}}{x_1!}\mathrm{e}^{-\lambda}\frac{\lambda^{x_2}}{x_2!}\mathrm{e}^{-\lambda}\cdots\frac{\lambda^{x_n}}{x_n!}\mathrm{e}^{-\lambda}\\&=\frac{\lambda^{(x_1+x_2+\cdots+x_n)}}{x_1!x_2!\cdots x_n!}\mathrm{e}^{-n\lambda}.\end{aligned}$$

对数似然函数为

$$l(\lambda) = \ln L(\lambda) = (x_1 + x_2 + \cdots + x_n)\ln\lambda - n\lambda - c_0,$$

其中的常数 c_0 和参数 λ 无关, 不用考虑具体取值. 解似然方程 $l'(\lambda) = 0$, 得到 λ 的 MLE

$$\hat{\lambda} = \frac{x_1 + x_2 + \cdots + x_n}{n} = 163.167.$$

例 8.3.2 设 X 服从伯努利分布 $\mathcal{B}(1, p)$. 给定总体 X 的样本 $x_1, x_2, \cdots, x_n$, 计算 p 的 MLE.

解 因为 $P(X=1) = p$, $P(X=0) = 1-p$, 在 $x_1, x_2, \cdots, x_n$ 中恰好有 $n_1 = n\overline{x}_n$ 个 1, 有 $n_2 = n - n\overline{x}_n$ 个 0, 所以从 (8.3.1) 得到 p 的似然函数

$$L(p) = [P(X=1)]^{n_1}[P(X=0)]^{n_2} = p^{n_1}(1-p)^{n_2}.$$

对数似然函数为

$$l(p) = \ln L(p) = n_1 \ln p + n_2 \ln(1-p).$$

解似然方程 $l'(p) = n_1/p - n_2/(1-p) = 0$, 得到 p 的 MLE

$$\hat{p} = \frac{n_1}{n_1 + n_2} = \overline{x}_n.$$

8.3.2 连续分布的情况

例 8.3.3 设 $X \sim N(\mu, 1)$, 给定观测数据 $X = x$, 试估计 μ.

解 根据最大似然方法, μ 应当使得 $X = x$ 发生的概率

$$P(X = x) = f(x; \mu)\mathrm{d}x$$

达到最大. 等价地说 μ 应当使得

$$f(x; \mu) = \frac{1}{\sqrt{2\pi}}\mathrm{e}^{-(x-\mu)^2/2}$$

达到最大. 于是得到 μ 的 MLE $\hat{\mu} = x$.

例 8.3.4 设 X_1, X_2 独立同分布, 都服从正态分布 $N(\mu, \sigma^2)$. 给定观测数据 x_1, x_2, 试估计 μ, σ^2.

解 (X_1, X_2) 的联合密度

$$f(x_1, x_2; \mu, \sigma^2) = \frac{1}{2\pi\sigma^2}\exp\left\{-\frac{1}{2\sigma^2}\left[(x_1-\mu)^2 + (x_2-\mu)^2\right]\right\}$$

是一个扣在 xOy 平面上的单峰曲面 (参考 4.6 节图 4.6.1). 根据最大似然思想, μ, σ^2 的选择应当使得曲面在 (x_1, x_2) 处达到最大. 于是使得函数

$$L(\mu, \sigma^2) = f(x_1, x_2; \mu, \sigma^2)$$

达到最大值的 $(\hat{\mu},\hat{\sigma}^2)$ 就是参数 (μ,σ^2) 的最大似然估计.

现在问题转化为求 $L(\mu,\sigma^2)$ 的最大值点的问题. 注意上面的 x_1,x_2 已经是常数了, 自变元是 (μ,σ^2). 具体求解请看例 8.3.6.

定义 8.3.2 设随机向量 $\boldsymbol{X}=(X_1,X_2,\cdots,X_n)$ 有联合密度 $f(\boldsymbol{x};\boldsymbol{\theta})$, 其中 $\boldsymbol{\theta}=(\theta_1,\theta_2,\cdots,\theta_m)$ 是未知参数. 得到 $\boldsymbol{X}$ 的观测值 $\boldsymbol{x}=(x_1,x_2,\cdots,x_n)$ 后, 称

$$L(\boldsymbol{\theta})=f(\boldsymbol{x};\boldsymbol{\theta})$$

为 $\boldsymbol{\theta}$ 的似然函数, 称 $L(\boldsymbol{\theta})$ 的最大值点 $\hat{\boldsymbol{\theta}}$ 为 $\boldsymbol{\theta}$ 的最大似然估计 (MLE).

按照 4.1 节定义 4.1.3, 如果非负函数 $f(\boldsymbol{x})=f(x_1,x_2,\cdots,x_n)$ 使得

$$P(X_1\leqslant x_1,X_2\leqslant x_2,\cdots,X_n\leqslant x_n)=\int_{-\infty}^{x_1}\int_{-\infty}^{x_2}\cdots\int_{-\infty}^{x_n}f(\boldsymbol{x})\,\mathrm{d}\boldsymbol{x}.$$

则称 $f(\boldsymbol{x})$ 是 $\boldsymbol{X}$ 的联合密度.

类似于 4.3 节定理 4.3.2, 当 X_i 有概率密度 $f_i(x)$ 时, $X_1,X_2,\cdots,X_n$ 相互独立的充分必要条件是其联合密度 $f(\boldsymbol{x})$ 等于诸 $f_i(x)$ 的乘积:

$$f(\boldsymbol{x})=\prod_{i=1}^{n}f_i(x_i).$$

设总体 X 有概率密度 $f(x;\boldsymbol{\theta})$, 则 X 的样本 $X_1,X_2,\cdots,X_n$ 有联合密度

$$f(x_1,x_2,\cdots,x_n;\boldsymbol{\theta})=\prod_{j=1}^{n}f(x_j;\boldsymbol{\theta}),$$

基于观测值 $\boldsymbol{x}=(x_1,x_2,\cdots,x_n)$ 的似然函数是

$$L(\boldsymbol{\theta})=\prod_{j=1}^{n}f(x_j;\boldsymbol{\theta}). \tag{8.3.2}$$

由于

$$l(\boldsymbol{\theta})=\ln L(\boldsymbol{\theta}) \tag{8.3.3}$$

和似然函数 (8.3.2) 有相同的最大值点, 所以称 (8.3.3) 为**对数似然函数**. 许多问题中, 求 $L(\boldsymbol{\theta})$ 的最大值可以通过解**似然方程组**

$$\frac{\partial l(\boldsymbol{\theta})}{\partial\theta_j}=0,\quad j=1,2,\cdots,m, \tag{8.3.4}$$

得到.

例 8.3.5 设 $x_1,x_2,\cdots,x_n$ 是总体 $Exp(\lambda)$ 的样本, 求 λ 的 MLE.

解 因为指数分布 $Exp(\lambda)$ 的概率密度是

$$f(x;\lambda)=\lambda\mathrm{e}^{-\lambda x},\ x\geqslant 0.$$

基于观测值 $\boldsymbol{x}=(x_1,x_2,\cdots,x_n)$ 的似然函数是

$$L(\lambda)=\prod_{j=1}^{n}f(x_j;\lambda)=\lambda^n\exp\big(-\lambda\sum_{j=1}^{n}x_j\big).$$

对数似然函数是

$$l(\lambda) = n\ln\lambda - \lambda\sum_{j=1}^{n} x_j.$$

由

$$\frac{\partial l}{\partial \lambda} = \frac{n}{\lambda} - \sum_{j=1}^{n} x_j = 0,$$

得到参数 λ 的 MLE 为 $\hat{\lambda} = 1/\overline{x}_n$.

通过和例 8.2.2 比较看出, 对于指数总体来讲, MLE 和矩估计是一致的.

例 8.3.6 设 $x_1, x_2, \cdots, x_n$ 是正态总体 $N(\mu, \sigma^2)$ 的样本观测值, 求 μ, σ^2 的 MLE.

解 因为正态分布 $N(\mu, \sigma^2)$ 的概率密度是

$$f(x;\mu,\sigma^2) = \frac{1}{\sqrt{2\pi a}}\exp\Big[-\frac{(x-\mu)^2}{2a}\Big], \text{ 其中 } a = \sigma^2.$$

所以基于观测值 $\boldsymbol{x} = (x_1, x_2, \cdots, x_n)$ 的似然函数是

$$L(\mu, a) = \prod_{j=1}^{n} f(x_j;\mu,a) = \frac{1}{(\sqrt{2\pi a})^n}\exp\Big[-\sum_{j=1}^{n}\frac{(x_j-\mu)^2}{2a}\Big].$$

对数似然函数是

$$l(\mu, a) = -\frac{n}{2}\ln a - \sum_{j=1}^{n}\frac{(x_j-\mu)^2}{2a} + c,$$

其中 c 是常数. 求 $l(\mu, a)$ 的最大值点可以通过解似然方程组

$$\begin{cases} \dfrac{\partial l}{\partial \mu} = \dfrac{1}{a}\displaystyle\sum_{j=1}^{n}(x_j-\mu) = 0, \\ \dfrac{\partial l}{\partial a} = -\dfrac{n}{2a} + \dfrac{1}{2a^2}\displaystyle\sum_{j=1}^{n}(x_j-\mu)^2 = 0 \end{cases} \tag{8.3.5}$$

得到. 从 (8.3.5) 解得 μ, $\sigma^2 = a$ 的 MLE 为

$$\begin{cases} \hat{\mu} = \overline{x}_n, \\ \hat{\sigma^2} = \hat{a} = \dfrac{1}{n}\displaystyle\sum_{j=1}^{n}(x_j-\overline{x}_n)^2. \end{cases}$$

和例 8.2.3 比较后看出, 对于正态总体来讲, MLE 和矩估计也是一致的.

例 8.3.7 设 $x_1, x_2, \cdots, x_n$ 是总体 $U[a, b]$ 的样本, 求 a, b 的 MLE.

解 均匀分布 $U[a, b]$ 的概率密度是

$$f(x;a,b) = \frac{1}{b-a}\mathrm{I}[a \leqslant x \leqslant b].$$

给定观测数据 $x_1, x_2, \cdots, x_n$, 定义

$$x_{(1)} = \min\{x_1, x_2, \cdots, x_n\},\ x_{(n)} = \max\{x_1, x_2, \cdots, x_n\}. \tag{8.3.6}$$

可以把 $a,\ b$ 的似然函数写成

$$L(a,b)=\frac{1}{(b-a)^n}\prod_{j=1}^{n}\mathrm{I}[a\leqslant x_j\leqslant b]$$
$$=\frac{1}{(b-a)^n}\mathrm{I}[a\leqslant x_{(1)}\leqslant x_{(n)}\leqslant b].$$

要 $L(a,b)$ 达到最大, 首先要示性函数 $\mathrm{I}[a\leqslant x_{(1)}\leqslant x_{(n)}\leqslant b]=1$, 这等于要 $a\leqslant x_{(1)},\ b\geqslant x_{(n)}$. 然后再要求 $1/(b-a)^n$ 最大. 不难看出, 这时必须取 $a=x_{(1)},\ b=x_{(n)}$. 所以 $a,\ b$ 的 MLE 分别是

$$\hat{a}=x_{(1)},\ \hat{b}=x_{(n)}. \tag{8.3.7}$$

与例 8.2.4 比较后发现, 对于均匀分布来讲, 矩估计和 MLE 不同. 为了解 MLE (8.3.7) 的表现, 利用计算机产生 10^7 个总体 $U[0.8,5.2]$ 的样本, 利用公式 (8.3.7) 和前 n 个观测数据计算的 MLE 如下.

n	10	10^2	10^3	10^4	10^5	10^6	10^7
$\hat{a}$	0.8814	0.8434	0.8010	0.8001	0.8000	0.8000	0.8000
$\hat{b}$	4.9806	5.1487	5.1979	5.1991	5.2000	5.2000	5.2000

计算结果也支持强相合结论: $\hat{a}\to a,\ \hat{b}\to b$.

比较例 8.2.4 和例 8.3.7 的计算结果后看出, 对这批数据来讲, MLE 比矩估计表现要好. 但是由于观测数据带有随机性, 所以还不能仅从上述计算得出 MLE 比矩估计好的一般结论. 尽管如此, 因为 MLE 的计算利用了分布信息, 而矩估计没有充分利用分布的信息, 所以 MLE 的估计精度一般不低于矩估计的估计精度.

8.3.3　矩估计和 MLE 的比较

对于均匀分布 $U[0,b]$ 来讲, 矩估计是 $\tilde{b}=2\overline{x}_n$, 最大似然估计是 $\hat{b}=x_{(n)}$. 这两者明显是不一样的. 为了解哪个估计更准确一些, 我们用计算机产生 10000 个在区间 $[0,2.8]$ 上均匀分布的随机数, 使用前 n 个随机数计算出矩估计 $\tilde{b}$ 和 MLE $\hat{b}$ 的估计误差如下 $(b=2.8)$:

n	10	30	60	100	1000	10000
$\lvert\tilde{b}-b\rvert$	0.231	0.315	0.313	0.063	0.096	0.003
$\lvert\hat{b}-b\rvert$	0.249	0.249	0.214	0.008	0.004	0.00002

我们称上述的方法为计算机模拟试验方法. 从上述模拟试验看出, MLE $\hat{b}$ 的表现似乎要比矩估计 $\tilde{b}$ 好. 但是数据的产生带有随机性, 所以一次模拟试验显然不够.

为了克服数据的随机性, 我们将上述模拟试验独立重复 1000 次. 用 $\tilde{b}_j$ 表示第 j 次模拟计算得到的矩估计 $\tilde{b}$, 用 $\hat{b}_j$ 表示第 j 次模拟计算得到的最大似然估计 $\hat{b}$. 再定义 $m=1000$ 次模拟的平均

$$M(\tilde{b})=\frac{1}{m}\sum_{j=1}^{m}\tilde{b}_j,\quad M(\hat{b})=\frac{1}{m}\sum_{j=1}^{m}\hat{b}_j$$

和 $m=1000$ 次模拟的样本标准差

$$\mathrm{std}(\tilde{b})=\sqrt{\frac{1}{m-1}\sum_{j=1}^{m}\left[\tilde{b}_j-M(\tilde{b})\right]^2},$$

$$\mathrm{std}(\hat{b})=\sqrt{\frac{1}{m-1}\sum_{j=1}^{m}\left[\hat{b}_j-M(\hat{b})\right]^2}.$$

结论如下表所示:

n	10	30	60	100	1000	10000
$\lvert M(\tilde{b})-b\rvert$	0.007	0.014	0.011	0.008	0.002	0.0006
$\mathrm{std}(\tilde{b})$	0.511	0.293	0.203	0.162	0.048	0.016
$\lvert M(\hat{b})-b\rvert$	0.270	0.096	0.048	0.029	0.003	0.0002
$\mathrm{std}(\hat{b})$	0.2398	0.0989	0.0466	0.0281	0.0028	0.0003

从上述计算结果中看出, $|M(\tilde{b})-b|$ 普遍小于 $|M(\hat{b})-b|$, 所以从偏差的角度讲, 矩估计好一些. 这个结果是和 $\mathrm{E}\tilde{b}=b$, $\mathrm{E}\hat{b}<b$ 一致的. 但是另一方面, $\mathrm{std}(\hat{b})$ 普遍小于 $\mathrm{std}(\tilde{b})$, 说明最大似然估计的稳定性更好一些. 由于 1000 次重复试验已经能够较好地克服随机因素的影响, 所以可以认为上述模拟试验的结果是可信的.

习题八

8.1 设 $x_1,x_2,\cdots,x_5$ 是正态总体 $N(\mu,\sigma^2)$ 的样本. 验证以下估计量都是无偏估计, 并将以下估计量按照方差从大到小排列.

(a) $\hat{\mu}_1=(x_1+x_2+x_3+x_4)/4$;

(b) $\hat{\mu}_2=(x_1+x_2+x_3+x_4+2x_5)/6$;

(c) $\hat{\mu}_3=(x_1+x_2+x_3+2x_4+3x_5)/8$;

(d) $\hat{\mu}_4=(x_1+2x_2+3x_3+4x_4+5x_5)/15$.

8.2 设 $X_1,X_2,\cdots,X_{2n}$ 是总体 X 的样本, $\mu=\mathrm{E}X$, $\sigma^2=\mathrm{Var}(X)$.

(a) 验证 $\overline{X}_n$ 和 $\overline{X}_{2n}$ 都是 μ 的无偏估计和强相合估计;

(b) 验证 $\overline{X}_{2n}$ 比 $\overline{X}_n$ 更有效: $\mathrm{Var}(\overline{X}_{2n})<\mathrm{Var}(\overline{X}_n)$.

8.3 设 $X_1,X_2,\cdots,X_n$ 是总体 X 的样本, $Y_1,Y_2,\cdots,Y_m$ 是总体 Y 的样本. 已知

这两个总体独立, 并且

$$\mathrm{E}X=\mu, \mathrm{Var}(X)=\sigma^2, \mathrm{E}Y=\mu, \mathrm{Var}(Y)=2\sigma^2.$$

求常数 a 使得 $\hat{\mu}=a\overline{X}_n+(1-a)\overline{Y}_m$ 的方差最小.

8.4 设常数 $\theta\in(-\infty,\infty)$, X 有概率密度 $f(x)=\mathrm{e}^{\theta-x}$, $x\geqslant\theta$, 验证 $\hat{\theta}_1=\overline{X}_n-1$ 是 θ 的无偏估计.

8.5 设 $X_1,X_2,\cdots,X_n$ 是总体 X 的样本, $F(x)=P(X\leqslant x)$ 是 X 的分布函数. 对确定的 x, 当 $p=F(x)\in(0,1)$,

(a) 验证 $Y_j=\mathrm{I}[X_j\leqslant x]$ $(j=1,2,\cdots,n)$ 是两点分布 $\mathcal{B}(1,p)$ 的样本;

(b) 用 Y_j $(j=1,2,\cdots,n)$ 构造 $p=F(x)$ 的矩估计 $F_n(x)$;

(c) 验证 $F_n(x)$ 是 $F(x)$ 的无偏估计;

(d) 验证 $F_n(x)$ 是 $F(x)$ 的强相合估计;

(e) 验证 $\sqrt{n}[F_n(x)-F(x)]$ 依分布收敛到 $N\big(0,\ F(x)[1-F(x)]\big)$, 即

$$\frac{\sqrt{n}[F_n(x)-F(x)]}{\sqrt{F(x)(1-F(x))}}\xrightarrow{d}N(0,1).$$

8.6 设 $x_1,x_2,\cdots,x_n$ 是总体 $\mathcal{B}(9,p)$ 的样本观测值, 求 p 的矩估计和最大似然估计.

8.7 设 $x_1,x_2,\cdots,x_n$ 是总体 $\mathcal{P}(\lambda)$ 的样本观测值, 求 λ 的矩估计和最大似然估计.

8.8 设 $x_1,x_2,\cdots,x_n$ 是总体 $f(x)=\theta^{-1}\exp(-x/\theta)$, $x\geqslant 0$, 的样本观测值, 求 θ 的矩估计和最大似然估计.

8.9 设 $X_1,X_2,\cdots,X_n$ 为总体 $N(\mu+5,\sigma^2-3)$ 的样本, 求 μ 和 σ^2 的最大似然估计和矩估计.

8.10 给定均匀分布 $U[1.35,b]$ 总体的样本观测值 $x_1,x_2,\cdots,x_n$, 求 b 的矩估计和 MLE.

8.11 设 $x_1,x_2,\cdots,x_n$ 是总体 X 的样本观测值.

(a) 当 $X\sim N(6,\sigma^2)$, 求 σ^2 的矩估计和最大似然估计;

(b) 当 $X\sim N(\mu,3^2)$, 求 μ 的矩估计和最大似然估计.

8.12 设 $X_1,X_2,\cdots,X_n$ 独立同分布, 都在区间 $[\theta-1,\theta+1]$ 上均匀分布, 求 θ 的矩估计和最大似然估计.

8.13 设 $X_1,X_2,\cdots,X_n$ 独立同分布, 都服从几何分布

$$P(X_1=k)=(1-p)^{k-1}p,\quad k=1,2,\cdots.$$

计算参数 p 的矩估计和最大似然估计.

8.14 设随机向量 $(X_1,Y_1),(X_2,Y_2),\cdots,(X_n,Y_n)$ 独立同分布且和 (X,Y) 同分布, 给出总体方差 σ_X^2, σ_Y^2, 协方差 σ_{XY} 和相关系数 ρ_{XY} 的矩估计.

8.15 设 $Y_1, Y_2, \cdots, Y_n$ 独立同分布, 都服从对数正态分布, 有概率密度

$$f(y) = \frac{1}{\sqrt{2\pi}\,\sigma y} \exp\left[-\frac{(\ln y - \mu)^2}{2\sigma^2}\right],\ y > 0.$$

计算参数 μ, σ^2 的最大似然估计.

8.16 设 X 有概率分布 $P(X = 1) = P(X = -1) = \theta$, $P(X = 0) = 1 - 2\theta$, $\theta \in (0, 1/2)$. 给定 X 的样本 $1, -1, 1, 0, 0, 0, 1$, 求 θ 的矩估计和最大似然估计.

8.17 设 X 有概率分布函数 $F(x; \alpha, \beta) = 1 - (\alpha/x)^\beta$, $x \geqslant \alpha$, 其中 α, β 是正常数. 给定 X 的样本 $x_1, x_2, \cdots, x_n$,

(a) 已知 $\alpha = 1$ 时求 β 的矩估计和 MLE;

(b) 已知 $\beta = 2$ 时求 α 的 MLE.

8.18 设 X 有概率分布 p_j 和样本的观测频率 f_j 如下:

X	x_1	x_2	x_3
p_j	$1-\theta$	$\theta-\theta^2$	θ^2
f_j	n_1/n	n_2/n	n_3/n

其中 n 是样本量, 求 θ 的最大似然估计.

考研自测题八

第八章复习

第九章 参数的区间估计

在独立同分布场合, 样本均值 $\overline{X}_n$ 和样本方差 S^2 分别是总体均值 μ 和总体方差 σ^2 的无偏估计和强相合估计, 说明样本均值和样本方差都是不错的估计量. 它告诉我们, 在 n 比较大的时候, 真值 μ 就在 $\overline{X}_n$ 附近, 真值 σ^2 就在 S^2 附近. 但是到底离真值有多近呢? n 多大就够了呢? 区间估计可以回答这一问题.

9.1 抽样分布

统计学中最常用的概率分布是 t 分布、χ^2 分布和 F 分布. 因为这三个概率分布都基于独立同分布的随机抽样数据, 所以被称为**抽样分布**. 也有人称以上三个分布为统计学的三大分布. 为了构造区间估计, 需要先学习抽样分布.

定义 9.1.1 (χ^2 分布) 如果 $X_1, X_2, \cdots, X_n$ 是总体 $N(0,1)$ 的样本, 则称

$$\xi_n^2 = X_1^2 + X_2^2 + \cdots + X_n^2 \tag{9.1.1}$$

的概率分布为 n 个自由度的 χ^2(卡方) 分布, 记作 $\xi_n^2 \sim \chi^2(n)$.

$\chi^2(n)$ 的概率密度

$$f_n(z) = b_n z^{n/2-1} \mathrm{e}^{-z/2}, \quad z \geqslant 0.$$

其中 $b_n = 2^{-n/2}/\Gamma(n/2)$. Γ 函数由 3.3 节 (3.3.11) 定义.

定义 9.1.2 (t 分布) 设 Z, ξ_n^2 独立, $Z \sim N(0,1)$, $\xi_n^2 \sim \chi^2(n)$, 则称

$$T_n = \frac{Z}{\sqrt{\xi_n^2/n}} \tag{9.1.2}$$

的概率分布为 n 个自由度的 t 分布, 记作 $T_n \sim t(n)$.

为了方便理解, 可以从形式上把 $t(n)$ 表示成

$$t(n) = \frac{N(0,1)}{\sqrt{\chi^2(n)/n}}.$$

$t(n)$ 的概率密度

$$f_n(t) = \frac{1}{a_n}\Big(1 + \frac{t^2}{n}\Big)^{-(n+1)/2}.$$

其中 $a_n = \sqrt{n}\,\mathrm{B}(n/2, 1/2)$, $\mathrm{B}(a,b) = \int_0^1 t^{a-1}(1-t)^{b-1}\,\mathrm{d}t$, $a, b > 0$.

定义 9.1.3 (F 分布)　设 ξ^2, η^2 独立, $\xi^2 \sim \chi^2(n)$, $\eta^2 \sim \chi^2(m)$, 则称

$$F = \frac{\xi^2/n}{\eta^2/m} \tag{9.1.3}$$

的概率分布是自由度为 (n, m) 的 F 分布, 记作 $F \sim F(n, m)$.

人们也称 $F(n, m)$ 中的 n, m 分别为第一、第二自由度. 为了方便理解, 可以从形式上把 $F(n, m)$ 分布表示成

$$F(n, m) = \frac{\chi^2(n)/n}{\chi^2(m)/m}.$$

$F(n, m)$ 的概率密度

$$f_{n,m}(u) = \frac{u^{n/2-1}}{c}\Big(1 + \frac{nu}{m}\Big)^{-(n+m)/2}, \quad u > 0.$$

其中常数 $c = (n/m)^{-n/2}\mathrm{B}(n/2, m/2)$.

关于抽样分布, 有以下的常用结论.

例 9.1.1　如果 ξ^2, η^2 独立, $\xi^2 \sim \chi^2(n)$, $\eta^2 \sim \chi^2(m)$, 则 $\xi^2 + \eta^2 \sim \chi^2(n+m)$.

证明　取 $X_1, X_2, \cdots, X_{n+m}$ 独立同分布, 都服从标准正态分布. 按照定义 9.1.1, (ξ^2, η^2) 和 $\big(\sum\limits_{i=1}^{n} X_i^2, \sum\limits_{j=n+1}^{n+m} X_j^2\big)$ 同分布, 于是 $\xi^2 + \eta^2$ 和 $\sum\limits_{i=1}^{n+m} X_i^2$ 同分布. 即有 $\xi^2 + \eta^2 \sim \chi^2(n+m)$.

例 9.1.2　设 $X_1, X_2, \cdots, X_n$ 是总体 $N(0, 1)$ 的样本,

$$\overline{X}_n = \frac{1}{n}\sum_{j=1}^{n} X_j, \qquad S^2 = \frac{1}{n-1}\sum_{j=1}^{n}(X_i - \overline{X}_n)^2$$

分别是样本均值和样本方差, 则

(1) $\overline{X}_n$ 和 S^2 独立;

(2) $(n-1)S^2 \sim \chi^2(n-1)$.

证明　引入正交矩阵

$$\boldsymbol{T} = \frac{1}{\sqrt{n}}\begin{pmatrix} 1 & 1 & \cdots & 1 \\ * & * & \cdots & * \\ \vdots & \vdots & & \vdots \\ * & * & \cdots & * \end{pmatrix}.$$

由 $\boldsymbol{X} = (X_1, X_2, \cdots, X_n)^{\mathrm{T}} \sim N(\boldsymbol{0}, \boldsymbol{I})$ 知道 $\boldsymbol{Y} = \boldsymbol{TX} \sim N(\boldsymbol{0}, \boldsymbol{I})$, 于是 $Y_1, Y_2, \cdots, Y_n$ 独立同分布且都服从标准正态分布. 利用 $\overline{X}_n = Y_1/\sqrt{n}$ 和

$$\sum_{j=1}^{n} X_j^2 = \boldsymbol{X}^{\mathrm{T}}\boldsymbol{X} = \boldsymbol{Y}^{\mathrm{T}}\boldsymbol{Y} = \sum_{j=1}^{n} Y_j^2$$

得到

$$
\begin{aligned}
(n-1)S^2 &= \sum_{j=1}^{n}(X_j - \overline{X}_n)^2 = \sum_{j=1}^{n} X_j^2 - n\overline{X}_n^2 \\
&= \sum_{j=1}^{n} Y_j^2 - Y_1^2 = \sum_{j=2}^{n} Y_j^2 \sim \chi^2(n-1),
\end{aligned}
$$

并且和 $\overline{X}_n = Y_1/\sqrt{n}$ 独立.

例 9.1.3 如果 $X_1, X_2, \cdots, X_n$ 是总体 $N(\mu, \sigma^2)$ 的样本, 则

(1) $\overline{X}_n$ 和 S^2 独立;

(2) $\dfrac{(n-1)S^2}{\sigma^2} = \dfrac{1}{\sigma^2}\sum\limits_{j=1}^{n}(X_j - \overline{X}_n)^2 \sim \chi^2(n-1)$;

(3) $T = \dfrac{\overline{X}_n - \mu}{S/\sqrt{n}} \sim t(n-1)$.

证明 设 $Y_j = \dfrac{X_j - \mu}{\sigma}$, 则 $Y_1, Y_2, \cdots, Y_n$ 是总体 $N(0,1)$ 的样本. 用 $\overline{Y}_n$ 和 S_2^2 分别表示 $\{Y_j\}$ 的样本均值和样本方差, 则

$$
\begin{aligned}
\overline{Y}_n &= \frac{1}{\sigma}(\overline{X}_n - \mu), \\
(n-1)S_2^2 &= \sum_{j=1}^{n}(Y_j - \overline{Y}_n)^2 \\
&= \frac{1}{\sigma^2}\sum_{j=1}^{n}(X_j - \overline{X}_n)^2 \\
&= \frac{(n-1)}{\sigma^2}S^2.
\end{aligned}
$$

(1) 根据例 9.1.2 得 $\overline{Y}_n$ 和 S_2^2 独立, 从而知道 $\overline{X}_n = \sigma\overline{Y}_n + \mu$ 和 $S^2 = \sigma^2 S_2^2$ 独立.

(2) 由例 9.1.2 知道

$$
\xi^2 = \frac{(n-1)S^2}{\sigma^2} = (n-1)S_2^2 \sim \chi^2(n-1).
$$

(3) 再由 $Z = \dfrac{\overline{X}_n - \mu}{\sigma/\sqrt{n}} \sim N(0,1)$ 和定义 9.1.2 得到

$$
\frac{\overline{X}_n - \mu}{S/\sqrt{n}} = \frac{Z}{\sqrt{\xi^2/(n-1)}} \sim t(n-1).
$$

可以看出, 在本例 (3), 将 Z 中的总体标准差 σ 换成样本标准差 S 就由 $Z \sim N(0,1)$ 得到 $T \sim t(n-1)$ 分布.

现在考虑两个正态总体的问题. 称总体 $X \sim N(\mu_1, \sigma_1^2)$ 和总体 $Y \sim N(\mu_2, \sigma_2^2)$ 独立, 意指这两个总体的样本独立. 也就是说, 如果 $X_1, X_2, \cdots, X_n$ 是总体 X 的样本, $Y_1, Y_2, \cdots, Y_m$ 是总体 Y 的样本, 则总体 X, Y 独立蕴含

$$
X_1, X_2, \cdots, X_n, Y_1, Y_2, \cdots, Y_m
$$

相互独立.

例 9.1.4 设 $X_1, X_2, \cdots, X_n$ 是总体 $N(\mu_1, \sigma_1^2)$ 的样本, $Y_1, Y_2, \cdots, Y_m$ 是总体 $N(\mu_2, \sigma_2^2)$ 的样本, 又设这两个总体相互独立, 则当 $n, m \geqslant 2$,

$$\frac{S_1^2/S_2^2}{\sigma_1^2/\sigma_2^2} \sim F(n-1, m-1),$$

其中

$$S_1^2 = \frac{1}{n-1}\sum_{j=1}^{n}(X_j - \overline{X}_n)^2, \quad S_2^2 = \frac{1}{m-1}\sum_{j=1}^{m}(Y_j - \overline{Y}_m)^2.$$

证明 由例 9.1.3 知道

$$\xi^2 = \frac{n-1}{\sigma_1^2}S_1^2 \sim \chi^2(n-1), \quad \eta^2 = \frac{m-1}{\sigma_2^2}S_2^2 \sim \chi^2(m-1),$$

且 ξ^2, η^2 独立. 所以从定义 9.1.3 知道

$$\frac{S_1^2/S_2^2}{\sigma_1^2/\sigma_2^2} = \frac{\xi^2/(n-1)}{\eta^2/(m-1)} \sim F(n-1, m-1).$$

例 9.1.5 设 $X \sim N(\mu_1, \sigma_1^2)$, $Y \sim N(\mu_2, \sigma_2^2)$. $X_1, X_2, \cdots, X_n$ 是总体 X 的样本, $Y_1, Y_2, \cdots, Y_m$ 是总体 Y 的样本, 总体 X 和总体 Y 独立. 用 $\overline{X}_n, \overline{Y}_m$ 分别表示 $\{X_i\}$ 和 $\{Y_j\}$ 的样本均值, 用 S_1^2, S_2^2 分别表示 $\{X_i\}$ 和 $\{Y_j\}$ 的样本方差. 则

$$Z = \frac{(\overline{X}_n - \overline{Y}_m) - (\mu_1 - \mu_2)}{\sqrt{\sigma_1^2/n + \sigma_2^2/m}} \sim N(0,1). \tag{9.1.4}$$

定义

$$S_b^2 = \frac{(n-1)S_1^2/b^2 + (m-1)S_2^2}{n+m-2}.$$

如果 $\sigma_1^2/\sigma_2^2 = b^2$, 则

$$T \equiv \frac{(\overline{X}_n - \overline{Y}_m) - (\mu_1 - \mu_2)}{S_b\sqrt{b^2/n + 1/m}} \sim t(n+m-2). \tag{9.1.5}$$

证明 总体 X 和总体 Y 独立, 所以

$$X_1, X_2, \cdots, X_n, Y_1, Y_2, \cdots, Y_m$$

相互独立. 由正态分布的性质得到

$$\overline{X}_n \sim N(\mu_1, \sigma_1^2/n), \quad \overline{Y}_m \sim N(\mu_2, \sigma_2^2/m).$$

利用 $\overline{X}_n, \overline{Y}_m$ 独立得到

$$\overline{X}_n - \overline{Y}_m \sim N\left(\mu_1 - \mu_2,\ \frac{\sigma_1^2}{n} + \frac{\sigma_2^2}{m}\right).$$

于是得到 (9.1.4).

再证 (9.1.5). 利用例 9.1.3(2) 和 $\sigma_1^2 = \sigma_2^2 b^2$ 得到

$$\xi_1^2 = \frac{(n-1)S_1^2}{\sigma_2^2 b^2} \sim \chi^2(n-1),$$

$$\xi_2^2 = \frac{(m-1)S_2^2}{\sigma_2^2} \sim \chi^2(m-1),$$

$$S_b^2/\sigma_2^2 = \frac{\xi_1^2 + \xi_2^2}{n+m-2}. \tag{9.1.6}$$

因为 ξ_1^2, ξ_2^2 相互独立, 所以从例 9.1.1 得到

$$\xi_1^2 + \xi_2^2 \sim \chi^2(n+m-2).$$

从例 9.1.3 知道 Z, ξ_1^2, ξ_2^2 独立, 于是 Z 和 $\xi_1^2 + \xi_2^2$ 独立. 再从定义 9.1.2 知道

$$\begin{aligned}
&\frac{(\overline{X}_n - \overline{Y}_m) - (\mu_1 - \mu_2)}{S_b\sqrt{b^2/n + 1/m}} \\
&= \frac{(\overline{X}_n - \overline{Y}_m) - (\mu_1 - \mu_2)}{(S_b/\sigma_2)\sqrt{b^2\sigma_2^2/n + \sigma_2^2/m}} \\
&= \frac{Z}{\sqrt{(\xi_1^2 + \xi_2^2)/(n+m-2)}} \ \sim \ t(n+m-2).
\end{aligned}$$

例 9.1.6 定义

$$S_W^2 = \frac{(n-1)S_1^2 + (m-1)S_2^2}{n+m-2}. \tag{9.1.7}$$

则有

$$T = \frac{(\overline{X}_n - \overline{Y}_m) - (\mu_1 - \mu_2)}{S_W\sqrt{1/n + 1/m}} \sim t(n+m-2). \tag{9.1.8}$$

证明 由例 9.1.5 和 $b^2 = 1$ 得到.

9.2 单个正态总体的区间估计

9.2.1 已知 σ 时, μ 的置信区间

设 $Z \sim N(0,1)$, 对正数 $\alpha \in (0,1)$, 有唯一的 z_α 使得

$$P(Z \geqslant z_\alpha) = \alpha. \tag{9.2.1}$$

这时称 z_α 为标准正态分布 $N(0,1)$ 的**上 α 分位数**.

对于 $\alpha = 0.05$ 和 0.025, 查标准正态分布的上 α 分位数表附录 C2 得出 (见图 9.2.1)

$$z_{0.05} = 1.645, \quad z_{0.025} = 1.96.$$

于是有

$$\begin{aligned}
&P(Z \geqslant 1.645) = 0.05,\ P(Z \leqslant 1.645) = 0.95, \\
&P(Z \geqslant 1.96) = 0.025,\ P(Z \leqslant 1.96) = 0.975.
\end{aligned} \tag{9.2.2}$$

对于 $\alpha \in (0,1)$, 利用标准正态概率密度的对称性得到 (见图 9.2.2)

$$P(\,|Z| \geqslant z_{\alpha/2}\,) = P(\,Z \geqslant z_{\alpha/2}) + P(\,Z \leqslant -z_{\alpha/2})$$

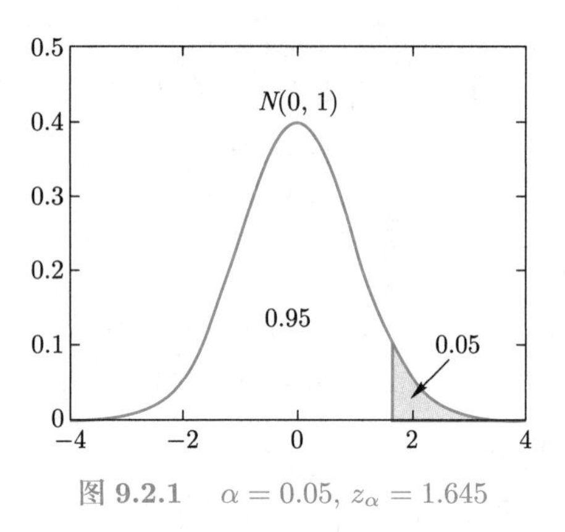

图 9.2.1 $\alpha = 0.05,\ z_\alpha = 1.645$

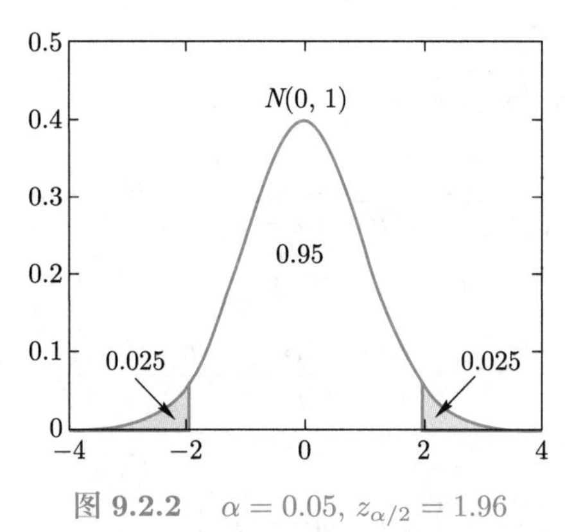

图 9.2.2 $\alpha = 0.05,\ z_{\alpha/2} = 1.96$

$$= \alpha/2 + \alpha/2 = \alpha.$$

于是得到

$$P(\,|Z| \geqslant z_{\alpha/2}\,) = \alpha,\quad P(\,|Z| \leqslant z_{\alpha/2}\,) = 1 - \alpha. \tag{9.2.3}$$

取 $\alpha = 0.05$ 和 0.025 时, 分别得到

$$P(|Z| \leqslant 1.96) = 0.95,\ P(|Z| \leqslant 1.645) = 0.90. \tag{9.2.4}$$

例 9.2.1 在导电材料中, 铜的电阻率仅大于银. 但是含杂质的铜的电阻率会增大. 现在电缆厂对供应商提交的样品铜的电阻率进行了 12 次独立重复测量, 测得了以下的电阻率 (单位: $10^{-6}\Omega\cdot$m):

$$\begin{array}{cccccc} 0.017\,3 & 0.017\,2 & 0.014\,5 & 0.012\,8 & 0.017\,7 & 0.016\,1 \\ 0.015\,6 & 0.015\,1 & 0.013\,8 & 0.015\,9 & 0.014\,0 & 0.014\,6 \end{array}$$

已知测量仪器的标准差是 $\sigma = 0.001\,2$, 测量没有**系统偏差** (也就是说测量值 X 的数学期望等于样品的真实电阻率), 估计样品铜的电阻率.

解 用 X_i 表示第 i 次测量值, 对 $n = 12$, 容易计算出样本均值

$$\overline{X}_n = \frac{1}{n}\sum_{i=1}^{n} X_i = 0.015\,4.$$

所以对该样品铜的电阻率的估计值是 0.0154.

问题好像解决了, 但是因为测量带有随机误差, 所以我们还不能确定该样品铜的真实电阻率为 0.0154. 只能确定其电阻率会落在一个含有 $\overline{X}_n = 0.0154$ 的小区间内, 下面计算这个区间.

用 μ 表示样品铜的实际电阻率. 用 X 表示测量值, 用 ε 表示测量误差, 则 $X = \mu + \varepsilon$. 因为测量误差 ε 服从正态分布 $N(0, \sigma^2)$, 所以 $X \sim N(\mu, \sigma^2)$, 其中 $\sigma = 0.0012$. 现在 $X_1, X_2, \cdots, X_n$ 是总体 $N(\mu, \sigma^2)$ 的样本. 因为

$$\mathrm{E}\overline{X}_n = \mu, \quad \mathrm{Var}(\overline{X}_n) = \frac{\sigma^2}{n},$$

所以由正态分布的性质知道

$$Z = \frac{\overline{X}_n - \mu}{\sqrt{\mathrm{Var}(\overline{X}_n)}} = \frac{\overline{X}_n - \mu}{\sigma/\sqrt{n}} \sim N(0,1). \tag{9.2.5}$$

于是得到

$$P\left(|\overline{X}_n - \mu| \leqslant 1.96\frac{\sigma}{\sqrt{n}}\right) = P(|Z| \leqslant 1.96) = 0.95, \tag{9.2.6}$$

即以 0.95 的概率保证

$$|\overline{X}_n - \mu| \leqslant 1.96\frac{\sigma}{\sqrt{n}}. \tag{9.2.7}$$

也就是说我们以 0.95 的概率保证样品铜的电阻率

$$\mu \in \left[\overline{X}_n - 1.96\frac{\sigma}{\sqrt{n}},\ \overline{X}_n + 1.96\frac{\sigma}{\sqrt{n}}\right], \tag{9.2.8}$$

将 $\overline{X}_n = 0.0154$, $\sigma = 0.0012$, $n = 12$ 代入 (9.2.8), 得到

$$\left[\overline{X}_n - 1.96\frac{\sigma}{\sqrt{n}},\ \overline{X}_n + 1.96\frac{\sigma}{\sqrt{n}}\right] = [0.0147,\ 0.0161]. \tag{9.2.9}$$

所以, 我们以 0.95 的概率保证样品铜的电阻率 $\mu \in [0.0147,\ 0.0161]$.

在例 9.2.1 中, 称 $[0.0147,\ 0.0161]$ 为 μ 的置信水平为 0.95 的置信区间. 置信区间的长度是

$$0.0161 - 0.0147 = 0.0014.$$

在上面的例子中, 称由 (9.2.5) 定义的 Z 为**枢轴量**, 这是因为它的分布和未知参数无关. 构造 μ 的置信区间时, 本例中的枢轴量 Z 还起着中心的作用. 从例 9.2.1 中容易看到以下的结论.

定理 9.2.1 如果 $X_1, X_2, \cdots, X_n$ 是总体 $N(\mu, \sigma^2)$ 的样本, σ 已知, 则 μ 的置信水平为 $1-\alpha$ 的 (双侧) 置信区间是

$$\left[\overline{X}_n - z_{\alpha/2}\frac{\sigma}{\sqrt{n}},\ \overline{X}_n + z_{\alpha/2}\frac{\sigma}{\sqrt{n}}\right]. \tag{9.2.10}$$

置信区间的长度是

$$L = 2 \cdot z_{\alpha/2} \frac{\sigma}{\sqrt{n}}. \tag{9.2.11}$$

注意: 在 (9.2.10) 和 (9.2.11) 中, $\sigma/\sqrt{n}$ 是 $\overline{X}_n$ 的标准差.

在例 9.2.1 中, 如果要计算样品铜的电阻率 μ 的置信水平为 $1-\alpha=0.90$ 的置信区间, 只要取 (9.2.10) 中的 $z_{\alpha/2}=z_{0.05}=1.645$ 即可. 这时的置信区间为

$$\left[\overline{X}_n - z_{\alpha/2}\frac{\sigma}{\sqrt{n}},\ \overline{X}_n + z_{\alpha/2}\frac{\sigma}{\sqrt{n}}\right] = [0.014\,8,\ 0.016\,0]. \tag{9.2.12}$$

置信区间的长度是

$$2 \times 1.645\sigma/\sqrt{n} = 0.001\,1.$$

可以看出, 当置信水平从 0.95 降低到 0.90, 置信区间的长度从 0.001 4 减少为 0.001 1.

从对于例 9.2.1 的分析, 可以得到置信区间 (9.2.10) 的如下结论:

(1) 置信区间的中心是样本均值 $\overline{X}_n$;

(2) 置信水平 $1-\alpha$ 越高, 则置信区间越长;

(3) 样本量 n 越大, 则置信区间越短.

很明显, 越长的置信区间提供的有用信息就越少. 在例 9.2.1 中, 不用计算就知道 μ 的置信水平为 100% 的置信区间为 $(0,\infty)$, 但是这个置信区间没有任何有用的信息.

为了避免置信区间过长带来的不足, 同时考虑置信水平不能太低, 人们更多地考虑置信水平为 $1-\alpha=0.95$ 的置信区间. 这时的

$$z_{\alpha/2}=z_{0.025}=1.96$$

值得牢记.

例 9.2.2 为了得到鲜牛奶的冰点, 对其冰点进行了 21 次独立重复测量, 得到数据如下 (单位: °C):

$$\begin{array}{ccccccc} -0.541 & -0.545 & -0.543 & -0.554 & -0.547 & -0.543 & -0.538 \\ -0.548 & -0.552 & -0.544 & -0.551 & -0.547 & -0.542 & -0.545 \\ -0.552 & -0.551 & -0.548 & -0.543 & -0.552 & -0.535 & -0.546 \end{array}$$

已知测量的标准差是 $\sigma = 0.004\,8$, 测量没有系统偏差, 计算鲜牛奶冰点的置信水平为 0.95 的置信区间, 并计算置信区间的长度.

解 用 μ 表示鲜牛奶的冰点, 用 X 表示测量值, 则 $X \sim N(\mu,\sigma^2)$, 其中 $\sigma=0.004\,8$. 对于置信水平 $1-\alpha=0.95$, 有 $\alpha=0.05$, $z_{\alpha/2}=1.96$. 对样本量 $n=21$, 容易从测量数据计算出 $\overline{X}_n=-0.546$. 将以上数据代入公式 (9.2.10) 得到鲜牛奶冰点 μ 的置信水平为 0.95 的置信区间

$$\left[\overline{X}_n - z_{\alpha/2}\frac{\sigma}{\sqrt{n}},\ \overline{X}_n + z_{\alpha/2}\frac{\sigma}{\sqrt{n}}\right] = [-0.548\,1,\ -0.544\,0].$$

置信区间的长度为 0.004 1.

9.2.2 未知 σ 时, μ 的置信区间

在例 9.2.1 中, 如果 σ 是未知数, 自然想到用样本标准差

$$S=\sqrt{\frac{1}{n-1}\sum_{j=1}^{n}(X_j-\hat{\mu})^2}$$

代替枢轴量 (9.2.5) 中的 σ, 得到新的枢轴量

$$T_{n-1}=\frac{\overline{X}_n-\mu}{S/\sqrt{n}}. \tag{9.2.13}$$

从例 9.1.3 知道 $T_{n-1}\sim t(n-1)$.

t 分布的概率密度 $p_m(t)$ 是偶函数, 其形状和标准正态概率密度的形状相似, 见图 9.2.3. 特别当 $m\geqslant 35$ 时, $p_m(t)$ 可以用标准正态分布密度 $\varphi(t)$ 近似.

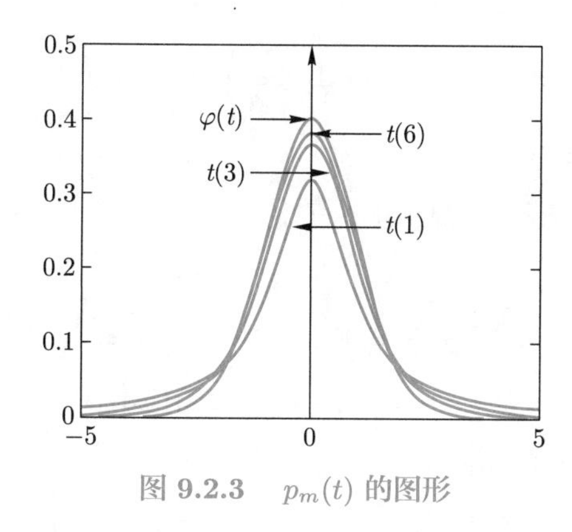

图 9.2.3 $p_m(t)$ 的图形

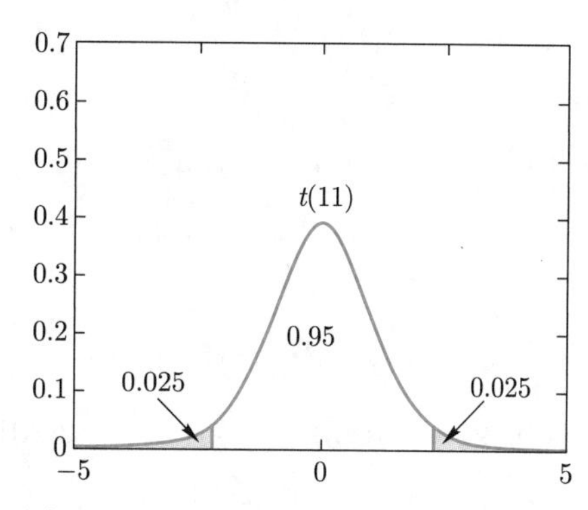

图 9.2.4 $\alpha=0.025,\ t_{0.025}(11)=2.201$

设 $T_m\sim t(m)$, 对正数 $\alpha\in(0,1)$, 有唯一的 $t_\alpha(m)$ 使得

$$P(T_m\geqslant t_\alpha(m))=\alpha. \tag{9.2.14}$$

这时称 $t_\alpha(m)$ 为 t 分布的**上 α 分位数**.

对于 $\alpha=0.05$ 和 0.025, 查 t 分布的上 α 分位数表附录 C3 得出 (参考图 9.2.4)

m	11	12	13	14	15	16	17	18	19	20
$t_{0.025}(m)$	2.201	2.179	2.160	2.145	2.131	2.120	2.110	2.101	2.093	2.086
$t_{0.05}(m)$	1.796	1.782	1.771	1.761	1.753	1.746	1.740	1.734	1.729	1.725

对于 $\alpha\in(0,1)$, 利用 t 分布的对称性得到 (参考图 9.2.4)

$$P(T_m\geqslant t)=P(T_m\leqslant -t),$$

于是有

$$\begin{aligned}P(|T_m|\geqslant t_{\alpha/2}(m))&=P(T_m\geqslant t_{\alpha/2}(m))+P(T_m\leqslant -t_{\alpha/2}(m))\\&=\alpha/2+\alpha/2=\alpha.\end{aligned}$$

这就得到

$$P(\,|T_m| \geqslant t_{\alpha/2}(m)\,) = \alpha, \quad P(\,|T_m| \leqslant t_{\alpha/2}(m)\,) = 1-\alpha. \tag{9.2.15}$$

定理 9.2.2 设 $X_1, X_2, \cdots, X_n$ 是正态总体 $N(\mu, \sigma^2)$ 的样本, μ 和 σ^2 未知, 则 μ 的置信水平为 $1-\alpha$ 的置信区间为

$$\left[\overline{X}_n - t_{\alpha/2}(n-1)\frac{S}{\sqrt{n}},\ \overline{X}_n + t_{\alpha/2}(n-1)\frac{S}{\sqrt{n}}\right]. \tag{9.2.16}$$

证明 设 T_{n-1} 由 (9.2.13) 定义. 对于置信水平 $1-\alpha$, 由 $T_{n-1} \sim t(n-1)$ 和公式 (9.2.15) 得到

$$P\Big(\frac{|\overline{X}_n - \mu|}{S/\sqrt{n}} \leqslant t_{\alpha/2}(n-1)\Big) = P\big(|T_{n-1}| \leqslant t_{\alpha/2}(n-1)\big) = 1-\alpha.$$

由于

$$\begin{aligned}&\Big\{\frac{|\overline{X}_n - \mu|}{S/\sqrt{n}} \leqslant t_{\alpha/2}(n-1)\Big\}\\ =&\Big\{\overline{X}_n - t_{\alpha/2}(n-1)\frac{S}{\sqrt{n}} \leqslant \mu \leqslant \overline{X}_n + t_{\alpha/2}(n-1)\frac{S}{\sqrt{n}}\Big\},\end{aligned}$$

所以在置信水平 $1-\alpha$ 下, μ 的置信区间是 (9.2.16).

例 9.2.3 在例 9.2.1 中, 假设标准差 σ 未知, 计算均值 μ 的置信水平为 0.95 的置信区间.

解 从例 9.2.1 中的数据可以计算出样本标准差 $S = 0.0015$, 由 $1-\alpha = 0.95$ 得 $\alpha/2 = 0.025$, 查表得到 $t_{0.025}(11) = 2.201$. 将这些数和 $n = 12$, $\overline{X}_n = 0.0154$ 代入置信区间 (9.2.16), 得到所要的置信区间为 $[0.0144, 0.0164]$.

例 9.2.4 在例 9.2.2 中, 如果标准差 σ 未知, 在置信水平 0.95 下, 计算冰点 μ 的置信区间及置信区间的长度.

解 从例 9.2.2 中的数据可以计算出样本标准差 $S = 0.005$, 由 $1-\alpha = 0.95$ 得 $\alpha/2 = 0.025$, 查表得到 $t_{0.025}(20) = 2.086$. 将这些数和 $n = 21$, $\overline{X}_n = -0.546$ 代入置信区间 (9.2.16), 得到所要的置信区间为 $[-0.5483, -0.5437]$. 置信区间的长度是 0.0046.

应当注意置信区间 (9.2.10) 和 (9.2.16) 的特点: 已知标准差 σ 时使用 (9.2.10); 未知 σ 时用样本标准差 S 代替 σ, 将 $z_{\alpha/2}$ 换成 $t_{\alpha/2}(n-1)$ 即得到 (9.2.16).

9.2.3 方差 σ^2 的置信区间

设 $X_1, X_2, \cdots, X_n$ 是正态总体 $N(\mu, \sigma^2)$ 的样本,

$$S^2 = \frac{1}{n-1}\sum_{j=1}^{n}(X_j - \overline{X}_n)^2$$

是样本方差. 从例 9.1.3 知道枢轴量

$$\chi^2_{n-1} \overset{\text{def}}{=\!=} \frac{(n-1)S^2}{\sigma^2} = \frac{1}{\sigma^2}\sum_{j=1}^{n}(X_j - \overline{X}_n)^2 \sim \chi^2(n-1). \tag{9.2.17}$$

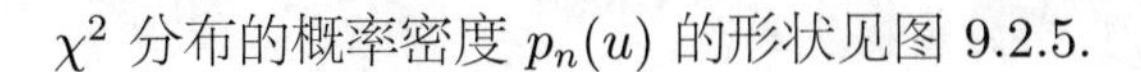

χ^2 分布的概率密度 $p_n(u)$ 的形状见图 9.2.5.

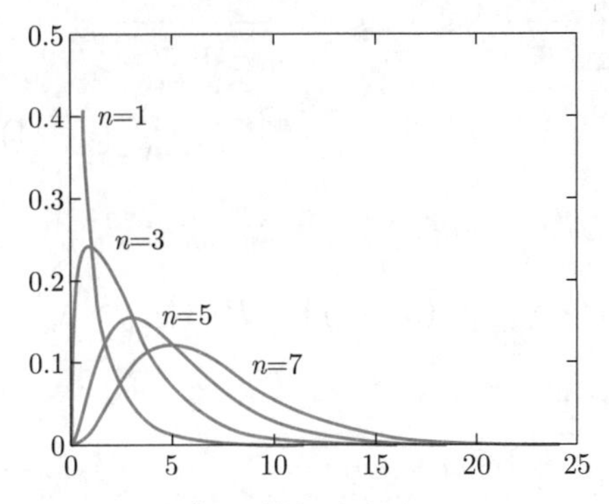

图 9.2.5 $\chi^2(n)$ 的概率密度, $n = 1, 3, 5, 7$

设 $\chi_m^2 \sim \chi^2(m)$, 对正数 $\alpha \in (0,1)$, 有唯一的 $\chi_\alpha^2(m)$ 使得 (见图 9.2.6)

$$P\big(\chi_m^2 \geqslant \chi_\alpha^2(m)\big) = \alpha.$$

这时称 $\chi_\alpha^2(m)$ 为 $\chi^2(m)$ 分布的**上 α 分位数**. 于是有 $P\big(\chi_m^2 \leqslant \chi_\alpha^2(m)\big) = 1-\alpha$, 及

$$P\big(\chi_m^2 \geqslant \chi_{\alpha/2}^2(m)\big) = \frac{\alpha}{2}, \quad P\big(\chi_m^2 \leqslant \chi_{\alpha/2}^2(m)\big) = 1-\frac{\alpha}{2}. \tag{9.2.18}$$

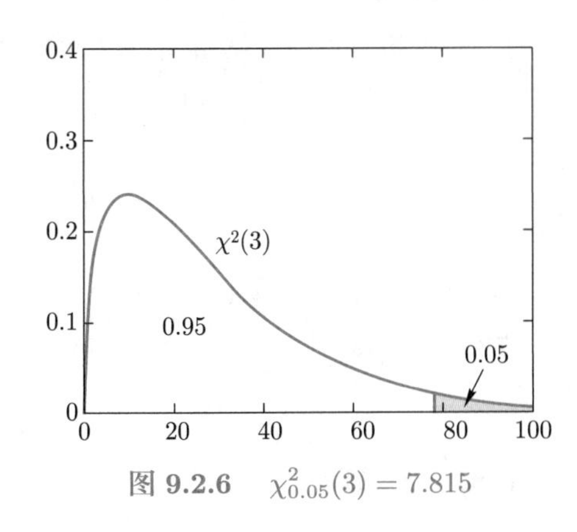

图 9.2.6 $\chi_{0.05}^2(3) = 7.815$

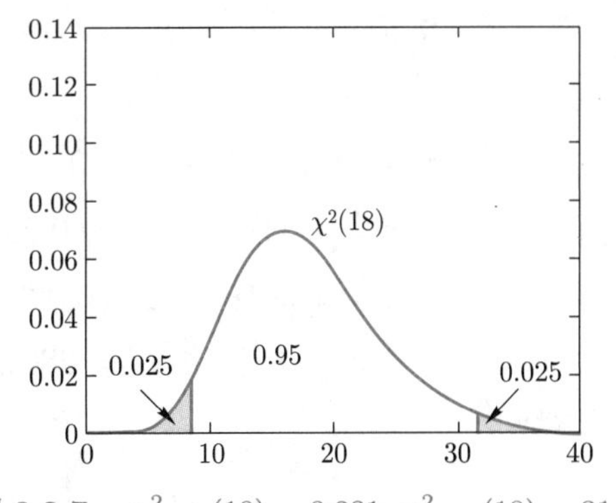

图 9.2.7 $\chi_{0.975}^2(18) = 8.231$, $\chi_{0.025}^2(18) = 31.53$

对于 $\alpha = 0.05$ 和 0.025, 查 χ^2 分布的上 α 分位数表附录 C4 得到 (参考图 9.2.7):

m	11	12	13	14	15	16	17	18	19
$\chi_{0.025}^2(m)$	21.92	23.34	24.74	26.12	27.49	28.85	30.19	31.53	32.85
$\chi_{0.975}^2(m)$	3.816	4.404	5.009	5.629	6.262	6.908	7.564	8.231	8.907

定理 9.2.3 设 $X_1, X_2, \cdots, X_n$ 是正态总体 $N(\mu, \sigma^2)$ 的样本, 则 σ^2 的置信水平为 $1-\alpha$ 的置信区间为

$$\left[\frac{(n-1)S^2}{\chi_{\alpha/2}^2(n-1)}, \quad \frac{(n-1)S^2}{\chi_{1-\alpha/2}^2(n-1)}\right]. \tag{9.2.19}$$

证明　设 χ^2_{n-1} 由 (9.2.17) 定义. 直接计算得到

$$\begin{aligned}
&P\Big(\frac{(n-1)S^2}{\chi^2_{\alpha/2}(n-1)} \leqslant \sigma^2 \leqslant \frac{(n-1)S^2}{\chi^2_{1-\alpha/2}(n-1)}\Big)\\
&=P\Big(\chi^2_{1-\alpha/2}(n-1) \leqslant \frac{(n-1)S^2}{\sigma^2} \leqslant \chi^2_{\alpha/2}(n-1)\Big)\\
&=P\Big(\chi^2_{1-\alpha/2}(n-1) \leqslant \chi^2_{n-1} \leqslant \chi^2_{\alpha/2}(n-1)\Big)\\
&=P\Big(\chi^2_{n-1} \geqslant \chi^2_{1-\alpha/2}(n-1)\Big) - P\Big(\chi^2_{n-1} > \chi^2_{\alpha/2}(n-1)\Big)\\
&=1-\frac{\alpha}{2}-\frac{\alpha}{2}=1-\alpha.
\end{aligned}$$

例 9.2.5　地球生物的演变经历了漫长的岁月, 只有化石为这一演变进行了记录. 现在科学家们利用物质的放射性衰变来研究生物的演变规律. 几乎所有的矿物质含有 K(钾) 元素及其同位素 ^{40}K(钾 40). ^{40}K 并不稳定, 它可以缓慢地衰变成 ^{40}Ar(氩 40) 和 ^{40}Ca(钙 40). 于是知道了 ^{40}K 的衰变速率, 就可以通过测量化石中的 ^{40}K 和 ^{40}Ar 的比例 (钾氩比) 估计化石的形成年代. 下面是根据钾氩比估算出的德国黑森林中发掘的 19 个化石样品的形成年龄 (单位: 百万年) (参考书目 [10]):

249　254　243　268　253　269　287　241　273　306

303　280　260　256　278　344　304　283　310

假设每个样品的估算年代都服从正态分布 $N(\mu,\sigma^2)$. 为评价钾氩比方法的估算精度, 试完成以下工作.

(a) 计算 σ^2 的置信水平为 0.95 的置信区间;

(b) 计算标准差 σ 的置信水平为 0.95 的置信区间.

解　本例中 $n-1=18$, $\alpha/2=0.025$, $1-\alpha/2=0.975$. 可以计算出

$$\overline{X}_n=276.9,\quad S^2=733.4.$$

查表得到

$$\chi^2_{0.025}(18)=31.53,\quad \chi^2_{0.975}(18)=8.231.$$

(a) 将上述数据代入 (9.2.19), 得到 σ^2 的置信水平为 0.95 的置信区间

$$\Big[\frac{18\times 733.4}{31.53},\ \frac{18\times 733.4}{8.231}\Big]=[418.7,\ 1\,603.8].$$

(b) 由于 $\sigma\in[\sqrt{418.7},\ \sqrt{1\,603.8}]$ 和 $\sigma^2\in[418.7,\ 1\,603.8]$ 等价, 所以 σ 的置信水平为 0.95 的置信区间是

$$[\sqrt{418.7},\ \sqrt{1\,603.8}]=[20.46,\ 40.05].$$

9.2.4　单侧置信限

已知方差时的单侧置信限　已知 σ 时, 在置信水平 $1-\alpha$ 下, 我们从

$$Z = \frac{\overline{X}_n - \mu}{\sigma/\sqrt{n}} \sim N(0,1)$$

得到了 μ 的 (双侧) 置信区间 (9.2.10):

$$\left[\overline{X}_n - z_{\alpha/2}\frac{\sigma}{\sqrt{n}},\ \overline{X}_n + z_{\alpha/2}\frac{\sigma}{\sqrt{n}}\right].$$

将其中的 $\alpha/2$ 换为 α, 得到

$$[\underline{\mu},\ \overline{\mu}] = \left[\overline{X}_n - z_{\alpha}\frac{\sigma}{\sqrt{n}},\ \overline{X}_n + z_{\alpha}\frac{\sigma}{\sqrt{n}}\right]. \tag{9.2.20}$$

这时, 因为

$$\begin{aligned} P(\mu \geqslant \underline{\mu}) &= P\left(\mu \geqslant \overline{X}_n - z_{\alpha}\frac{\sigma}{\sqrt{n}}\right) \\ &= P\left(\frac{\overline{X}_n - \mu}{\sigma/\sqrt{n}} \leqslant z_{\alpha}\right) \\ &= 1 - \alpha, \end{aligned}$$

所以称 $\underline{\mu}$ 是 μ 的置信水平为 $1-\alpha$ 的**单侧置信下限**, 或称 $[\underline{\mu}, +\infty)$ 是 μ 的置信水平为 $1-\alpha$ 的单侧置信区间.

因为

$$\begin{aligned} P(\mu \leqslant \overline{\mu}) &= P\left(\mu \leqslant \overline{X}_n + z_{\alpha}\frac{\sigma}{\sqrt{n}}\right) \\ &= P\left(\frac{\mu - \overline{X}_n}{\sigma/\sqrt{n}} \leqslant z_{\alpha}\right) \\ &= 1 - \alpha, \end{aligned}$$

所以称 $\overline{\mu}$ 是 μ 的置信水平为 $1-\alpha$ 的**单侧置信上限**, 或称 $(-\infty, \overline{\mu}]$ 是 μ 的置信水平为 $1-\alpha$ 的单侧置信区间.

例 9.2.6 对于例 9.2.1 中样品铜的 12 个测量数据, 当标准差 $\sigma = 0.0012$,

(a) 在置信水平 0.95 下, 计算电阻率 μ 的单侧置信下、上限;

(b) 在置信水平 0.90 下, 计算电阻率 μ 的置信区间.

解 由置信水平 $1-\alpha = 0.95$ 得到 $\alpha = 0.05$.

(a) 将 $\overline{X}_n = 0.0154$, $z_{0.05} = 1.645$, $\sigma = 0.0012$, $n = 12$ 代入 (9.2.20), 得到

$$\begin{aligned} [\underline{\mu},\ \overline{\mu}] &= \left[\overline{X}_n - z_{\alpha}\frac{\sigma}{\sqrt{n}},\ \overline{X}_n + z_{\alpha}\frac{\sigma}{\sqrt{n}}\right] \\ &= [0.0148,\ 0.016]. \end{aligned}$$

于是, μ 的置信水平为 0.95 的单侧置信下限 $\underline{\mu} = 0.0148$, 单侧置信上限 $\overline{\mu} = 0.016$.

(b) 因为 $z_{0.05} = z_{0.10/2}$, 所以 $[\underline{\mu},\ \overline{\mu}] = [0.0148, 0.016]$ 恰是 μ 的置信水平为 0.90 的置信区间.

未知方差时的单侧置信限 未知 σ 时, 在置信水平 $1-\alpha$ 下, 我们用

$$T_{n-1}=\frac{\overline{X}_n-\mu}{S/\sqrt{n}}\sim t(n-1)$$

得到了 μ 的 (双侧) 置信区间 (9.2.16):

$$\left[\overline{X}_n-t_{\alpha/2}(n-1)\frac{S}{\sqrt{n}},\ \overline{X}_n+t_{\alpha/2}(n-1)\frac{S}{\sqrt{n}}\right].$$

将其中的 $\alpha/2$ 换为 α, 得到

$$[\underline{\mu},\ \overline{\mu}]=\left[\overline{X}_n-t_{\alpha}(n-1)\frac{S}{\sqrt{n}},\ \overline{X}_n+t_{\alpha}(n-1)\frac{S}{\sqrt{n}}\right]. \tag{9.2.21}$$

这时从

$$\begin{aligned}P(\mu\geqslant\underline{\mu})&=P\left(\mu\geqslant\overline{X}_n-t_{\alpha}(n-1)\frac{S}{\sqrt{n}}\right)\\&=P\left(\frac{\overline{X}_n-\mu}{S/\sqrt{n}}\leqslant t_{\alpha}(n-1)\right)\\&=1-\alpha,\end{aligned}$$

知道 $\underline{\mu}$ 是 μ 的单侧置信下限. 从

$$\begin{aligned}P(\mu\leqslant\overline{\mu})&=P\left(\mu\leqslant\overline{X}_n+t_{\alpha}\frac{S}{\sqrt{n}}\right)\\&=P\left(\frac{\mu-\overline{X}_n}{S/\sqrt{n}}\leqslant t_{\alpha}\right)\\&=1-\alpha,\end{aligned}$$

知道 $\overline{\mu}$ 是 μ 的单侧置信上限. 相应的单侧置信区间分别是 $[\underline{\mu},\infty)$ 和 $(-\infty,\overline{\mu}]$.

例 9.2.7 对于例 9.2.1 中样品铜的 12 个测量数据, 当标准差 σ 未知时,

(a) 在置信水平 0.95 下, 计算电阻率 μ 的单侧置信下、上限和单侧置信区间;

(b) 在置信水平 0.90 下, 计算电阻率 μ 的置信区间.

解 由置信水平 $1-\alpha=0.95$ 得到 $\alpha=0.05$. 在例 9.2.3 中已经计算出样本标准差 $S=0.001\,5$.

(a) 将 $\overline{X}_n=0.015\,4$, $t_{0.05}(11)=1.796$, $S=0.001\,5$, $n=12$ 代入 (9.2.21), 得

$$\begin{aligned}[\underline{\mu},\ \overline{\mu}]&=\left[\overline{X}_n-t_{0.05}(11)\frac{S}{\sqrt{n}},\ \overline{X}_n+t_{0.05}(11)\frac{S}{\sqrt{n}}\right]\\&=[0.014\,6,\ 0.016\,2].\end{aligned}$$

于是, μ 的置信水平为 0.95 的单侧置信下限 $\underline{\mu}=0.014\,6$, 单侧置信上限 $\overline{\mu}=0.016\,2$. 单侧置信区间分别为 $[0.014\,6,\infty)$ 和 $(-\infty,0.016\,2]$

(b) 因为 $t_{0.05}(11)=t_{0.10/2}(11)$, 所以 $[\underline{\mu},\ \overline{\mu}]=[0.014\,6,\ 0.016\,2]$ 恰是 μ 的置信水平为 0.90 的置信区间.

方差的单侧置信限 对于置信水平 $1-\alpha$, 在定理 9.2.3 中, 利用枢轴量

$$\frac{(n-1)S^2}{\sigma^2} \sim \chi^2(n-1)$$

得到了方差 σ^2 的置信区间 (9.2.19):

$$\left[\frac{(n-1)S^2}{\chi^2_{\alpha/2}(n-1)},\ \frac{(n-1)S^2}{\chi^2_{1-\alpha/2}(n-1)}\right].$$

将其中的 $\alpha/2$ 换为 α, 得到

$$[\underline{\sigma}^2,\ \overline{\sigma}^2] = \left[\frac{(n-1)S^2}{\chi^2_{\alpha}(n-1)},\ \frac{(n-1)S^2}{\chi^2_{1-\alpha}(n-1)}\right]. \tag{9.2.22}$$

因为

$$\begin{aligned} P(\sigma^2 \geqslant \underline{\sigma}^2) &= \left(\sigma^2 \geqslant \frac{(n-1)S^2}{\chi^2_{\alpha}(n-1)}\right) \\ &= P\left(\frac{(n-1)S^2}{\sigma^2} \leqslant \chi^2_{\alpha}(n-1)\right) \\ &= 1-\alpha, \end{aligned}$$

所以, 我们以 $1-\alpha$ 的概率保证 $\sigma^2 \geqslant \underline{\sigma}^2$. 于是称

$$\underline{\sigma}^2 = \frac{(n-1)S^2}{\chi^2_{\alpha}(n-1)}$$

为 σ^2 的置信水平为 $1-\alpha$ 的单侧置信下限, 或称 $[\underline{\sigma}^2, \infty)$ 为 σ^2 的置信水平为 $1-\alpha$ 的单侧置信区间.

同理, 由

$$\begin{aligned} P(\sigma^2 \leqslant \overline{\sigma}^2) &= P\left(\sigma^2 \leqslant \frac{(n-1)S^2}{\chi^2_{1-\alpha}(n-1)}\right) \\ &= P\left(\frac{(n-1)S^2}{\sigma^2} \geqslant \chi^2_{1-\alpha}(n-1)\right) \\ &= 1-\alpha. \end{aligned}$$

得到 σ^2 的置信水平为 $1-\alpha$ 的单侧置信上限

$$\overline{\sigma}^2 = \frac{(n-1)S^2}{\chi^2_{1-\alpha}(n-1)}.$$

这时也称 $(0, \overline{\sigma}^2]$ 为 σ^2 的置信水平为 $1-\alpha$ 的单侧置信区间.

例 9.2.8 对于例 9.2.5 中根据钾氩比估算出的德国黑森林中发掘的 19 个化石样品的形成年龄, 计算

(a) 测量方差 σ^2 的置信水平为 0.95 的单侧置信下限、单侧置信上限和单侧置信区间;

(b) 测量方差 σ^2 的置信水平为 0.90 的置信区间.

解 例 9.2.5 中已经算得 $S^2=733.4$, 查表得到 $\chi^2_{0.95}(18)=9.390$, $\chi^2_{0.05}(18)=28.869$. 代入 (9.2.22), 得到单侧置信下限 $\underline{\sigma}^2$ 和单侧置信上限 $\overline{\sigma}^2$ 如下:

$$[\underline{\sigma}^2,\ \overline{\sigma}^2]=\Big[\frac{(n-1)S^2}{\chi^2_{0.95}(18)},\ \frac{(n-1)S^2}{\chi^2_{0.05}(18)}\Big]=[457.28,\ 1\,405.9].$$

单侧置信区间分别为 $[457.28,+\infty)$ 和 $(0,1\,405.9]$.

因为 $0.05=0.10/2$, 所以 $[\underline{\sigma}^2,\ \overline{\sigma}^2]=[457.28,\ 1\,405.9,]$ 恰是 σ^2 的置信水平为 0.90 的置信区间.

小结: 设 $X_1,X_2,\cdots,X_n$ 是总体 $N(\mu,\sigma^2)$ 的样本.

(1) 当 σ 已知时, 在置信水平为 $1-\alpha$ 下, μ 的 (双侧) 置信区间是

$$\Big[\overline{X}_n-z_{\alpha/2}\frac{\sigma}{\sqrt{n}},\ \overline{X}_n+z_{\alpha/2}\frac{\sigma}{\sqrt{n}}\Big],\tag{9.2.23}$$

将 (9.2.23) 中的 $\alpha/2$ 换为 α, 得到 μ 的单侧置信下限 $\underline{\mu}$ 和单侧置信上限 $\overline{\mu}$:

$$[\underline{\mu},\ \overline{\mu}]=\Big[\overline{X}_n-z_{\alpha}\frac{\sigma}{\sqrt{n}},\ \overline{X}_n+z_{\alpha}\frac{\sigma}{\sqrt{n}}\Big].$$

相应的单侧置信区间分别是 $[\underline{\mu},\infty)$ 和 $(-\infty,\overline{\mu}]$.

(2) 当 σ 未知时, 在置信水平 $1-\alpha$ 下, 将置信区间 (9.2.23) 中的 $z_{\alpha/2}$ 换为 $t_{\alpha/2}(n-1)$, 用 S 代替 σ , 得到 μ 的 (双侧) 置信区间:

$$\Big[\overline{X}_n-t_{\alpha/2}(n-1)\frac{S}{\sqrt{n}},\ \overline{X}_n+t_{\alpha/2}(n-1)\frac{S}{\sqrt{n}}\Big].\tag{9.2.24}$$

将 (9.2.24) 中的 $\alpha/2$ 换为 α, 得到 μ 的单侧置信下限 $\underline{\mu}$ 和单侧置信上限 $\overline{\mu}$:

$$[\underline{\mu},\ \overline{\mu}]=\Big[\overline{X}_n-t_{\alpha}(n-1)\frac{S}{\sqrt{n}},\ \overline{X}_n+t_{\alpha}(n-1)\frac{S}{\sqrt{n}}\Big].$$

相应的单侧置信区间分别是 $[\underline{\mu},\infty)$ 和 $(-\infty,\overline{\mu}]$.

(3) 在置信水平 $1-\alpha$ 下, σ^2 的 (双侧) 置信区间为

$$\Big[\frac{(n-1)S^2}{\chi^2_{\alpha/2}(n-1)},\ \frac{(n-1)S^2}{\chi^2_{1-\alpha/2}(n-1)}\Big].\tag{9.2.25}$$

将 (9.2.25) 中的 $\alpha/2$ 换为 α, 得到 σ^2 的单侧置信下限 $\underline{\sigma}^2$ 和单侧置信上限 $\overline{\sigma}^2$:

$$[\underline{\sigma}^2,\ \overline{\sigma}^2]=\Big[\frac{(n-1)S^2}{\chi^2_{\alpha}(n-1)},\ \frac{(n-1)S^2}{\chi^2_{1-\alpha}(n-1)}\Big].$$

相应的单侧置信区间分别是 $[\underline{\sigma}^2,\infty)$ 和 $(0,\overline{\sigma}^2]$.

9.3 两个正态总体的区间估计

对于单个的正态总体 $N(\mu,\sigma^2)$, 设 $\hat{\mu}=\overline{X}_n$. 已知 σ 时, 我们用

$$Z=\frac{\overline{X}_n-\mu}{\sqrt{\mathrm{Var}(\hat{\mu})}}\sim N(0,1)$$

构造了 μ 的置信水平为 $1-\alpha$ 的置信区间

$$\left[\overline{X}_n - z_{\alpha/2}\sqrt{\mathrm{Var}(\hat{\mu})},\ \overline{X}_n + z_{\alpha/2}\sqrt{\mathrm{Var}(\hat{\mu})}\right]. \tag{9.3.1}$$

下面用相同的方法构造两个正态总体的置信区间.

9.3.1 均值差 $\mu_1-\mu_2$ 的置信区间

现在考虑两个正态总体的问题. 如果 $X_1, X_2, \cdots, X_n$ 是总体 X 的样本, $Y_1, Y_2, \cdots, Y_m$ 是总体 Y 的样本, 总体 X, Y 独立时, 按定义知道

$$X_1, X_2, \cdots, X_n,\ Y_1, Y_2, \cdots, Y_m \tag{9.3.2}$$

相互独立. 对于上述样本, 实际问题中常需要构造 $\mu_1-\mu_2$ 的置信区间.

下面设总体 X 和总体 Y 独立, 观测数据由 (9.3.2) 给出. 用 $\overline{X}_n$ 和 $\overline{Y}_m$ 分别表示 $\{X_i\}$ 和 $\{Y_j\}$ 的样本均值, 则 $(\overline{X}_n-\overline{Y}_m)$ 服从正态分布, 分别有数学期望和方差

$$\mathrm{E}(\overline{X}_n-\overline{Y}_m)=\mu_1-\mu_2,\quad \mathrm{Var}\big(\overline{X}_n-\overline{Y}_m\big)=\frac{\sigma_1^2}{n}+\frac{\sigma_2^2}{m}. \tag{9.3.3}$$

用 S_1^2 和 S_2^2 分别表示 $\{X_i\}$ 和 $\{Y_j\}$ 的样本方差, 则 $\mathrm{E}S_1^2=\sigma_1^2, \mathrm{E}S_2^2=\sigma_2^2$. 定义

$$S_W^2=\frac{(n-1)S_1^2+(m-1)S_2^2}{n+m-2}. \tag{9.3.4}$$

则已知 $\sigma_1^2=\sigma_2^2=\sigma^2$ 时,

$$\mathrm{E}S_W^2=\sigma^2,\quad \frac{\sigma_1^2}{n}+\frac{\sigma_2^2}{m}=\sigma^2\Big(\frac{1}{n}+\frac{1}{m}\Big).$$

比照置信区间 (9.3.1) 可以得出下面的结论.

(A1) 已知 σ_1^2, σ_2^2 时, 利用 (9.3.3) 得到 $(\mu_1-\mu_2)$ 的置信水平为 $1-\alpha$ 的置信区间:

$$\left[\ (\overline{X}_n-\overline{Y}_m)-z_{\alpha/2}\sqrt{\frac{\sigma_1^2}{n}+\frac{\sigma_2^2}{m}},\ (\overline{X}_n-\overline{Y}_m)+z_{\alpha/2}\sqrt{\frac{\sigma_1^2}{n}+\frac{\sigma_2^2}{m}}\ \right]. \tag{9.3.5}$$

(A2) 已知 $\sigma_1^2=\sigma_2^2=\sigma^2$, 但不知道 σ^2 的具体值时, 用 S_W^2 代替 (9.3.5) 中的 σ_1^2 和 σ_2^2, 并将 $z_{\alpha/2}$ 换成 $t_{\alpha/2}=t_{\alpha/2}(n+m-2)$, 利用例 9.1.6 的结论得到 $(\mu_1-\mu_2)$ 的置信水平为 $1-\alpha$ 的置信区间:

$$\left[\ (\overline{X}_n-\overline{Y}_m)-t_{\alpha/2}S_W\sqrt{\frac{1}{n}+\frac{1}{m}},\quad (\overline{X}_n-\overline{Y}_m)+t_{\alpha/2}S_W\sqrt{\frac{1}{n}+\frac{1}{m}}\ \right]. \tag{9.3.6}$$

例 9.3.1 X, Y 两个渔场在春季放养相同的鲫鱼苗, 但是使用不同的饵料饲养. 三个月后, 从 X 渔场打捞出 16 条鲫鱼, 从 Y 渔场打捞出 14 条鲫鱼. 分别称出它们的平均质量和样本标准差如下 (单位: kg):

$$\overline{X}_n=0.181,\ S_1=0.021,\quad \overline{Y}_m=0.185,\ S_2=0.020. \tag{9.3.7}$$

假设 X 和 Y 渔场的鲫鱼质量分别服从正态分布 $N(\mu_1,\sigma_1^2)$ 和 $N(\mu_2,\sigma_2^2)$, 且 $\sigma_1^2=\sigma_2^2$, 在置信水平 0.95 下, 求 $\mu_1-\mu_2$ 的置信区间.

解　用 X_i 和 Y_j 分别表示 X 和 Y 渔场的第 i 条鱼和第 j 条鱼的质量, 则 $X_1, X_2, \cdots, X_{16}$ 和 $Y_1, Y_2, \cdots, Y_{14}$ 分别是总体 $N(\mu_1, \sigma_1^2)$ 和 $N(\mu_2, \sigma_2^2)$ 的样本, 且这两个总体独立. 从置信水平 $1-\alpha=0.95$ 得 $\alpha/2=0.025$. 对 $n=16$, $m=14$, $n+m-2=28$, 查表得到 $t_{0.025}(28)=2.048$. 按公式 (9.3.4) 计算出

$$S_W = 0.020\,5.$$

将以上数据代入 (9.3.6), 得到 $\mu_1-\mu_2$ 的置信水平为 0.95 的置信区间

$$[-0.019\,4,\ 0.011\,4].$$

在实际问题中, 还会遇到已知方差比 $\sigma_1^2/\sigma_2^2=b^2$, 但是未知 σ_1^2, σ_2^2 的情况. 这时 $\sigma_1^2=\sigma_2^2 b^2$,

$$\mathrm{Var}\big(\overline{X}_n-\overline{Y}_m\big)=\frac{\sigma_2^2 b^2}{n}+\frac{\sigma_2^2}{m}=\sigma_2^2\Big[\frac{b^2}{n}+\frac{1}{m}\Big].$$

从 $\mathrm{E}S_1^2/b^2=\sigma_2^2$, $\mathrm{E}S_2^2=\sigma_2^2$ 知道

$$S_b^2=\frac{(n-1)S_1^2/b^2+(m-1)S_2^2}{n+m-2} \tag{9.3.8}$$

是 σ_2^2 的无偏估计. 从例 9.1.5 得到

$$T=\frac{(\overline{X}_n-\overline{Y}_m)-(\mu_1-\mu_2)}{S_b\sqrt{b^2/n+1/m}} \sim t(n+m-2). \tag{9.3.9}$$

于是可由 $P\big(|T|\leqslant t_{\alpha/2}(n+m-2)\big)=1-\alpha$ 构造出 $\mu_1-\mu_2$ 的置信区间 (9.3.10).

(A3) 已知方差比 $\sigma_1^2/\sigma_2^2=b^2$, 但是未知 σ_1^2, σ_2^2 时, $\mu_1-\mu_2$ 的置信水平为 $1-\alpha$ 的置信区间为

$$\Big[\ (\overline{X}_n-\overline{Y}_m)-t_{\alpha/2}S_b\sqrt{\frac{b^2}{n}+\frac{1}{m}},\quad (\overline{X}_n-\overline{Y}_m)+t_{\alpha/2}S_b\sqrt{\frac{b^2}{n}+\frac{1}{m}}\ \Big], \tag{9.3.10}$$

其中 $t_{\alpha/2}=t_{\alpha/2}(n+m-2)$.

例 9.3.2　在例 9.3.1 中, 假定 $\sigma_1/\sigma_2=21/20$. 在置信水平 0.95 下, 计算 $\mu_1-\mu_2$ 的置信区间.

解　这时有 $b=21/20$, 利用 (9.3.8) 计算出

$$S_b=0.02.$$

将 $\overline{X}_n=0.181$, $\overline{Y}_m=0.185$, $n=16$, $m=14$, $n+m-2=28$, $t_{0.025}(28)=2.048$, $S_b=0.02$ 代入 (9.3.10), 得到 $\mu_1-\mu_2$ 的置信水平为 0.95 的置信区间

$$[-0.019,\ 0.011].$$

9.3.2　方差比 σ_1^2/σ_2^2 的置信区间

设总体 $X\sim N(\mu_1,\sigma_1^2)$ 和总体 $Y\sim N(\mu_2,\sigma_2^2)$ 独立, $X_1, X_2, \cdots, X_n$ 是总体 X 的样本, $Y_1, Y_2, \cdots, Y_m$ 是总体 Y 的样本. 按例 9.1.4 的结论知道枢轴量

$$F=\frac{S_1^2/S_2^2}{\sigma_1^2/\sigma_2^2}\sim F(n-1,m-1). \tag{9.3.11}$$

F 分布的概率密度 $p(u)$ 的形状见图 9.3.1.

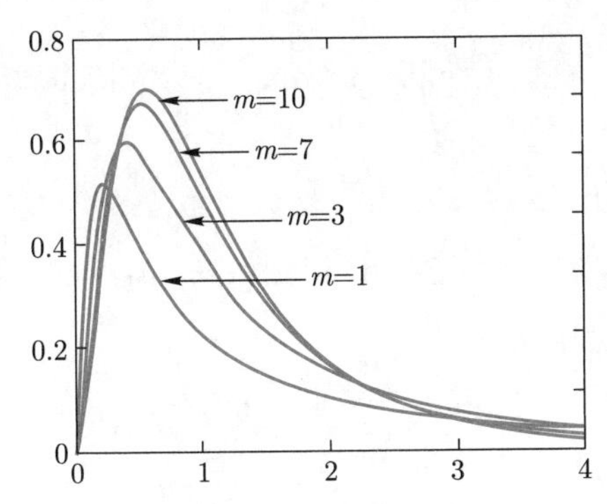

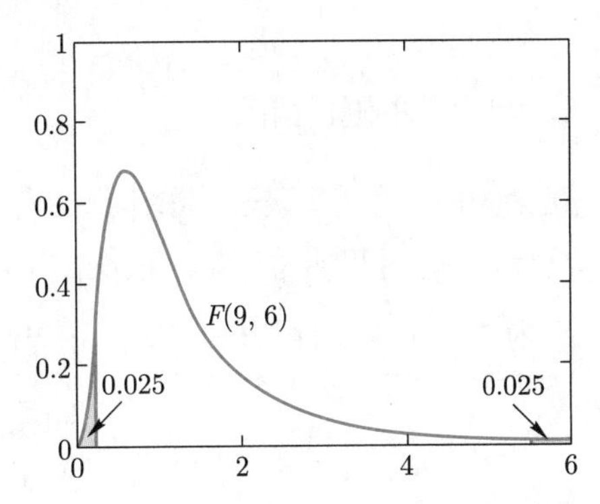

图 9.3.1 $F(6,m)$ 的概率密度, $m=1,3,7,10$ **图 9.3.2** $F_{0.975}(9,6)=0.23$, $F_{0.025}(9,6)=5.52$

设 $F\sim F(n-1,m-1)$, 对正数 $\alpha\in(0,1)$, 有唯一的 $F_\alpha(n-1,m-1)$ 使得

$$P(F>F_\alpha(n-1,m-1))=\alpha,$$

这时称 $F_\alpha(n-1,m-1)$ 为 $F(n-1,m-1)$ 分布的上 α 分位数 (见图 9.3.2). 查表时, 对于 $\alpha>0.5$, 需要用下面的公式进行换算:

$$F_\alpha(n-1,m-1)=\frac{1}{F_{1-\alpha}(m-1,n-1)}. \tag{9.3.12}$$

利用枢轴量 (9.3.11) 可以得到 σ_1^2/σ_2^2 的置信水平为 $1-\alpha$ 的置信区间

$$\left[\frac{S_1^2/S_2^2}{F_{\alpha/2}},\ \frac{S_1^2/S_2^2}{F_{1-\alpha/2}}\right]. \tag{9.3.13}$$

其中 $F_{\alpha/2}=F_{\alpha/2}(n-1,m-1)$, $F_{1-\alpha/2}=F_{1-\alpha/2}(n-1,m-1)$.

这是因为有

$$\begin{aligned}&P\Big(\frac{S_1^2/S_2^2}{F_{\alpha/2}}\leqslant\sigma_1^2/\sigma_2^2\leqslant\frac{S_1^2/S_2^2}{F_{1-\alpha/2}}\Big)\\&=P\Big(F_{1-\alpha/2}\leqslant\frac{S_1^2/S_2^2}{\sigma_1^2/\sigma_2^2}\leqslant F_{\alpha/2}\Big)\\&=P(F\geqslant F_{1-\alpha/2})-P(F>F_{\alpha/2})\\&=1-\alpha/2-\alpha/2=1-\alpha.\end{aligned}$$

例 9.3.3 在例 9.3.1 中, 计算方差比 σ_1^2/σ_2^2 和标准差之比 σ_1/σ_2 的置信水平为 0.95 的置信区间.

解 对 $n=16$, $m=14$, 查表得到 $F_{0.025}(15,13)=3.05$,

$$F_{0.975}(15,13)=1/F_{0.025}(13,15)=1/2.92=0.34,$$

连同 $S_1=0.021$, $S_2=0.020$ 代入 (9.3.13), 得到 σ_1^2/σ_2^2 的置信水平为 0.95 的置信区间 $[0.361,\ 3.243]$.

因为 $\sigma_1^2/\sigma_2^2\in[0.361,\ 3.243]$ 和 $\sigma_1/\sigma_2\in[\sqrt{0.361},\ \sqrt{3.243}]$ 等价, 所以 σ_1/σ_2 的置信水平为 0.95 的置信区间是

$$[\sqrt{0.361},\ \sqrt{3.243}\,] = [\,0.601,\ 1.801].$$

9.3.3 单侧置信限

完全类似于单个正态总体的情况, 有以下结论.

(C1) 已知 σ_1^2, σ_2^2 时, 将置信区间 (9.3.5) 中的 $\alpha/2$ 改为 α, 得到 $\mu \overset{\text{def}}{=\!=} \mu_1 - \mu_2$ 的置信水平为 $1-\alpha$ 的单侧置信下限 $\underline{\mu}$ 和单侧置信上限 $\overline{\mu}$:

$$[\,\underline{\mu},\ \overline{\mu}\,] = \left[(\overline{X}_n - \overline{Y}_m) - z_\alpha\sqrt{\frac{\sigma_1^2}{n} + \frac{\sigma_2^2}{m}},\ (\overline{X}_n - \overline{Y}_m) + z_\alpha\sqrt{\frac{\sigma_1^2}{n} + \frac{\sigma_2^2}{m}}\,\right].$$

相应的单侧置信区间分别是 $[\underline{\mu}, \infty)$ 和 $(-\infty, \overline{\mu}]$.

(C2) 已知 $\sigma_1^2 = \sigma_2^2 = \sigma^2$, 但不知道 σ^2 的具体值时, 将置信区间 (9.3.6) 中的 $\alpha/2$ 改为 α, 得到 $\mu = \mu_1 - \mu_2$ 的置信水平为 $1-\alpha$ 的单侧置信下限 $\underline{\mu}$ 和单侧置信上限 $\overline{\mu}$:

$$[\,\underline{\mu},\ \overline{\mu}\,] = \left[(\overline{X}_n - \overline{Y}_m) - t_\alpha S_W\sqrt{\frac{1}{n} + \frac{1}{m}},\ (\overline{X}_n - \overline{Y}_m) + t_\alpha S_W\sqrt{\frac{1}{n} + \frac{1}{m}}\,\right].$$

其中 $t_\alpha = t_\alpha(n+m-2)$. 相应的单侧置信区间分别是 $[\underline{\mu}, \infty)$ 和 $(-\infty, \overline{\mu}]$.

(C3) 已知方差比例 $\sigma_1^2/\sigma_2^2 = b^2$, 但是未知 σ_1^2, σ_2^2 时, 将置信区间 (9.3.10) 中的 $\alpha/2$ 改为 α, 得到 $\mu \overset{\text{def}}{=\!=} \mu_1 - \mu_2$ 的置信水平为 $1-\alpha$ 的单侧置信下限 $\underline{\mu}$ 和单侧置信上限 $\overline{\mu}$:

$$[\,\underline{\mu},\ \overline{\mu}\,] = \left[(\overline{X}_n - \overline{Y}_m) - t_\alpha S_b\sqrt{\frac{b^2}{n} + \frac{1}{m}},\ (\overline{X}_n - \overline{Y}_m) + t_\alpha S_b\sqrt{\frac{b^2}{n} + \frac{1}{m}}\,\right].$$

其中 $t_\alpha = t_\alpha(n+m-2)$. 相应的单侧置信区间分别是 $[\underline{\mu}, \infty)$ 和 $(-\infty, \overline{\mu}]$.

(C4) 将置信区间 (9.3.13) 中的 $\alpha/2$ 改为 α, 得到 σ_1^2/σ_2^2 的置信水平为 $1-\alpha$ 的单侧置信下限 $\underline{\sigma_1^2/\sigma_2^2}$ 和单侧置信上限 $\overline{\sigma_1^2/\sigma_2^2}$:

$$\left[\,\underline{\sigma_1^2/\sigma_2^2},\quad \overline{\sigma_1^2/\sigma_2^2}\,\right] = \left[\,\frac{S_1^2/S_2^2}{F_\alpha},\ \frac{S_1^2/S_2^2}{F_{1-\alpha}}\,\right].$$

其中 $F_\alpha = F_\alpha(n-1, m-1)$, $F_{1-\alpha} = F_{1-\alpha}(n-1, m-1)$. 相应的单侧置信区间分别是 $[\underline{\sigma_1^2/\sigma_2^2}, \infty)$ 和 $(0, \overline{\sigma_1^2/\sigma_2^2}]$.

9.4 非正态总体的区间估计

9.4.1 正态逼近法

在实际问题中, 常常遇到总体分布不是正态分布的情况, 这时也需要对均值做区间估计. 设 $X_1, X_2, \cdots, X_n$ 是总体 X 的样本. 当 X 的方差有限, 可用中心极限定理计算 $\mu = \mathrm{E}X$ 的置信区间.

仍用 S 表示样本标准差, 对较大的样本量 n, 根据 6.3 节定理 6.3.3,

$$\frac{\overline{X}_n-\mu}{S/\sqrt{n}}\sim N(0,1)$$

近似成立. 由此得到均值 μ 的置信水平近似为 $1-\alpha$ 的置信区间:

$$\left[\overline{X}_n-z_{\alpha/2}\frac{S}{\sqrt{n}},\ \overline{X}_n+z_{\alpha/2}\frac{S}{\sqrt{n}}\right]. \tag{9.4.1}$$

将 (9.4.1) 中的 $\alpha/2$ 换成 α, 得到 μ 的置信水平近似为 $(1-\alpha)$ 的单侧置信下限 $\underline{\mu}$ 和单侧置信上限 $\overline{\mu}$:

$$[\underline{\mu},\overline{\mu}]=\left[\overline{X}_n-z_{\alpha}\frac{S}{\sqrt{n}},\ \overline{X}_n+z_{\alpha}\frac{S}{\sqrt{n}}\right]. \tag{9.4.2}$$

当总体方差 $\mathrm{Var}(X)=\sigma^2$ 已知时, 应当用 σ 代替 (9.4.1) 或 (9.4.2) 中的 S.

以上方法被称为**正态逼近法**. 使用正态逼近法时, 一般的要求是 $n\geqslant 30$. 但是对于较为平坦的单峰分布来说, $n\geqslant 10$ 有时就能用了. 参考 6.3 节中的例 6.3.1 至例 6.3.8. 当然, n 越大, 置信水平越精确.

例 9.4.1 人们一直在研究年龄和血液中的各种成分之间的关系. 现在通过随机抽样调查了 30 个 30 岁健康公民的血小板数. 数据如下 (单位: 万/mm^3):

26 19 18 16 26 17 20 20 19 22 19 12 29 15 22

19 27 25 28 24 35 28 19 23 31 30 23 30 17 22

用 μ 表示 30 岁健康公民的血小板数的总体均值.

(a) 计算 μ 的置信水平为 $1-\alpha=0.95$ 的置信区间;

(b) 计算 μ 的置信水平为 0.95 的单侧置信下限 $\underline{\mu}$ 和上限 $\overline{\mu}$;

(c) 计算 μ 的置信水平为 0.90 的置信区间.

解 因为被选到的个体的血小板数是独立同分布的, $n=30$, 所以可用正态逼近法.

(a) 经过计算得到 $\overline{X}_n=22.7$, $S=5.45$, 连同 $z_{0.025}=1.96$ 代入 (9.4.1), 得到 μ 的置信水平近似为 0.95 的置信区间

$$\left[22.7-1.96\times 5.45/\sqrt{30},\ 22.7+1.96\times 5.45/\sqrt{30}\right]=[20.75,\ 24.65].$$

(b) 将 $z_{0.025}$ 换成 $z_{0.05}=1.645$, 利用 (9.4.2) 得到 μ 的置信水平近似为 0.95 的单侧置信下限 $\underline{\mu}$ 和上限 $\overline{\mu}$

$$\begin{aligned}[\underline{\mu},\overline{\mu}]&=\left[22.7-1.645\times 5.45/\sqrt{30},\ 22.7+1.645\times 5.45/\sqrt{30}\right]\\&=[20.06,\ 24.34].\end{aligned}$$

(c) 因为 $z_{0.05}=z_{0.10/2}$, 所以 [20.06, 24.34] 恰是 μ 的置信水平近似为 0.90 的置信区间.

9.4.2 比例 p 的置信区间

当总体 X 服从两点分布 $\mathcal{B}(1,p)$ 时, $\mu = \mathrm{E}X = p$, $\sigma^2 = \mathrm{Var}(X) = p(1-p)$. 给定 X 的样本 $X_1, X_2, \cdots, X_n$, $\hat{p} = \overline{X}_n$ 是 p 的最大似然估计. 因为 X_j 只取值 0,1, 所以 $X_j^2 = X_j$. 利用 $\sum\limits_{j=1}^{n}(X_j - \overline{X}_n)\overline{X}_n = 0$, 得到

$$\begin{aligned}\hat{\sigma}^2 &= \frac{1}{n}\sum_{j=1}^{n}(X_j - \overline{X}_n)(X_j - \overline{X}_n)\\ &= \frac{1}{n}\sum_{j=1}^{n}(X_j - \overline{X}_n)X_j\\ &= \frac{1}{n}\sum_{j=1}^{n}(X_j - \overline{X}_n X_j)\\ &= \overline{X}_n - \overline{X}_n^2 = \hat{p}(1-\hat{p}).\end{aligned} \tag{9.4.3}$$

用 $\hat{\sigma} = \sqrt{\hat{p}(1-\hat{p})}$ 代替 (9.4.1) 中的 S. 当 n 较大时, 利用 6.3 节定理 6.3.3 得到

$$\frac{\hat{p}-p}{\hat{\sigma}/\sqrt{n}} \sim N(0,1)$$

近似成立, 于是得到 p 的置信水平近似为 $(1-\alpha)$ 的置信区间为

$$\left[\hat{p} - z_{\alpha/2}\frac{\hat{\sigma}}{\sqrt{n}},\ \hat{p} + z_{\alpha/2}\frac{\hat{\sigma}}{\sqrt{n}}\right]. \tag{9.4.4}$$

将 (9.4.4) 中的 $\alpha/2$ 换成 α, 得到 p 的置信水平近似为 $1-\alpha$ 的单侧置信下限 $\underline{\mu}$ 和单侧置信上限 $\overline{\mu}$:

$$[\underline{p}, \overline{p}] = \left[\hat{p} - z_{\alpha}\frac{\hat{\sigma}}{\sqrt{n}},\ \hat{p} + z_{\alpha}\frac{\hat{\sigma}}{\sqrt{n}}\right]. \tag{9.4.5}$$

例 9.4.2 在艾滋病疫苗 HVTN702 的随机对照试验中 (见第七章拓展阅读), 实验组的 2694 人中有 129 人感染了 HIV, 对照组的 2689 人中有 123 人感染了 HIV. 在置信水平 0.95 下,

(a) 对于实验组, 计算 HIV 感染率 p_1 的置信区间;

(b) 对于对照组, 计算 HIV 感染率 p_2 的置信区间;

(c) 计算 $(p_1 - p_2)$ 的置信区间.

解 易见 $\hat{p}_1 = 129/2\,694 = 0.047\,9$, $\hat{p}_2 = 123/2\,689 = 0.045\,7$. 因为 n 足够大, 所以可用正态逼近法. 以下置信区间的置信水平都接近 0.95.

(a) 将 $\hat{p}_1$ 和 $z_{0.025} = 1.96$ 代入 (9.4.4), 得到 p_1 的置信区间 [0.039 8, 0.055 9].

(b) 同理可得到 p_2 的置信区间 [0.037 8, 0.053 6].

(c) 令 $n = 269\,4$, $m = 268\,9$, $\hat{\sigma}_1^2 = \hat{p}_1(1-\hat{p}_1)$, $\hat{\sigma}_2^2 = \hat{p}_2(1-\hat{p}_2)$, 从中心极限定理 (见 6.3 节定理 6.3.4) 知道

$$\frac{(\hat{p}_1-\hat{p}_2)-(p_1-p_2)}{\sqrt{\hat{\sigma}_1^2/n+\hat{\sigma}_2^2/m}}\sim N(0,1) \tag{9.4.6}$$

近似成立. 由此得到 (p_1-p_2) 的置信水平近似为 $(1-\alpha)$ 的置信区间

$$\left[(\hat{p}_1-\hat{p}_2)-z_{\alpha/2}\sqrt{\frac{\hat{\sigma}_1^2}{n}+\frac{\hat{\sigma}_2^2}{m}},\ (\hat{p}_1-\hat{p}_2)+z_{\alpha/2}\sqrt{\frac{\hat{\sigma}_1^2}{n}+\frac{\hat{\sigma}_2^2}{m}}\right]. \tag{9.4.7}$$

当 $1-\alpha=0.95$, 将数据代入 (9.4.7) 得到所需要的置信区间为 $[-0.0091, 0.0134]$. 也就是说, 实验组以 95% 的概率保证 HVTN702 疫苗的有效率不超过 1.34%.

可以理解, 将 (9.4.7) 中的 $\alpha/2$ 换成 α, 可以得到 $p\equiv p_1-p_2$ 的置信水平近似为 $(1-\alpha)$ 的单侧置信下限 $\underline{p}$ 和单侧置信上限 $\overline{p}$.

9.4.3 样本量的确定

在许多实际问题中, 人们往往需要事先了解 n 取多大比较合适. 因为 $\hat{p}=\overline{X}_n$ 是 p 的无偏估计, 所以 n 越大, $\mathrm{Var}(\hat{p})=p(1-p)/n$ 越小, 估计越精确. 可是增加 n 会抬高抽样的成本, 因而在确定的估计精度下, 需要找到较小的 n 使得对 p 的估计精度达到要求.

我们知道置信区间的长度越小, 估计的精确越高. 于是给定置信水平 $1-\alpha$ 和置信区间的长度 d 后, 需要找到较小的 n 使得置信区间的长度小于等于 d. 下面的例 9.4.3 回答这个问题.

例 9.4.3 给定置信水平 $1-\alpha$, 要使得置信区间 (9.4.4) 的长度不超过 d, 只要

$$n\geqslant\left(\frac{z_{\alpha/2}}{d}\right)^2. \tag{9.4.8}$$

证明 因为当 $x\in[0,1]$ 时, $x(1-x)\leqslant 1/4$, 所以 $\hat{\sigma}=\sqrt{\hat{p}(1-\hat{p})}\leqslant 1/2$. 当 (9.4.8) 成立, 置信区间 (9.4.4) 的长度

$$L=2z_{\alpha/2}\frac{\hat{\sigma}}{\sqrt{n}}\leqslant 2z_{\alpha/2}\frac{\hat{\sigma}}{z_{\alpha/2}/d}=2\hat{\sigma}d\leqslant d.$$

取 $1-\alpha=0.95$ 时, 可以列出和 d 对应的 n 如下:

d	0.14	0.12	0.10	0.08	0.06	0.04	0.02	0.01
n	196	267	385	601	1068	2401	9604	38416

例 9.4.4 2009 年 3 月, 有政协委员建议逐步恢复繁体字的提案, 引发了广泛关注和争议. 为广泛了解民意, 需要对于该提案的总体支持率 p 进行估计. 在置信水平 0.95 下, 解决以下问题:

(a) 为使得 $|\hat{p}-p|\leqslant 0.01$, 应当随机抽样调查多少人?

(b) 当随机抽样调查的 4 万人中有 5600 人支持该提案, 计算 p 的置信区间;

(c) 计算 p 的单侧置信上限 $\overline{p}$;

(d) 计算 (b) 中置信区间的长度.

解 (a) 本例中 $d=0.01$, $\alpha=0.05$, $z_{\alpha/2}=1.96$. 从 (9.4.8) 计算出

$$n \geqslant \frac{1.96^2}{0.01^2}=38\,416,$$

所以至少应当调查 38 416 个人.

(b) 将 $\hat{p}=\dfrac{5\,600}{40\,000}=0.14$, $n=40\,000$, $z_{0.025}=1.96$ 代入 (9.4.4), 得到所要求的置信区间 $[\,0.136\,6,\,0.143\,4\,]$.

(c) 利用 (9.4.5) 计算出 p 的单侧置信上限 $\overline{p}=0.142\,9$. 我们以 95% 的概率保证对该提案的总体支持率 $p \leqslant 14.3\%$.

(d) 置信区间 (b) 的长度为 $0.143\,4-0.136\,6=0.006\,8$.

9.5 置信区间小结

根据前面的讨论, 可以给出一般情况下未知参数 θ 的置信区间的定义.

定义 9.5.1 设 $X_1,X_2,\cdots,X_n$ 是总体 X 的样本, $\boldsymbol{X}=(X_1,X_2,\cdots,X_n)$, θ 是未知参数, $\hat{\theta}_1=\hat{\theta}_1(\boldsymbol{X})$, $\hat{\theta}_2=\hat{\theta}_2(\boldsymbol{X})$ 是两个统计量. 对于给定的 $\alpha\in(0,1)$, 如果有

$$P(\,\hat{\theta}_1 \leqslant \theta \leqslant \hat{\theta}_2\,) \geqslant 1-\alpha, \tag{9.5.1}$$

则称 $[\hat{\theta}_1,\hat{\theta}_2]$ 为参数 θ 的置信水平为 $1-\alpha$ 的 (双侧) 置信区间.

在定义 9.5.1 中, 置信水平又称为**置信度**, 置信区间的右端点 $\hat{\theta}_2$ 又称为置信上限, 置信区间的左端点 $\hat{\theta}_1$ 又称为置信下限. 由于 $\hat{\theta}_1=\hat{\theta}_1(\boldsymbol{X})$ 和 $\hat{\theta}_2=\hat{\theta}_2(\boldsymbol{X})$ 都是随机变量的函数, 因而是随机变量. 但是给定样本观测值 $\boldsymbol{x}=(x_1,x_2,\cdots,x_n)$, 就得到了一个具体的闭区间 $[\hat{\theta}_1(\boldsymbol{x}),\hat{\theta}_2(\boldsymbol{x})]$, 我们以 $1-\alpha$ 的概率保证未知参数 $\theta\in[\hat{\theta}_1(\boldsymbol{x}),\hat{\theta}_2(\boldsymbol{x})]$. 很明显, 在相同的置信水平下, 置信区间的长度越小越好.

定义 9.5.2 设 $X_1,X_2,\cdots,X_n$ 是总体 X 的样本, $\boldsymbol{X}=(X_1,X_2,\cdots,X_n)$, θ 是未知参数, $\overline{\theta}=\overline{\theta}(\boldsymbol{X})$, $\underline{\theta}=\underline{\theta}(\boldsymbol{X})$ 是两个统计量. 对于给定的 $\alpha\in(0,1)$.

(1) 如果

$$P(\,\theta \leqslant \overline{\theta}\,) \geqslant 1-\alpha, \tag{9.5.2}$$

则称 $\overline{\theta}$ 为参数 θ 的置信水平为 $1-\alpha$ 的单侧置信上限;

(2) 如果

$$P(\,\theta \geqslant \underline{\theta}\,) \geqslant 1-\alpha, \tag{9.5.3}$$

则称 $\underline{\theta}$ 为参数 θ 的置信水平为 $1-\alpha$ 的单侧置信下限.

置信区间表 (置信水平为 $1-\alpha$)

参数	双侧置信区间的上、下限	单侧置信上、下限
μ (σ^2 已知)	$\overline{x}_n \pm z_{\alpha/2}\sigma/\sqrt{n}$	$\overline{\mu}=\overline{x}_n+z_\alpha\sigma/\sqrt{n}$ $\underline{\mu}=\overline{x}_n-z_\alpha\sigma/\sqrt{n}$
μ (σ^2 未知)	$\overline{x}_n \pm t_{\alpha/2}(n-1)s/\sqrt{n}$	$\overline{\mu}=\overline{x}_n+t_\alpha(n-1)s/\sqrt{n}$ $\underline{\mu}=\overline{x}_n-t_\alpha(n-1)s/\sqrt{n}$
σ^2 (μ 未知)	$[(n-1)s^2/\chi^2_{\alpha/2},$ $(n-1)s^2/\chi^2_{1-\alpha/2}]$	$\overline{\sigma^2}=(n-1)s^2/\chi^2_{1-\alpha}$ $\underline{\sigma^2}=(n-1)s^2/\chi^2_\alpha$
$\mu=\mu_1-\mu_2$ (σ_1^2,σ_2^2 已知)	$(\overline{x}_n-\overline{y}_m)\pm z_{\alpha/2}\tilde{\sigma}$	$\overline{\mu}=(\overline{x}_n-\overline{y}_m)+z_\alpha\tilde{\sigma}$ $\underline{\mu}=(\overline{x}_n-\overline{y}_m)-z_\alpha\tilde{\sigma}$
$\mu=\mu_1-\mu_2$ ($\sigma_1^2=\sigma_2^2$)	$(\overline{x}_n-\overline{y}_m)\pm t_{\alpha/2}s_W^*$	$\overline{\mu}=(\overline{x}_n-\overline{y}_m)+t_\alpha s_W^*$ $\underline{\mu}=(\overline{x}_n-\overline{y}_m)-t_\alpha s_W^*$
$\mu=\mu_1-\mu_2$ ($\sigma_1^2/\sigma_2^2=b^2$已知)	$(\overline{x}_n-\overline{y}_m)\pm t_{\alpha/2}s_b^*$	$\overline{\mu}=(\overline{x}_n-\overline{y}_m)+t_\alpha s_b^*$ $\underline{\mu}=(\overline{x}_n-\overline{y}_m)-t_\alpha s_b^*$
σ_1^2/σ_2^2 (μ_1,μ_2 未知)	$[s_1^2/(s_2^2F_{\alpha/2}),\ s_1^2/(s_2^2F_{1-\alpha/2})]$	$\overline{\sigma_1^2/\sigma_2^2}=s_1^2/(s_2^2F_{1-\alpha})$ $\underline{\sigma_1^2/\sigma_2^2}=s_1^2/(s_2^2F_\alpha)$
μ (非正态, n 较大)	$\overline{x}_n \pm z_{\alpha/2}s/\sqrt{n}$	$\overline{\mu}=\overline{x}_n+z_\alpha s/\sqrt{n}$ $\underline{\mu}=\overline{x}_n-z_\alpha s/\sqrt{n}$
比例 p (较大样本量 n)	$\hat{p}\pm z_{\alpha/2}\sqrt{\hat{p}(1-\hat{p})/n}$	$\overline{p}=\hat{p}+z_\alpha\sqrt{\hat{p}(1-\hat{p})/n}$ $\underline{p}=\hat{p}-z_\alpha\sqrt{\hat{p}(1-\hat{p})/n}$
比例 $p=p_1-p_2$ (较大的 n, m)	$\hat{p}\pm z_{\alpha/2}\sqrt{\dfrac{\hat{\sigma}_1^2}{n}+\dfrac{\hat{\sigma}_2^2}{m}}$ $\hat{p}=\hat{p}_1-\hat{p}_2,\ \hat{\sigma}_i^2=\hat{p}_i(1-\hat{p}_i)$	$\overline{p}=\hat{p}+z_\alpha\sqrt{\dfrac{\hat{\sigma}_1^2}{n}+\dfrac{\hat{\sigma}_2^2}{m}}$ $\underline{p}=\hat{p}-z_\alpha\sqrt{\dfrac{\hat{\sigma}_1^2}{n}+\dfrac{\hat{\sigma}_2^2}{m}}$

其中 $\overline{x}_n$, $s^2=s_1^2$ 是 $x_1,x_2,\cdots,x_n$ 的样本均值, 样本方差; $\overline{y}_m$, s_2^2 是 $y_1,y_2,\cdots,y_m$ 的样本均值, 样本方差.

$$\tilde{\sigma}=\sqrt{\frac{\sigma_1^2}{n}+\frac{\sigma_2^2}{m}},$$

$$s_W^*=\sqrt{\frac{(n-1)s_1^2+(m-1)s_2^2}{n+m-2}\Big(\frac{1}{n}+\frac{1}{m}\Big)},$$

$$s_b^*=\sqrt{\frac{(n-1)s_1^2/b^2+(m-1)s_2^2}{n+m-2}\Big(\frac{b^2}{n}+\frac{1}{m}\Big)},$$

$$t_{\alpha/2}=t_{\alpha/2}(n+m-2),\quad t_\alpha=t_\alpha(n+m-2),$$

$$\chi^2_{1-\alpha}=\chi^2_{1-\alpha}(n-1),\quad \chi^2_\alpha=\chi^2_\alpha(n-1),$$

$$F_{\alpha/2}=F_{\alpha/2}(n-1,m-1),\quad F_{1-\alpha/2}=F_{1-\alpha/2}(n-1,m-1),$$

$$F_\alpha=F_\alpha(n-1,m-1),\quad F_{1-\alpha}=F_{1-\alpha}(n-1,m-1).$$

用MATLAB计算置信区间

用MATLAB计算上α 分位数

习题九

9.1 给定总体 $X\sim N(\mu_1,\sigma_1^2)$ 的样本 $X_1,X_2,\cdots,X_n$ 和总体 $Y\sim N(\mu_2,\sigma_2^2)$ 的样本 $Y_1,Y_2,\cdots,Y_m$, 用 $\overline{X}_1,S_1^2$ 分别表示 X 的样本均值和样本方差, 用 $\overline{X}_2$, S_2^2 分别表示 Y 的样本均值和样本方差. 当总体 X 和总体 Y 独立, 直接写出以下随机变量服从的概率分布:

(1) $\eta_1=\sum\limits_{i=1}^n X_i$; (2) $\eta_2=\sum\limits_{i=1}^n\left(\dfrac{X_i-\mu_1}{\sigma_1}\right)^2$; (3) $\eta_3=\sum\limits_{i=1}^n X_i+\sum\limits_{j=1}^m Y_j$;

(4) $\eta_4=\sum\limits_{i=1}^n\left(\dfrac{X_i-\mu_1}{\sigma_1}\right)^2+\sum\limits_{j=1}^m\left(\dfrac{Y_j-\mu_2}{\sigma_2}\right)^2$; (5) $\eta_5=\dfrac{(n-1)S_1^2}{\sigma_1^2}$;

(6) $\eta_6=\dfrac{(n-1)S_1^2}{\sigma_1^2}+\dfrac{(m-1)S_2^2}{\sigma_2^2}$; (7) $\eta_7=\dfrac{\overline{X}_1-\mu_1}{S_1/\sqrt{n}}$; (8) $\eta_8=\dfrac{S_1^2/\sigma_1^2}{S_2^2/\sigma_2^2}$.

9.2 设 $Z\sim N(0,1)$, $\Phi=P(Z\leqslant x)$, $x\geqslant 0$, 验证以下结论:

(1) $P(Z\leqslant -x)=P(Z>x)=1-\Phi(x)$;

(2) $P(|Z|\geqslant x)=2P(Z>x)=2(1-\Phi(x))$;

(3) $P(|Z|\leqslant x)=2\Phi(x)-1$.

9.3 设 $X\sim N(\mu,\sigma^2)$, 验证以下结论:

(1) $P(\mu\in[X-z_{\alpha/2}\sigma,X+z_{\alpha/2}\sigma])=1-\alpha$;

(2) $P(\mu\leqslant X+z_\alpha\sigma)=P(\mu\geqslant X-z_\alpha\sigma)=1-\alpha$.

9.4 对于例 9.2.2 中鲜牛奶样品的测量数据, 当标准差 $\sigma=0.0048$ 时,

(a) 在置信水平 0.95 下, 计算冰点 μ 的单侧置信下、上限;

(b) 在置信水平 0.90 下, 计算冰点 μ 的置信区间.

9.5 对于例 9.2.2 中鲜牛奶样品的测量数据, 当标准差 σ 未知时,

(a) 在置信水平 0.95 下, 计算冰点 μ 的单侧置信下、上限;

(b) 在置信水平 0.90 下, 计算冰点 μ 的置信区间.

9.6 在例 9.2.2 中, 只使用前 7 个数据计算 μ 的置信水平为 0.95 的置信区间和置信区间的长度.

(a) 已知标准差 $\sigma = 0.0048$;

(b) 未知标准差 σ.

9.7 对建材商店的建筑胶的质量随机抽取了样本量为 30 的样本. 测得其样本均值 $\overline{x} = 998$ g, 样本标准差 $s = 0.003$. 现认为测得质量服从正态分布, 在置信水平 0.95 下, 分别计算总体均值 μ 和总体标准差 σ 的置信区间.

9.8 在一批钢丝中, 随机抽取 16 根. 测得抗拉强度的样本均值 $\overline{x}_n = 560$, 样本方差 $s^2 = 9.6$. 现认为测得的抗拉强度服从正态分布 $N(\mu, \sigma^2)$, 在置信水平 0.95 下, 求总体方差 σ^2 的置信区间和单侧置信限.

9.9 以相同的仰角发射了 8 颗库存了 3 年的同型号炮弹, 射程 (单位: km) 分别是

21.84　21.46　22.31　21.75　20.95　21.51　21.43　21.74

假定射程服从正态分布, 在置信水平 0.95 下, 求这批炮弹的平均射程 μ 的置信区间, 射程标准差 σ 的置信区间.

9.10 在习题 9.9 中, 计算总体均值 μ 的置信水平为 0.95 的单侧置信上、下限和置信水平为 0.9 的置信区间.

9.11 在例 9.2.2 中, 计算标准差 σ 的置信水平为 0.95 的单侧置信区间和置信水平为 0.90 的置信区间.

9.12 在习题 9.7 中, 分别计算总体均值 μ 和总体标准差 σ 的置信水平为 0.90 的单侧置信区间.

9.13 已知 $\sigma_1^2 = \sigma_2^2$, 利用 $\mathrm{E}S_1^2 = \mathrm{E}S_2^2 = \sigma_2^2$, 验证

$$S_W^2 = \frac{(n-1)S_1^2 + (m-1)S_2^2}{n+m-2}$$

是 σ_1^2 和 σ_2^2 的无偏估计.

9.14 打靶时弹落点 (X, Y) 服从正态分布 $N(0,0;1,1;0)$. 脱靶量定义为 $R = \sqrt{X^2+Y^2}$. 在置信水平 0.99 下, 利用 $R^2 \sim \chi^2(2)$, 计算脱靶量的单侧置信上、下限. 即求 r_1, r_2 使得 $P(R \leqslant r_1) = 0.99$, $P(R \geqslant r_2) = 0.99$.

9.15 对于例 9.3.1 的数据, 在置信水平 0.95 下, 计算 σ_1^2/σ_2^2 和 σ_2/σ_1 的单侧置信区间.

9.16 化验员 A, B 分别对某种化合物的含钙量进行了 16 次测定, 测量的样本方差分别是 $s_A^2 = 0.38$, $s_B^2 = 0.41$. 用 σ_A^2, σ_B^2 分别表示化验员 A, B 的测量技术的总体方差, 在置信水平 0.95 下, 求 σ_A/σ_B 的置信区间.

9.17 吲达帕胺 (Indapamide) 是治疗高血压的常用药, 但是在常用量下也可能引起低血钾症. 低血钾影响神经肌肉的兴奋性, 导致肢体软弱无力. 通常认为人体血液中钾的含量应当在 3.5 ~ 5.3 mmol/L. 当血清含钾量低于 3.0 mmol/L 时, 可出现四肢肌肉软弱无力, 低于 2.5 mmol/L 时, 可出现软瘫. 所以医生在开出吲达帕胺的同时要求患者按医嘱补钾. 下面是在服用吲达帕胺的人群中随机抽查的血钾含量, 其中的 X 表示按医嘱补钾, Y 表示未按医嘱补钾.

X	3.6	4.8	4.3	4.1	3.9	4.7	5.1	4.2	3.7	3.9	4.2	4.3	4.7	
Y	3.5	4.3	4.4	4.0	5.0	3.2	3.1	3.9	3.2	4.6	5.0	4.8	3.9	4.6

在正态分布的假设下, 设置信水平 $1-\alpha=0.90$.

(a) 计算 $\overline{x}_n$, s_X, $\overline{y}_m$, s_Y;

(b) 分别计算总体 X 和总体 Y 的方差的双侧和单侧置信区间;

(c) 计算总体方差比 σ_Y^2/σ_X^2 的双侧和单侧置信区间;

(d) 计算总体标准差比 σ_X/σ_Y 的双侧和单侧置信区间;

(e) 假设 $\sigma_X^2/\sigma_Y^2=0.67$, 计算总体均值差 $\mathrm{E}X-\mathrm{E}Y$ 的置信区间.

9.18 验证由 (9.3.8) 定义的 S_b^2 是 σ_2^2 的无偏估计: $\mathrm{E}S_b^2=\sigma_2^2$.

9.19 对于例 9.3.1 的数据假设 $\sigma_1/\sigma_2=21/20$, 在置信水平 0.90 下, 计算 $\mu_1-\mu_2$ 的单侧置信区间.

9.20 通信公司随机抽查了 10 000 条手机短信的字符长度, 得到样本均值 $\overline{x}_n=9$, 样本标准差 $s=18$. 在置信水平 95% 下, 计算该公司用户手机短信字符长度的总体均值 μ 的置信区间.

9.21 淡水资源的匮乏限制了我国许多城市的经济发展. 为了节约用水, 城市甲准备对自来水提价. 现在需要对每吨水提价 0.5 元还是 0.8 元进行随机抽样调查, 为的是既达到节水的目的, 又不影响百姓的日常生活.

(a) 用 p 表示赞同提价 0.5 元的人口比例, 为了得到 p 的置信水平为 $1-\alpha=0.95$ 的置信区间, 且置信区间长度不超过 0.04, 应当随机抽样调查多少人?

(b) 如果随机抽样调查的 $n=2\,500$ 个人中有 1 668 个人同意提价 0.5 元, 计算 p 的置信水平为 0.95 的置信区间;

(c) 计算 (b) 中置信区间的长度.

9.22 随机抽样调查了学校的 1 000 个同学, 发现其中 651 个同学有手机. 在置信水平 0.95 下, 计算该学校有手机同学的比例 p 的置信区间.

9.23 A 城市每天发生的交通事故数 X 服从泊松分布 $\mathcal{P}(\lambda)$. 在过去的一年中, 平均每天发生 17.4 起交通事故, 样本方差是 18.15. 在置信水平 0.95 下, 计算 λ 的置信区间.

9.24 在 2.4 节例 2.4.2 敏感问题调查中, 用 p_1 表示回答 "是" 的概率, 用 p 表示服用过兴奋剂的运动员的真实比例, 则有公式 $p = 2p_1 - 1$. 设随机抽样调查了 n 个运动员, 其中有 S_n 个回答 "是".

(a) 验证 $\hat{p}_1 = S_n/n$, $\hat{p} = 2\hat{p}_1 - 1$ 分别是 p_1, p 的无偏估计;

(b) 计算 p_1 的置信水平为 $1-\alpha$ 的单侧和双侧置信区间. 要使双侧置信区间的长度不大于 0.05, 在置信水平 0.90 下, 至少应当抽样调查多少个运动员?

(c) 计算 p 的置信水平为 $1-\alpha$ 的单侧和双侧置信区间. 在置信水平 0.9 下, 要使双侧置信区间的长度不大于 0.05, 至少应当抽样调查多少个运动员?

(d) 如果实际调查了 200 个运动员, 有 115 个回答 "是", 在置信水平 0.9 下, 具体计算出 (b) 和 (c) 中的置信区间;

(e) 如果实际调查了 2 000 个运动员, 有 1 150 个回答 "是", 在置信水平 0.9 下, 具体计算出 (b) 和 (c) 中的置信区间.

9.25 设 $X \sim N(\mu, \sigma^2)$. 如果 a, b 使得 $P(a \leqslant X \leqslant b) = 1-\alpha$, 则称 $[a, b]$ 是 X 的置信水平为 $1-\alpha$ 的预测区间. 如果 c, d 分别使得 $P(X \geqslant c) = 1-\alpha$, $P(X \leqslant d) = 1-\alpha$, 则分别称 c, d 为 X 的置信水平为 $1-\alpha$ 的单侧预测下限, 单侧预测上限.

(a) 当 μ, σ 已知, 计算 $[a, b]$, c, d;

(b) 当 μ, σ 的样本均值和样本标准差 $\hat{\mu}, s$ 已知, 估计 $[a, b]$, c, d.

9.26 某投资公司的三年期理财项目限定 200 个投资客户. 现在有 65% 的潜在客户愿意投资 300 万以上. 用 X 表示本次投资 300 万以上的客户数.

(a) 求 X 的置信水平为 95% 的预测区间;

(b) 求 X 的置信水平为 95% 的单侧预测下限和单侧预测上限.

9.27 茶翅蝽是桃树的主要害虫之一. 现在从果园的 500 棵桃树中随机抽查了 5 棵, 发现共有 40 只茶翅蝽. 用 Y 表示这 500 颗桃树上的茶翅蝽数. 回答以下问题:

(a) 每棵桃树上的茶翅蝽数应当用什么分布描述?

(b) 果园的每棵桃树上平均有多少只茶翅蝽?

(c) 计算 Y 的置信水平为 95% 的预测区间;

(d) 计算 Y 的置信水平为 95% 的单侧预测下限和单侧预测上限.

9.28 设 $T \sim t(n)$, 求 $Y = T^2$, $Z = T^{-2}$ 的分布.

9.29 设 $\overline{X}$ 和 S^2 分别是总体 $N(0, \sigma^2)$ 的样本均值和样本方差, 样本量是 n, 判断 $n\overline{X}^2/S^2$ 服从的分布.

9.30 设 X_i, $i = 1, 2, \cdots, 2n$, 是总体 $N(\mu, \sigma^2)$ 的样本, $\overline{X}$ 是样本均值, 计算 $\xi^2 = \sum_{j=1}^{n}(X_i + X_{n+i} - 2\,\overline{X})^2$ 的数学期望.

9.31 设 X,Y 独立, 都服从 $N(0,\sigma^2)$ 分布, 查表求 $P\left(\dfrac{|X-Y|}{|X+Y|}>\sqrt{40}\right)$.

考研自测题九

第九章复习

第十章 正态总体的假设检验

假设检验是统计推断的主要内容之一. 在科学研究、日常工作甚至日常生活中时常会对某一件事情提出疑问. 澄清疑问的过程往往是先对疑问做一假设, 然后在这个假设下去寻找相关的证据. 如果得到的证据和假设相矛盾, 就拒绝这个假设.

10.1 假设检验的概念

例 10.1.1 一条新建的南北交通干线全长 100 km. 公路穿过一个隧道 (长度忽略不计), 隧道南面公路长 35 km, 北面公路长 65 km. 在刚刚通车的三个月中, 隧道南发生了三起互不相关的交通事故, 而隧道北没有发生交通事故, 能否认为隧道南的路面更容易发生交通事故?

解 隧道将公路分为两段, 隧道南 35 km, 隧道北 65 km. 用 p 表示一起交通事故发生在隧道南的概率. 如果每起交通事故在这 100 km 的路面上等可能地发生, 则 $p = 0.35$. 于是, $p > 0.35$ 表示隧道南的路面发生交通事故的概率比隧道北的路面发生交通事故的概率大. 为了判断 $p > 0.35$ 是否成立, 先作假设

$$H_0 : p = 0.35.$$

在统计学中, 称 H_0 是**原假设** 或 **零假设**. 再作**备择假设**

$$H_1 : p > 0.35.$$

在本问题中, 如果拒绝 H_0, 就应当接受 H_1. 注意这里的备择假设 H_1 和已有的事实相符, 原假设 H_0 和已有的事实相悖.

用 W 表示三起交通事故都发生在隧道南, 如果 H_0 为真, 则每一起事故发生在隧道南的概率都是 0.35. 因为这三起交通事故的发生是相互独立的, 所以

$$P(W) = 0.35^3 \approx 4.29\%.$$

W 是一个小概率事件, 一般不会发生. 因为小概率事件 W 发生了, 所以要拒绝 H_0: 认为隧道南的路面比隧道北发生交通事故的概率大.

做出以上结论也有可能犯错误, 犯错误的概率正是 $P(W) \approx 4.29\%$. 这是因为当 H_0 成立, 且 W 发生时, 我们才犯错误. 而 H_0 成立时, W 发生的概率正是 $P(W) \approx 4.29\%$.

在例 10.1.1 中, 拒绝原假设 H_0 可能会犯错误, 这类错误被称为**第一类错误**. 因为小概率事件 W 的发生, 所以才作出了拒绝 H_0 的判断. 又因为 W 是否发生是由观测数据决定的, 所以称 W 是**拒绝域**或**否定域**.

通过对例 10.1.1 的分析, 我们得到以下的概念. 进行假设检验时, 根据问题的背景, 先作出原假设

$$H_0: \quad p = 0.35$$

及其备择假设

$$H_1: \ p > 0.35.$$

然后在条件 H_0 下, 计算观测数据出现的概率 p. 如果 p 很小 (一般用 $p \leqslant 0.05$ 衡量), 就拒绝 H_0, 接受 H_1; 如果 p 不是很小, 也不必急于接受 H_0, 这是因为证据往往还不够充分. 如果继续得到的观测数据还不能使得 p 降低下来, 再接受 H_0 不迟.

在例 10.1.1 中, 如果第一起交通事故发生后, 就拒绝 H_0, 断定隧道南更容易发生交通事故, 则犯第一类错误的概率是 35%. 如果第二起交通事故发生后, 就拒绝 H_0, 断定隧道南更容易发生交通事故, 则犯第一类错误的概率减少为 $0.35^2 = 12.25\%$. 如果第四起交通事故又发生在隧道南, 则拒绝 H_0 时犯第一类错误的概率降低为 $0.35^4 = 1.5\%$.

为了简便, 我们把以上的原假设和备择假设记作

$$H_0: \ p = 0.35 \text{ vs } \quad H_1: \ p > 0.35,$$

其中的 vs 是 versus 的缩写.

在解决假设检验的问题时, 无论作出拒绝还是接受原假设 H_0 的决定, 都有可能犯错误. 在统计学中, 称拒绝 H_0 时犯的错误为第一类错误, 称接受 H_0 时犯的错误为第二类错误. 具体如下:

(1) H_0 为真, 统计推断的结果拒绝 H_0, 犯第一类错误;

(2) H_0 为假, 统计推断的结果接受 H_0, 犯第二类错误;

(3) H_0 为真, 统计推断的结果没有拒绝 H_0, 不犯错误;

(4) H_0 为假, 统计推断的结果拒绝 H_0, 不犯错误.

犯第一类错误的概率也被称为弃真的概率, 犯第二类错误的概率也被称为取假的概率.

例 10.1.2 一个有 20 年教龄的教师声称他上课从来不 "点名", 如何判定他真的没点过名?

为了解决这个问题, 我们也作一个原假设 H_0: 他没有点过名, 然后再调查 H_0 是否为真. 当调查了他教过的 3 个班, 都说他没有点过名, 这时如果接受 H_0, 犯错误的概率还是较大的. 当调查了他教过的 10 个班, 都说他没有点过名, 这时接受 H_0 犯错误的概率会明显减少. 如果调查了他教过的 30 个班, 都说他没有点过名, 这时接受 H_0 犯错误

的概率就会很小了. 可惜调查 30 个班是很难做到的. 反过来, 在调查中只要有人证实这位老师点过名, 就可以拒绝 H_0 了 (不论调查了几个班), 并且犯错误的概率很小.

例 10.1.2 告诉我们, 要拒绝原假设 H_0 是比较简单的: 无论样本量是多少, 只要有一个反例就够了. 但是要接受 H_0 就比较费力了: 必须有足够多的证据 (样本量), 才能够以较大的概率保证 H_0 为真. 也就是说必须有足够的证据 (样本量), 才能减少犯第二类错误的概率.

在例 10.1.2 中还有一个现象值得注意: 当调查 10 个班发现都没有点过名就接受 H_0 时, 即使判断失误, 造成的后果也不严重. 因为数据已经说明这位老师不爱点名了.

在应用问题中, 常用到**显著性检验**. 显著性检验的任务是依据观测数据或试验数据判断原假设 H_0 是否成立: 如果观测数据或试验数据和原假设有显著的差异, 就拒绝 H_0, 并称**检验显著**. 否则不能拒绝 H_0, 并称**检验不显著**. 注意, 不能拒绝 H_0 并不表示一定要马上接受 H_0. 显著性检验的原则是控制犯第一类错误的概率不超过某个定值 α, 比如说 $\alpha = 0.05$, 而对犯第二类错误的概率没有限制. 因此, 如何规定原假设和备择假设就有讲究了. 看下面的例子.

例 10.1.3 亚硝酸盐作为食品添加剂具有着色和延长保质期的防腐作用, 被广泛用于熟肉、灌肠和罐头等肉食品. 鉴于亚硝酸盐对人体十分有害 (引起中毒、致癌), 所以各国对其作为食品添加剂的用量都有十分严格的限制. 现在为了检验某食品厂灌肠的亚硝酸盐含量是否超标, 预备随机抽查该厂 10 个灌肠样品, 用显著性检验方法进行检验. 如果控制犯第一类错误的概率不超过 1%, 应当对下面的哪个假设进行检验?

(a) H_0: 亚硝酸盐不超标 vs H_1: 亚硝酸盐超标;

(b) H_0: 亚硝酸盐超标 vs H_1: 亚硝酸盐不超标.

解 如果对于假设 (a) 进行检验, 则依据数据拒绝 H_0 时, 犯错误的概率不超过 1%, 即把合格灌肠判为不合格的概率不超过 1% . 因为 1% 太小了, 所以假设 (a) 保护了厂家的权益. 当依据数据不能拒绝 H_0 时, 若接受 H_0, 则将冒很大的风险. 因为这时犯 (第二类) 错误的概率是未知的, 而不合格的灌肠流向市场会损害消费者的健康, 造成严重后果. 所以 (a) 不适用.

再分析假设 (b). 当依据数据拒绝 H_0 时, 犯错误的概率不超过 1%, 这就保护了消费者的利益. 因为超标灌肠流向市场的概率不超过 1%. 当依据数据不能拒绝 H_0, 即便认为灌肠的亚硝酸盐超标而犯错误, 也不会造成严重后果, 因为厂家进一步减少添加剂的用量就是了. 所以, 本例应当对 (b) 进行检验.

在例 10.1.3 中, 不是拒绝 H_0 就是接受 H_0, 没有不表态的余地. 当 H_0 成立时, 否定 H_0 的概率只有 1%, 而接受 H_0 的概率达到 99%. 所以说, 显著性检验对于原假设 H_0 有利.

在例 10.1.3 的 (b) 中, 如果食品厂也主张自己的权益, 要求合格的产品通过检验的概率不低于 95%, 显著性检验就不适用了. 这时需要作验收检验 (见 10.5.2 节).

判断参数大于或小于某个数值的检验被称为单边检验. 对于单边检验, 当数据在手, 又不需要考虑其他因素的情况下, 如果选备择假设 H_1 和已有的事实或数据相符, 选原假设 H_0 和已有的事实或数据相悖, 则有利于得出拒绝 H_0 的结论, 同时控制了犯错误的概率. 否则不能从假设检验中得到更多信息. 在例 10.1.1 中, 备择假设 $H_1: p > 0.35$ 是和已有的事实相符的.

10.2 正态均值的显著性检验

设 $X_1, X_2, \cdots, X_n$ 是正态总体 $N(\mu, \sigma^2)$ 的样本, 则 $\overline{X}_n \sim N(\mu, \sigma^2/n)$, 于是得到

$$Z = \frac{\overline{X}_n - \mu}{\sigma/\sqrt{n}} \sim N(0,1).$$

用 z_α 表示标准正态分布 $N(0,1)$ 的上 α 分位数. 按定义有

$$\begin{cases} P(Z \geqslant z_\alpha) = P(Z \leqslant -z_\alpha) = \alpha, \\ P(|Z| \geqslant z_{\alpha/2}) = \alpha. \end{cases} \tag{10.2.1}$$

当 $\alpha = 0.05$ 时, 查表得到 $z_\alpha = 1.645$, $z_{\alpha/2} = 1.96$. 于是得到

$$\begin{cases} P(Z \geqslant 1.645) = P(Z \leqslant -1.645) = 0.05, \\ P(|Z| \geqslant 1.96) = 0.05. \end{cases} \tag{10.2.2}$$

10.2.1 已知 σ 时, μ 的检验

例 10.2.1 一台方差是 0.8 的自动包装机在流水线上包装净重 500 g 的袋装白糖. 一段时间后, 为了检验 (包装的) 净重是否发生了漂移, 需要进行抽样检验. 试完成以下工作:

(a) 抽取 n 袋检验时, 给出检验净重是否发生漂移的方法;

(b) 如果随机抽取了该包装机包装的 9 袋白糖, 测得净重 (单位: g) 如下:

499.12 499.48 499.25 499.53 500.82 499.11 498.52 500.01 498.87

用 (a) 中的方法检验净重是否发生了漂移?

解 先分析上面的问题: 当包装的袋装白糖净重的总体均值 $\mu_0 = 500$ 时, 认为包装机在正常工作. 否则认为净重发生了漂移, 需要进行调整.

(a) 将刚刚下线的袋装白糖的净重视为总体 X, 则 $X \sim N(\mu, \sigma^2)$, 其中 $\sigma^2 = 0.8$ 已知, μ 未知. 用 X_j 表示第 j 袋白糖的净重, 则 $X_1, X_2, \cdots, X_9$ 是总体 X 的样本. 作假设

$$H_0: \mu = \mu_0 \quad \text{vs} \quad H_1: \mu \neq \mu_0,$$

其中 $\mu_0=500$. 因为在 H_0 下,

$$Z=\frac{\overline{X}_n-\mu_0}{\sigma/\sqrt{n}}\sim N(0,1), \tag{10.2.3}$$

所以 Z 的值应当在 0 附近. 这就知道 $|Z|$ 取值较大时应拒绝 H_0. 根据 (10.2.2), 有

$$P(|Z|\geqslant 1.96)=0.05.$$

因为 $\{|Z|\geqslant 1.96\}$ 是小概率事件, 所以 $|Z|\geqslant 1.96$ 时就拒绝 H_0.

(b) 现在将 $n=9$, $\overline{X}_n=499.412$ 代入 (10.2.3), 得到

$$|Z|=\left|\frac{499.412-500}{\sqrt{0.8/9}}\right|=1.97>1.96,$$

所以要拒绝 H_0, 认为净重发生了漂移. 这样做犯错误的概率不超过 0.05.

在例 10.2.1 中, $W=\{|Z|\geqslant 1.96\}$ 是拒绝域 (或否定域): W 发生就拒绝 H_0. 称 W 发生的概率 $P(W)=0.05$ 为检验的显著水平, 简称为**显著水平**或**检验水平**, 并且称 W 是显著水平为 0.05 的拒绝域. 因为 W 是通过 Z 构造的, 所以称 Z 是检验统计量.

在例 10.2.1 中, 如果将显著水平定为 α (通常小于 0.1), 则根据 (10.2.1) 知道拒绝域是

$$W_\alpha=\{|Z|\geqslant z_{\alpha/2}\}.$$

这是因为在 H_0 下,

$$P(W_\alpha)=P(|Z|\geqslant z_{\alpha/2})=\alpha,$$

于是 W_α 是显著水平为 α 的拒绝域. 如果小概率事件 W_α 发生, 则检验的结果和原假设有显著差异, 于是称**检验显著**, 否则称检验不显著. 检验显著时要拒绝 H_0, 这时犯第一类错误的概率不超过 α. 检验不显著时不能拒绝 H_0, 但是在条件许可时也不必急于接受 H_0, 以免犯第二类错误. 因为 $|Z|\geqslant z_{\alpha/2}$ 时拒绝 H_0, 所以还称 $z_{\alpha/2}$ 为**临界值**.

犯第一类错误的概率不超过显著水平 α, 所以显著水平 α 控制了犯第一类错误的概率. 显著水平 α 一般取作 0.05, 有时也根据实际需要取成 0.01 至 0.1 之间的数.

值得指出, 拒绝域 $W_\alpha=\{|Z|\geqslant z_{\alpha/2}\}$ 是一个事件, 它的发生与否由 $|Z|$ 的取值决定, 从而由观测样本 $X_1,X_2,\cdots,X_n$ 决定.

现在将例 10.2.1 中的方法总结如下: 如果 $X_1,X_2,\cdots,X_n$ 是总体 $N(\mu,\sigma^2)$ 的样本观测值, σ 已知时,

$$H_0\colon \mu=\mu_0 \quad \text{vs} \quad H_1\colon \mu\neq\mu_0$$

的显著水平为 α 的拒绝域是

$$\{|Z|\geqslant z_{\alpha/2}\},\quad 其中\ Z=\frac{\overline{X}_n-\mu_0}{\sigma/\sqrt{n}}. \tag{10.2.4}$$

如果 $|Z|\geqslant z_{\alpha/2}$ 发生, 则称检验是显著的, 表示结论和假设有显著差异. 这时, 拒绝 H_0 犯错误的概率不超过 α. 由于这种检验方法是基于正态分布的方法, 所以又称为正态检验法或 ***Z* 检验**.

在例 10.2.1 中, 如果将显著水平定为 $\alpha = 0.04$, 则临界值 $z_{\alpha/2} = z_{0.02} = 2.054$ (查附录 C2). 这时 $|Z| = 1.97 < 2.054$, 不能拒绝 H_0. 说明在不同的显著水平下可以得到不同的检验结果. 降低 α, 会使得拒绝域减小:

$$\left\{|Z| \geqslant z_{0.04/2}\right\} = \left\{|Z| \geqslant 2.054\right\} \subset \left\{|Z| \geqslant 1.96\right\} = \left\{|Z| \geqslant z_{0.05/2}\right\}.$$

于是, 显著水平 α 越小越不易拒绝 H_0.

在例 10.2.1 中, 如果将显著水平设为 $\alpha = 0.01$, 则 $z_{0.01/2} = 2.576$. $H_0\colon \mu = \mu_0$ 的拒绝域成为

$$W = \left\{ \left|\frac{\overline{X}_n - \mu_0}{\sigma/\sqrt{n}}\right| \geqslant 2.576\right\}.$$

这时, 更不容易拒绝 H_0. 也就是说, 严控犯第一类错误的概率, 不利于包装质量的保证.

另一方面, 犯第一类错误的概率 α 也不宜过大. 在例 10.2.1 中, 如果把显著水平设为 $\alpha = 0.2$, 则 $z_{0.2/2} = 1.282$, 于是 $H_0\colon \mu = \mu_0$ 的拒绝域成为

$$W = \left\{ \left|\frac{\overline{X}_n - \mu_0}{\sigma/\sqrt{n}}\right| \geqslant 1.282\right\}.$$

这时, 产品包装的质量得到更好的保证, 但是停机校正的事情会增加, 从而影响生产效率.

所有假设检验都存在类似问题, 实际中应根据实情合理安排显著水平 α. 但是本书多以 $\alpha = 0.05$ 为例, 不再累述.

10.2.2 未知 σ 时, μ 的检验

设 $X_1, X_2, \cdots, X_n$ 是总体 $N(\mu, \sigma^2)$ 的样本, 则样本均值 $\overline{X}_n \sim N(\mu, \sigma^2/n)$. 当标准差 σ 未知时, 用样本标准差

$$S = \sqrt{\frac{1}{n-1}\sum_{j=1}^{n}(X_j - \overline{X}_n)^2}$$

取代

$$Z = \frac{\overline{X}_n - \mu}{\sigma/\sqrt{n}}$$

中的 σ, 得到 (参考 9.1 节例 9.1.3)

$$T = \frac{\overline{X}_n - \mu}{S/\sqrt{n}} \sim t(n-1).$$

设 $m = n-1$, 用 $t_\alpha(m)$ 表示 $t(m)$ 分布的上 α 分位数. 按定义有

$$\begin{cases} P(T \geqslant t_\alpha(m)) = P(T \leqslant -t_\alpha(m)) = \alpha, \\ P(|T| \geqslant t_{\alpha/2}(m)) = \alpha. \end{cases} \tag{10.2.5}$$

当 $m=8$, $\alpha=0.05$ 时, 查表得到 $t_\alpha(8)=1.86$, $t_{\alpha/2}(8)=2.306$. 于是得到

$$\begin{cases} P(T \leqslant -1.86)=0.05, \\ P(|T| \geqslant 2.306)=0.05. \end{cases} \tag{10.2.6}$$

例 10.2.2 为了检验某超市出售的净重为 500 g 的袋装白糖的净重是否标准, 需要进行抽样检查. 试完成以下工作:

(a) 抽取 n 袋检验时, 给出检验这批袋装白糖的净重是否符合标准的方法;

(b) 如果随机抽取了 9 袋白糖, 测得的净重如例 10.2.1 所示, 用 (a) 中方法检验这批白糖的净重是否符合标准.

解 (a) 对 $\mu_0=500$, 仍作假设

$$H_0\colon \mu=\mu_0 \quad \text{vs} \quad H_1\colon \mu\neq\mu_0.$$

因为标准差 σ 未知, 所以要用样本标准差 S 代替, 这时的检验统计量

$$T=\frac{\overline{X}_n-\mu_0}{S/\sqrt{n}} \sim t(n-1).$$

说明 T 在 0 附近取值是正常的, 如果 $|T|$ 取值较大就要拒绝 H_0. 对于显著水平 $\alpha=0.05$, 根据 (10.2.5) 有

$$P\big(|T| \geqslant t_{\alpha/2}(n-1)\big)=\alpha.$$

所以 $W_\alpha=\{|T| \geqslant t_{\alpha/2}(n-1)\}$ 是显著水平为 0.05 的拒绝域. 当 $|T| \geqslant t_{\alpha/2}(n-1)$ 时, 拒绝 H_0 犯错误的概率不超过 0.05.

(b) 对于 $n=9$, $\alpha=0.05$, 查表得到 $t_{\alpha/2}(8)=2.306$. 根据 (10.2.6), 有

$$P\big(|T| \geqslant 2.306\big)=0.05.$$

于是 H_0 的显著水平为 α 的拒绝域是

$$\big\{\, |T| \geqslant 2.306 \,\big\}.$$

现在 $\mu_0=500$, $\overline{X}_n=499.412$, 经过计算得到 $S=0.676$,

$$|T|=\left|\frac{\overline{X}_n-\mu_0}{S/\sqrt{n}}\right|=2.609>2.306.$$

因为 $|T|$ 大于临界值 2.306, 所以拒绝 H_0, 认为 $\mu_0\neq 500$.

在例 10.2.2 中, $\overline{X}_n=499.412<500$, 所以认为供应的白糖是缺斤少两的. 作出以上判断也有可能犯错误, 但是犯错误的概率不超过 $\alpha=0.05$.

下面将例 10.2.2 中的方法总结如下: 如果 $X_1, X_2, \cdots, X_n$ 是总体 $N(\mu,\sigma^2)$ 的样本, 当 σ 未知时, 假设

$$H_0\colon \mu=\mu_0 \quad \text{vs} \quad H_1\colon \mu\neq\mu_0$$

的显著水平为 α 的拒绝域是

$$\big\{|T| \geqslant t_{\alpha/2}(n-1)\big\}, \quad 其中\ T=\frac{\overline{X}_n-\mu_0}{S/\sqrt{n}}. \tag{10.2.7}$$

如果 $|T| \geqslant t_{\alpha/2}(n-1)$ 发生, 则称检验是显著的, 这时拒绝 H_0 犯错误的概率不超过 α. 由于这种检验方法是基于 t 分布的方法, 所以又称为 t **检验法**.

例 10.2.1 和例 10.2.2 中都是检验 H_0: $\mu=\mu_0$ vs H_1: $\mu \neq \mu_0$. 因为当 $\overline{X}_n$ 比 μ_0 大许多或小许多时, 都倾向于拒绝原假设 H_0, 所以这种检验又被称为**双侧检验**.

在许多实际问题中, 还常常需要检验总体均值 μ 是否大于 (或小于) 某个定值 μ_0, 或检验总体方差 σ^2 是否大于 (或小于) 某个定值 σ_0^2, 这时需要作单边假设检验. 另外, 人们还可以利用数据提供的信息设计原假设和备择假设, 这时也需要作单侧假设检验. 单侧假设检验的简称是**单侧检验**.

10.2.3 未知 σ 时, μ 的单侧检验

例 10.2.3 在例 10.2.2 中, 抽查的 9 袋白糖的平均净重 $\overline{X}_n=499.412$ 就应当引起疑问: 这批白糖的平均净重是否不足? 试在显著水平 0.05 下, 检验这个结果.

解 因为 $\overline{X}_n<500$, 所以取备择假设为 $H_1: \mu<500$. 因为从数据无法接受 $\mu>500$ 的结论, 所以取原假设为 $H_0: \mu=500$. 于是要对

$$H_0: \mu=500 \quad \text{vs} \quad H_1: \mu<500. \tag{10.2.8}$$

进行检验. 在 H_1 下, $\overline{X}_n$ 取值应当较小, 从而 T 取值也应当较小. T 取值较小时要拒绝 H_0. 因为在 H_0 下,

$$T=\frac{\overline{X}_n-\mu}{S/\sqrt{n}} \sim t(n-1), \quad P\big(T \leqslant -t_\alpha(n-1)\big)=\alpha,$$

所以当 $T \leqslant -t_\alpha(n-1)$ 时要拒绝 H_0, 这时犯第一类错误的概率为 α.

现在对显著水平 $\alpha=0.05$, 查表得到 $-t_{0.05}(8)=-1.86$. 经计算

$$T=\frac{\overline{X}_n-500}{S/\sqrt{n}}=-2.609<-1.86,$$

所以拒绝 H_0. 拒绝 H_0 时犯错误的概率不超过 0.05.

在例 10.2.3 中, 如果抽查的数据使得检验不显著, 则不能认为白糖的重量不足. 也可以说不能否认 $\mu \geqslant 500$. 这样看, 也可以对

$$H_0: \mu \geqslant 500 \quad \text{vs} \quad H_1: \mu<500 \tag{10.2.9}$$

进行检验. 在这个 H_0 下, 总体均值 μ 未知, 所以只得到

$$\begin{aligned} T_0&=\frac{\overline{X}_n-\mu}{S/\sqrt{n}} \sim t(n-1), \\ T&=\frac{\overline{X}_n-500}{S/\sqrt{n}} \geqslant T_0=\frac{\overline{X}_n-\mu}{S/\sqrt{n}}. \end{aligned}$$

因为

$$P\big(T \leqslant -t_\alpha(n-1)\big) \leqslant P\big(T_0 \leqslant -t_\alpha(n-1)\big)=\alpha,$$

所以当 $T \leqslant -t_\alpha(n-1)$ 时拒绝 H_0 犯第一类错误的概率不超过 α. 说明 (10.2.9) 和 (10.2.8) 的拒绝域是一致的.

现在将例 10.2.3 中的方法总结如下: 设 $X_1, X_2, \cdots, X_n$ 是总体 $N(\mu, \sigma^2)$ 的样本, 如果标准差 σ 未知, 则假设

$$H_0 \colon \mu = \mu_0 \ (\text{或}\ \mu \geqslant \mu_0) \quad \text{vs} \quad H_1 \colon \mu < \mu_0$$

的显著水平为 α 的拒绝域是

$$W_\alpha = \{T \leqslant -t_\alpha(n-1)\}, \quad \text{其中}\ T = \frac{\overline{X}_n - \mu_0}{S/\sqrt{n}}. \tag{10.2.10}$$

如果 W_α 发生, 则检验显著. 检验显著时, 拒绝 H_0 犯错误的概率不超过 α.

同理, 对于总体 $N(\mu, \sigma^2)$ 的样本 $X_1, X_2, \cdots, X_n$, σ 未知时, 在显著水平 α 下, 假设

$$H_0 \colon \mu = \mu_0 \ (\text{或}\ \mu \leqslant \mu_0) \quad \text{vs} \quad H_1 \colon \mu > \mu_0 \tag{10.2.11}$$

的拒绝域是

$$W_\alpha = \{T \geqslant t_\alpha(n-1)\}, \quad \text{其中}\ T = \frac{\overline{X}_n - \mu_0}{S/\sqrt{n}}. \tag{10.2.12}$$

如果 W_α 发生, 则检验显著. 检验显著时, 拒绝 H_0 犯错误的概率不超过 α.

以上两种检验方法也称为 t 检验法. 为了方便记忆, 应当注意拒绝域 $\{T \geqslant t_\alpha(n-1)\}$ 的不等号 “ $\geqslant$” 方向和备择假设 $H_1 : \mu > \mu_0$ 的不等号 “$>$” 方向是一致的. 拒绝域 $\{T \leqslant -t_\alpha(n-1)\}$ 的不等号 “$\leqslant$” 方向和备择假设 $H_1 \colon \mu < \mu_0$ 的不等号 “$<$” 方向也是一致的.

从前面的例子可以看出, 单侧假设检验更易于得出拒绝 H_0 的结论. 这是因为在相同的显著水平 0.05 下, 临界值 $t_{0.05}(8) = 1.86 < t_{0.05/2}(8) = 2.306$, 所以对双侧假设的检验显著时对单侧假设的检验必然显著.

一般来讲, 对于相同的显著水平和适当的单侧备择假设, 因为临界值 $t_\alpha(m) < t_{\alpha/2}(m)$, 所以双侧检验显著时, 单侧检验也一定显著. 反之, 单侧检验显著时, 双侧检验不一定显著. 对于其他的假设检验问题, 都有相同的结论. 造成这一结果的原因还在于, 单侧检验的原假设和备择假设的设计往往已经利用了数据提供的信息, 而双侧检验的设计往往没有利用数据的信息.

例 10.2.4 糕点厂经理为判断牛奶供应商所供应的鲜牛奶是否被兑水, 对它供应的牛奶进行了随机抽样检查, 测得其 12 个牛奶样品的冰点如下:

$$\begin{array}{cccccc} -0.5426 & -0.5467 & -0.5360 & -0.5281 & -0.5444 & -0.5468 \\ -0.5420 & -0.5347 & -0.5468 & -0.5496 & -0.5410 & -0.5405 \end{array}$$

已知鲜牛奶的冰点是 -0.545°C. 在显著水平 0.05 下, 试判断供应商的牛奶是否被兑水.

解 设 $n = 12$. 用 X_i 表示第 i 个样品的冰点, 则 $X_1, X_2, \cdots, X_n$ 是正态总体 $N(\mu, \sigma^2)$ 的样本, 参数 μ, σ 未知. 如果牛奶没有被兑水, 则 $\mu = -0.545$. 根据测量的数

据可以计算出样本均值和样本标准差如下:

$$\overline{X}_n = -0.541\,6, \quad S = 0.006\,1.$$

由于水的冰点是 0°C, 所以兑水牛奶的冰点将会提高. 现在 $\overline{X}_n > -0.545$, 于是有理由怀疑牛奶被兑水.

为了判定牛奶是否被兑水, 就要看牛奶没被兑水时, $\overline{X}_n = -0.541\,6$ 发生的概率有多大. 设 $\mu_0 = -0.545$. 因为 $\overline{X}_n > \mu_0$, 牛奶的冰点又不会低于 μ_0, 所以作假设

$$H_0\colon\ \mu = \mu_0\ (\text{没兑水}) \quad \text{vs} \quad H_1\colon \mu > \mu_0\ (\text{兑水}).$$

如果拒绝了 H_0, 就判定牛奶被兑水.

现在

$$T = \frac{\overline{X}_n - \mu_0}{S/\sqrt{n}} = 1.930\,8,$$

查表得到 $t_{0.05}(11) = 1.796$. 由于 $T > 1.796$, 所以检验显著. 于是拒绝 H_0, 认为牛奶被兑水. 判断牛奶被兑水时犯错误的概率不超过显著水平 0.05.

显著水平 α 控制了拒绝 H_0 时犯第一类错误的概率: 如果检验是显著的, 拒绝 H_0 后, 犯第一类错误的概率不超过 α. 如果检验不显著, 就不能拒绝 H_0, 但是马上作出接受 H_0 的决定还是会冒险的, 因为这时犯第二类错误的概率可能较大.

前面例子中的检验结果都是显著的, 下面的例子说明检验不显著时也不必马上接受 H_0.

例 10.2.5 在例 10.2.4 中, 假设只测量了前 7 个数据, 在显著水平 0.05 下判断牛奶是否被兑水.

解 这时的 7 个测量数据为

$$-0.542\,6 \quad -0.546\,7 \quad -0.536\,0 \quad -0.528\,1 \quad -0.544\,4 \quad -0.546\,8 \quad -0.542\,0$$

可以计算出样本均值 $\overline{X}_n = -0.540\,9$, 样本标准差 $S = 0.006\,7$. 设 $\mu_0 = -0.545$. 作假设

$$H_0\colon\ \mu = \mu_0\ (\text{没兑水}) \quad \text{vs} \quad H_1\colon \mu > \mu_0\ (\text{兑水}).$$

现在检验统计量

$$T = \frac{\overline{X}_n - \mu_0}{S/\sqrt{n}} = \frac{-0.540\,9 + 0.545}{0.006\,7/\sqrt{7}} = 1.619,$$

查表得到 $t_{0.05}(6) = 1.943$. 由于 $T < 1.943$, 所以检验不显著. 不能拒绝 H_0, 从而不能认为牛奶被兑水.

在例 10.2.4 和 10.2.5 中存在以下现象值得注意: 首先, 前 7 次测量的平均冰点 $-0.540\,9$ 高于例 10.2.4 中 12 次测量的平均冰点 $-0.541\,6$, 预示从前 7 次测量数据更应当给出拒绝 H_0 的判断. 但是我们却不能从这 7 个测量数据得到拒绝 H_0 的结果. 造成这个现象的原因是测量数据较少. 将测量数据增加到 12, 得出的结论就更可靠了. 其次, 例 10.2.5 还说明样本量较小时, 检验不显著时就接受 H_0 是不合适的, 因为我们不知道接受 H_0 犯第二类错误的概率有多大.

10.3 均值比较的显著性检验

设 $X \sim N(\mu_1, \sigma_1^2)$, $Y \sim N(\mu_2, \sigma_2^2)$. $X_1, X_2, \cdots, X_n$ 是总体 X 的样本, $Y_1, Y_2, \cdots, Y_m$ 是总体 Y 的样本, 本节讨论有关 μ_1 和 μ_2 比较的假设检验问题. 以下设总体 X 和总体 Y 独立, 于是

$$X_1, X_2, \cdots, X_n, Y_1, Y_2, \cdots, Y_m$$

相互独立. 用 $\overline{X}_n, \overline{Y}_m$ 分别表示 $\{X_i\}$, $\{Y_j\}$ 的样本均值, 用 S_1^2, S_2^2 分别表示 $\{X_i\}$, $\{Y_j\}$ 的样本方差, 则 $\overline{X}_n - \overline{Y}_m$ 服从正态分布, 且

$$\overline{X}_n - \overline{Y}_m \sim N\Big(\mu_1 - \mu_2, \frac{\sigma_1^2}{n} + \frac{\sigma_2^2}{m}\Big).$$

于是

$$Z = \frac{(\overline{X}_n - \overline{Y}_m) - (\mu_1 - \mu_2)}{\sqrt{\sigma_1^2/n + \sigma_2^2/m}} \sim N(0,1). \tag{10.3.1}$$

当未知 σ_1^2, σ_2^2, 但已知 $\sigma_1^2 = \sigma_2^2$ 时, 利用无偏估计

$$S_W^2 = \frac{(n-1)S_1^2 + (m-1)S_2^2}{n+m-2} \tag{10.3.2}$$

替代 (10.3.1) 中的 σ_1^2 和 σ_2^2. 从 9.1 节 (9.1.8) 知道

$$T = \frac{(\overline{X}_n - \overline{Y}_m) - (\mu_1 - \mu_2)}{S_W\sqrt{1/n + 1/m}} \sim t(n+m-2). \tag{10.3.3}$$

若注意在 (10.3.1) 式中将 σ_1^2 和 σ_2^2 都换成其估计量 S_W^2 后得到 (10.3.3), 则可以方便对于 (10.3.3) 的理解和记忆.

10.3.1 已知 $\boldsymbol{\sigma_1^2, \sigma_2^2}$ 时, $\boldsymbol{\mu_1, \mu_2}$ 的检验

例 10.3.1 运动员在训练日的成绩是全天成绩的平均. 运动员甲在 2009 年最后一个训练期和 2010 年最后一个训练期 110 m 栏的成绩记录如下 (单位: s):

训练日	1	2	3	4	5	6	7	8	9	10
2009 年	13.75	13.42	13.94	14.16	13.99	14.53	13.84	14.25	13.68	13.51
2010 年	14.06	13.36	13.39	13.62	13.32	14.02	13.74	13.39	13.59	

如果根据以往记录知道甲在 2009 年和 2010 年成绩的标准差分别是 $\sigma_1 = 0.36$ 和 $\sigma_2 = 0.34$. 在显著水平 0.05 下, 能否认为甲在这两个训练期的表现有显著差异.

解　设 $n = 10$, $m = 9$. 用 $X_1, X_2, \cdots, X_n$ 表示 2009 年的成绩记录, 用 Y_1, Y_2,$\cdots$, Y_m 表示 2010 年的成绩记录. 因为 X_i 是第 i 个训练日的样本平均, 所以根据中心极限定理, 可以认为 $X_1, X_2, \cdots, X_n$ 相互独立都服从 $N(\mu_1, \sigma_1^2)$ 分布, $Y_1, Y_2, \cdots, Y_m$ 相互独立都服从 $N(\mu_2, \sigma_2^2)$ 分布. 作假设

$$H_0\colon \mu_1 = \mu_2 \quad \text{vs} \quad H_1\colon \mu_1 \neq \mu_2.$$

在 H_0 下, $\mu_1 - \mu_2 = 0$, $\sigma_1 = 0.36$, $\sigma_2 = 0.34$, 所以从 (10.3.1) 知道

$$Z = \frac{\overline{X}_n - \overline{Y}_m}{\sqrt{\sigma_1^2/n + \sigma_2^2/m}} \sim N(0,1). \tag{10.3.4}$$

因为 $P(|Z| \geqslant 1.96) = 0.05$, 所以 H_0 的显著水平为 0.05 的拒绝域是

$$W = \{\,|Z| \geqslant 1.96\,\}. \tag{10.3.5}$$

经过计算得到 $\overline{X}_n = 13.907$, $\overline{Y}_m = 13.610$,

$$Z = \frac{13.907 - 13.610}{\sqrt{0.36^2/10 + 0.34^2/9}} = 1.849 < 1.96.$$

因为检验的结果不显著, 所以不能认为甲在这两个训练期的表现有显著差异.

在例 10.3.1 中, 2010 年的平均成绩 $\overline{Y}_m = 13.610$ 好于 2009 年的平均成绩 $\overline{X}_n = 13.907$, 说明成绩很可能是提高了. 但是双边检验并没有检验出这个结果. 这是因为双边检验通常是得到试验数据之前所设计的检验, 所以该设计无法利用试验数据提供的信息. 当试验数据在手时, 应当根据数据提供的信息作单边检验. 下面再通过例 10.3.2 作一次单边检验.

例 10.3.2　依据例 10.3.1 中的训练数据, 判断在显著水平 0.05 下检验运动员甲在 2010 年的训练成绩是否有显著提高.

解　因为 $\overline{X}_n = 13.907 > \overline{Y}_m = 13.610$, 所以作单边假设

$$H_0\colon \mu_1 = \mu_2 \text{ (成绩无提高)} \quad \text{vs} \quad H_1\colon \mu_1 > \mu_2 \text{ (成绩有提高)}. \tag{10.3.6}$$

在 H_0 下

$$Z = \frac{\overline{X}_n - \overline{Y}_m}{\sqrt{\sigma_1^2/n + \sigma_2^2/m}} \sim N(0,1).$$

而 $H_1 : \mu_1 > \mu_2$ 表明 Z 的分子取值越大越应当拒绝 H_0, 从而得到 H_0 的显著水平为 α 的拒绝域 $W_\alpha = \{Z \geqslant z_\alpha\}$. 对于 $\alpha = 0.05$, $z_\alpha = 1.645$, 在例 10.3.1 中已经算得 $Z = 1.849 > 1.645$, 所以应当拒绝 H_0, 认为甲在 2010 年的训练成绩有显著提高.

在例 10.3.2 中, 如果对于假设

$$H_0\colon \mu_1 \leqslant \mu_2 \quad \text{vs} \quad H_1\colon \mu_1 > \mu_2\ . \tag{10.3.7}$$

做检验, H_0 的显著水平为 α 的拒绝域仍然是 $W_\alpha = \{Z \geqslant z_\alpha\}$.

可以理解, 假设

$$H_0: \mu_1 = \mu_2\ (\text{或}\ \mu_1 \geqslant \mu_2) \quad \text{vs} \quad H_1: \mu_1 < \mu_2. \tag{10.3.8}$$

的显著水平为 α 的拒绝域是 $W_\alpha = \{Z \leqslant -z_\alpha\}$.

在上面的叙述中, 还应当注意到拒绝域 $\{Z \geqslant z_\alpha\}$ 的不等号方向 "$\geqslant$" 和备择假设 $H_1: \mu_1 > \mu_2$ 的不等号 "$>$" 方向是一致的. 拒绝域 $\{Z \leqslant -z_\alpha\}$ 的不等号方向 "$\leqslant$" 和备择假设 $H_1: \mu_1 < \mu_2$ 的不等号 "$<$" 方向也是一致的.

10.3.2 已知 $\sigma_1^2 = \sigma_2^2$ 时, $\mu_1 - \mu_2$ 的检验

前面的例 10.3.1 和例 10.3.2 都要求标准差 σ_1, σ_2 已知, 但是实际问题中的标准差往往是未知的, 例 10.3.3 的方法可以部分解决这一问题.

例 10.3.3 在例 10.3.1 中, 假设标准差未知, 但是已知 $\sigma_1 = \sigma_2$, 分别用双侧和单侧检验方法检验甲在 2010 年的成绩是否有显著提高.

解 因为已知 $\sigma_1 = \sigma_2$, 所以作 t 检验. 下面的 S_W 由 (10.3.2) 定义.

(a) 对于双侧假设

$$H_0: \mu_1 = \mu_2 \quad \text{vs} \quad H_1: \mu_1 \neq \mu_2, \tag{10.3.9}$$

在 H_0 下, $\mu_1 - \mu_2 = 0$, 由 (10.3.3) 知道

$$T = \frac{\overline{X}_n - \overline{Y}_m}{S_W\sqrt{1/n + 1/m}} \sim t(n+m-2), \tag{10.3.10}$$

于是 $P(|T| \geqslant t_{0.05/2}(19-2)) = 0.05$. 查表得到 $t_{0.05/2}(17) = 2.11$, 于是 H_0 的显著水平为 0.05 的拒绝域是

$$W = \{|T| \geqslant 2.11\}. \tag{10.3.11}$$

经计算得到

$$\overline{X}_n = 13.907, \quad \overline{Y}_m = 13.610,$$

$$S_1 = 0.342\,1, \quad S_2 = 0.280\,9.$$

$$S_W^2 = 0.099\,1,$$

最后得到

$$T = \frac{13.907 - 13.610}{\sqrt{0.099\,1 \times (1/10 + 1/9)}} = 2.053\,4 < 2.11.$$

检验不显著, 不能在显著水平 0.05 下认为甲在这两个训练期的成绩有显著差异.

(b) 双侧检验不显著, 如果不情愿接受 H_0. 因为 $\overline{X}_n > \overline{Y}_m$, 所以再对单侧假设

$$H_0: \mu_1 = \mu_2 \quad \text{vs} \quad H_1: \mu_1 > \mu_2 \tag{10.3.12}$$

作检验. 在 H_0 下 (10.3.10) 成立. 因为 $H_1: \mu_1 > \mu_2$ 表明 T 取值越大越应当拒绝 H_0, 所以 H_0 的显著水平为 α 的拒绝域是 $W_\alpha = \{T \geqslant t_\alpha(n+m-2)\}$. 对于 $\alpha = 0.05$, 查表得到 $t_{0.05}(17) = 1.74$. 在 (a) 中已经算得 $T = 2.0534 > 1.74$. 所以检验是显著的, 应当拒绝 H_0, 认为甲在 2010 年的训练成绩有显著提高.

在例 10.3.3 中, 如果对于假设

$$H_0: \mu_1 \leqslant \mu_2 \quad \text{vs} \quad H_1: \mu_1 > \mu_2 \ . \tag{10.3.13}$$

做检验, H_0 的显著水平为 α 的拒绝域仍然是 $W_\alpha = \{T \geqslant t_\alpha(n+m-2)\}$.

同理, 假设

$$H_0: \mu_1 = \mu_2 \ (\text{或}\ \mu_1 \geqslant \mu_2) \quad \text{vs} \quad H_1: \mu_1 < \mu_2. \tag{10.3.14}$$

的显著水平为 α 的拒绝域是 $W_\alpha = \{T \leqslant -t_\alpha(n+m-2)\}$.

在上面的叙述中, 也应当注意到拒绝域 $\{T \geqslant t_\alpha(n+m-2)\}$ 的不等号方向 "$\geqslant$" 和备择假设 $H_1: \mu_1 > \mu_2$ 的不等号 "$>$" 方向一致. 拒绝域 $\{T \leqslant -t_\alpha(n+m-2)\}$ 的不等号方向 "$\leqslant$" 和备择假设 $H_1: \mu_1 < \mu_2$ 的不等号 "$<$" 方向一致.

10.3.3 成对数据的假设检验

例 10.3.4 在考古学中, 人们可以用碳 14 方法确定发掘物的年代. 这是由于不论何种动植物生长在何处, 由于新陈代谢的原因, 存活时其细胞组织中每一克碳内所含的碳 14 的数目是相同的. 但是当动植物的生命停止后, 得不到补充的碳 14 衰变时能放出 β 粒子, 其半衰期约为 5730 年. 即大约经过 5730 年下降一半, 经 11460 年减少到 1/4 等. 依此类推, 就能根据动植物残骸中碳 14 的含量来确定其停止呼吸的时间.

现在考古学家们在某建筑工地陆续发掘出了已经碳化了的谷物种子的 12 个标本, 甲、乙两个考古单位分别对这 12 个标本用碳 14 方法进行了年代测定 (单位: 万年), 结果如下:

标本	1	2	3	4	5	6	7	8	9	10	11	12
甲	0.81	0.57	0.69	0.68	0.53	0.72	0.59	0.84	0.61	0.75	0.72	0.60
乙	0.72	0.63	0.53	0.70	0.69	0.80	0.69	0.57	0.67	0.53	0.63	0.63

在显著水平 0.05 下, 这两单位的测量年代有无显著的差异?

解 用 $X_1, X_2, \cdots, X_{12}$ 分别表示甲单位对第 $1, 2, \cdots, 12$ 号样品的年代测定, 用 $Y_1, Y_2, \cdots, Y_{12}$ 分别表示乙单位对第 $1, 2, \cdots, 12$ 号样品的年代测定. 对于 $n = 12$, 引入

$$Z_1 = X_1 - Y_1,\ Z_2 = X_2 - Y_2,\ \cdots,\ Z_n = X_n - Y_n,$$

则 Z_i 是甲、乙两个单位对第 i 个标本的年代测定之差, 由于测量误差服从正态分布, 所以 Z_i 服从正态分布. 本例中, 应当认为 $Z_1, Z_2, \cdots, Z_n$ 独立同分布, 服从正态分布 $N(\mu, \sigma^2)$.

$\mu = 0$ 表示这两单位的测量年代无显著的差异. $\mu \neq 0$ 表示这两单位的测量年代有显著的差异. 我们要检验的假设是

$$H_0\colon\ \mu = 0 \quad \text{vs} \quad H_1\colon\ \mu \neq 0.$$

问题已经转化成一个总体的 t 检验问题. 用 $\overline{Z}_n$ 和 S_Z 分别表示 $Z_1, Z_2, \cdots, Z_n$ 的样本均值和样本标准差, 则在 H_0 下, 检验统计量

$$T = \frac{\overline{Z}_n}{S_Z/\sqrt{n}} \sim t(n-1).$$

H_0 的显著水平为 0.05 的拒绝域是

$$W = \{|T| \geqslant t_{0.05/2}(11)\}.$$

由于 $t_{0.05/2}(11) = 2.201$, 经计算得到 $\overline{Z}_n = 0.0267$, $S_Z = 0.1365$,

$$T = \frac{\overline{Z}_n}{S_Z/\sqrt{n}} = 0.6776 < 2.201,$$

所以在显著水平 0.05 下不能拒绝 H_0, 不能认为这两单位的年代测定有显著的差异.

在例 10.3.4 中, 如果对单边假设 $H_0: \mu = 0$ vs $H_1: \mu > 0$ 进行检验, 则因为 $T = 0.6776 < t_{0.05}(11) = 1.796$, 所以检验也不显著. 感兴趣的读者可以自己写出检验的过程.

10.3.4 未知 σ_1^2, σ_2^2 时, μ_1, μ_2 的大样本检验

已知 σ_1^2, σ_2^2 时, 对于 $H_0\colon \mu_1 = \mu_2$, 我们用

$$Z_0 = \frac{\overline{X}_n - \overline{Y}_m}{\sqrt{\sigma_1^2/n + \sigma_2^2/m}}$$

作为检验统计量. 因为在 H_0 下, $Z_0 \sim N(0,1)$. 当 σ_1^2, σ_2^2 未知时, 可以用样本方差 S_1^2 和 S_2^2 分别代替 σ_1^2 和 σ_2^2, 得到检验统计量

$$Z = \frac{\overline{X}_n - \overline{Y}_m}{\sqrt{S_1^2/n + S_2^2/m}}.$$

因为当 n, m 较大时, 从 8.1.2 节知道, $S_1^2 \approx \sigma_1^2$, $S_2^2 \approx \sigma_2^2$, 所以 $Z \sim N(0,1)$ 近似成立. 于是对于较大的样本量 n 和 m, 对于 $H_0\colon \mu_1 = \mu_2$, 就用 $Z \sim N(0,1)$ 作为检验假设的依据.

例 10.3.5 X, Y 两个渔场在初春放养相同的鳜鱼苗, 但是采用不同的方法喂养. 入冬时, 从 X 渔场打捞出 59 条鳜鱼, 从 Y 渔场打捞出 41 条鳜鱼, 分别称出它们的平均质量 (单位: kg) 和样本标准差为

$$\overline{X}_n = 0.59,\ S_1 = 0.2,\quad \overline{Y}_m = 0.62,\ S_2 = 0.21.$$

在显著水平 0.05 下, 就鳜鱼的平均质量来讲, 两个渔场的养殖结果有无显著差异.

解 用 μ_1 和 μ_2 分别表示 X 和 Y 渔场养殖的鳜鱼质量的总体均值. 对 $n=59, m=41$, 容易计算出

$$Z=\frac{\overline{X}_n-\overline{Y}_m}{\sqrt{S_1^2/n+S_2^2/m}}=-0.716\,4.$$

由于 $|Z|<1.96$, 所以在显著水平 0.05 下不能拒绝 $H_0\colon \mu_1=\mu_2$, 不能认为这两个渔场的养殖结果有显著差异.

在例 10.3.5 中, 对于假设 $H_0\colon \mu_1 \geqslant \mu_2 \quad \text{vs} \quad H_1\colon \mu_1<\mu_2$, 显著水平为 0.05 的拒绝域为 $W=\{Z \leqslant -1.645\}$. 这是因为在 H_0 下,

$$Z_0=\frac{\overline{X}_n-\overline{Y}_m-(\mu_1-\mu_2)}{\sqrt{S_1^2/n+S_2^2/m}} \sim N(0,1)$$

近似成立, 且 $Z \geqslant Z_0$, 所以

$$P(W)=P(Z \leqslant -1.645) \leqslant P(Z_0 \leqslant -1.645)=0.05.$$

现在 $Z=-0.716\,4>-1.645$, 所以单侧检验也不显著. 不能认为 $\mu_1<\mu_2$.

10.4 方差的显著性检验

设 $X_1, X_2, \cdots, X_n$ 是总体 $N(\mu_1, \sigma_1^2)$ 的样本. 如果用 S_1 表示 $\{X_j\}$ 的样本标准差, 则根据 9.1 节例 9.1.3 知道

$$U_0=\frac{(n-1)S_1^2}{\sigma_1^2} \sim \chi^2(n-1). \tag{10.4.1}$$

对于给定的显著水平 α, 用 $\chi_\alpha^2(n-1)$ 表示 $\chi^2(n-1)$ 分布的上 α 分位数, 则对

$$W=\{U_0 \leqslant \chi_{1-\alpha/2}^2(n-1)\} \cup \{U_0 \geqslant \chi_{\alpha/2}^2(n-1)\}$$

有

$$\begin{aligned}P(W)&=P\big(U_0 \leqslant \chi_{1-\alpha/2}^2(n-1)\big)+P\big(U_0 \geqslant \chi_{\alpha/2}^2(n-1)\big)\\&=\frac{\alpha}{2}+\frac{\alpha}{2}=\alpha.\end{aligned}$$

于是得到

$$\begin{cases}P(W)=\alpha,\\P\big(U_0 \leqslant \chi_{1-\alpha}^2(n-1)\big)=\alpha,\\P\big(U_0 \geqslant \chi_{\alpha}^2(n-1)\big)=\alpha.\end{cases} \tag{10.4.2}$$

例 10.4.1 在例 10.3.5 中, 从 X 渔场打捞出的 59 条鳜鱼的样本标准差为 $S_1=0.2$. 假设理想的养殖结果是总体标准差不超过 0.18. 在正态假设及显著水平 0.05 下, 能否否认渔场 X 的养殖结果是理想的.

解 因为样本标准差 $S_1 > \sigma_0 = 0.18$, 所以要对假设

$$H_0: \sigma_1^2 \leqslant \sigma_0^2 \quad \text{vs} \quad H_1: \sigma_1^2 > \sigma_0^2$$

进行检验. 在 H_0 下, 总体方差 σ_1^2 未知, 但是有

$$U = \frac{(n-1)S_1^2}{\sigma_0^2} \leqslant U_0 = \frac{(n-1)S_1^2}{\sigma_1^2} \sim \chi^2(n-1).$$

于是 U 取值较大时要拒绝 H_0. 根据 (10.4.2), 有

$$P\big(U \geqslant \chi^2_\alpha(n-1)\big) \leqslant P\big(U_0 \geqslant \chi^2_\alpha(n-1)\big) = \alpha,$$

所以显著水平 α 的拒绝域是 $\{U \geqslant \chi^2_\alpha(n-1)\}$. 现在 $\alpha = 0.05$, $n = 59$, 查表得到 $\chi^2_{0.05}(58) = 76.778$. 经计算得到

$$U = \frac{58 \times 0.2^2}{0.18^2} = 71.60 < 76.778,$$

所以检验不显著, 不能否认渔场 X 的养殖结果是理想的.

为了说明方差的双侧检验方法, 在例 10.4.1 中, 再对方差 σ_1^2 作假设

$$H_0: \sigma_1^2 = \sigma_0^2 \quad \text{vs} \quad H_1: \sigma_1^2 \neq \sigma_0^2$$

的检验. 在 H_0 下, $U \sim \chi^2(58)$. 对于显著水平 0.05, 查 $\chi^2(58)$ 分布表得到

$$\chi^2_{1-\alpha/2}(58) = \chi^2_{0.975}(58) = 38.844, \qquad \chi^2_{\alpha/2}(58) = 80.936.$$

从 (10.4.2) 知道显著水平为 0.05 的拒绝域为

$$\begin{aligned} W &= \{U \leqslant \chi^2_{1-\alpha/2}(n-1)\} \cup \{U \geqslant \chi^2_{\alpha/2}(n-1)\} \\ &= \{U \leqslant 38.844)\} \cup \{U \geqslant 80.936\}. \end{aligned}$$

现在计算得到 $U = 71.60 \notin W$, 所以检验也不显著.

以上检验是用 χ^2 分布完成的, 所以统称为 χ^2 **检验**.

例 10.4.2 在例 10.3.5 中, 从 X 渔场打捞出 59 条鳜鱼, 从 Y 渔场打捞出 41 条鳜鱼, 分别算出它们的样本标准差为

$$S_1 = 0.2, \ S_2 = 0.21.$$

在正态假设和显著水平 $\alpha = 0.05$ 下, 能否认为 $\sigma_1^2 < \sigma_2^2$.

解 由 $S_1^2 < S_2^2$, 知道不会有 $\sigma_1^2 > \sigma_2^2$ 的结论. 于是对假设

$$H_0: \sigma_1^2 = \sigma_2^2 \quad \text{vs} \quad H_1: \sigma_1^2 < \sigma_2^2$$

进行检验. 在 H_1 下, $\sigma_1^2/\sigma_2^2 < 1$ 应导致 $F \equiv S_1^2/S_2^2$ 取值较小. 所以 F 较小时应当拒绝 H_0. 从 9.1 节例 9.1.4 知道

$$F = S_1^2/S_2^2 \sim F(n-1, m-1).$$

于是从

$$P(F \leqslant F_{1-\alpha}(n-1, m-1)) = \alpha$$

得到 H_0 的显著水平为 α 的拒绝域

$$W = \{F \leqslant F_{1-\alpha}(n-1, m-1)\}.$$

经过查表和计算得到 $F_{1-0.05}(58,40)=1/F_{0.05}(40,58)=0.625$,

$$F=0.2^2/0.21^2=0.907\geqslant 0.625.$$

所以不能在显著水平 0.05 下拒绝 H_0, 不能根据数据判定 X 的方差小于 Y 的方差. 这里的检验是用 F 分布进行的, 所以称为 F **检验**.

实际中也常遇到对假设

$$H_0\colon \sigma_1^2\geqslant\sigma_2^2 \quad \text{vs} \quad H_1\colon \sigma_1^2<\sigma_2^2$$

进行检验的问题. 这时

$$F_0=\frac{S_1^2/S_2^2}{\sigma_1^2/\sigma_2^2}\sim F(n-1,m-1).$$

在 H_0 下, σ_1^2/σ_2^2 的取值较大, 所以 $F\stackrel{\text{def}}{=\!=}S_1^2/S_2^2$ 取值也应当较大, F 较小时应当拒绝 H_0. 现在从

$$F=\frac{S_1^2}{S_2^2}\geqslant\frac{S_1^2}{S_2^2}\cdot\frac{\sigma_2^2}{\sigma_1^2}=F_0,$$

得到

$$P(F\leqslant F_{1-\alpha}(n-1,m-1))\leqslant P(F_0\leqslant F_{1-\alpha}(n-1,m-1))=\alpha.$$

于是 H_0 的显著水平为 α 的拒绝域仍然是

$$W=\{F\leqslant F_{1-\alpha}(n-1,m-1)\}.$$

这里的检验也是用 F 分布进行的, 也称作 F 检验.

例 10.4.3 在牛顿提出万有引力定律 100 多年后, 亨利 · 卡文迪什 (Henry Cavendish, 1731—1810) 通过反复试验, 终于在 1798 年利用扭秤测量出了引力常数 G. 他的测量数据已经很难找到了, 现在在实验室利用金球和铂球分别测定的引力常数 X 和 Y (单位: $10^{-11}\text{N}\cdot\text{m}^2/\text{kg}^2$) 如下:

X	6.67	6.68	6.67	6.69	6.67	6.69	6.66	6.66	6.66
Y	6.69	6.67	6.67	6.68	6.67	6.66	6.67	6.66	

(a) 以上两种测定方法的总体方差有无显著差异?

(b) 认为 (a) 中的总体方差相同时, 这两种方法测定的引力常数有无显著差异?

解 因为测量误差服从正态分布, 所以这两组观测数据分别是正态总体的样本.

(a) 根据 9.1 节例 9.1.4, 在 $H_0\colon \sigma_1^2=\sigma_2^2$ 下, 对 $n=9, m=8$,

$$F=\frac{S_1^2}{S_2^2}\sim F(n-1,m-1).$$

于是 $H_0\colon \sigma_1^2=\sigma_2^2$ 的显著水平为 α 的拒绝域是

$$W=\{F\leqslant F_{1-\alpha/2}(n-1,m-1)\}\cup\{F\geqslant F_{\alpha/2}(n-1,m-1)\}. \tag{10.4.3}$$

经计算得到 $S_1^2=1.444\,4\times10^{-4}$, $S_2^2=9.821\,4\times10^{-5}$, $F=1.471$. 查表得到 $F_{0.025}(8,7)=4.90$,

$$F_{0.975}(8,7)=1/F_{0.025}(7,8)=1/4.53=0.22.$$

$F\notin W$, 检验不显著. 不能否认 $\sigma_1^2=\sigma_2^2$.

(b) 用 μ_1, μ_2 分别表示用金球和铂球测定的引力常数的总体均值. 需要在 $\sigma_1^2=\sigma_2^2$ 时, 对

$$H_0\colon\ \mu_1=\mu_2 \quad \text{vs} \quad H_1\colon\ \mu_1\neq\mu_2$$

进行检验. 经计算得到

$$\begin{aligned}
&\overline{X}_n=6.672\,2,\ \overline{Y}_m=6.671\,3,\\
&S_W=\sqrt{(8\times1.444\,4\times10^{-4}+7\times9.821\,4\times10^{-5})/15}=0.011\,1,\\
&T=\frac{\overline{X}_n-\overline{Y}_m}{S_W\sqrt{1/n+1/m}}=\frac{6.672\,2-6.671\,3}{0.011\,1\times\sqrt{1/8+1/9}}=0.17.
\end{aligned}$$

查表得到 $t_{0.025}(15)=2.131$. 因为 $0.17<2.131$, 所以检验不显著, 不能认为这两种方法测定的引力常数有显著差异.

在例 10.4.3 中, T 值如此之小, 使得我们可以接受 $\mu_1=\mu_2$, 认为该试验室用金球和铂球测定的引力常数无显著差异. 这样做是有道理的. 因为如果取 $W=\{|T|\geqslant0.17\}$ 为拒绝域, 则刚好能够拒绝 H_0. 因为在 H_0 成立时 $T\sim t(15)$, 所以拒绝 H_0 时犯错误的概率为

$$P(W)=P(|T|\geqslant0.17),\quad T\sim t(15).$$

用 MATLAB 命令 2*tcdf(-0.17,15) 可以计算出上述概率为 0.867. 即拒绝 H_0 犯错误的概率为 86.7%, 于是接受 H_0 犯错误的概率就很小了. 这里的 $P=0.867$ 被称为检验的 p 值.

10.5 p 值检验和验收检验

10.5.1 p 值检验

在上节已经有了 p 值的概念, 下面通过例子学习 p 值检验方法. 由于不能在附录中将各种分布表列得很详细, 所以 p 值的计算要借助计算机 (见本节末正态总体的显著性检验表).

在假设检验问题中, 拒绝域 W 是事件. 因为 W 发生就拒绝 H_0, 所以人们还称拒绝域 W 为**检验法**.

在例 10.2.1 中, 抽查的 9 袋白糖的样本均值是 $\overline{x}_n=499.412$, 总体标准差 $\sigma=\sqrt{0.8}$.

在 $H_0\colon \mu_0 = 500$ 下, 检验统计量

$$Z = \frac{\overline{X}_n - \mu_0}{\sigma/\sqrt{n}} \sim N(0,1).$$

显著水平为 α 的拒绝域是

$$\{|z| \geqslant z_{\alpha/2}\}, \tag{10.5.1}$$

这里 z 是 Z 的取值. 从实际数据计算得到

$$|z| = \frac{|\overline{x}_n - \mu_0|}{\sigma/\sqrt{9}} = 1.97.$$

如果把拒绝域取成

$$W = \{|z| \geqslant 1.97\},$$

则恰好能够拒绝 H_0. 这时犯第一类错误的概率是

$$p = P(|Z| \geqslant 1.97) = 2\varPhi(-1.97).$$

用 MATLAB 命令 p=2*normcdf(-1.97) 计算出 $p = 0.048\,8$. 这时称 $p = 0.048\,8$ 是**检验的 p 值**. 明显, p **值是拒绝 H_0 时犯第一类错误的概率**.

可以看出, 检验法 (10.5.1) 的 p 值是

$$p = P(\,|Z| \geqslant |z|\,) = 2\varPhi(-|z|),\ 其中\ z = \frac{\overline{x}_n - \mu_0}{\sigma/\sqrt{n}},\ Z \sim N(0,1).$$

计算该 p 值的 MATLAB 命令为 p=2*normcdf(-|z|).

在例 10.2.2 中, 9 袋白糖是从超级市场仓库中随机抽取的, 标准差 σ 未知. 在 $H_0\colon \mu_0 = 500$ 下, 检验统计量

$$T = \frac{\overline{X}_n - \mu_0}{S/\sqrt{n}} \sim t(n-1).$$

显著水平为 α 的拒绝域是

$$\{|t| \geqslant t_{\alpha/2}(n-1)\}, \tag{10.5.2}$$

这里 t 是 T 的值. 从实际数据计算得到

$$|t| = \frac{|\overline{x}_n - \mu_0|}{s/\sqrt{9}} = 2.609.$$

如果把拒绝域取成

$$W = \{|t| \geqslant 2.609\},$$

则恰好能够拒绝 H_0. 这时犯第一类错误的概率是

$$p = P(|T| \geqslant 2.609) = 2P(T < -2.609),\ T \sim t(9-1).$$

用 MATLAB 命令 p=2*tcdf(-2.609,9-1) 计算出 $p = 0.031\,2$. 于是, 拒绝 H_0 时犯错误的概率为 $0.031\,2$.

可以看出检验法 (10.5.2) 的 p 值是

$$p = P(\,|T| \geqslant |t|\,) = 2P(T \leqslant -|t|),\ 其中\quad |t| = \frac{|\overline{x}_n - \mu_0|}{s/\sqrt{n}},\ T \sim t(n-1).$$

计算该 p 值的 MATLAB 命令为 p=2*tcdf(-|t|,n-1).

在例 10.2.3 中, 仍是这 9 袋白糖和标准差 σ 未知. 单边假设 $H_0: \mu = 500$ vs $H_1: \mu < 500$ 的检验统计量仍为

$$T = \frac{\overline{X}_n - \mu_0}{S/\sqrt{n}} \sim t(n-1).$$

显著水平为 α 的拒绝域是

$$\{t \leqslant -t_\alpha(n-1)\}, \tag{10.5.3}$$

这里 t 是 T 的值. 从实际数据计算得到

$$t = \frac{\overline{x}_n - \mu_0}{s/\sqrt{9}} = -2.609.$$

如果把拒绝域取成

$$W = \{t \leqslant -2.609\},$$

则恰好能够拒绝 H_0. 这时犯第一类错误的概率是

$$p = P(T \leqslant -2.609), \quad T \sim t(9-1).$$

用 MATLAB 命令 p=tcdf(-2.609,9-1) 计算出 $p = 0.0156$. 于是, 拒绝 H_0 时犯错误的概率为 0.0156.

可以看出检验法 (10.5.3) 的 p 值是

$$p = P(T \leqslant t), \text{ 其中 } t = \frac{\overline{x}_n - \mu_0}{s/\sqrt{n}}, \ T \sim t(n-1).$$

计算该 p 值的 MATLAB 命令为 p=tcdf(t,n-1).

在例 10.2.4 中, 测得了 12 个鲜牛奶样品的冰点, 样本均值 $\overline{x}_n = -0.5416$, 样本方差 $s = 0.0061$. 对于 $\mu_0 = -0.545$, 假设

$$H_0: \mu = \mu_0 \text{ (没兑水)} \quad \text{vs} \quad H_1: \mu > \mu_0 \text{ (兑水)}$$

的显著水平为 α 的拒绝域为

$$W = \{t \geqslant t_\alpha(n-1)\}, \tag{10.5.4}$$

其中 t 是检验统计量

$$T = \frac{\overline{X}_n - \mu_0}{S/\sqrt{n}} \sim t(n-1)$$

的取值. 从数据计算出

$$t = \frac{\overline{x}_n - \mu_0}{s/\sqrt{12}} = 1.9308.$$

如果把拒绝域取成

$$W = \{t \geqslant 1.9308\},$$

则恰好能够拒绝 H_0. 这时的 p 值是

$$p = P(T \geqslant 1.9308), \quad T \sim t(12-1).$$

用 MATLAB 命令 p=1-tcdf(1.930 8,12-1) 计算出 $p = 0.039\,8$. 于是, 拒绝 H_0 时犯错误的概率为 0.039 8.

可以看出检验法 (10.5.4) 的 p 值是

$$p = P(T \geqslant t),\ \text{其中}\ t = \frac{\overline{x}_n - \mu_0}{s/\sqrt{n}},\ T \sim t(n-1).$$

计算该 p 值的 MATLAB 命令为 p=1-tcdf(t,n-1).

从以上分析可以看出:

p 值是拒绝 H_0 时犯错误的概率. p 值越小, 数据提供的拒绝 H_0 的证据越充分.

如果检验的显著水平 α 是事先给定的, 当 p 值小于等于 α, 就要拒绝 H_0.

对于其他的检验法, 都可以用相同的方法计算检验的 p 值, 不再赘述.

10.5.2 验收检验

例 10.5.1 用 X 表示某型号充电电池的持续工作时间. 若 $\mathrm{E}X \geqslant 72$ h, 则认为电池是一等品. 若 $\mathrm{E}X \leqslant 70$ h 则认为电池是等外品, 其余的是合格品. 现在供货商要求以 $\leqslant \alpha$ 的概率拒绝一等品, 销售方则要求以 $\leqslant \beta$ 的概率接受等外品. 假设 $X \sim N(\mu, \sigma^2)$, 且方差 σ^2 已知, 请设计出能够满足双方要求的产品检验方法.

本例中, 因为假设检验的结果不是销售电池, 就是拒绝电池, 而且销售方和供货方都有保护自己合理权益的要求, 所以称这类假设检验为**验收检验**. 验收检验有十分丰富的研究内容. 本例只是用来说明验收检验和显著性检验的不同.

下面着手解决这一问题. 假设用随机抽样的方法检测了供货商的 n 个电池的工作时间, 得到的数据是

$$X_1, X_2, \cdots, X_n, \tag{10.5.5}$$

则 (10.5.5) 是正态总体 $N(\mu, \sigma^2)$ 的样本. 设 $\mu_2 = 72$. 要检验的假设是

$$H_0\colon \mu \geqslant \mu_2(\text{电池是一等品}). \tag{10.5.6}$$

从 10.2 节知道, H_0 的显著水平为 α 的拒绝域为

$$W_\alpha = \{Z \leqslant -z_\alpha\}, \quad \text{其中} \quad Z = \frac{\overline{X}_n - \mu_2}{\sigma/\sqrt{n}}. \tag{10.5.7}$$

所以当 $Z \leqslant -z_\alpha$ 时检验显著, 检验显著时拒绝电池是一等品而犯错误的概率不超过 α, 这样就满足了供货商的要求.

当检验不显著时, 问题还要求接受等外品犯错误的概率 $\leqslant \beta$. 设 $\mu_1 = 70$, 则电池是等外品和 $\mu \leqslant \mu_1$ 等价. 我们要在真值 $\mu \leqslant \mu_1$ 时, 保证检验不显著之概率 (接受 H_0 的概率)

$$P(\overline{W}_\alpha) \leqslant \beta. \tag{10.5.8}$$

因为样本均值 $\overline{X}_n \sim N(\mu, \sigma^2/n)$, 所以在 $\mu \leqslant \mu_1$ 时, 利用

$$Z = \frac{\overline{X}_n - \mu}{\sigma/\sqrt{n}} \sim N(0,1) \quad 和 \quad \mu_2 - \mu \geqslant \mu_2 - \mu_1$$

得到

$$\begin{aligned} P(\overline{W}_\alpha) &= P\Big(\frac{\overline{X}_n - \mu_2}{\sigma/\sqrt{n}} > -z_\alpha\Big) \\ &= P\Big(\frac{\overline{X}_n - \mu}{\sigma/\sqrt{n}} > -z_\alpha + \frac{\mu_2 - \mu}{\sigma/\sqrt{n}}\Big) \\ &= P\Big(Z > -z_\alpha + \frac{\mu_2 - \mu}{\sigma/\sqrt{n}}\Big) \\ &\leqslant P\Big(Z > -z_\alpha + \frac{\mu_2 - \mu_1}{\sigma/\sqrt{n}}\Big). \end{aligned}$$

于是只要条件

$$P\Big(Z > -z_\alpha + \frac{\mu_2 - \mu_1}{\sigma/\sqrt{n}}\Big) \leqslant \beta = P(Z > z_\beta)$$

满足即可, 也就是说只要

$$-z_\alpha + \frac{\mu_2 - \mu_1}{\sigma/\sqrt{n}} \geqslant z_\beta \tag{10.5.9}$$

即可. 从 (10.5.9) 可以解出

$$n \geqslant \Big[\frac{(z_\alpha + z_\beta)\sigma}{\mu_2 - \mu_1}\Big]^2. \tag{10.5.10}$$

于是, 只要随机抽样检查的电池数满足 (10.5.10), 则以 (10.5.7) 为拒绝域的验收检验就满足了双方的要求.

具体来讲, 如果供货商要求以 $\leqslant \alpha = 0.02$ 的概率拒绝一等品, 销售方要求接受等外品的概率 $\leqslant \beta = 0.025$, 且已知 $\sigma = 1.7$, 则查正态分布表附录 C2 得 $z_{0.02} = 2.0537$, $z_{0.025} = 1.96$. 将这些数及 $\mu_2 - \mu_1 = 2$ 代入 (10.5.10) 的右边得到

$$\Big[\frac{(z_\alpha + z_\beta)\sigma}{\mu_2 - \mu_1}\Big]^2 = \Big[\frac{(2.0537 + 1.96) \times 1.7}{2}\Big]^2 = 11.6393.$$

于是至少需要随机抽样检查 12 个电池. 当 $n \geqslant 12$, 用 $\overline{X}_n$ 表示抽查的电池的平均工作时间, 则只要

$$\frac{\overline{X}_n - 72}{1.7/\sqrt{n}} \leqslant -2.0537$$

就拒绝接受电池是一等品, 否则就要接受电池是一等品. 这样的检验方案就满足了双方的要求.

注: 在上面的例子中, 如果对于假设

$$H_0\colon \mu \leqslant \mu_1(电池是等外品) \tag{10.5.11}$$

作检验, 也得到相同的公式 (10.5.10). 于是, 只要随机抽样检查的电池数满足 (10.5.10), 则以

$$W_\beta = \{Z \geqslant z_\beta\}, \quad \text{其中} \quad Z = \frac{\overline{X}_n - \mu_1}{\sigma/\sqrt{n}} \tag{10.5.12}$$

为假设 (10.5.11) 的拒绝域的验收检验也满足了双方的要求.

在验收检验问题中, 销售方和供货方的风险能够同时得到控制的原因在于对产品的质量双方达成了共同的妥协区间 $(\mu_1, \mu_2) = (70, 72)$. 当电池总体的工作时间 $\mu \in (\mu_1, \mu_2)$ 时, 无论是接受还是不接受这批电池, 双方都接受检验的结果. 也容易看出, 妥协区间 (μ_1, μ_2) 越小, 耗费的成本 n 就越大.

正态总体的显著性检验表

一个正态总体的显著性检验表 (显著水平为 α)

条件	H_0 vs H_1	H_0 的拒绝域 W	检验的 p 值及 MATLAB 调用命令	检验统计量
σ^2 已知	$\mu = \mu_0$ vs $\mu \neq \mu_0$	$\|z\| \geqslant z_{\alpha/2}$	$P = 2P(Z \geqslant \|z\|)$ 2*normcdf(-abs(z))	$z = \dfrac{\overline{x}_n - \mu_0}{\sigma/\sqrt{n}}$
	$\mu =$(或 $\geqslant$) μ_0 vs $\mu < \mu_0$	$z \leqslant -z_\alpha$	$P = P(Z \leqslant z)$ normcdf(z)	
	$\mu =$(或 $\leqslant$) μ_0 vs $\mu > \mu_0$	$z \geqslant z_\alpha$	$P = P(Z \geqslant z)$ normcdf(-z)	
σ^2 未知	$\mu = \mu_0$ vs $\mu \neq \mu_0$	$\|t\| \geqslant t_{\alpha/2}(n-1)$	$P = 2P(T_{n-1} \geqslant \|t\|)$ 2*tcdf(-abs(t),n-1)	$t = \dfrac{\overline{x}_n - \mu_0}{s/\sqrt{n}}$
	$\mu =$(或 $\geqslant$) μ_0 vs $\mu < \mu_0$	$t \leqslant -t_\alpha(n-1)$	$P = P(T_{n-1} \leqslant t)$ tcdf(t,n-1)	
	$\mu =$(或 $\leqslant$) μ_0 vs $\mu > \mu_0$	$t \geqslant t_\alpha(n-1)$	$P = P(T_{n-1} \geqslant t)$ tcdf(-t,n-1)	
μ 未知	$\sigma^2 = \sigma_0^2$ vs $\sigma^2 \neq \sigma_0^2$	$\chi^2 \geqslant \chi^2_{\alpha/2}(n-1)$ 或 $\leqslant \chi^2_{1-\alpha/2}(n-1)$	$P = 2P^*$ Q^*	$\chi^2 = \dfrac{(n-1)s^2}{\sigma_0^2}$
	$\sigma^2 =$(或 $\geqslant$) σ_0^2 vs $\sigma^2 < \sigma_0^2$	$\chi^2 \leqslant \chi^2_{1-\alpha}(n-1)$	$P = P(\chi^2_{n-1} \leqslant \chi^2)$ chi2cdf(χ^2,n-1)	
	$\sigma^2 =$(或 $\leqslant$)σ_0^2 vs $\sigma^2 > \sigma_0^2$	$\chi^2 \geqslant \chi^2_\alpha(n-1)$	$P = P(\chi^2_{n-1} \geqslant \chi^2)$ 1-chi2cdf(χ^2,n-1)	

其中

$$P^* = \min\{\ P(\chi^2_{n-1} \leqslant \chi^2),\ P(\chi^2_{n-1} \geqslant \chi^2)\},$$

$$Q^* = 2\text{*min(chi2cdf(}\chi^2\text{,n-1),1-chi2cdf(}\chi^2\text{,n-1))}.$$

两个正态总体的显著性检验表 (显著水平为 α)

条件	H_0 vs H_1	H_0 的拒绝域 W	检验的 p 值及 MATLAB 调用命令	检验统计量
σ_1^2,σ_2^2 已知	$\mu_1=\mu_2$ vs $\mu_1\neq\mu_2$	$\lvert z\rvert\geqslant z_{\alpha/2}$	$P=2P(Z\geqslant\lvert z\rvert)$ 2*normcdf(-abs(z))	$z=\dfrac{\overline{x}_n-\overline{y}_m}{\sqrt{\dfrac{\sigma_1^2}{n}+\dfrac{\sigma_2^2}{m}}}$
	$\mu_1=$(或 $\geqslant$)μ_2 vs $\mu_1<\mu_2$	$z\leqslant -z_\alpha$	$P=P(Z\leqslant z)$ normcdf(z)	
	$\mu_1=$(或 $\leqslant$)μ_2 vs $\mu_1>\mu_2$	$z\geqslant z_\alpha$	$P=P(Z\geqslant z)$ normcdf(-z)	
σ_1^2,σ_2^2 相等, 但未知	$\mu_1=\mu_2$ vs $\mu_1\neq\mu_2$	$\lvert t\rvert\geqslant t_{\alpha/2}(n+m-2)$	$P=2P(T_{n+m-2}\geqslant\lvert t\rvert)$ 2*tcdf(-abs(t),n+m-2)	$t=\dfrac{\overline{x}_n-\overline{y}_m}{s_W\sqrt{\dfrac{1}{n}+\dfrac{1}{m}}}$
	$\mu_1=$(或 $\geqslant$)μ_2 vs $\mu_1<\mu_2$	$t\leqslant -t_\alpha(n+m-2)$	$P=P(T_{n+m-2}\leqslant t)$ tcdf(t,n+m-2)	
	$\mu_1=$(或 $\leqslant$)μ_2 vs $\mu_1>\mu_2$	$t\geqslant t_\alpha(n+m-2)$	$P=P(T_{n+m-2}\geqslant t)$ tcdf(-t,n+m-2)	
成对数据	$\mu_1=\mu_2$ vs $\mu_1\neq\mu_2$	$\lvert t\rvert\geqslant t_{\alpha/2}(n-1)$	$P=2P(T_{n-1}\geqslant\lvert t\rvert)$ 2*tcdf(-abs(t),n-1)	$t=\dfrac{\overline{x}_n-\overline{y}_n}{s_z/\sqrt{n}}$, $z_j=x_j-y_j$
	$\mu_1=$(或 $\geqslant$)μ_2 vs $\mu_1<\mu_2$	$t\leqslant -t_\alpha(n-1)$	$P=P(T_{n-1}\leqslant t)$ tcdf(t,n-1)	
	$\mu_1=$(或 $\leqslant$)μ_2 vs $\mu_1>\mu_2$	$t\geqslant t_\alpha(n-1)$	$P=P(T_{n-1}\geqslant t)$ tcdf(-t,n-1)	
μ_1,μ_2 未知	$\sigma_1^2=\sigma_2^2$ vs $\sigma_1^2\neq\sigma_2^2$	$F\geqslant F_{\alpha/2}^*$	$P=2P^*$	$F=\dfrac{\max(s_1^2,s_2^2)}{\min(s_1^2,s_2^2)}$
	$\sigma_1^2=$(或 $\geqslant$)σ_2^2 vs $\sigma_1^2<\sigma_2^2$	$F\leqslant F_{1-\alpha}$	$P=P(F_{n-1,m-1}\leqslant F)$ fcdf(F,n-1,m-1)	$F=s_1^2/s_2^2$
	$\sigma_1^2=$(或 $\leqslant$)σ_2^2 vs $\sigma_1^2>\sigma_2^2$	$F\geqslant F_\alpha$	$P=P(F_{n-1,m-1}\geqslant F)$ 1-fcdf(F,n-1,m-1)	

其中

$$s_W = \sqrt{\frac{(n-1)s_1^2+(m-1)s_2^2}{n+m-2}},$$

$$F^*_{\alpha/2} = \begin{cases} F_{\alpha/2}(n-1,m-1), & \text{当 } s_1^2 \geqslant s_2^2, \\ F_{\alpha/2}(m-1,n-1), & \text{当 } s_2^2 > s_1^2, \end{cases}$$

$$P^* = \begin{cases} P(F_{n-1,m-1} \geqslant F), & \text{当 } s_1^2 \geqslant s_2^2, \\ P(F_{m-1,n-1} \geqslant F), & \text{当 } s_2^2 > s_1^2, \end{cases}$$

$$F_\alpha = F_\alpha(n-1,m-1),$$

$$F_{1-\alpha} = F_{1-\alpha}(n-1,m-1).$$

习题十

10.1 在例 10.1.1 中如果检验假设 $H_0: p \geqslant 0.35 \quad \text{vs} \quad H_1: p < 0.35$, 会是什么结果?

10.2 假设得到了正态总体 $N(\mu,\sigma^2)$ 的样本均值 $\overline{X}_n = 98.6$, 在显著水平 $\alpha < 0.05$ 时, 检验假设 $H_0: \mu \leqslant 98.7$ vs $H_1: \mu > 98.7$ 时, 会得到什么结果? 检验假设 $H_0: \mu \geqslant 98.5$ vs $H_1: \mu < 98.5$ 时, 会得到什么结果?

10.3 概率统计课程分 6 个班上课, 期末考试用统一的试卷. 根据试卷的情况, 校方预测这 6 个班的平均分应当为 76 分. 考试结束后, 这 6 个班的平均成绩分别是

班	1	2	3	4	5	6
平均分	71.3	78.5	73.1	77.3	79.2	82.2

(a) 能否认为这 6 个班的成绩来自正态总体?

(b) 在显著水平 $\alpha = 0.05$ 下, 校方的预测是否正确?

(c) 在显著水平 $\alpha = 0.05$ 下, 能否认为总体水平显著地超过了学校的预测.

10.4 以相同的仰角发射了 8 颗库存了 3 年的同型号炮弹, 射程 (单位: km) 分别是

$$21.84 \quad 21.46 \quad 22.31 \quad 21.75 \quad 20.95 \quad 21.51 \quad 21.43 \quad 21.74$$

若射程服从正态分布, 在显著水平 0.05 下, 能否认为这批炮弹的平均射程小于 21.7 km?

10.5 验证在例 10.2.3 中, 作单侧检验时, 可以在显著水平 0.025 下拒绝 $H_0: \mu \geqslant 500$. 但作双侧检验时, 不能在显著水平 0.02 下拒绝 $H_0: \mu = 500$.

10.6 在习题 10.3 中, 已知各班的人数和各班考试成绩的样本标准差 s_j:

班	1	2	3	4	5	6
人数	89	91	85	101	98	78
s_j	12	13	9	23	19	11

就这张试卷来讲, 在显著水平 $\alpha = 0.05$ 下,

(a) 哪些班的实际成绩显著超过了 76 分?

(b) 哪些班的实际成绩显著低于 76 分?

10.7 测量了某块金属的密度 (单位: $\mathrm{g/cm^3}$) 12 次, 得到样本均值 $\overline{X} = 19.28$, 样本标准差 $S = 0.05$. 已知纯金的密度是 $19.3\,\mathrm{g/cm^3}$. 在显著水平 0.05 下,

(a) 能否否认这块金属的密度等于 19.3?

(b) 如果样本标准差是 0.03, 能否认为这块金属的密度小于 19.3?

(c) 如果样本标准差是 0.04, 能否认为这块金属的密度小于 19.3?

(d) 试解释 (b), (c) 结论不同的原因.

10.8 抽查了 5 mm 玻璃样本量为 $n = 9$ 的样本, 得到数据 (单位: mm):

$$4.8 \quad 4.1 \quad 4.4 \quad 4.4 \quad 4.0 \quad 4.5 \quad 4.1 \quad 4.9 \quad 4.2$$

在显著水平 0.05 下,

(a) 能否认为 5 mm 玻璃总体厚度 μ 达到标准?

(b) 能否认为 $\mu \geqslant 4.8$?

(c) 在置信水平 0.95 下, 计算玻璃平均厚度的单侧置信上、下限.

10.9 设 $X \sim N(\mu_1, \sigma_1^2)$, $Y \sim N(\mu_2, \sigma_2^2)$, $X_1, X_2, \cdots, X_n$ 是总体 X 的样本, $Y_1, Y_2, \cdots, Y_m$ 是总体 Y 的样本, 总体 X,Y 独立. 对已知的正数 σ_0^2 和显著水平 α, 总结出以下假设的检验法:

(a) $H_0 \colon \sigma_1^2 = \sigma_0^2$ vs $H_1 \colon \sigma_1^2 \neq \sigma_0^2$;

(b) $H_0 \colon \sigma_1^2 \leqslant \sigma_0^2$ vs $H_1 \colon \sigma_1^2 > \sigma_0^2$;

(c) $H_0 \colon \sigma_1^2 \geqslant \sigma_2^2$ vs $H_1 \colon \sigma_1^2 < \sigma_2^2$;

(d) $H_0 \colon \sigma_1^2 = \sigma_2^2$ vs $H_1 \colon \sigma_1^2 \neq \sigma_2^2$.

10.10 若得到正态总体 $N(\mu, \sigma^2)$ 的样本标准差 $S = 0.65$, 检验假设 $H_0 : \sigma \leqslant 0.66$ vs $H_1 \colon \sigma > 0.66$ 时, 会得到什么结果? 检验假设 $H_0 \colon \sigma \geqslant 0.60$ vs $H_1 \colon \sigma < 0.60$ 时, 会得到什么结果?

10.11 已知一种尼龙绳在 22 °C 时的断裂强度 (单位: kg) 为 $\mu = 680$, 标准差是 $\sigma = 9.5$. 现在 50 °C 时测量了 20 根同型号的尼龙绳, 得到断裂强度的样本均值 $\hat{\mu} = 675$, 样本标准差 $s = 12$. 在显著水平 0.05 下, 完成以下工作:

(a) 能否认为在 50 °C 时, 尼龙绳的断裂强度有显著的变化?

(b) 能否认为在 50 °C 时, 尼龙绳的断裂强度有显著的降低?

(c) 能否认为在 50 °C 时, 断裂强度的标准差有显著的变化?

(d) 能否认为在 50 °C 时, 断裂强度的标准差有显著的增加?

10.12 概率统计课程分 A, B 两个班上课, A 班 98 人, B 班 90 人. A 班期末考试的平均成绩是 78 分, 标准差是 16 分. B 班期末考试的平均成绩是 75 分, 标准差是 19 分. 根据试卷的难度, 校方认为期末考试的平均分应当达到 76 分. 在显著水平 0.05 下,

(a) 能否认为这两个班的实际水平都显著地满足了校方的要求?

(b) 能否认为 A 班的实际水平显著高于 76 分?

(c) 能否认为 B 班的实际水平显著低于 76 分?

(d) 能否认为 A 班的实际水平显著地好于 B 班的实际水平?

10.13 某公司的工会对职工参加体育活动的情况进行了抽样调查, 情况如下:

	A 每天锻炼	B 每周锻炼	C 很少锻炼
人数	9	16	28
平均体重/kg	71	74	73.2

如果已知这三类人体重的方差都是 32, 在显著水平 0.05 下,

(a) 这三类人的体重有无显著的差异?

(b) 能否认为 A 类的体重显著小于 B 类的体重?

(c) 能否认为 B 类的体重显著大于 C 类的体重?

(d) 能否认为 A 类的体重显著小于 C 类的体重?

10.14 某钢厂生产直径为 6 mm 的钢筋, 当标准差 $\leqslant 0.05$ 时为优等品. 现在抽查了 10 个样品, 得到样本均值 $\overline{X} = 6.0$, 样本方差 $S^2 = 0.005$, 在显著水平 0.05 下, 能否认为钢筋为优等品.

10.15 以 46° 的仰角发射了 9 颗库存了 1 个月的同型号炮弹, 射程 (单位: km) 分别是

$$30.89 \quad 31.74 \quad 33.82 \quad 32.79 \quad 31.87 \quad 31.85 \quad 31.79 \quad 31.70 \quad 32.23$$

又以相同的仰角发射了 8 颗库存了 2 年的同型号炮弹, 射程 (单位: km) 分别是

$$32.84 \quad 31.46 \quad 32.31 \quad 31.75 \quad 30.15 \quad 31.51 \quad 31.43 \quad 31.74$$

在正态分布的假设和显著水平 0.05 下,

(a) 能否认为这两批炮弹射程的标准差 σ_1, σ_2 有显著的差异;

(b) 认为 $\sigma_1 = \sigma_2$ 时, 能否认为这两批炮弹的平均射程 μ_1, μ_2 有显著的差异.

10.16 假设等离子电视机的使用寿命遵从正态分布 $N(\mu, \sigma^2)$, 其中 σ^2 为未知参数. 在试制阶段, 产品的平均寿命未达到规定的标准 μ_0. 采用新技术后, 厂方声称产品已达到标准, 即 $\mu \geqslant \mu_0$. 为确认产品已达到标准, 验收人员采用保守方法进行检验. 问该负责人应该采用下面 (a), (b) 中哪一种假设进行检验, 并说明理由.

(a) $H_0: \mu \leqslant \mu_0 \quad \text{vs} \quad H_1: \mu > \mu_0$;

(b) $H_0: \mu \geqslant \mu_0 \quad \text{vs} \quad H_1: \mu < \mu_0$.

10.17 在题 10.16 中, 设 $X_1, X_2, \cdots, X_n$ 为一组样本, 对于给定的显著水平 α,

(a) 写出上题选中的假设的检验拒绝域和检验过程;

(b) 如果已知标准差 $\sigma = 5$, 为假设 H_0: $\mu \leqslant \mu_0$ vs H_1: $\mu \geqslant \mu_0$ 给出一个检验法 W, 使得对于满足 $\mu > \mu_0 + 5$ 的平均寿命 μ, 犯第一类和第二类错误的概率都小于 0.05.

10.18 某医院欲买一台昂贵的新仪器, 经过论证认为只有新仪器能使检测的时间平均缩短 8% 时方值得购买. 现对新仪器进行了 6 次试验, 测得平均缩短时间 7.7%, 样本标准差为 0.3%. 假设新仪器缩短的检测时间服从正态分布, 是否明显不值得购买这台新仪器 (取显著水平为 0.05)?

10.19 在 10.5 节的验收检验问题中, 如果对于假设 H_0: $\mu \leqslant \mu_1 = 70$ (电池是等外品) 作检验, 证明随机抽样检查的电池数满足 (10.5.10) 时, 以

$$W_\beta = \{Z \geqslant z_\beta\}, \quad \text{其中} \quad Z = \frac{\overline{X}_n - \mu_1}{\sigma/\sqrt{n}}$$

为拒绝域的检验法也满足双方的要求.

考研自测题十

第十章复习

第十一章　非正态总体的假设检验

基于正态总体或能用中心极限定理近似的样本, 前面的假设检验都是针对总体均值和总体方差的. 本节介绍总体分布的假设检验、比例的假设检验和列联表的独立性检验. 这些都是实际中经常遇到的假设检验问题.

11.1　总体分布的假设检验

本节介绍总体分布的检验方法. 设 $X_1, X_2, \cdots, X_n$ 是总体 X 的样本. 对于已知的概率分布函数 $F(x)$, 考虑假设

$$H_0: X \sim F(x) \quad \text{vs} \quad H_1: X \sim F(x) \text{ 不成立}$$

的检验问题. 注意 $X \sim F(x)$ 表示 X 以 $F(x)$ 为分布函数.

11.1.1　Q–Q 图

对于连续的分布函数 $F(x)$, 考虑假设 H_0: $X \sim F(x)$ 的检验问题时, 用作图的方法可以凭直觉和经验对上述 H_0 作出判断. 下面的 Q–Q 图方法具有形象和直观的特点, 是数据分析中常用的定性方法.

给定总体 X 的样本 $X_1, X_2, \cdots, X_n$, 定义经验分布函数

$$\hat{F}_n(x) = \frac{1}{n}\sum_{j=1}^{n} \mathrm{I}[X_j \leqslant x]. \tag{11.1.1}$$

当 $X \sim F(x)$, 因为示性函数 $\mathrm{I}[X_j \leqslant x]\,(1 \leqslant j \leqslant n)$ 独立同分布, 有共同的数学期望 $\mathrm{EI}[X \leqslant x] = P(X \leqslant x) = F(x)$, 所以从强大数律得到

$$\lim_{n\to\infty} \hat{F}_n(x) = F(x) \text{ 以概率 1 成立}. \tag{11.1.2}$$

实际上, 还有下面的定理.

定理 11.1.1　设 $X_1, X_2, \cdots, X_n$ 是总体 X 的样本, $F(x) = P(X \leqslant x)$, 则有以下结论:

$$\lim_{n\to\infty} \sup_x |\hat{F}_n(x) - F(x)| = 0 \text{ 以概率 1 成立}.$$

如果 $X_1, X_2, \cdots, X_n$ 互不相同, 将 $X_1, X_2, \cdots, X_n$ 从小到大重排得到 $X_{(1)} < X_{(2)} < \cdots < X_{(n)}$. 这时 $\hat{F}_n(x)$ 在每个 $X_{(j)}$ 处有跳跃 $1/n$, 即有

$$\hat{F}_n(x) = \begin{cases} 0, & x < X_{(1)}, \\ \dfrac{j}{n}, & x \in [X_{(j)}, X_{(j+1)}),\ 1 \leqslant j \leqslant n-1, \\ 1, & x \geqslant X_{(n)}. \end{cases} \tag{11.1.3}$$

对于任意的概率分布函数 $G(x)$, 定义反函数 $G^{-1}(y) = \sup\{x \,|\, G(x) < y\}$, $y \in (0,1)$. 可以验证

$$\hat{F}_n^{-1}\left(\frac{j}{n+1}\right) = X_{(j)},\ j = 1, 2, \cdots, n. \tag{11.1.4}$$

对于较大的 n, 从定理 11.1.1 知道 $\hat{F}_n(x) \approx F(x)$, 于是得到

$$F^{-1}\left(\frac{j}{n+1}\right) \approx \hat{F}_n^{-1}\left(\frac{j}{n+1}\right) = X_{(j)},\ j = 1, 2, \cdots, n.$$

于是, 如果 $X \sim F(x)$, 则点 $\left(F^{-1}\left(\frac{j}{n+1}\right), X_{(j)}\right)$ 在直线 $y = x$ 附近. 以后将

$$\left(F^{-1}\left(\frac{j}{n+1}\right), X_{(j)}\right),\ j = 1, 2, \cdots, n \tag{11.1.5}$$

的散点图称为 H_0: $X \sim F(x)$ 的 Q–Q 图 (quantile-quantile plot).

容易理解, 对于较大的 n, 如果 (11.1.5) 中的点偏离直线 $y = x$ 较明显, 则检验显著, 这时应当拒绝 H_0. 否则不能拒绝 H_0.

例 11.1.1 下面的数据是正态总体的样本观测值, $n = 10$.

−0.2199	0.5750	0.1701	−0.4958	1.2027
−0.1121	0.5628	−0.0307	−1.3228	−1.0830

图 11.1.1 中的 "·" 是 H_0: $X \sim N(0,1)$ 的 Q–Q 图, "×" 是 H_0: $X \sim N(1,1)$ 的 Q–Q 图. 可以看出, 当假设 $X \sim N(0,1)$ 时, "·" 的散点图和直线 $y = x$ 拟合得很好; 在假设 $X \sim N(1,1)$ 时, "×" 的散点图和直线 $y = x$ 拟合得不好. 这是因为以上数据是来自 $N(0,1)$ 的样本.

例 11.1.2 下面的数据是指数总体的样本观测值, $n = 10$.

1.6428	0.3824	1.1948	0.6131	1.8913
0.3597	0.9719	0.1508	0.1582	0.5216

图 11.1.2 中的 "·" 是 H_0: $X \sim Exp(1)$ 的 Q–Q 图, "×" 是 H_0: $X \sim Exp(2)$ 的 Q–Q 图. 可以看出, 当假设 $X \sim Exp(1)$ 时, "·" 的散点图和直线 $y = x$ 拟合得较好; 在假设 $X \sim Exp(2)$ 时, "×" 的散点图和直线 $y = x$ 拟合得不好. 这是因为以上数据来自总体 $Exp(1)$.

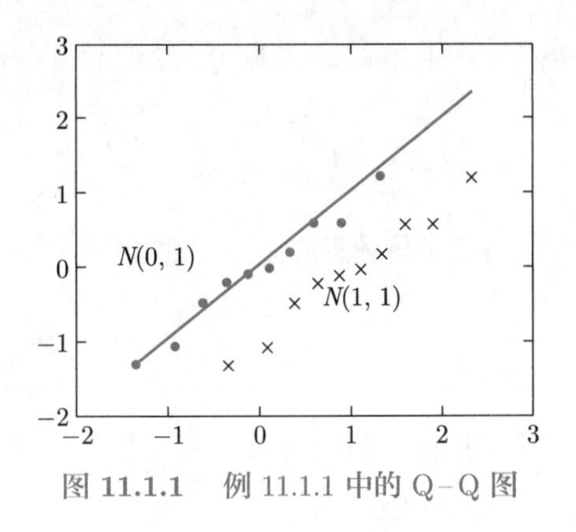

图 **11.1.1** 例 11.1.1 中的 Q–Q 图

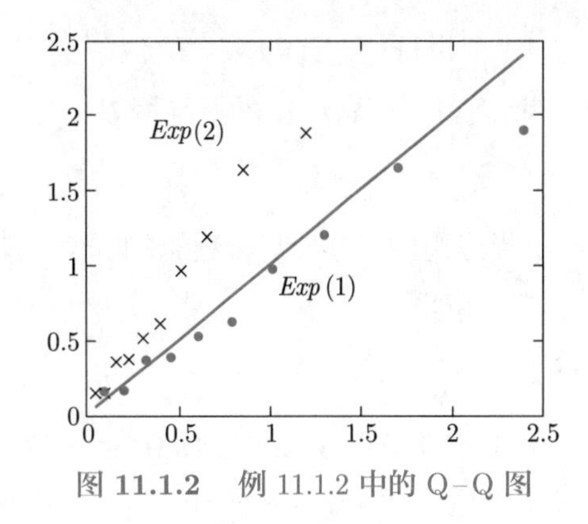

图 **11.1.2** 例 11.1.2 中的 Q–Q 图

11.1.2 拟合优度检验

拟合优度检验考虑的是观测样本及其总体分布是否能够拟合, 以及拟合好坏的标准.

给定总体 X 的样本观测值 $X_1, X_2, \cdots, X_n$, 取

$$t_0 < \min\{X_1, X_2, \cdots, X_n\}, \quad t_m > \max\{X_1, X_2, \cdots, X_n\}.$$

类似于制作频率直方图的方法, 取

$$t_0 < t_1 < t_2 < \cdots < t_m.$$

然后将区间 $(t_0, t_m]$ 进行划分, 得到互不相交的区间

$$I_j = (t_{j-1}, t_j], \ j = 1, 2, \cdots, m.$$

下面用观测样本落入区间 I_j 的频率

$$\hat{p}_j = \frac{{}^{\#}\{k\,|X_k \in I_j\}}{n} = \frac{1}{n}\sum_{k=1}^{n} \mathrm{I}[X_k \in I_j]$$

作为概率

$$p_j = P(X \in I_j) = F(t_j) - F(t_{j-1}) \tag{11.1.6}$$

的估计. 用

$$U = \sum_{j=1}^{m} \frac{n}{p_j}(\hat{p}_j - p_j)^2 \tag{11.1.7}$$

描述频率 $\{\hat{p}_j\}$ 和概率 $\{p_j\}$ 之间的差异. 对于较大的样本量 n, 在 $H_0 : X \sim F(x)$ 下, 从频率和概率的关系知道 $(\hat{p}_j - p_j)^2$ 应当较小. 所以当 U 较大时应当拒绝 H_0.

在 H_0 下可以证明: 当 n 较大时, U 近似服从 $m-1$ 个自由度的 χ^2 分布. 于是 $H_0 : X \sim F(x)$ 的显著水平 (近似) 为 α 的拒绝域是

$$W = \{U > \chi^2_\alpha(m-1)\}. \tag{11.1.8}$$

如果总体分布 $F(x)$ 中有 r 个未知参数, 就需要用观测数据先计算出这 r 个未知参数的最大似然估计, 用最大似然估计代替真实参数后才能计算出 (11.1.6) 中的 p_j. 这时

在 H_0 下可以证明: 当 n 较大时, U 近似服从 $m-r-1$ 个自由度的 χ^2 分布. 于是 H_0 的显著水平 (近似) 为 α 的拒绝域是

$$W=\{U>\chi^2_\alpha(m-r-1)\}. \tag{11.1.9}$$

实际应用中, 为了使得近似的程度较好, 还应当要求样本量的大小和区间的划分满足以下的条件

$$np_j \geqslant 5,\ 1\leqslant j\leqslant m. \tag{11.1.10}$$

例 11.1.3 自 1500 至 1931 年的 $N=432$ 年间, 比较重要的战争在全世界共发生了 299 次. 以每年为一个时间段的记录如下 (参考书目 [13]):

爆发的战争数 k	爆发 k 次战争的年数 m_k	频率 m_k/N	$P(Y=k)$
0	223	0.516	0.502
1	142	0.329	0.346
2	48	0.111	0.119
3	15	0.035	0.028
$\geqslant 4$	4	0.009	0.005
总计	432	1.000	1.000

表中 $Y\sim\mathcal{P}(0.69)$, $0.69=299/432$ 是平均每年爆发的战争数. 图 11.1.3 是频率 m_k/N 和概率 $P(Y=k)$ 的折线图. 可以看出, 在一年中战争爆发的频率 m_k/N 和 $P(Y=k)$ 十分相近. 能否认为 1500 至 1931 年中每年的战争爆发数 X 服从泊松分布 $\mathcal{P}(0.69)$?

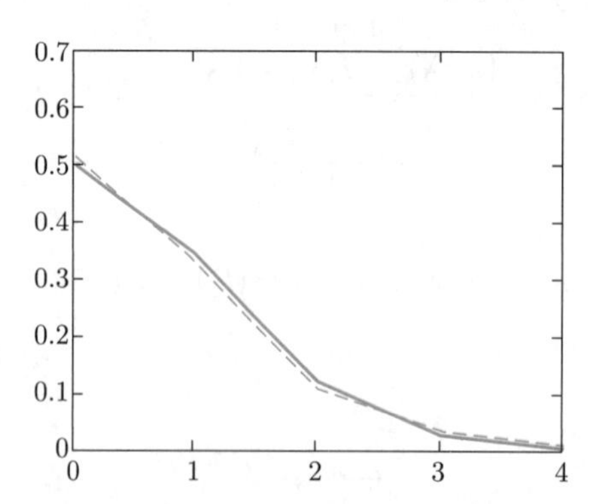

图 11.1.3 例 11.1.3 中的频率 m_k/N 和概率 $P(Y=k)$

解 用 X_j 表示第 j 年的战争数, 则在 $H_0: X\sim\mathcal{P}(\lambda)$ 下, $X_1,X_2,\cdots,X_n$ 是泊松总体 $\mathcal{P}(\lambda)$ 的样本, 其中未知参数 λ 的最大似然估计是 $\hat\lambda=\overline{X}_n=299/432=0.69$, 这时 H_0 中的 $\mathcal{P}(\lambda)=\mathcal{P}(0.69)$. 将 $[0,\infty)$ 划分成 $m=4$ 段:

$$I_1=[0,0.5],\ I_2=(0.5,1.5],\ I_3=(1.5,2.5],\ I_4=(2.5,\infty).$$

分别计算出

$$p_1 = \mathrm{e}^{-\hat{\lambda}} = 0.502, \qquad \hat{p}_1 = \frac{223}{432} = 0.516,$$

$$p_2 = \hat{\lambda}\mathrm{e}^{-\hat{\lambda}} = 0.346, \qquad \hat{p}_2 = \frac{142}{432} = 0.329,$$

$$p_3 = \frac{\hat{\lambda}^2}{2!}\mathrm{e}^{-\hat{\lambda}} = 0.119, \qquad \hat{p}_3 = \frac{48}{432} = 0.111,$$

$$p_4 = 1 - \sum_{j=1}^{3} p_j = 0.033, \quad \hat{p}_4 = \frac{19}{432} = 0.044.$$

因为 $432 \times 0.033 = 14.256 > 5$, 所以条件 (11.1.10) 成立. 利用公式 (11.1.7) 计算出

$$U = \sum_{j=1}^{4} \frac{n}{p_j}(\hat{p}_j - p_j)^2 = 2.345\,8.$$

自由度为 $4-1-1=2$, 查表得到 $\chi^2_{0.05}(2) = 5.991 > U = 2.345\,8$. 所以不能拒绝总体 X 服从泊松分布 $\mathcal{P}(0.69)$. 由于 n 较大, 所以可以接受 H_0, 接受 $X \sim \mathcal{P}(0.69)$.

例 11.1.3 中, 以 $\{U \geqslant 2.345\,8\}$ 作拒绝域, 用 MATLAB 命令 p=1-chi2cdf(2.3458, 2) 可以计算出检验的 p 值

$$p = P(\chi^2_2 \geqslant 2.345\,8) = 0.309\,5,$$

其中 χ^2_2 是服从 $\chi^2(2)$ 分布的随机变量. $p = 0.309\,5$ 又称为**拟合优度**, 它显示了数据和泊松分布 $\mathcal{P}(0.69)$ 的拟合情况. 拟合优度越大, 数据和假设分布的拟合程度越好.

例 11.1.4 某公共图书馆在一年中通过随机抽样调查得到了 60 天的读者借书数, 数据见 7.3 节的例 7.3.1. 能否认为这批数据是正态总体的样本?

解 设总体分布是 $N(\mu, \sigma^2)$, 可以计算出 μ, σ^2 的最大似然估计分别是

$$\hat{\mu} = \overline{X}_n = 403.5, \ \hat{\sigma}^2 = \frac{1}{n}\sum_{j=1}^{n}(X_j - \hat{\mu})^2 = 83.12^2.$$

这时 $H_0: X \sim N(\mu, \sigma^2)$ 中的 $N(\mu, \sigma^2) = N(403.5, 83.12^2)$. 数据的最小值是 $213 > 200$, 最大值是 $584 < 600$. 按照制作直方图的方法将 $(200, 600]$ 八等分. 计算出数据落入各段的频率:

$$\hat{p}_1 = \frac{3}{60} = 0.05, \ \hat{p}_2 = \frac{2}{60} = 0.033, \ \cdots, \ \hat{p}_8 = \frac{3}{60} = 0.05.$$

再在 $H_0: X \sim N(403.5, 83.12^2)$ 下, 依次计算出相应的概率 p_j 如下:

$$p_1 = P(X \leqslant 250) = \varPhi\left(\frac{250-403.5}{83.12}\right) = 0.032\,4,$$

$$p_2 = P(X \in (250, 300]) = \varPhi\left(\frac{300-403.5}{83.12}\right) - \varPhi\left(\frac{250-403.5}{83.12}\right) = 0.074\,1,$$

....

$$p_7 = P(X \in (500, 550]) = \varPhi\left(\frac{550-403.5}{83.12}\right) - \varPhi\left(\frac{500-403.5}{83.12}\right) = 0.083\,8,$$

$$p_8 = P(X \geqslant 550) = 1 - \varPhi\left(\frac{550-403.5}{83.12}\right) = 0.039.$$

将结果列出, 得到

I_j	频率 $\hat{p}_j$	概率 p_j
$(-\infty,\ 250]$	0.0500	0.0324
$(250,\ 300]$	0.0333	0.0741
$(300,\ 350]$	0.2000	0.1534
$(350,\ 400]$	0.2333	0.2233
$(400,\ 450]$	0.2000	0.2289
$(450,\ 500]$	0.1833	0.1651
$(500,\ 550]$	0.0500	0.0838
$(550,\ \infty)$	0.0500	0.0390

由于 $np_1 = 60 \times 0.0324 = 1.944 < 5$, 需要将 I_1 和 I_2 合并. 同理需要将 I_7 和 I_8 合并. 合并后得到

I_j	频率 $\hat{p}_j$	概率 p_j
$(-\infty,\ 300]$	0.0833	0.1065
$(300,\ 350]$	0.2000	0.1534
$(350,\ 400]$	0.2333	0.2233
$(400,\ 450]$	0.2000	0.2289
$(450,\ 500]$	0.1833	0.1651
$(500,\ \infty)$	0.1000	0.1228

这时条件 (11.1.10) 被满足. 利用 (11.1.7) 计算出

$$U = \sum_{j=1}^{6} \frac{n}{p_j}(\hat{p}_j - p_j)^2 = 0.1736.$$

由于正态分布的均值和方差都利用了最大似然估计, 所以减少两个自由度, 自由度为 $6 - 2 - 1 = 3$, 查表得到 $\chi^2_{0.05}(3) = 7.815 > 0.1736$. 所以不能拒绝总体 X 服从正态分布 $N(403.5, 83.12^2)$.

例 11.1.4 中, 如果以 $\{U \geqslant 0.1736\}$ 作拒绝域, 则可以用 MATLAB 命令 p=1-chi2cdf(0.1736, 3) 计算出拟合优度 (检验的 p 值)

$$p = P(\chi^2_3 \geqslant 0.1736) = 0.9817,$$

其中 χ^2_3 是服从 $\chi^2(3)$ 分布的随机变量. 因为拒绝 H_0 犯错误的概率约为 98.2%, 所以可以放心接受 H_0, 认为这 60 个数据来自正态总体 $N(403.5, 83.12^2)$.

11.2 比例的假设检验

设 $X_1, X_2, \cdots, X_n$ 是总体 $\mathcal{B}(1,p)$ 的样本, 则 $\mathrm{E}X_1 = p$, $\mathrm{Var}(X_1) = pq$, $q = 1 - p$. 用 $\hat{p} = \overline{X}_n$ 表示 p 的 MLE (参考 8.3 节例 8.3.2), $\hat{q} = 1 - \hat{p}$. 当 n 较大时 (已知 p 时至少要求 $\min(np, nq) \geqslant 5$, 否则至少要求 $\min(n\hat{p}, n\hat{q}) \geqslant 5$), 从中心极限定理知道近似地有

$$\frac{\hat{p}-p}{\sqrt{p(1-p)/n}} \sim N(0,1). \tag{11.2.1}$$

由于当 $n \to \infty$, $\hat{p} \to p$ 以概率 1 成立, 所以还近似地有 (参考 9.4.2 节)

$$\frac{\hat{p}-p}{\sqrt{\hat{p}(1-\hat{p})/n}} \sim N(0,1). \tag{11.2.2}$$

设 p_0 是 $(0,1)$ 中的已知数. 根据 (11.2.1) 和 (11.2.2), 可以得到以下结论.

(1) 假设 $H_0\colon p = p_0$ vs $H_1\colon p \neq p_0$ 的显著水平 (近似) 为 α 的拒绝域是

$$W = \left\{ \frac{|\hat{p}-p_0|}{\sqrt{p_0(1-p_0)/n}} \geqslant z_{\alpha/2} \right\}. \tag{11.2.3}$$

(2) 假设 $H_0\colon p = p_0$ vs $H_1\colon p > p_0$ 的显著水平 (近似) 为 α 的拒绝域是

$$W = \left\{ \frac{\hat{p}-p_0}{\sqrt{p_0(1-p_0)/n}} \geqslant z_{\alpha} \right\}. \tag{11.2.4}$$

(3) 假设 $H_0\colon p = p_0$ vs $H_1\colon p < p_0$ 的显著水平 (近似) 为 α 的拒绝域是

$$W = \left\{ \frac{\hat{p}-p_0}{\sqrt{p_0(1-p_0)/n}} \leqslant -z_{\alpha} \right\}. \tag{11.2.5}$$

(4) 假设 $H_0\colon p \leqslant p_0$ vs $H_1\colon p > p_0$ 的显著水平 (近似) 为 α 的拒绝域是

$$W = \left\{ \frac{\hat{p}-p_0}{\sqrt{\hat{p}(1-\hat{p})/n}} \geqslant z_{\alpha} \right\}. \tag{11.2.6}$$

(5) 假设 $H_0\colon p \geqslant p_0$ vs $H_1\colon p < p_0$ 的显著水平 (近似) 为 α 的拒绝域是

$$W = \left\{ \frac{\hat{p}-p_0}{\sqrt{\hat{p}(1-\hat{p})/n}} \leqslant -z_{\alpha} \right\}. \tag{11.2.7}$$

以上方法被称为**正态逼近法**.

例 11.2.1 某收藏家一年中购入了 98 幅名家字画, 经过权威部门鉴定, 有 26 幅是赝品, 在显著水平 0.05 下, 能否认为该收藏家的鉴定准确率大于等于 0.75.

解 p 的最大似然估计是 $\hat{p} = (98-26)/98 = 0.7347 < 0.75$, 所以作假设 $H_0\colon p \geqslant 0.75$ vs $H_1\colon p < 0.75$. 由于 $n(1-\hat{p}) = 98(1-0.7347) > 5$, 可以用正态逼近法作检验. 拒绝域由 (11.2.7) 决定, $p_0 = 0.75$. 经计算

$$\frac{\hat{p}-p_0}{\sqrt{\hat{p}(1-\hat{p})/n}} = -0.3431.$$

由于 $z_{0.05}=1.645$, 而 $-0.343\,1>-1.645$, 所以不能否认 H_0.

下面讨论两个总体比例的比较问题. 设总体 $\mathcal{B}(1,p_1)$ 的样本 $X_1,X_2,\cdots,X_n$ 和总体 $\mathcal{B}(1,p_2)$ 的样本 $Y_1,Y_2,\cdots,Y_m$ 独立, 且 n,m 较大, 至少使得

$$n\min(\hat{p}_1,1-\hat{p}_1)\geqslant 5,\quad m\min(\hat{p}_2,1-\hat{p}_2)\geqslant 5.$$

当 $p_1=p_2=p$ 时, $X_1,X_2,\cdots,X_n,Y_1,Y_2,\cdots,Y_m$ 独立同分布, p 的 MLE 是

$$\begin{aligned}\hat{p}&=\frac{1}{n+m}\Big(\sum_{i=1}^{n}X_i+\sum_{j=1}^{m}Y_j\Big)\\&=\frac{n\hat{p}_1+m\hat{p}_2}{n+m}.\end{aligned}\tag{11.2.8}$$

这时用 $\hat{p}(1-\hat{p})=\hat{\sigma}^2$ 代替 6.3 节 (6.3.11) 中的 $\hat{\sigma}_1^2,\ \hat{\sigma}_2^2$, 得到

$$Z_{n,m}=\frac{\hat{p}_1-\hat{p}_2}{\sqrt{\big(1/n+1/m\big)\hat{p}(1-\hat{p})}}\sim N(0,1)\tag{11.2.9}$$

近似成立. 于是得到以下结论:

(1) 假设 $H_0\colon p_1=p_2\quad \text{vs}\quad H_1\colon p_1\neq p_2$ 的显著水平 (近似) 为 α 的拒绝域是

$$W=\{\,|Z_{n,m}|\geqslant z_{\alpha/2}\}.\tag{11.2.10}$$

(2) 假设 $H_0\colon p_1=p_2\quad \text{vs}\quad H_1\colon p_1>p_2$ 的显著水平 (近似) 为 α 的拒绝域是

$$W=\{Z_{n,m}\geqslant z_\alpha\}.\tag{11.2.11}$$

(3) 假设 $H_0\colon p_1=p_2\quad \text{vs}\quad H_1\colon p_1<p_2$ 的显著水平 (近似) 为 α 的拒绝域是

$$W=\{Z_{n,m}\leqslant -z_\alpha\}.\tag{11.2.12}$$

以上方法也是**正态逼近法**.

例 11.2.2 有 $n=1\,230$ 名男应届毕业生和 $m=1\,542$ 名女应届毕业生参加了某城市政府组织的就业洽谈会, 结果有 251 名男生和 232 名女生求职成功. 假设男、女生没有任职方面的个体差异, 问本次人才洽谈会有无性别歧视.

解 用 p_1,p_2 分别表示男、女生求职的理论成功率. 则 $p_1=p_2$ 表示无性别歧视. 本例中 $\hat{p}_1=251/1\,230=0.204\,1$, $\hat{p}_2=232/1\,542=0.150\,5$, $\hat{p}_1>\hat{p}_2$, 预示对女生可能有性别歧视. 但是 $\hat{p}_1>\hat{p}_2$ 是否由随机因素造成的呢? 为了回答这个问题, 需要对

$$H_0\colon p_1=p_2\ \text{ vs }\ H_1\colon p_1>p_2.$$

进行检验. 从 $n\hat{p}_1>5, m\hat{p}_2>5$, 知道可用 (11.2.11). 将 $n=1\,230,\quad m=1\,542$,

$$\hat{p}=\frac{251+232}{1\,230+1\,542}=0.174\,2$$

代入 (11.2.9) 计算出

$$Z_{n,m}=\frac{\hat{p}_1-\hat{p}_2}{\sqrt{(1/n+1/m)\hat{p}(1-\hat{p})}}=3.697>z_{0.05}=1.645.$$

检验是显著的. 于是拒绝 H_0, 认为 $\hat{p}_1 > \hat{p}_2$ 不是随机因素造成的.

在例 11.2.2 中, 如果采用显著水平 0.01, 则仍有 $Z_{n,m} > z_{0.01} = 2.326\,3$. 这时称检验是**高度显著**的. 高度显著时, 拒绝 H_0 犯错误的概率不超过 1%.

在例 11.2.2 中, 如果以 $\{Z_{n,m} \geqslant 3.697\}$ 为拒绝域, 则恰好拒绝 H_0, 于是检验的 p 值

$$p = P(Z \geqslant 3.697) = 1 - \Phi(3.697) = 0.011\%, \text{ 其中 } Z \sim N(0,1).$$

说明拒绝 $p_1 = p_2$ 犯错误的概率为 0.011%, 或说几乎不犯错误.

其中计算 $1 - \Phi(3.697)$ 可用 MATLAB 命令 1-normcdf(3.697,0,1)

例 11.2.3 在 7.5 节中讲到 1988 年 9 月 CAS 试验的内部结果如下:

	X 组	Y 组
患者总数	576	571
猝死人数	3	19

试分析 X 组和 Y 组的猝死率有无显著差异.

解 假设无差异, 则 X 组的理论猝死率 p_1 和 Y 组的理论猝死率 p_2 相同. 于是需要对

$$H_0\colon\ p_1 = p_2 \quad \text{vs} \quad H_1\colon\ p_1 \neq p_2$$

做检验. 现在 $n = 576$, $m = 571$. 因为

$$n\hat{p}_1 = 3 < 5, \quad m\hat{p}_2 = 19 > 5,$$

所以不能直接使用正态逼近法. 但是因为我们只关心这两个猝死率的差异, 所以无妨人为将 X 组的猝死人数提高到 6. 如果提高到 6 时的检验显著, 那么结论就更显著.

提高后 $\hat{p}_1 = 6/576$, $n\hat{p}_1 = 6 > 5$, 所以可用正态逼近法. 经计算得到

$$\hat{p} = \frac{6+19}{576+571} = 0.021\,8,$$

$$Z_{n,m} = \frac{\hat{p}_1 - \hat{p}_2}{\sqrt{(1/n + 1/m)\hat{p}(1-\hat{p})}} = -2.650\,6.$$

因为 $|Z_{n,m}| = 2.650\,6 > z_{0.01/2} = 2.575\,8$, 所以检验是高度显著的. 于是拒绝 H_0, 认为 X 组和 Y 组的猝死率有显著差异.

例 11.2.4 在 7.5 节的例 7.5.2 中, 给实验组的 20 万个儿童注射了预防小儿麻痹症的疫苗后, 样本发病率是 $\hat{p}_1 = 28/(10\text{万})$, 对照组中的 20 万个儿童的样本发病率是 $\hat{p}_2 = 71/(10\text{万})$. 试用单边假设说明疫苗是否有效.

解 疫苗无效等价于实验组的理论发病率 p_1 和对照组的理论发病率 p_2 相同. 现在 $\hat{p}_2/\hat{p}_1 = 71/28 > 2.5$, 预示疫苗有效. 所以对假设

$$H_0 : p_1 = p_2 \quad \text{vs} \quad H_1 : p_1 < p_2$$

进行检验问题. 现在 $n=m=20$ 万,

$$n\hat{p}_1=56>5,\quad m\hat{p}_2=142>5,$$

可以用正态逼近法. 经计算得到

$$\hat{p}=\frac{n\hat{p}_1+m\hat{p}_2}{n+m}=0.000\,495,$$

$$Z_{n,m}=\frac{\hat{p}_1-\hat{p}_2}{\sqrt{(1/n+1/m)\hat{p}(1-\hat{p})}}=-6.113\,3.$$

由于 $Z_{n,m}=-6.113\,3$, 太小了, 所以检验结果高度显著. 应当拒绝 H_0, 承认疫苗有效.

本例中如果以 $\{Z_{n,m}\leqslant -6.113\,3\}$ 为拒绝域, 则恰好拒绝 H_0. 检验的 p 值

$$p=P(Z>6.113\,3)=1-\Phi(6.113\,3)=4.8\times 10^{-10}, \tag{11.2.13}$$

其中 $Z\sim N(0,1)$. 这说明承认疫苗有效几乎不犯错误. 也说明 $\hat{p}_1/\hat{p}_2>2.5$ 不可能由随机因素造成.

例 11.2.5 (接第七章拓展阅读 "艾滋病疫苗试验") 在艾滋病疫苗 HVTN702 的随机对照试验中, 实验组的 2 694 人中有 129 人感染了 HIV, 对照组的 2 689 人中有 123 人感染了 HIV. 在显著水平 0.95 下, 对该疫苗的有效性做双侧检验, 并计算检验的 p 值.

解 用 p_1, p_2 分别表示实验组和对照组的 HIV 理论感染率, 题目要求对

$$H_0: p_1=p_2 \quad \text{vs} \quad H_1: p_1\neq p_2$$

进行检验. 现在 $n=2\,694$, $m=2\,689$. 由 $n\hat{p}_1=129>5$, $m\hat{p}_2=123>5$ 知道可用正态逼近法. 计算得到

$$\hat{p}=\frac{129+123}{2\,694+2\,689}=0.046\,8,$$

$$Z_{n,m}=\frac{\hat{p}_1-\hat{p}_2}{\sqrt{(1/n+1/m)\hat{p}(1-\hat{p})}}=0.372.$$

因为 $Z_{n,m}=0.372$ 太小了, 所以检验不显著. 不能承认疫苗有效.

如果把检验的拒绝域定为 $W=\{|Z_{n,m}|\geqslant 0.372\}$, 则检验的结果刚好可以拒绝 H_0. 这时, 查表得检验的 p 值

$$\begin{aligned} p &= P(|Z|\geqslant 0.372)\\ &= 2(1-P(Z<0.372))\\ &\approx 2(1-0.645)\\ &= 0.71. \end{aligned}$$

说明拒绝 H_0 犯错误的概率为 $p=0.71$. 因为数据量已经很大, 所以可放心接受 H_0.

在实际问题中还会遇到 $H_0: p_1\leqslant p_2$ vs $H_1: p_1>p_2$ 的检验问题. 这时 $\hat{p}_1=\overline{X}_n$, $\hat{p}_2=\overline{Y}_m$ 分别是比例 p_1,p_2 的 MLE. 定义

$$\hat{\sigma}_1^2=\hat{p}_1(1-\hat{p}_1),\quad \hat{\sigma}_2^2=\hat{p}_2(1-\hat{p}_2) \tag{11.2.14}$$

由 9.3 节 (9.3.6) 知道,

$$\frac{(\hat{p}_1-\hat{p}_2)-(p_1-p_2)}{\sqrt{\hat{\sigma}_1^2/n+\hat{\sigma}_2^2/m}} \sim N(0,1)$$

近似成立. 定义

$$\eta_{n,m}=\frac{\hat{p}_1-\hat{p}_2}{\sqrt{\hat{\sigma}_1^2/n+\hat{\sigma}_2^2/m}}, \tag{11.2.15}$$

则有以下结论:

(4) 假设 $H_0: p_1 \leqslant p_2 \quad \text{vs} \quad H_1: p_1 > p_2$ 的显著水平 (近似) 为 α 的拒绝域是

$$W=\{\eta_{n,m} \geqslant z_\alpha\}. \tag{11.2.16}$$

(5) 假设 $H_0: p_1 \geqslant p_2 \quad \text{vs} \quad H_1: p_1 < p_2$ 的显著水平 (近似) 为 α 的拒绝域是

$$W=\{\eta_{n,m} \leqslant -z_\alpha\}. \tag{11.2.17}$$

11.3 列联表的独立性检验

11.3.1 2×2 列联表

在许多实际问题中, 经常需要考察两种因素的关系. 例如, 患支气管炎与吸烟是否有关, 儿童的语言能力是否与他们的性别有关, 汽车司机不系安全带是否与发生车祸时司机遭受致命性伤害有关. 在 2020 年初爆发的新冠病毒感染人群中, 康复率是否和发病人员的年龄有关.

为了分析这些问题, 可以用问卷调查或现场记录等方式获取数据. 例如, 为了解患支气管炎是否与吸烟有关, 就需要在其他条件都基本相同的总体中无放回地随机抽样调查 n 个人. 将调查结果列成下表:

表 11.3.1 患支气管炎与吸烟情况调查表

诊断情况	吸烟情况	
	吸烟	不吸烟
患支气管炎	n_{11}	n_{12}
无支气管炎	n_{21}	n_{22}

表 11.3.1 说明: 在被调查的这 $n=n_{11}+n_{12}+n_{21}+n_{22}$ 个人中, 患支气管炎且吸烟的人有 n_{11} 个, 患支气管炎但不吸烟的人有 n_{12} 个, 无支气管炎但吸烟的人有 n_{21} 个, 无支气管炎且不吸烟的人有 n_{22} 个.

以后将表 11.3.1 称为 2×2 列联表. 第一个 2 表示列联表有两个因素: 一个是吸烟情况, 一个是诊断情况. 另一个 2 表示每个因素有两个**位级**. 吸烟情况的两个位级是 "吸烟" 、"不吸烟". 诊断情况的两个位级是 "患支气管炎" "无支气管炎".

列联表的独立性分析就是要根据列联表中的数据分析其中一个因素对另一因素是否有影响. 下面介绍列联表的独立性检验方法.

设随机向量 (X,Y) 有概率分布和边缘分布如表 11.3.2:

表 11.3.2　随机向量 (X,Y) 的概率分布和边缘分布表

X	Y		$p_i = P(X=i)$
	1	2	
1	p_{11}	p_{12}	p_1
2	p_{21}	p_{22}	p_2
$q_j = P(Y=j)$	q_1	q_2	

这时需要解决的问题是检验以下假设:

$$H_0\text{: } X,Y\text{独立} \quad \text{vs} \quad H_1\text{: } X,Y\text{不独立}. \tag{11.3.1}$$

在调查吸烟与支气管炎的关系时, 在所关心人群中随机抽取一人, 用 (X,Y) 表示他的状况, 其中

$$X=\begin{cases}1, & \text{有支气管炎},\\ 2, & \text{无支气管炎},\end{cases} \qquad Y=\begin{cases}1, & \text{吸烟},\\ 2, & \text{不吸烟}.\end{cases}$$

得到 (X,Y) 的 n 个观测值后, 可以把表 11.3.1 改写成

表 11.3.3　(X,Y) 的分布表

X	Y		合计
	1	2	
1	n_{11}	n_{12}	$n_{11}+n_{12}$
2	n_{21}	n_{22}	$n_{21}+n_{22}$
合计	$n_{11}+n_{21}$	$n_{12}+n_{22}$	

这时, 检验吸烟与患支气管炎是否独立可以写成对假设 (11.3.1) 的检验.

下面针对列联表 11.3.3, 介绍假设 (11.3.1) 的检验方法. 引入

$$n_{1\cdot}=n_{11}+n_{12}, \quad n_{2\cdot}=n_{21}+n_{22},$$

$$n_{\cdot 1}=n_{11}+n_{21}, \quad n_{\cdot 2}=n_{12}+n_{22},$$

则被调查的总人数为

$$n=n_{1\cdot}+n_{2\cdot}=n_{\cdot 1}+n_{\cdot 2}=n_{11}+n_{12}+n_{21}+n_{22}.$$

从表 11.3.3 得到 (X,Y) 的频率分布如表 11.3.4:

表 11.3.4 (X,Y) 的频率分布表

X	Y		$\hat{p}_i$
	1	2	
1	$\hat{p}_{11}=n_{11}/n$	$\hat{p}_{12}=n_{12}/n$	$\hat{p}_1=n_{1\cdot}/n$
2	$\hat{p}_{21}=n_{21}/n$	$\hat{p}_{22}=n_{22}/n$	$\hat{p}_2=n_{2\cdot}/n$
$\hat{q}_j$	$\hat{q}_1=n_{\cdot 1}/n$	$\hat{q}_2=n_{\cdot 2}/n$	

在 H_0 下, X, Y 独立, 故有 $p_{ij}=p_i q_j$. 频率作为概率的强相合估计, 这时也应当有

$$\hat{p}_{ij}\approx \hat{p}_i\hat{q}_j,\ i,j=1,2. \tag{11.3.2}$$

于是当

$$V_n=\sum_{i=1}^{2}\sum_{j=1}^{2}\frac{n(\hat{p}_{ij}-\hat{p}_i\hat{q}_j)^2}{\hat{p}_i\hat{q}_j}$$

取值较大时应当拒绝 X, Y 独立.

可以证明, 如果 H_0 成立, 则 V_n 依分布收敛到 1 个自由度的 χ^2 分布 (参考书目 [2] 的定理 6.3). 用 $\chi^2_\alpha(1)$ 表示 $\chi^2(1)$ 分布的上 α 分位数, 利用近似分布

$$V_n\sim\chi^2(1)$$

得到 “H_0: X, Y 独立” 的显著水平 (近似) 为 α 的拒绝域

$$W_\alpha=\{V_n\geqslant\chi^2_\alpha(1)\}. \tag{11.3.3}$$

在检验水平 $\alpha=0.01$ 时, 如果 $V_n\geqslant\chi^2_{0.01}(1)$, 则称检验是高度显著的.

计算 V_n 时, 有下面的简便公式:

$$V_n=\frac{n(n_{11}n_{22}-n_{12}n_{21})^2}{n_{1\cdot}n_{2\cdot}n_{\cdot 1}n_{\cdot 2}}. \tag{11.3.4}$$

例 11.3.1 (支气管炎与吸烟) 为研究患支气管炎是否与吸烟有关, 从一大批在年龄、生活和工作环境等方面相仿的男性中随机选取了 60 位支气管炎患者和 40 位非支气管炎患者, 调查他们是否吸烟. 调查结果列入表 11.3.5:

表 11.3.5 患支气管炎与吸烟情况调查表

患病情况	吸烟情况		合计
	吸烟	不吸烟	
患支气管炎	39	21	60
无支气管炎	15	25	40
合计	54	46	100

试从这批数据分析吸烟和患支气管炎是否独立.

解 本例中

$$n_{11}=39,\quad n_{12}=21,\quad n_{1\cdot}=60,\quad n_{\cdot 1}=54,$$

$$n_{21} = 15, \quad n_{22} = 25, \quad n_{2\cdot} = 40, \quad n_{\cdot 2} = 46.$$

利用公式 (11.3.4) 计算出

$$V_n = \frac{100(39 \times 25 - 21 \times 15)^2}{60 \times 40 \times 54 \times 46} = 7.307.$$

查表得到 $\chi^2_{0.01}(1) = 6.635$. 而本例中, 由调查数据所得到的

$$V_n = 7.307 > 6.635,$$

所以检验结果高度显著. 根据本例的数据而否认吸烟与支气管炎独立时, 犯错误的概率不超过 $\alpha = 0.01$.

在例 11.3.1 中值得指出: 要求被调查对象在年龄、生活和工作环境等因素方面尽量相同是为了避免这些因素对 "是否患支气管炎" 的影响, 因为不同的年龄段或者不同的生活、环境等因素可能也会导致人们易患支气管炎. 如果调查时不考虑这些因素, 即使我们分析的结果是患支气管炎与吸烟有关, 也不清楚这种关系真正反映的是患支气管炎与吸烟之间的关系, 还是由其他因素引起的关系. 因此, 只有尽量控制调查对象在其他方面尽可能一致, 才能根据调查数据有效地分析患支气管炎与吸烟的相关性.

还应当指出, 仅从数据出发, 例 11.3.1 的分析结果不能解释是吸烟导致更多的支气管炎, 还是支气管炎导致更多的吸烟.

例 11.3.2 (致命的药物) 在 7.5 节中, CAS 对预防心律失常药进行了随机对照双盲试验, 得到如下的试验结果:

表 11.3.6 预防心律失常药的随机对照双盲试验结果

	X 组	Y 组
患者总数	576	571
猝死人数	3	19

试分析药物对于猝死率有无影响.

解 表 11.3.6 说明有 $n = 576 + 571 = 1\,147$ 人参加了试验. X 组中有 3 人猝死, 有 573 人没有猝死; Y 组中有 19 人猝死, 有 552 人没有猝死. 把是否猝死视为因素一, 把服用哪种药物视为因素二, 可以列出 2×2 列联表如表 11.3.7:

表 11.3.7 试验结果的 2×2 列联表

猝死情况	用药情况		合计
	X 组	Y 组	
未猝死	573	552	1 125
有猝死	3	19	22
合计	576	571	1 147

利用公式 (11.3.4) 计算出

$$V_n = \frac{1\,147(573 \times 19 - 552 \times 3)^2}{1\,125 \times 22 \times 576 \times 571} = 12.006\,8.$$

查表得到 $\chi^2_{0.01}(1) = 6.635$. 而现在由调查数据所得到的 $V_n = 12.006\,8 > 6.635$, 所以检验是高度显著的. 根据 CAS 试验认为药物与猝死有关时, 犯错误的概率不超过 $\alpha = 0.01$.

实际上, 用 MATLAB 命令 p=1-chi2cdf(12,1) 还可以计算出检验的 p 值 $p = P(\chi^2_1 \geqslant 12.006\,8) = 0.053\%$. 于是, 认为药物与猝死有关时, 犯错误的概率大约是 0.053%, 或说几乎不犯错误.

例 11.3.3 (接例 11.2.5) 在第七章拓展阅读 "艾滋病疫苗试验" 中, 在艾滋病疫苗 HVTN702 的随机对照试验中, 得到的试验结果如下:

表 11.3.8 随机对照试验结果

	试验组	对照组
总人数	2 694	2 689
HIV 感染数	129	123

试分析疫苗对感染 HIV 有无影响.

解 表 11.3.8 说明有 $n = 2\,694 + 2\,689 = 5\,383$ 人参加了试验. 实验组中有 129 人感染, 对照组有 123 感染. 可以列出 2×2 列联表如表 11.3.9:

表 11.3.9 试验结果的 2×2 列联表

感染情况	疫苗情况		合计
	试验组	对照组	
无感染	2 565	2 566	5 131
有感染	129	123	252
合计	2 694	2 689	5 383

利用公式 (11.3.4) 计算出

$$\begin{aligned} V_n &= \frac{5\,383(2\,565 \times 123 - 2\,566 \times 129)^2}{2\,694 \times 2\,689 \times 5\,131 \times 252} \\ &= 0.138\,4. \end{aligned}$$

查表得到 $\chi^2_{0.1}(1) = 2.706$. 而现的 $V_n = 0.138\,4 < 2.706$. 在显著水平 10% 下检验不显著, 不能认为疫苗和安慰剂有差别.

实际上, 用 MATLAB 命令 p=1-chi2cdf(0.1384,1) 还可以计算出检验的 p 值 $p = P(\chi^2_1 \geqslant 0.138\,4) = 0.71$. 于是, 认为疫苗有效犯错误的概率为 71%. 这和例 11.2.5 的结论是一致的.

11.3.2 $k \times l$ 列联表

再考虑 X, Y 两个因素的独立性检验, 这时因素 X 可以有 k 个位级, 因素 Y 可以有 l 个位级. 设 (X, Y) 有以下概率分布和边缘分布 (表 11.3.10):

表 11.3.10 (X, Y) 的概率分布和边缘分布表

X	Y				p_i
	1	2	$\cdots$	l	
1	p_{11}	p_{12}	$\cdots$	p_{1l}	p_1
2	p_{21}	p_{22}	$\cdots$	p_{2l}	p_2
$\vdots$	$\vdots$	$\vdots$		$\vdots$	$\vdots$
k	p_{k1}	p_{k2}	$\cdots$	p_{kl}	p_k
q_j	q_1	q_2	$\cdots$	q_l	

当随机抽样调查得到了 (X, Y) 的样本 $(X_i,\ Y_i)\,(1 \leqslant i \leqslant n)$, 可以列出 (X, Y) 的 $k \times l$ 列联表如表 11.3.11:

表 11.3.11 (X, Y) 的 $k \times l$ 列联表

X	Y				合计
	1	2	$\cdots$	l	
1	n_{11}	n_{12}	$\cdots$	n_{1l}	$n_{1\cdot}$
2	n_{21}	n_{22}	$\cdots$	n_{2l}	$n_{2\cdot}$
$\vdots$	$\vdots$	$\vdots$		$\vdots$	$\vdots$
k	n_{k1}	n_{k2}	$\cdots$	n_{kl}	$n_{k\cdot}$
合计	$n_{\cdot 1}$	$n_{\cdot 2}$	$\cdots$	$n_{\cdot l}$	

其中的 n_{ij} 表示 (X, Y) 的样本 $(X_i,\ Y_i)\,(1 \leqslant i \leqslant n)$ 中恰好有 n_{ij} 个取值为 (i, j), 引入

$$n_{i\cdot} = \sum_{j=1}^{l} n_{ij}, \quad n_{\cdot j} = \sum_{i=1}^{k} n_{ij},$$

$$n = \sum_{j=1}^{l} n_{\cdot j} = \sum_{i=1}^{k} n_{i\cdot} = \sum_{j=1}^{l} \sum_{i=1}^{k} n_{ij}.$$

从二项分布的特性, 可以证明

$$\hat{p}_{ij} = \frac{n_{ij}}{n}, \quad \hat{p}_i = \frac{n_{i\cdot}}{n}, \quad \hat{q}_j = \frac{n_{\cdot j}}{n} \tag{11.3.5}$$

分别是 p_{ij}, p_i, q_j 的最大似然估计. 这时要解决的仍然是假设

$$H_0:\quad X, Y \text{ 独立} \quad \text{vs} \quad H_1:\ X, Y \text{ 不独立}$$

的检验问题.

在 H_0 下, X, Y 独立, 故有 $p_{ij}=p_i q_j$. 频率作为概率的强相合估计, 这时也应当有

$$\hat{p}_{ij}\approx\hat{p}_i\hat{q}_j,\quad 1\leqslant i\leqslant k,\ 1\leqslant j\leqslant l.$$

于是当

$$V_n=\sum_{i=1}^{k}\sum_{j=1}^{l}\frac{n(\hat{p}_{ij}-\hat{p}_i\hat{q}_j)^2}{\hat{p}_i\hat{q}_j}$$

取值较大时应当拒绝 X, Y 独立.

在 H_0 成立时, 可以证明 V_n 依分布收敛到 $(k-1)(l-1)$ 个自由度的 χ^2 分布 (参考书目 [2] 的定理 6.3). 用 χ^2_α 表示 $(k-1)(l-1)$ 个自由度的 χ^2 分布的上 α 分位数, 利用近似分布

$$V_n\sim\chi^2\big((k-1)(l-1)\big)$$

得到 H_0 的显著水平 (近似) 为 α 的拒绝域

$$W_\alpha=\{V_n\geqslant\chi^2_\alpha\}. \tag{11.3.6}$$

实际计算时, V_n 的计算可用下面的简便公式:

$$V_n=n\Big(\sum_{i=1}^{k}\sum_{j=1}^{l}\frac{n_{ij}^2}{n_{i\cdot}n_{\cdot j}}-1\Big). \tag{11.3.7}$$

例 11.3.4 除了其他因素, 医生认为血压与胖瘦也有关联. 为了检验此结论, 需要把胖瘦数量化. 引入指标

$$\text{BMI}=\frac{\text{体重}}{\text{身高的平方}},$$

其中体重以 kg 计, 身高以 m 计. 世界卫生组织提出衡量胖瘦的指标如下: BMI 小于 20 属于瘦, BMI $\in[20,25)$ 属于正常, BMI $\geqslant 25$ 属于胖. 对于成年人的血压也提出了下面的标准: 舒张压 (高压) 大于或等于 140 mmHg 或收缩压大于或等于 90 mmHg 属于高血压. 为了研究成年人血压是否和胖瘦有关, 曾有澳大利亚的某组织对当地的成年人进行了调查, 得到的结果列入下面的 2×3 列联表 (表 11.3.12):

表 11.3.12 BMI 与血压情况的 2×3 列联表

血压	BMI			合计
	瘦	正常	胖	
高	32	40	59	131
不高	133	121	106	360
合计	165	161	165	491

试从这批调查数据分析血压和胖瘦是否有关.

解 本例中血压是因素 1, 有 2 个位级, BMI 是因素 2, 有 3 个位级, 容易得到

$$n_{11}=32,\quad n_{12}=40,\quad n_{13}=59,\quad n_{1\cdot}=131,$$

$$n_{21}=133,\quad n_{22}=121,\quad n_{23}=106,\quad n_{2\cdot}=360,$$

$$n_{\cdot 1}=165,\quad n_{\cdot 2}=161,\quad n_{\cdot 3}=165,\quad n=491.$$

将它们代入公式 (11.3.7), 得到 $V_n=11.705$. 自由度为 $(2-1)(3-1)=2$, 查表得到

$$\chi^2_{0.01}(2)=9.21.$$

因为 $V_n=11.705>9.21$, 所以检验是高度显著的, 不能否认血压和胖瘦有关.

比例的假设检验列表

比例 p 的假设检验 (显著水平为 α)

	H_0 vs H_1	拒绝域	检验的 p 值	检验统计量 z
n 较大	$p=p_0$ vs $p\neq p_0$	$\lvert z\rvert\geqslant z_{\alpha/2}$	$p=2P(Z\geqslant \lvert z\rvert)$	$z=\dfrac{\sqrt{n}(\hat{p}-p_0)}{\sqrt{p_0(1-p_0)}}$
	$p=p_0$ vs $p<p_0$	$z\leqslant -z_\alpha$	$p=P(Z\leqslant z)$	
	$p=p_0$ vs $p>p_0$	$z\geqslant z_\alpha$	$p=P(Z\geqslant z)$	
	$p\geqslant p_0$ vs $p<p_0$	$z\leqslant -z_\alpha$	$p=P(Z\leqslant z)$	$z=\dfrac{\sqrt{n}(\hat{p}-p_0)}{\sqrt{\hat{p}(1-\hat{p})}}$
	$p\leqslant p_0$ vs $p>p_0$	$z\geqslant z_\alpha$	$p=P(Z\geqslant z)$	

比例 p_1,p_2 比较的假设检验法 (显著水平为 α)

	H_0 vs H_1	拒绝域	检验的 p 值	检验统计量 z
n, m 较大	$p_1=p_2$ vs $p_1\neq p_2$	$\lvert z\rvert\geqslant z_{\alpha/2}$	$p=2P(Z\geqslant \lvert z\rvert)$	$z=\dfrac{\hat{p}_1-\hat{p}_2}{\sqrt{[1/n+1/m]\hat{p}\hat{q}}}$, $\hat{p}=\dfrac{n\hat{p}_1+m\hat{p}_2}{n+m}$, $\hat{q}=1-\hat{p}$
	$p_1=p_2$ vs $p_1<p_2$	$z\leqslant -z_\alpha$	$p=P(Z\leqslant z)$	
	$p_1=p_2$ vs $p_1>p_2$	$z\geqslant z_\alpha$	$p=P(Z\geqslant z)$	
	$p_1\geqslant p_2$ vs $p_1<p_2$	$z\leqslant -z_\alpha$	$p=P(Z\leqslant z)$	$z=\dfrac{\hat{p}_1-\hat{p}_2}{\sqrt{\hat{p}_1\hat{q}_1/n+\hat{p}_2\hat{q}_2/m}}$, $\hat{q}_1=1-\hat{p}_1,\ \hat{q}_2=1-\hat{p}_2$
	$p_1\leqslant p_2$ vs $p_1>p_2$	$z\geqslant z_\alpha$	$p=P(Z\geqslant z)$	

习题十一

11.1 某城市在 3 年记录的 82 次交通事故分散在周一至周日如下, 在显著水平 0.1 下, 能否认为事故的发生和周几有关.

周	一	二	三	四	五	六	日
次	11	13	12	9	15	14	8

11.2 在对一种新的流感疫苗进行人体实验时, 为实验组的 900 位志愿者注射了新疫苗, 在 2 个月内他们中有 9 人得了流感. 为对照组的 900 位志愿者注射了老疫苗, 在 2 个月内他们中有 19 人得了流感. 在显著水平 0.05 下, 新疫苗是否更有效?

11.3 投掷一枚硬币 100 次, 在显著水平 0.05 下给出判断硬币是否均匀的规则.

11.4 一种新药说明书注明, 该药对至少 90% 的头痛在 10 min 内有明显缓解作用. 现在随机选取了 200 位头痛患者服药, 发现有 170 人在 10 min 内明显头痛缓解, 在显著水平 0.05 下判定说明书是否真实.

11.5 如果一个会场内 800 只节能灯的使用寿命的样本均值是 18 640 h, 样本标准差是 1 000 h.

(a) 在显著水平 0.05 下, 能否认为这批节能灯使用寿命的总体均值 $\mu = 18\,700\,\mathrm{h}$;

(b) 在显著水平 0.1 下, 能否认为这批节能灯使用寿命的总体均值 $\mu = 18\,700\,\mathrm{h}$.

11.6 在习题 11.5 中, 对于假设 $H_0\colon \mu_0 \geqslant 18\,700 \quad \text{vs} \quad H_1\colon \mu_0 < 18\,700\,\mathrm{h}$

(a) 在显著水平 0.05 下进行检验;

(b) 在显著水平 0.01 下进行检验.

11.7 在 A 村中随机调查了 90 位男村民, 其中有 45 人对现任村委主任表示满意; 随机调查了 100 位女村民, 有 69 人对现任村委主任表示满意. 在显著水平 0.05 下,

(a) 能否认为男、女村民的态度有明显的差异;

(b) 求村中对村委主任满意的男村民的比例 p_1 的置信区间, 置信水平为 0.95;

(c) 求村中对村委主任满意的女村民的比例 p_2 的置信区间, 置信水平为 0.95;

(d) 能否认为 $p_1 < p_2$.

11.8 1976—1977 年美国佛罗里达州 20 个地区的杀人案中的被告与是否判死刑的 326 个人的情况如下 (数据选自参考书目 [16]):

民族	判刑		合计
	死刑	非死刑	
白人	19	141	160
黑人	17	149	166
合计	36	290	326

在显著水平 0.10 下, 仅从这些数据能否认为是否被判死刑和被告的肤色有关.

11.9 社会学家们关心吸烟和赌博的关系. 通过对 1 000 人的吸烟与赌博的情况调查, 得到了如下的数据 (参考书目 [6]):

X	Y		合计
	吸烟	不吸烟	
赌博者	120	30	150
非赌博者	479	371	850
合计	599	401	1000

在显著水平 0.01 下, 能否认为吸烟与赌博无关.

11.10　A, B, C 三个车间生产同型号的部件, 经过随机抽查, 得到 2×3 列联表如下:

X	车间			合计
	A	B	C	
合格	45	40	59	144
次品	9	11	12	32
合计	54	51	71	176

在显著水平 0.05 下, 试从这批调查数据分析产品的合格率是否和哪个车间生产的有关.

数学星空　光辉典范——数学家与数学家精神

中国从事数理统计学和概率论研究的先驱——许宝騄

许宝騄 (1910—1970)　中国数学家. 许宝騄是我国概率论和数理统计研究的先驱, 有很高的学术成就, 1955 年被选聘为中国科学院学部委员 (院士). 他在国际上享有盛誉, 对概率论和数理统计作出了杰出的贡献. 1979 年, 世界著名的统计期刊 *The Annals of Statistics* 邀请了一些著名学者撰文介绍了他的生平, 高度评价了他在概率论和数理统计两方面的研究工作.

第十二章 线性回归分析

线性回归分析是处理变量之间线性关系的重要方法. 1885 年, 高尔顿和他的学生收集了一千多对父母及其子女的身高数据, 观测到这些数据大致散布在一条上升的直线附近. 他们还发现, 如果父母的身高高于平均值, 则他们的孩子比父母更高的概率会小于更矮的概率. 如果父母身高比平均值矮, 则他们的孩子比父母更矮的概率会小于更高的概率. 高尔顿把这一现象称为向平均值的回归.

向均值回归是自然界的普遍规律.

12.1 数据的相关性

在实际问题中, 我们经常遇到有相关关系的变量. 比如讲身高与臂展的关系时, 虽然身高不能确定臂展, 但总的来讲, 身越高, 臂展越长. 在考虑某一个特定地区居民的身高和臂展的关系时, 用 x 表示身高, 用 y 表示臂展, 总体来讲, y 随着 x 增大一般也会增大. 这时称 y 和 x 有**相关关系**.

例 12.1.1 2009 年调查了北京航空航天大学高等理工学院本科 2 年级 27 位男生的身高和臂展, 得到下面的数据 (单位: cm):

身高 x	176	171	165	178	169	172	176	168	173	171	180	191	179	162
臂展 y	169	162	164	170	172	170	181	161	174	164	182	188	182	153
身高 x	164	180	170	172	172	174	187	178	181	180	182	173	173	
臂展 y	160	168	180	170	170	177	175	173	183	178	180	176	175	

数据对 (x_j, y_j) 中, x_j 是第 j 个男生的身高, y_j 是他的臂展. 这时称**数据对**

$$(x_j, y_j),\ j = 1, 2, \cdots, 27,$$

为样本或观测数据. 这时, 样本是直角坐标系中的 27 个点, 将这 27 个点画在坐标系上得到观测数据的**散点图** (scatter diagram), 见图 12.1.1. 横坐标是 x, 纵坐标是 y.

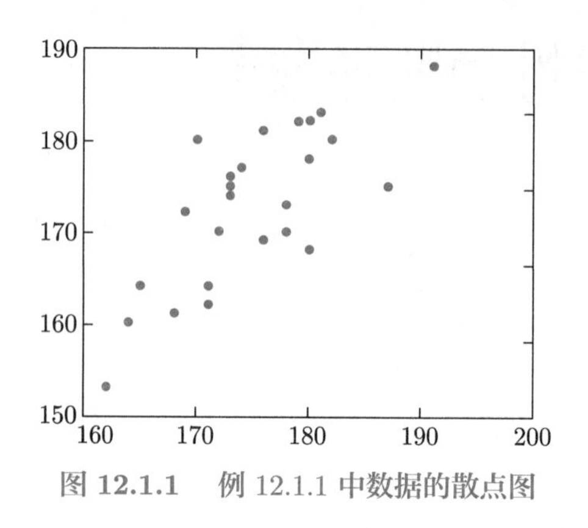

图 12.1.1 例 12.1.1 中数据的散点图

例 12.1.1 中, 用 (x, y) 泛指 2 年级本科生的身高和臂展时, 称身高和臂展的关系为 x 和 y 的关系.

12.1.1 样本相关系数

无论是从抽样调查中得到的成对数据, 还是从科学试验、工农业生产中得到的成对数据, 在统计学中也都称为观测数据或样本, 数据对的个数称为样本量.

样本量为 n 的成对观测数据用以下方式表达:

$$(x_1, y_1), (x_2, y_2), \cdots, (x_n, y_n) \tag{12.1.1}$$

其中, 对固定的 j, x_j 和 y_j 或来自相同的个体, 或是同一次试验的观测数据. 对 $i \neq j$, (x_i, y_i) 和 (x_j, y_j) 或来自不同的个体, 或是不同次试验的观测数据.

对于观测数据 (12.1.1), 用 $\{x_j\}$ 表示数据 $x_1, x_2, \cdots, x_n$, 用 $\{y_j\}$ 表示数据 y_1, $y_2, \cdots, y_n$. 用 $\overline{x}$ 和 $\overline{y}$ 分别表示 $\{x_j\}$ 和 $\{y_j\}$ 的样本均值. 用 s_x^2 表示 $\{x_j\}$ 的样本方差, 用 s_y^2 表示 $\{y_j\}$ 的样本方差. 对 $n > 1$, 有

$$\overline{x} = \frac{1}{n}\sum_{j=1}^{n} x_j, \qquad s_x^2 = \frac{1}{n-1}\sum_{j=1}^{n}(x_j - \overline{x})^2,$$

$$\overline{y} = \frac{1}{n}\sum_{j=1}^{n} y_j, \qquad s_y^2 = \frac{1}{n-1}\sum_{j=1}^{n}(y_j - \overline{y})^2.$$

$s_x = \sqrt{s_x^2}$, $s_y = \sqrt{s_y^2}$ 分别是 $\{x_j\}$ 和 $\{y_j\}$ 的样本标准差. 再引入样本协方差

$$s_{xy} = \frac{1}{n-1}\sum_{j=1}^{n}(x_j - \overline{x})(y_j - \overline{y}). \tag{12.1.2}$$

当 $s_x s_y \neq 0$, 称

$$\hat{\rho}_{xy} = \frac{s_{xy}}{s_x s_y}$$

为 $\{x_j\}$ 和 $\{y_j\}$ 的**样本相关系数**.

定义 12.1.1 设 $\hat{\rho}_{xy}$ 是 $\{x_j\}$ 和 $\{y_j\}$ 的样本相关系数.

(a) 当 $\hat{\rho}_{xy}>0$, 称 $\{x_j\}$ 和 $\{y_j\}$ **正相关**;

(b) 当 $\hat{\rho}_{xy}<0$, 称 $\{x_j\}$ 和 $\{y_j\}$ **负相关**;

(c) 当 $\hat{\rho}_{xy}=0$, 称 $\{x_j\}$ 和 $\{y_j\}$ **不相关**.

可以证明相关系数 $\hat{\rho}_{xy}$ 的以下性质:

(1) $\hat{\rho}_{xy}$ 总是在区间 $[-1,1]$ 中取值;

(2) 当 $|\hat{\rho}_{xy}|=1$, 样本 $(x_j,y_j)\,(j=1,2,\cdots,n)$ 在同一条直线上;

(3) 当 $\hat{\rho}_{xy}$ 接近于 1 时, x 增加, y 也倾向于增加, 这时数据 (12.1.1) 分散在一条上升的直线附近;

(4) 当 $\hat{\rho}_{xy}$ 接近于 -1 时, x 增加, y 倾向于减少, 这时数据 (12.1.1) 分散在一条下降的直线附近.

在实际问题中, 当 $|\hat{\rho}_{xy}|\geqslant 0.8$, 认为 $\{x_j\}$ 和 $\{y_j\}$ 高度相关; 当 $0.5\leqslant|\hat{\rho}_{xy}|<0.8$, 认为 $\{x_j\}$ 和 $\{y_j\}$ 中度相关; 当 $0.3\leqslant|\hat{\rho}_{xy}|<0.5$, 认为 $\{x_j\}$ 和 $\{y_j\}$ 低度相关; 当 $|\hat{\rho}_{xy}|<0.3$, 认为 $\{x_j\}$ 和 $\{y_j\}$ 相关性极弱. 图 12.1.2—图 12.1.9 分别是 $\{x_j\}$ 和 $\{y_j\}$ 之间正相关和负相关的举例, 样本量都是 50.

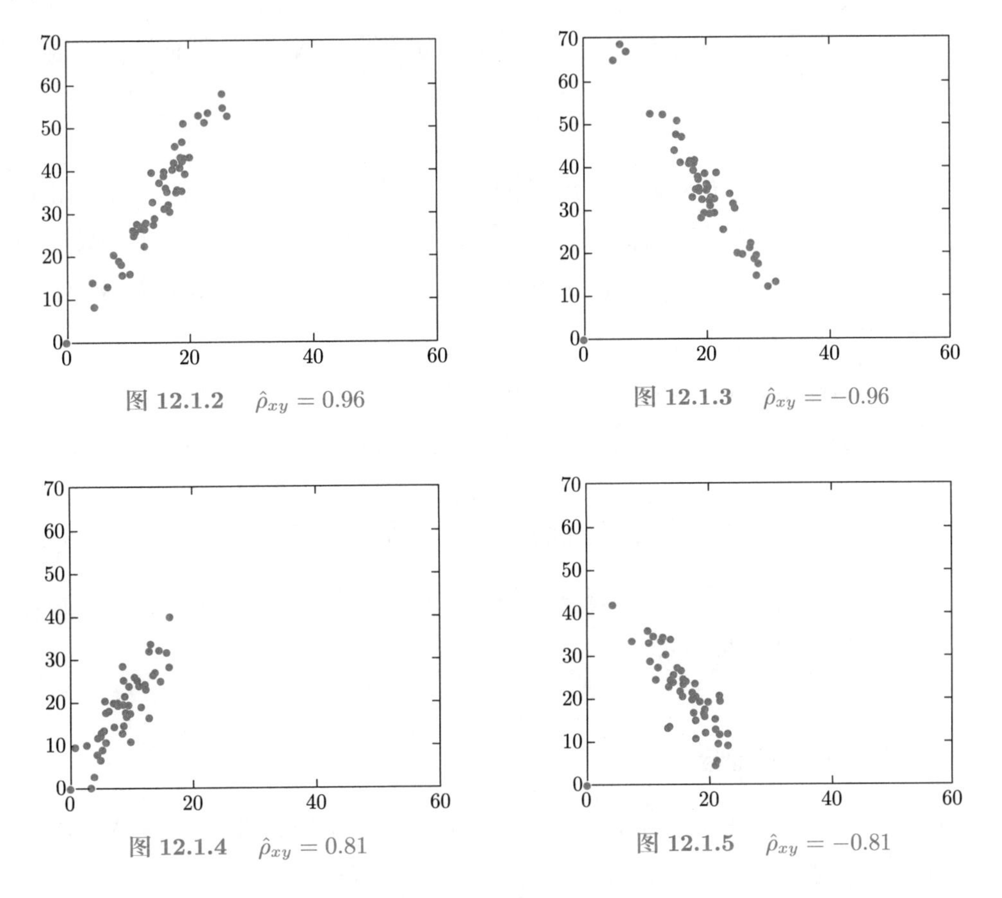

图 12.1.2 $\hat{\rho}_{xy}=0.96$

图 12.1.3 $\hat{\rho}_{xy}=-0.96$

图 12.1.4 $\hat{\rho}_{xy}=0.81$

图 12.1.5 $\hat{\rho}_{xy}=-0.81$

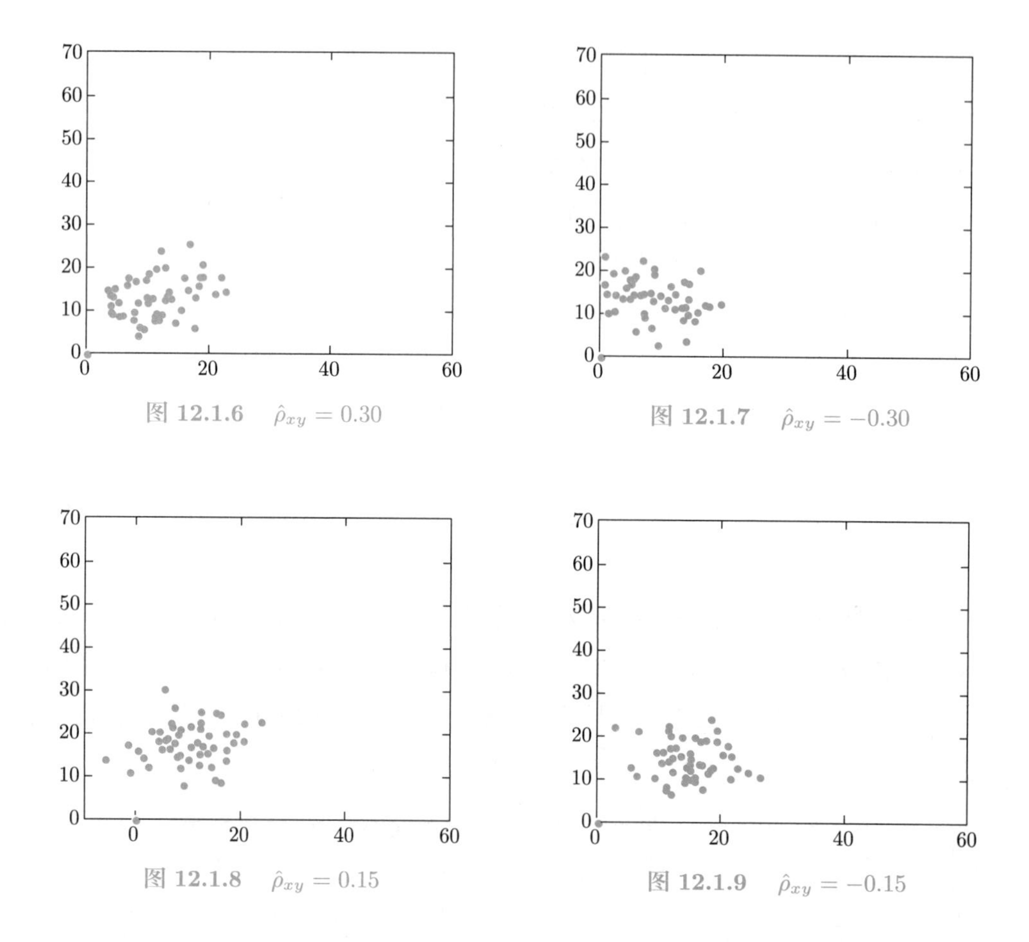

图 12.1.6 $\hat{\rho}_{xy}=0.30$ 图 12.1.7 $\hat{\rho}_{xy}=-0.30$

图 12.1.8 $\hat{\rho}_{xy}=0.15$ 图 12.1.9 $\hat{\rho}_{xy}=-0.15$

从图中看出当 $\hat{\rho}_{xy}\geqslant 0.8$, y 有随 x 增加的趋势, 这时称 $\{x_j\}$ 和 $\{y_j\}$ 是高度正相关的; 当 $\hat{\rho}_{xy}\leqslant -0.8$, y 有随着 x 的增加而减少的趋势, 这时称 $\{x_j\}$ 和 $\{y_j\}$ 是高度负相关的; 当 $\hat{\rho}_{xy}\in[0.5,0.8)$, 称 $\{x_j\}$ 和 $\{y_j\}$ 是中度正相关的; 当 $\hat{\rho}_{xy}\in(-0.8,-0.5]$, 称 $\{x_j\}$ 和 $\{y_j\}$ 是中度负相关的.

容易计算出例 12.1.1 中身高和臂展的样本均值分别是 $\overline{x}=174.703\,7$, $\overline{y}=172.481\,5$, 样本标准差分别是 $s_x=6.695\,7$, $s_y=8.261\,9$, 样本协方差 $s_{xy}=41.686\,6$, 样本相关系数

$$\hat{\rho}_{xy}=\frac{s_{xy}}{s_xs_y}=\frac{41.686\,6}{6.695\,7\times 8.261\,9}=0.753\,6,$$

说明这些 2 年级本科男生的身高和臂展是中度正相关的. 粗略地讲, 身高越高, 臂展也越长; 或说臂展越长, 身高也越高.

12.1.2 相关性检验

如果随机向量 (X_1,Y_1), (X_2,Y_2), $\cdots$, (X_n,Y_n) 独立同分布, 并且和 (X,Y) 同分布, 则称 (X_1,Y_1), (X_2,Y_2), $\cdots$, (X_n,Y_n) 是总体 (X,Y) 的样本, 称相应的观测值 (x_1,y_1), (x_2,y_2), $\cdots$, (x_n,y_n) 为总体 (X,Y) 的样本观测值.

如果 $(x_1,y_1),(x_2,y_2),\cdots,(x_n,y_n)$ 是总体 (X,Y) 的样本观测值,

$$\rho_{XY}=\frac{\mathrm{E}[(X-\mathrm{E}X)(Y-\mathrm{E}Y)]}{\sqrt{\mathrm{Var}(X)\mathrm{Var}(Y)}}$$

是 X,Y 的相关系数, 用强大数律可以证明样本相关系数

$$\hat{\rho}_{xy}=\frac{s_{xy}}{s_x s_y}$$

是 ρ_{XY} 的强相合估计. 在实际问题中, 有时需要检验

$$H_0:\ \rho_{XY}=0 \quad \text{vs} \quad H_1:\ \rho_{XY}\neq 0. \tag{12.1.3}$$

如果拒绝了 H_0, 就认为 X,Y 是相关的.

定理 12.1.1 设 $n>2$, (x_j,y_j), $j=1,2,\cdots,n$ 是总体 (X,Y) 的样本观测值. 如果 (X,Y) 服从联合正态分布, 则在 H_0: $\rho_{XY}=0$ 下,

$$T=\hat{\rho}_{xy}\sqrt{\frac{n-2}{1-\hat{\rho}_{xy}^2}}\sim t(n-2). \tag{12.1.4}$$

因为 H_0 成立时, $|\hat{\rho}_{xy}|$ 取值较小, 从而 $|T|$ 应当取值较小, 于是假设 (12.1.3) 的显著水平为 α 的拒绝域是

$$W=\{|T|>t_{\alpha/2}(n-2)\}. \tag{12.1.5}$$

例 12.1.2 在例 12.1.1 中, $\hat{\rho}_{xy}=0.7536$. 如果认为身高和臂展服从二元正态分布, 则在假设 H_0: $\rho_{XY}=0$ 下, 总体 (X,Y) 服从联合正态分布. 经过计算得到

$$T=\hat{\rho}_{xy}\sqrt{\frac{n-2}{1-\hat{\rho}_{xy}^2}}=5.7323,$$

查表得到 $t_{0.05/2}(27-2)=t_{0.025}(25)=2.06$. 因为 $T>2.06$, 所以拒绝 H_0, 认为身高 X 和臂展 Y 是相关的.

例 12.1.3 在例 12.1.1 中, 在调查本科 2 年级 27 位男生的身高和臂展的同时还调查了上一学期数学分析的期末成绩, 得到下面的数据:

身高 x	176	171	165	178	169	172	176	168	173	171	180	191	179	162
成绩 z	81	94	93	76	66	90	80	81	82	83	86	83	63	84
身高 x	164	180	170	172	172	174	187	178	181	180	182	173	173	
成绩 z	86	91	82	95	86	82	79	71	72	88	67	90	96	

数据对 (x_j,z_j) 中, x_j 是第 j 个男生的身高, z_j 是他上学期数学分析的期末成绩. 数据的散点图见图 12.1.10, 横坐标是 x, 纵坐标是 z. 假设身高和数学成绩服从二元正态分布, 计算 x,z 的样本相关系数, 并检验 x,z 是否相关.

解 先计算出样本均值 $\overline{x}=174.7037$, $\overline{z}=82.4815$, 样本标准差 $s_x=6.6957$, $s_z=8.8508$, 样本协方差 $s_{xz}=-17.8519$ 和样本相关系数

$$\hat{\rho}_{xz}=\frac{s_{xz}}{s_x s_z}=\frac{-17.8519}{6.6957\times 8.8508}=-0.3012. \tag{12.1.6}$$

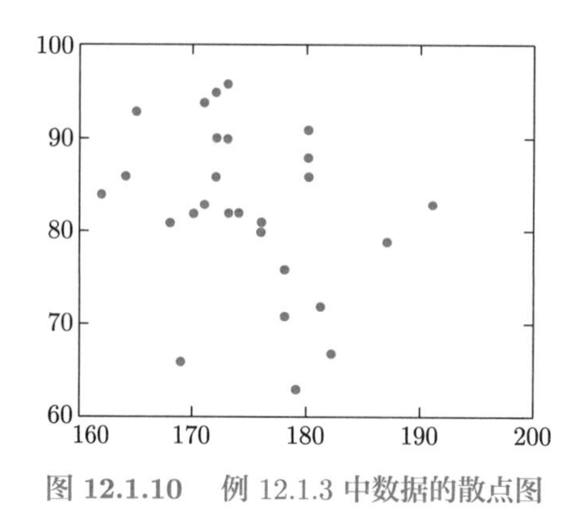

图 12.1.10 例 12.1.3 中数据的散点图

(12.1.6) 说明 2 年级本科男生的身高和数学成绩是低度负相关的. 因为 $\hat{\rho}_{xz}<0$, 所以作假设

$$H_0:\ \rho_{XZ}=0 \quad \text{vs} \quad H_1:\ \rho_{XZ}<0.$$

因为在 H_1 下, 由 (12.1.4) 定义的 T 值应当较小, 所以 H_0 的显著水平为 $\alpha=0.05$ 的拒绝域为

$$W=\{T\leqslant -t_{0.05}(n-2)\}.$$

经过计算得到

$$T=\hat{\rho}_{xz}\sqrt{\frac{n-2}{1-\hat{\rho}_{xz}^2}}=-1.579\,3.$$

查表得到 $-t_{0.05}(27-2)=-1.708<T$. 检验的结果不显著, 所以在显著水平 0.05 下还不能认为 X,Z 有负相关关系.

值得指出, 如果 (X,Y) 服从二元正态分布, 则 $\rho_{XY}=0$ 和 X,Y 独立等价. 如果 (X,Y) 不服从二元正态分布, 则 $\rho_{XY}=0$ 表示 X,Y 之间没有线性关系, 并不一定表示 X 和 Y 没有关系. 因为这时 X,Y 之间可能存在着非线性关系, 看下面的例子.

例 12.1.4 设 $X\sim N(0,1)$, $Y=X^2$, 则 X,Y 的协方差

$$\mathrm{E}[(X-\mathrm{E}X)(Y-\mathrm{E}Y)]=\mathrm{E}[X(X^2-1)]=\mathrm{E}X^3-\mathrm{E}X=0,$$

说明 X,Y 不相关. 但是 X,Y 有函数关系 $Y=X^2$. 给定总体 X 的样本量为 30 的样本观测值

−0.34	0.11	0.65	2.08	−0.33	0.73	0.29	−0.84	−2.53	−2.55
−2.37	1.68	−0.61	−0.40	−1.41	0.22	0.20	−0.71	0.75	−0.53
−1.64	−1.05	−0.25	−1.29	1.23	1.49	0.23	−1.40	0.65	3.20

$(X,Y)=(X,X^2)$ 的样本观测值 $(x_j,y_j)=(x_j,x_j^2)\,(1\leqslant j\leqslant 30)$ 都在抛物线 $y=x^2$ 上 (见图 12.1.11). 但是 $\{(x_j,y_j)\}$ 的样本相关系数几乎为 0: $\hat{\rho}_{xy}=0.007\,4$.

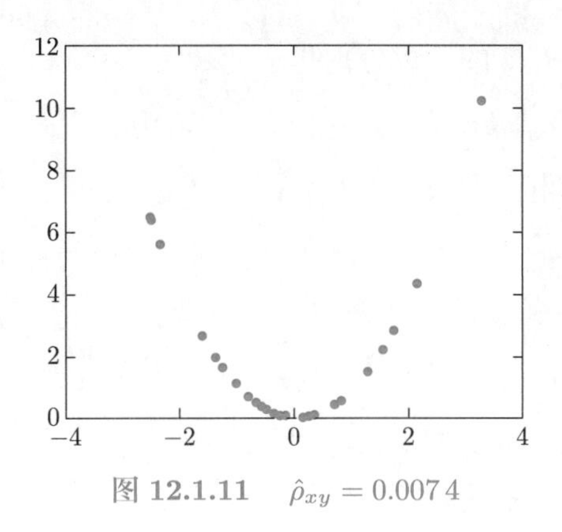

图 12.1.11 $\hat{\rho}_{xy}=0.0074$

12.2 回归直线

当 $\{x_j\}$ 和 $\{y_j\}$ 高度相关时, 我们已经知道数据

$$(x_1,y_1),\ (x_2,y_2),\ \cdots,\ (x_n,y_n)$$

会分散在一条直线的附近. 这条直线叫做回归直线, 下面寻找这条直线.

在直角坐标系中, 两个点 (x_1,y_1), (x_2,y_2) 可以确定一条直线

$$l:\ y=\frac{y_2-y_1}{x_2-x_1}(x-x_1)+y_1,\ \text{当}\ x_2\neq x_1.$$

这时, 两个点都在直线上.

给定三对数据:

$$(x_1,y_1),\ (x_2,y_2),\ (x_3,y_3),$$

当 x_1,x_2,x_3 不全相同, 我们求一条直线 l, 使得以上三个点沿 y 轴方向距离直线 l"平均最近".

用 $l:\ y=a+bx$ 表示要求的直线, 在平行于 y 轴的方向, 作以上三点到直线 l 的连线, 交点 $A,B,\ C$ 的坐标分别是 (见图 12.2.1)

$$A:(x_1,a+bx_1),\ B:(x_2,a+bx_2),\ C:(x_3,a+bx_3).$$

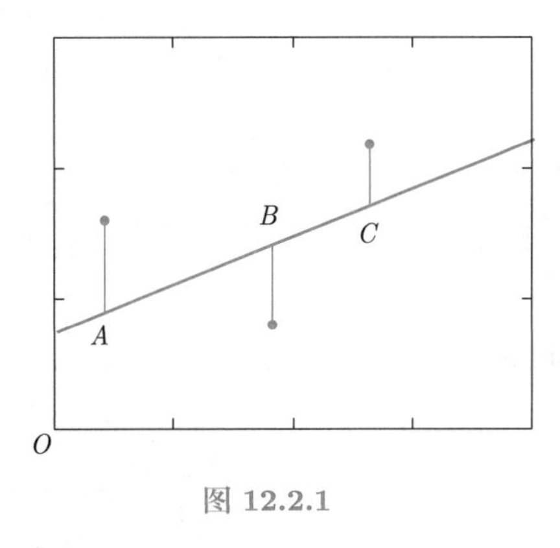

图 12.2.1

三对观测数据和交点 A, B, C 的距离分别是

$$|y_1-(a+bx_1)|,\ |y_2-(a+bx_2)|,\ |y_3-(a+bx_3)|.$$

现在用这三个距离的平方和

$$(y_1-a-bx_1)^2+(y_2-a-bx_2)^2+(y_3-a-bx_3)^2$$

衡量这三对观测数据远离直线 l 的程度. 如果常数 a, b 使得

$$Q(a,b)=(y_1-a-bx_1)^2+(y_2-a-bx_2)^2+(y_3-a-bx_3)^2$$

达到最小, 则称直线 $l:\ y=a+bx$ 是数据的回归直线.

一般地, 要为样本量是 n 的观测数据

$$(x_1,y_1),\ (x_2,y_2),\ \cdots,\ (x_n,y_n)\ (\text{其中的 } x_j \text{ 不全相同})$$

建立回归直线 $l:\ y=a+bx$, 使之与观测数据沿 y 轴方向平均最近时, 也采用相同的方法. 沿平行于 y 轴的方向, 点 (x_j,y_j) 到它与 l 的交点的距离是

$$|y_j-(a+bx_j)|,\ j=1,2,\cdots,n.$$

用这些距离的平方和

$$Q(a,b)=\sum_{j=1}^{n}(y_j-a-bx_j)^2 \tag{12.2.1}$$

衡量观测数据远离直线 l 的程度. 如果常数 a, b 使得 $Q(a,b)$ 达到最小, 就称直线

$$l:\ y=a+bx$$

是 $\{x_j\}$ 与 $\{y_j\}$ 的**回归直线** (regression line).

得到了回归直线后, 只要 $\{x_j\}$ 与 $\{y_j\}$ 相关性较强, 对于新的 x, 就可以用回归直线上的点 $\hat{y}=a+bx$ 作为 y 的预测值. 事实证明: $|\hat{\rho}_{xy}|$ 越接近于 1, 预测就越准确; x 越接近 $\overline{x}$, 预测也越好.

定理 12.2.1 如果 $\{x_j\}$ 不全相同, 则 $Q(a,b)$ 的最小值点是

$$\begin{cases}\hat{b}=\dfrac{s_{xy}}{s_x^2},\\ \hat{a}=\overline{y}-\hat{b}\overline{x}.\end{cases} \tag{12.2.2}$$

证明 将 $Q(a,b)$ 右端的各项对 a, b 进行二项展开, 就知道 $Q(a,b)$ 是 a, b 的二元二次多项式. 易见 $Q(a,b)$ 是开口向上的椭圆抛物面, 最小值唯一存在, 并且可以令 $Q(a,b)$ 的两个一阶偏导数为零得到最小值点. 由

$$\frac{\partial Q}{\partial a}=-2\sum_{j=1}^{n}(y_j-a-bx_j)=0 \quad \text{得到} \quad \overline{y}-a-b\overline{x}=0. \tag{12.2.3}$$

由 (12.2.3) 第一式和 $\sum_{j=1}^{n}(x_j-\overline{x})=0$, 得到对于任何 c_1, c_2,

$$\sum_{j=1}^{n}(y_j-a-bx_j)c_1=0,\quad \sum_{j=1}^{n}c_2(x_j-\overline{x})=0.$$

于是得到

$$\begin{aligned}\frac{\partial Q}{\partial b} &= -2\sum_{j=1}^{n}(y_j-a-bx_j)x_j\\ &= -2\sum_{j=1}^{n}(y_j-a-bx_j)(x_j-\overline{x})\\ &= -2\sum_{j=1}^{n}[y_j-\overline{y}-b(x_j-\overline{x})](x_j-\overline{x})\\ &= -2(n-1)(s_{xy}-bs_x^2)=0. \end{aligned} \tag{12.2.4}$$

解方程组 (12.2.4), (12.2.3) 得 (12.2.2).

根据 (12.2.2), 直线

$$l:\quad \hat{y}=\hat{a}+\hat{b}x$$

为数据 $(x_j,y_j)\,(j=1,2,\cdots,n)$ 的回归直线. 给定另外的 x, 当 $|\hat{\rho}_{xy}|$ 接近于 1 时, 我们可以用回归直线 l 上的点

$$\hat{y}=\hat{a}+\hat{b}x \tag{12.2.5}$$

对和 x 相应的 y 作出预测. 人们又称 (12.2.5) 为**经验公式**. 从 (12.2.2) 的第二式知道, $(\overline{x},\overline{y})$ 总在回归直线上.

因为 $\hat{a},\hat{b}$ 是极小化 a,b 的二次函数 $Q(a,b)$ 得到的, 所以又称它们是 a,b 的**最小二乘估计** (least squares estimate).

例 12.2.1 为例 12.1.1 中的数据建立回归直线.

解 已经计算出例 12.1.1 中的 $\overline{x}=174.7037$, $\overline{y}=172.4815$,

$$s_x^2=44.8324,\ \ s_{xy}=41.6866.$$

于是得到

$$\hat{b}=\frac{s_{xy}}{s_x^2}=\frac{41.6866}{44.8324}=0.9298,\qquad \hat{a}=\overline{y}-\hat{b}\overline{x}=10.0420.$$

回归直线是 (图 12.2.2)

$$\hat{y}=10.0420+0.9298x. \tag{12.2.6}$$

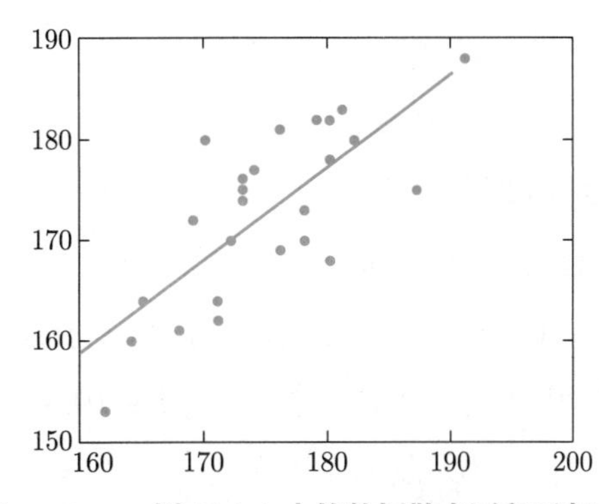

图 12.2.2 例 12.1.1 中的数据散点图和回归直线

12.3 一元线性回归

对数据 (x_j, y_j) 建立了回归直线 l 后, 我们用回归直线 l 上的

$$\hat{y}_j = \hat{a} + \hat{b}x_j$$

作为 y_j 的预测值, **预测误差**是

$$\hat{\varepsilon}_j = y_j - \hat{y}_j = y_j - \hat{a} - \hat{b}x_j.$$

也称 $\hat{\varepsilon}_j$ 为**残差**, 称残差的平方和

$$Q = \sum_{j=1}^{n} \hat{\varepsilon}_j^2 = \sum_{j=1}^{n} (y_j - \hat{a} - \hat{b}x_j)^2 = Q(\hat{a}, \hat{b}) \tag{12.3.1}$$

为**残差平方和**. Q 较小时, 回归直线 l 表示 x, y 之间有线性关系:

$$y_j = \hat{a} + \hat{b}x_j + \hat{\varepsilon}_j,\ \ j = 1, 2, \cdots, n.$$

为了统计分析的方便, 可以认为成对数据 (x_j, y_j) 满足模型

$$Y_j = a + bx_j + \varepsilon_j,\ \ j = 1, 2, \cdots, n, \tag{12.3.2}$$

其中的 a, b 是未知常数, $\{\varepsilon_j\}$ 是独立同分布的随机变量, 服从正态分布 $N(0, \sigma^2)$. 这里 σ^2 是未知正数, 代表了随机误差的强弱. σ^2 越大, 说明随机误差越大. 模型 (12.3.2) 称为**一元线性回归模型** (linear regression model), 其中 a, b 分别是直线 $y = a + bx$ 的截距和斜率, 称为**回归系数**.

在模型 (12.3.2) 中, 称 x_j 是设计变量或输入变量, 它表示得到 Y_j 时的输入条件. 通常将 x_j 看作常量, 不作随机变量处理. Y_j 是观测变量, 它是输入条件 x_j 后得到的观测结果. 称 (x_j, Y_j) 是一元线性回归模型的样本.

12.3.1 回归与自回归

得到一元线性回归模型的样本 (x_j, Y_j) 后, 在 (12.3.2) 的两边对 $i = 1, 2, \cdots, n$ 求平均, 用 $\overline{\varepsilon}$ 表示 ε_j 的平均值, 得到

$$\overline{Y} = a + b\overline{x} + \overline{\varepsilon}. \tag{12.3.3}$$

对于满足模型 (12.3.2), 但是还未观测到的 (x, Y), 有

$$Y = a + bx + \varepsilon. \tag{12.3.4}$$

用 (12.3.4) 和 (12.3.3) 两边相减得到

$$Y - \overline{Y} = b(x - \overline{x}) + (\varepsilon - \overline{\varepsilon}). \tag{12.3.5}$$

因为随机误差的 $\mathrm{E}(\varepsilon - \overline{\varepsilon}) = 0$, 所以看出对 $b = 0.3$, 当 $x > \overline{x}$, Y 大于 $\overline{Y}$ 的程度更小; 当 $x < \overline{x}$ 时, Y 小于 $\overline{Y}$ 的程度更小. 当然, 对于任何 $b \in (0, 1)$ 都有上述的回归现象. 当 $b \in (-1, 0)$ 时, Y 将大概率地从相反的方向 $\overline{Y}$ 靠近. 总之, 只有当 $|b| < 1$, 模型 (12.3.2) 才表现出回归现象.

本章的开始谈到高尔顿的发现: 如果父母的身高高于平均值, 则他们的孩子比父母更高的概率会小于更矮的概率. 如果父母身高比平均值矮, 则他们的孩子比父母更矮的概率会小于更高的概率. 要解释这一现象, 让我们用 Y_0 表示第 0 代的身高, 则第一代的身高 Y_1 满足

$$Y_1 = a + bY_0 + \varepsilon_1.$$

第二代的身高 Y_2 满足

$$\begin{aligned} Y_2 &= a + bY_1 + \varepsilon_2 \\ &= a + b(a + bY_0 + \varepsilon_1) + \varepsilon_2 \\ &= a + ba + b^2Y_0 + b\varepsilon_1 + \varepsilon_2. \end{aligned}$$

说明第 0 代对于第二代的影响系数为 $b^2 < |b|$. 这里 $|b| < 1$.

依次类推, 第 n 代的身高 Y_n 满足

$$\begin{aligned} Y_n &= a + bY_{n-1} + \varepsilon_n \\ &= a + b(a + bY_{n-2} + \varepsilon_{n-1}) + \varepsilon_n \\ &= \cdots \\ &= a + ab + ab^2 + \cdots + ab^{n-1} + b^nY_0 + \\ &\quad b^{n-1}\varepsilon_1 + b^{n-2}\varepsilon_2 + \cdots + b\varepsilon_{n-1} + \varepsilon_n. \end{aligned}$$

因为 $|b| < 1$, 所以对于较大的 n, $b^nY_0 \approx 0$, 于是得到

$$Y_n \approx \frac{a}{1-b} + \sum_{j=0}^{\infty} b^j \varepsilon_{n-j}. \tag{12.3.6}$$

设 $\mu = \dfrac{a}{1-b}$, $\xi_n = \sum\limits_{j=0}^{\infty} b^j \varepsilon_{n-j}$, 可以验证

$$\mathrm{E}\xi_n = 0,\ \mathrm{Var}(\xi_n) = \sum_{j=0}^{\infty} b^{2j}\sigma^2 = \frac{\sigma^2}{1-b^2}.$$

于是 $Y_n \approx \mu + \xi_n$ 表明 μ 是总体 $\{Y_j | j = 0, \pm 1, \pm 2, \cdots\}$ 的平均身高.

从 (12.3.6) 看到, 无论一开始的 Y_0 有多高或多矮, 经过遗传, 其后代总向

$$X_n = \mu + \xi_n$$

回归, 或说向 μ 回归. 而 X_n 的分布正是身高的总体分布, μ 是总体均值. 再从

$$\mathrm{E}X_n = \mu, \quad \mathrm{Var}(X_n) = \mathrm{Var}(\xi_n) = \frac{\sigma^2}{1-b^2}$$

看到, $|b|$ 越接近 1 时, 总体的身高越不整齐. $|b|$ 越小, 总体的身高越整齐.

上述所用的模型

$$Y_j = a + bY_{j-1} + \varepsilon_j, \quad j = 0, 1, \cdots, n,$$

被称为**自回归模型**.

12.3.2 最大似然估计

给定一元线性回归模型 (12.3.2) 的样本观测值 (x_j, y_j) $(j=1,2,\cdots,n)$, 下面的问题是要估计出回归系数 a, b 和 σ^2.

设 (x_j, Y_j) 满足一元线性回归模型 (12.3.2), 则 Y_j $(j=1,2,\cdots,n)$ 相互独立, 都服从正态分布. 利用

$$\mathrm{E}Y_j = a + bx_j,\ \mathrm{Var}(Y_j) = \mathrm{Var}(\varepsilon_j) = \sigma^2,$$

知道 $Y_j \sim N(a+bx_j, \sigma^2)$. 于是得到基于观测数据 (x_j, y_j) $(j=1,2,\cdots,n)$ 的似然函数

$$\begin{aligned} L(a,b,\sigma^2) &= \prod_{j=1}^{n} \frac{1}{\sqrt{2\pi\sigma^2}} \exp\left[-\frac{1}{2\sigma^2}(y_j - a - bx_j)^2\right] \\ &= \left(\frac{1}{\sqrt{2\pi\sigma^2}}\right)^n \exp\left[-\frac{1}{2\sigma^2}\sum_{j=1}^{n}(y_j - a - bx_j)^2\right] \\ &= \left(\frac{1}{\sqrt{2\pi\sigma^2}}\right)^n \exp\left[-\frac{1}{2\sigma^2}Q(a,b)\right], \end{aligned} \tag{12.3.7}$$

其中的 $Q(a,b)$ 由 (12.2.1) 定义. 对数似然函数是

$$l(a,b,\sigma^2) = -\frac{1}{2\sigma^2}Q(a,b) - \frac{n}{2}\ln\sigma^2 - n\ln\sqrt{2\pi},$$

解方程组

$$\begin{cases} \dfrac{\partial l}{\partial a} = -\dfrac{1}{2\sigma^2}\dfrac{\partial Q}{\partial a} = 0, \\ \dfrac{\partial l}{\partial b} = -\dfrac{1}{2\sigma^2}\dfrac{\partial Q}{\partial b} = 0, \\ \dfrac{\partial l}{\partial \sigma^2} = \dfrac{1}{2\sigma^4}Q(a,b) - \dfrac{n}{2\sigma^2} = 0, \end{cases}$$

可以得到 a, b, σ^2 的最大似然估计. 注意前两个方程和 (12.2.3), (12.2.4) 是等价的, 所以当 $s_x^2 \neq 0$, 从前两个方程得到 a, b 的最大似然估计

$$\hat{b} = \frac{s_{xy}}{s_x^2},\ \hat{a} = \overline{y} - \hat{b}\overline{x}. \tag{12.3.8}$$

将 $\hat{a}, \hat{b}$ 代入第三个方程, 得到 σ^2 的最大似然估计是 $\dfrac{1}{n}Q(\hat{a},\hat{b})$. 因为数学上可以证明

$$\mathrm{E}Q(\hat{a},\hat{b}) = (n-2)\sigma^2,$$

所以 σ^2 的最大似然估计不是 σ^2 的无偏估计, 为了使用无偏估计, 我们以后用

$$\hat{\sigma}^2 = \frac{1}{n-2}Q(\hat{a},\hat{b}) \tag{12.3.9}$$

作为 σ^2 的估计. 这时有 $\mathrm{E}\hat{\sigma}^2 = \sigma^2$.

容易看出, (a,b) 的最小二乘估计和最大似然估计是相同的. 以后总设 $s_x^2 \neq 0$.

12.3.3 平方和分解公式

为成对数据 (x_j, y_j) $(j=1,2,\cdots,n)$ 建立回归直线

$$l:\ \ \hat{y}=\hat{a}+\hat{b}x$$

后, $Q=Q(\hat{a},\hat{b})=\sum\limits_{j=1}^{n}(y_j-\hat{y}_j)^2$ 是残差平方和, 它描述了观测数据在整体上偏离回归直线的程度. 因为 $(x_j,\hat{y}_j)$ 在回归直线上, 所以称 $\{\hat{y}_j\}$ 构成的平方和

$$l_{\hat{y}\hat{y}}\equiv\sum_{j=1}^{n}\left(\hat{y}_j-\frac{1}{n}\sum_{i=1}^{n}\hat{y}_i\right)^2$$

为**回归平方和**. 再引入

$$l_{yy}=(n-1)s_y^2=\sum_{j=1}^{n}(y_j-\overline{y})^2, \tag{12.3.10}$$

并称 l_{yy} 为**总平方和**. 总平方和描述了 $\{y_j\}$ 的分散程度.

为使用方便, 再引入

$$l_{xx}=\sum_{j=1}^{n}(x_j-\overline{x})^2=(n-1)s_x^2,$$

$$l_{xy}=\sum_{j=1}^{n}(x_j-\overline{x})(y_j-\overline{y})=(n-1)s_{xy},$$

这时有

$$\hat{b}=\frac{l_{xy}}{l_{xx}},\quad \hat{a}=\overline{y}-\hat{b}\overline{x}, \tag{12.3.11}$$

这里和以后总设 $l_{xx}>0$.

例 12.3.1 设 (x_j, Y_j) $(j=1,2,\cdots,n)$ 满足一元线性回归模型 (12.3.2), $\hat{a},\hat{b}$ 由 (12.3.11) 定义, y_j 是 Y_j 的观测值, $\overline{y}$ 是样本均值. 当 $n>2$ 时, 有

(1) $\frac{1}{n}\sum\limits_{j=1}^{n}\hat{y}_j=\overline{y},\ \ l_{\hat{y}\hat{y}}=\sum\limits_{j=1}^{n}(\hat{y}_j-\overline{y})^2$;

(2) $l_{\hat{y}\hat{y}}=\hat{b}^2 l_{xx}$;

(3) $\overline{Y}$ 和 $\hat{b}$ 独立;

(4) **平方和分解公式**: $l_{yy}=l_{\hat{y}\hat{y}}+Q$.

由平方和分解公式和 $l_{\hat{y}\hat{y}}=\hat{b}^2 l_{xx}$ 得到 $l_{yy}=\hat{b}^2 l_{xx}+Q$. 该公式说明, $\{y_j\}$ 的分散程度由 $\hat{b}$, $\{x_j\}$ 的分散程度 l_{xx} 以及残差 $\{\hat{\varepsilon}_j\}$ 的分散程度 Q 决定.

从平方和分解公式和例 12.3.1(2) 得到

$$\hat{\sigma}^2=\frac{1}{n-2}Q=\frac{1}{n-2}(l_{yy}-\hat{b}^2 l_{xx}). \tag{12.3.12}$$

公式 (12.3.12) 是计算 $\hat{\sigma}^2$ 的常用公式.

定理 12.3.1 设 (x_j, Y_j) $(j=1,2,\cdots,n)$ 满足一元线性回归模型 (12.3.2), $\hat{a},\hat{b},\hat{\sigma}^2$ 由 (12.3.11) 和 (12.3.12) 定义. 对 $n>2$, 有

(1) $\hat{b} \sim N\big(b, \dfrac{\sigma^2}{l_{xx}}\big)$;

(2) $\hat{a} \sim N\Big(a, \ \Big(\dfrac{1}{n} + \dfrac{\overline{x}^2}{l_{xx}}\Big)\sigma^2\Big)$;

(3) $\dfrac{n-2}{\sigma^2}\hat{\sigma}^2 \sim \chi^2(n-2)$;

(4) $\overline{Y}, \ \hat{b}, \ \hat{\sigma}^2$ 相互独立;

(5) $\dfrac{\hat{b}-b}{\hat{\sigma}/\sqrt{l_{xx}}} \sim t(n-2)$.

在定理 12.3.1 中,

$$\frac{1}{\sigma^2}Q = \frac{1}{\sigma^2}\sum_{j=1}^{n}(y_j - \hat{a} - \hat{b}x_j)^2 \sim \chi^2(n-2). \tag{12.3.13}$$

自由度为 $n-2$ 的原因是 $\hat{a}, \hat{b}$ 都是由观测数据得到的最大似然估计.

12.3.4 斜率 b 的检验

在实际问题中, 斜率 b 的大小直接决定了设计变量 x 对观测变量 y 的影响程度. b 的绝对值越大, x 对 y 的影响就越大, 所以了解斜率 b 的大小是重要的. 下面考虑 b 的假设检验问题.

设 (x_j, y_j) $(j=1,2,\cdots,n)$ 是一元线性回归模型 (12.3.2) 的样本, 根据定理 12.3.1, 知道

$$\frac{\hat{b}-b}{\hat{\sigma}/\sqrt{l_{xx}}} \sim t(n-2). \tag{12.3.14}$$

利用 (12.3.14) 可以解决有关斜率 b 的假设检验问题. 对已知的 b_0, 定义检验统计量

$$T = \frac{\hat{b}-b_0}{\hat{\sigma}/\sqrt{l_{xx}}}, \tag{12.3.15}$$

则有以下结论:

(1) 单边假设 H_0: $b \leqslant b_0$ vs H_1: $b > b_0$ 的显著水平为 α 的拒绝域是

$$W = \{T \geqslant t_\alpha(n-2)\}. \tag{12.3.16}$$

这是因为在 H_0 下, T 的值应当比较小.

(2) 单边假设 H_0: $b \geqslant b_0$ vs H_1: $b < b_0$ 的显著水平为 α 的拒绝域是

$$W = \{T \leqslant -t_\alpha(n-2)\}. \tag{12.3.17}$$

这是因为在 H_0 下, T 的值应当比较大.

(3) 双边假设 H_0: $b = b_0$ vs H_1: $b \neq b_0$ 的显著水平为 α 的拒绝域是

$$W = \{|T| \geqslant t_{\alpha/2}(n-2)\}. \tag{12.3.18}$$

这是因为在 H_0 下, $|T|$ 的值应当比较小.

(4) 特别, 双边假设 H_0: $b=0$ vs H_1: $b\neq 0$ 的显著水平为 α 的拒绝域是

$$W=\left\{\frac{|\hat{b}|}{\hat{\sigma}/\sqrt{l_{xx}}}\geqslant t_{\alpha/2}(n-2)\right\}. \tag{12.3.19}$$

例 12.3.2 设例 12.1.1 中的数据满足一元线性回归模型 (12.3.2), 根据已知的 27 对调查数据能否在显著水平 0.05 下认为 $b>0.9$?

解 由于在例 12.2.1 中已经计算出 $\hat{b}=0.929\,8>0.9$, 所以我们对单边假设 H_0: $b\leqslant 0.9$ vs H_1: $b>0.9$ 作检验. $n=27$. 容易计算出

$$l_{xx}=(n-1)s_x^2=26\times 6.695\,7^2=1\,165.6,$$

$$l_{yy}=(n-1)s_y^2=26\times 8.261\,9^2=1\,774.7.$$

再用公式 (12.3.12) 计算出

$$\hat{\sigma}^2=\frac{1}{n-2}(l_{yy}-\hat{b}^2 l_{xx})=30.680\,1.$$

最后得到

$$T=\frac{\hat{b}-0.9}{\hat{\sigma}/\sqrt{l_{xx}}}=0.183\,7<1.708=t_{0.05}(25).$$

检验不显著. 本例中我们不能在显著水平 0.05 下作出拒绝 $b\leqslant 0.9$ 的判断, 这是 $\hat{\sigma}^2=30.680\,1$ 较大的原因. 也就是说很可能是随机误差造成了 $\hat{b}>0.9$.

例 12.3.3 在例 12.3.2 中, 能否认为 $b>0.65$?

解 因为 $\hat{b}>0.65$, 所以要对假设 H_0: $b\leqslant 0.65$ vs H_1: $b>0.65$ 作检验. 可以计算出检验统计量

$$\begin{aligned}T&=\frac{\hat{b}-0.65}{\hat{\sigma}/\sqrt{l_{xx}}}\\&=\frac{0.929\,8-0.65}{\sqrt{30.680\,1}}\cdot\sqrt{1\,165.6}\\&=1.724\,7>1.708=t_{0.05}(25).\end{aligned}$$

检验是显著的, 所以在显著水平 0.05 下可以认为 $b>0.65$.

12.3.5 预测的置信区间

为观测数据 (x_j,y_j) $(j=1,2,\cdots,n)$ 建立了回归直线 $l:\hat{y}=\hat{a}+\hat{b}x$ 后, 对于新的输入条件 x_0, 应当用回归直线上的点

$$\hat{y}_0=\hat{a}+\hat{b}x_0$$

对于未知的

$$Y_0=a+bx_0+\varepsilon_0$$

进行预测. 要得到 Y_0 的置信区间, 必须知道 $Y_0-\hat{y}_0$ 的概率分布. 引入

$$\eta_0=\hat{\sigma}\sqrt{1+\frac{1}{n}+\frac{(x_0-\overline{x})^2}{l_{xx}}}, \tag{12.3.20}$$

可以证明下面的定理.

定理 12.3.2 如果 (x_j,y_j) $(j=1,2,\cdots,n)$ 是一元线性回归模型 (12.3.2) 的样本观测值, 则

$$\frac{Y_0-\hat{y}_0}{\eta_0}\sim t(n-2). \tag{12.3.21}$$

利用定理 12.3.2 和

$$\begin{aligned}&P\Big(\hat{y}_0-t_{\alpha/2}(n-2)\eta_0\leqslant Y_0\leqslant \hat{y}_0+t_{\alpha/2}(n-2)\eta_0\Big)\\&=P\Big(\frac{|Y_0-\hat{y}_0|}{\eta_0}\leqslant t_{\alpha/2}(n-2)\Big)\\&=1-\alpha,\end{aligned}$$

得到 Y_0 的置信水平为 $1-\alpha$ 的置信区间

$$[\hat{y}_0-t_{\alpha/2}(n-2)\eta_0,\ \hat{y}_0+t_{\alpha/2}(n-2)\eta_0]. \tag{12.3.22}$$

置信区间的长度是

$$\begin{aligned}L&=2t_{\alpha/2}(n-2)\eta_0\\&=2t_{\alpha/2}(n-2)\hat{\sigma}\sqrt{1+\frac{1}{n}+\frac{(x_0-\overline{x})^2}{l_{xx}}}.\end{aligned}$$

我们知道在相同的置信水平下, 置信区间的长度越小越好. 可以看出, 相同的置信水平下, n 越大, L 越小; l_{xx} 越大, L 越小; x_0 离 $\overline{x}$ 越近, L 越小; $\hat{\sigma}$ 越小, L 越小.

例 12.3.4 在例 12.1.1 中, 对 $x_0=151,152,\cdots,195$, 计算 $\hat{y}_0$ 及 Y_0 的置信水平为 $1-\alpha=0.95$ 的置信区间.

解 对 $n-2=25$, 查表得到 $t_{0.05/2}(25)=2.06$. 先对于

$$x_0=151,152,\cdots,195$$

按公式 (12.3.20) 依次计算出

$$\eta_0=\sqrt{30.6801}\times\sqrt{1+\frac{1}{27}+\frac{(x_0-174.7037)^2}{1165.6}},$$

然后再按公式 (12.3.22) 依次计算出

$$\begin{aligned}\hat{y}^+&=\hat{y}_0+t_{\alpha/2}(25)\eta_0\\&=\hat{a}+\hat{b}x_0+t_{0.05/2}(25)\eta_0,\\\hat{y}^-&=\hat{y}_0-t_{\alpha/2}(25)\eta_0\\&=\hat{a}+\hat{b}x_0-t_{0.05/2}(25)\eta_0.\end{aligned}$$

于是, x_0 的置信区间是 $[\hat{y}^-,\hat{y}^+]$. 下面是计算结果 (参考图 12.3.1):

x_0	**151**	152	153	154	155	156	157	158	159	160	161	162	163	164	165
$\hat{y}_0$	**150**	151	152	153	154	155	156	156	157	158	159	160	161	162	163
y^+	**164**	165	165	166	167	168	169	169	170	171	172	173	173	174	175
y^-	**136**	137	138	139	140	141	142	144	145	146	147	148	149	150	151
x_0	166	167	168	169	170	171	172	**173**	174	175	176	177	178	179	180
$\hat{y}_0$	164	165	166	167	168	169	169	**170**	171	172	173	174	175	176	177
y^+	176	177	178	178	179	180	181	**182**	183	184	185	186	187	188	189
y^-	152	153	154	155	156	157	158	**159**	160	161	162	162	163	164	165
x_0	181	182	183	184	185	186	187	188	189	190	191	192	193	194	195
$\hat{y}_0$	178	179	180	181	182	182	183	184	185	186	187	188	189	190	191
y^+	190	191	192	193	194	195	196	197	198	199	200	201	202	203	204
y^-	166	167	168	169	169	170	171	172	173	174	174	175	176	177	177

对于第 $1,2,3,4$ 行第 2 列的 $151,150,164,136$ 的解释如下: 对身高为 $x_0=151$ 的大二男生, 预测他的臂展是 $\hat{y}_0=150$, 并且以 95% 的概率保证他的臂展在 $[136,164]$ 内. 预测区间的长度是 $164-136=28$.

对于第 $5,6,7,8$ 行第 9 列的 $173,170,182,159$ 的解释如下: 对身高为 $x_0=173$ 的大二男生, 预测他的臂展是 $\hat{y}_0=170$, 并且以 95% 的概率保证他的臂展在 $[159,182]$ 内. 预测区间的长度是 $182-159=23$.

对 $x_0=173$ 时的 Y_0, 预测区间较短的原因是在 x_0 附近的信息 (数据) 较多 (见图 12.3.1).

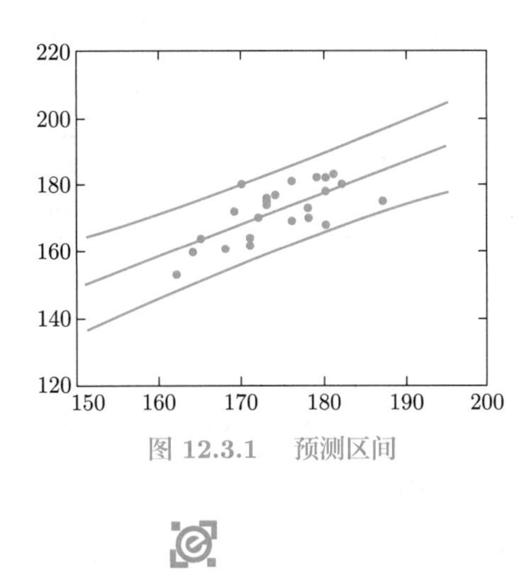

图 12.3.1　预测区间

应用案例

习题十二

12.1　验证 $|\hat{\rho}_{xy}|\leqslant 1$, 且 $|\hat{\rho}_{xy}|=1$ 的充分必要条件是 $(x_i,y_i)\ (i=1,2,\cdots,n)$ 在一条直线上.

12.2 海牛是一种体型较大的水生哺乳动物，体重可达到 700 kg，以水草为食. 美洲海牛生活在美国的佛罗里达州，在船舶运输繁忙季节，经常被船的螺旋桨击伤致死. 下面是佛罗里达州记录的 1977—1990 年机动船只数目 x 和被船只撞死的海牛数 y 的数据 (参考书目 [5]):

年份	1977	1978	1979	1980	1981	1982	1983
船只数量 x	447	460	481	498	513	512	526
撞死海牛数 y	13	21	24	16	24	20	15
年份	1984	1985	1986	1987	1988	1989	1990
船只数量 x	559	585	614	645	675	711	719
撞死海牛数 y	34	33	33	39	43	50	47

(1) 画出数据的散点图;

(2) 计算 x, y 的样本相关系数 $\hat{\rho}_{xy}$;

(3) 随着机动船只数量的增加，被撞死的海牛数是否会增加?

(4) 为数据建立回归直线;

(5) 当机动船只增加到 750，被撞死的海牛会是多少?

(6) 当机动船只增加到 750，在置信水平 0.95 下，求被撞死的海牛数的置信区间.

12.3 很多人关心比萨 (Pisa) 斜塔的倾斜状况，下面是 1975—1986 年比萨斜塔的部分测量记录 (参考书目 [5])，其中的倾斜值指测量时塔尖的位置与原始位置的距离. 为了简化数据，表中只给出小数点后面第 2 至第 4 位的值. 对于以下数据

年份 x	1975	1977	1980	1982	1984	1986
倾斜值 y/mm	642	656	688	689	717	742

(1) 画出数据的散点图;

(2) 计算年份 x 和倾斜值 y 的样本相关系数;

(3) 如果不对比萨斜塔进行维护，它的倾斜情况是否会逐年恶化?

(4) 建立回归直线，在散点图中补充回归直线;

(5) 计算残差平方和 Q;

(6) 对 1976, 1978, 1979, 1981, 1983, 1985, 1987 年的倾斜值进行估计，并和以下的真实测量值进行比较;

(7) 计算 (6) 中预测值的置信区间，置信水平为 0.95.

年份 x	1976	1978	1979	1981	1983	1985	1987
倾斜真值 y/mm	644	667	673	696	713	725	757

附录 A　组合公式与微积分常用公式

1. 组合公式

A1　将 m 个不可区分的球放入 r 个可区分的盒子, 可以得到 C_{r+m-1}^{m} 个不同结果. 每个盒子里都有球的不同结果数是 $\mathrm{C}_{r+m-r-1}^{m-r}=\mathrm{C}_{m-1}^{r-1}$ 个.

A2　$(p+q)^n=\sum\limits_{k=0}^{n}\mathrm{C}_n^k p^k q^{n-k}$.

A3　$\sum\limits_{k=0}^{n}(\mathrm{C}_n^k)^2=\sum\limits_{k=0}^{n}\mathrm{C}_n^k\mathrm{C}_n^{n-k}=\mathrm{C}_{2n}^{n}$.

A4　$\sum\limits_{i=k}^{n}\mathrm{C}_{i-1}^{k-1}=\mathrm{C}_n^k$.

2. 极限和洛必达法则

A5　当 $n\to\infty$, 如果 $a_n=o(1)$, 则 $|a_n|\to 0$.

A6　$\lim\limits_{x\to\infty}\left(1-a/x\right)^x=\mathrm{e}^{-a}$.

A7　如果 $\lim\limits_{x\to a}f(x)=0$, $\lim\limits_{x\to a}g(x)=0$, 在 a 的小邻域中 $f'(x)$, $g'(x)$ 存在, 且 $g'(x)$ 不为 0, 则

$$\lim_{x\to a}\frac{f(x)}{g(x)}=\lim_{x\to a}\frac{f'(x)}{g'(x)}.$$

A8　如果 $\lim\limits_{x\to a}f(x)=\infty$, $\lim\limits_{x\to a}g(x)=\infty$, 在 a 的小邻域中 $f'(x)$, $g'(x)$ 存在, 且 $g'(x)$ 不为 0, 则

$$\lim_{x\to a}\frac{f(x)}{g(x)}=\lim_{x\to a}\frac{f'(x)}{g'(x)}.$$

3. 泰勒公式

A9 $(1-ax)^{-1}=\sum\limits_{k=0}^{\infty}(ax)^k,\ |x|<1/|a|$.

A10 $\mathrm{e}^x=\sum\limits_{k=0}^{\infty}x^k/k!,\ |x|<\infty$.

A11 $(1-x)^{-r}=\sum\limits_{k=0}^{\infty}\mathrm{C}_{k+r-1}^{r-1}x^k,\ |x|<1$.

A12 $\ln(1-x)=-\sum\limits_{k=1}^{\infty}x^k/k,\ x\in[-1,1)$.

A13 如果 $f(x)$ 在 $x=0$ 的某邻域有 1 至 $n-1$ 阶的导数 $f^{(k)}(x)$, 在 $x=0$ 有导数 $f^{(n)}(0)$, 则 $f(x)=\sum\limits_{k=0}^{n}f^{(k)}(0)x^k/k!+o(x^n)$, 当 $x\to 0$.

A14 如果 $f(x)$ 在 $[a,b]$ 中有 1 至 $n-1$ 阶的导数 $f^{(k)}(x)$, 在 (a,b) 中有导数 $f^{(n)}(x)$, 则对 $a+x\in(a,b)$ 有 $f(a+x)=\sum\limits_{k=0}^{n-1}f^{(k)}(a)x^k/k!+(x^n/n!)f^{(n)}(a+\theta x),\ 0<\theta<1$.

4. 无穷级数

A15 当且仅当 $\alpha>1$, $\sum\limits_{n=1}^{\infty}n^{-\alpha}<\infty$.

A16 当且仅当 $\alpha>1$, $\sum\limits_{n=3}^{\infty}n^{-1}(\ln n)^{-\alpha}<\infty$.

A17 如果所有的 $b_{ij}\geqslant 0$, 或者 $\sum\limits_{i}\sum\limits_{j}|b_{ij}|<\infty$, 则

$$\sum_{i,j}b_{ij}=\sum_{i}\sum_{j}b_{ij}=\sum_{j}\sum_{i}b_{ij}.$$

5. 积分

A18 $\int x^{\alpha}\,\mathrm{d}x=(\alpha+1)^{-1}x^{\alpha+1},\ \alpha\neq -1$.

A19 $\int x^{-1}\,\mathrm{d}x=\ln|x|$.

A20 $\int \mathrm{e}^x\,\mathrm{d}x=\mathrm{e}^x$.

A21 $\int x\mathrm{e}^x\,\mathrm{d}x=(x-1)\mathrm{e}^x$.

A22 $\int x^2\mathrm{e}^x\,\mathrm{d}x=(x^2-2x+2)\mathrm{e}^x$.

A23 设 $D\subset\mathbf{R}^2$, 在 D 上 $\varphi(x,y)\geqslant 0$, 或满足 $\iint_D|\varphi(x,y)|\,\mathrm{d}x\mathrm{d}y<\infty$, 则对区域 D 上的二重积分

$$\iint_D \varphi(x,y)\,\mathrm{d}x\mathrm{d}y$$

可以进行累次积分计算, 且积分的次序可以交换.

A24　如果 $g_n(x) \geqslant 0$, 或者 $\int_a^b \sum_{n=1}^{\infty} |g_n(x)|\,\mathrm{d}x < \infty$, 则

$$\int_a^b \sum_{n=1}^{\infty} g_n(x)\,\mathrm{d}x = \sum_{n=1}^{\infty} \int_a^b g_n(x)\,\mathrm{d}x.$$

6. $\boldsymbol{\Gamma}$ 函数和 B 函数

A25　Γ 函数 $\Gamma(\alpha)$: 由积分 $\Gamma(\alpha) = \int_0^{\infty} x^{\alpha-1}\mathrm{e}^{-x}\,\mathrm{d}x\,(\alpha > 0)$ 定义, 有如下的基本性质:

$$\Gamma(\alpha) = \Gamma(1+\alpha)/\alpha, \quad \Gamma(n) = (n-1)!, \quad \Gamma(1/2) = \sqrt{\pi}.$$

A26　B 函数 $\mathrm{B}(a,b)$: 由积分 $\mathrm{B}(a,b) = \int_0^1 x^{a-1}(1-x)^{b-1}\,\mathrm{d}x\,(a,b>0)$ 定义, 有如下的基本性质:

$$\mathrm{B}(a,b) = \frac{\Gamma(a)\Gamma(b)}{\Gamma(a+b)}.$$

7. 线性函数和指数函数

A27　设 $f(x)$ 是 $[0,\infty)$ 中的连续函数. 如果任取 $x, y > 0$, 有 $f(x+y) = f(x)+f(y)$, 则有常数 a 使得 $f(x) = ax,\ x \geqslant 0$.

A28　如果任取 $x, y > 0$, 有 $g(x+y) = g(x)g(y) > 0$, 则有常数 b 使得 $g(x) = \mathrm{e}^{bx},\ x \geqslant 0$.

附录 B 常见分布的数学期望、方差、母函数和特征函数

离散分布	概率分布	数学期望	方差	母函数	特征函数
伯努利分布 $\mathcal{B}(1,p)$	$p_k = p^k q^{1-k}, k=0,1,$ $p+q=1, pq>0$	p	pq	$ps+q$	$p\mathrm{e}^{\mathrm{i}t}+q$
二项分布 $\mathcal{B}(n,p)$	$p_k = \mathrm{C}_n^k p^k q^{n-k},$ $0 \leqslant k \leqslant n, p+q=1,$ $pq>0$	np	npq	$(ps+q)^n$	$(p\mathrm{e}^{\mathrm{i}t}+q)^n$
泊松分布 $\mathcal{P}(\lambda)$	$p_k = \dfrac{\lambda^k}{k!}\mathrm{e}^{-\lambda},\ k \geqslant 0,$ $\lambda =$ 正常数	λ	λ	$\mathrm{e}^{\lambda(s-1)}$	$\mathrm{e}^{\lambda(\mathrm{e}^{\mathrm{i}t}-1)}$
几何分布	$p_k = q^{k-1}p,\ k \geqslant 1,$ $p+q=1, pq>0$	$\dfrac{1}{p}$	$\dfrac{q}{p^2}$	$\dfrac{ps}{1-qs}$	$\dfrac{p\mathrm{e}^{\mathrm{i}t}}{1-q\mathrm{e}^{\mathrm{i}t}}$
超几何分布 $H(N,M,n)$	$p_k = \dfrac{\mathrm{C}_M^k \mathrm{C}_{N-M}^{n-k}}{\mathrm{C}_N^n},$ $k=0,1,\cdots,M$	$\dfrac{nM}{N}$	$n\dfrac{M}{N}\left(1-\dfrac{M}{N}\right)\dfrac{N-n}{N-1}$		
负二项分布	$p_k = \mathrm{C}_{k+r-1}^{r-1} q^k p^r,$ $k \geqslant 0, p+q=1,$ $pq>0$	$\dfrac{rq}{p}$	$\dfrac{rq}{p^2}$	$\left(\dfrac{p}{1-qs}\right)^r$	$\left(\dfrac{p}{1-q\mathrm{e}^{\mathrm{i}t}}\right)^r$

连续分布	概率密度	数学期望	方差	特征函数
均匀分布 $U(a,b)$	$\frac{1}{b-a},\ a<x<b$	$\frac{a+b}{2}$	$\frac{(b-a)^2}{12}$	$\frac{\mathrm{e}^{\mathrm{i}tb}-\mathrm{e}^{\mathrm{i}ta}}{\mathrm{i}t(b-a)}$
指数分布 $Exp(\lambda)$	$\lambda\mathrm{e}^{-\lambda x},\ x>0$	$\frac{1}{\lambda}$	$\frac{1}{\lambda^2}$	$\left(1-\frac{\mathrm{i}t}{\lambda}\right)^{-1}$
正态分布 $N(\mu,\sigma^2)$	$\frac{1}{\sqrt{2\pi}\sigma}\exp\left(-\frac{(x-\mu)^2}{2\sigma^2}\right)$	μ	σ^2	$\exp\left(\mathrm{i}\mu t-\frac{\sigma^2t^2}{2}\right)$
伽马分布 $\Gamma(\alpha,\beta)$	$\frac{\beta^\alpha}{\Gamma(\alpha)}x^{\alpha-1}\mathrm{e}^{-\beta x},\ x\geqslant 0$	$\frac{\alpha}{\beta}$	$\frac{\alpha}{\beta^2}$	$(1-\mathrm{i}t/\beta)^{-\alpha}$
韦布尔分布 $W(a,b)$	$abx^{b-1}\exp\left(-ax^b\right),$ $x>0$	$a^{\frac{-1}{b}}\Gamma\left(1+\frac{1}{b}\right)$	$a^{\frac{-2}{b}}\left[\Gamma\left(\frac{b+2}{b}\right)-\Gamma^2\left(\frac{b+1}{b}\right)\right]$	
对数正态分布 $Ln(\mu,\sigma^2)$	$\frac{\exp\left(-\frac{(\ln x-\mu)^2}{2\sigma^2}\right)}{\sqrt{2\pi}\sigma x},$ $x>0$	$\exp\left(\mu+\frac{\sigma^2}{2}\right)$	$\left[\exp(\sigma^2)-1\right]\cdot\exp(2\mu+\sigma^2)$	

附录 C1 标准正态分布表

$$\Phi(x)=\frac{1}{\sqrt{2\pi}}\int_{-\infty}^{x}\mathrm{e}^{-t^2/2}\,\mathrm{d}t,\ \Phi(-x)=1-\Phi(x)$$

x	$\Phi(x)$	x	$\Phi(x)$	x	$\Phi(x)$	x	$\Phi(x)$
0.00	0.5000	0.30	0.6179	0.60	0.7257	0.90	0.8159
0.01	0.5040	0.31	0.6217	0.61	0.7291	0.91	0.8186
0.02	0.5080	0.32	0.6255	0.62	0.7324	0.92	0.8212
0.03	0.5120	0.33	0.6293	0.63	0.7357	0.93	0.8238
0.04	0.5160	0.34	0.6331	0.64	0.7389	0.94	0.8264
0.05	0.5199	0.35	0.6368	0.65	0.7422	0.95	0.8289
0.06	0.5239	0.36	0.6406	0.66	0.7454	0.96	0.8315
0.07	0.5279	0.37	0.6443	0.67	0.7486	0.97	0.8340
0.08	0.5319	0.38	0.6480	0.68	0.7517	0.98	0.8365
0.09	0.5359	0.39	0.6517	0.69	0.7549	0.99	0.8389
0.10	0.5398	0.40	0.6554	0.70	0.7580	1.00	0.8413
0.11	0.5438	0.41	0.6591	0.71	0.7611	1.01	0.8438
0.12	0.5478	0.42	0.6628	0.72	0.7642	1.02	0.8461
0.13	0.5517	0.43	0.6664	0.73	0.7673	1.03	0.8485
0.14	0.5557	0.44	0.6700	0.74	0.7704	1.04	0.8508
0.15	0.5596	0.45	0.6736	0.75	0.7734	1.05	0.8531
0.16	0.5636	0.46	0.6772	0.76	0.7764	1.06	0.8554
0.17	0.5675	0.47	0.6808	0.77	0.7794	1.07	0.8577
0.18	0.5714	0.48	0.6844	0.78	0.7823	1.08	0.8599
0.19	0.5753	0.49	0.6879	0.79	0.7852	1.09	0.8621
0.20	0.5793	0.50	0.6915	0.80	0.7881	1.10	0.8643
0.21	0.5832	0.51	0.6950	0.81	0.7910	1.11	0.8665
0.22	0.5871	0.52	0.6985	0.82	0.7939	1.12	0.8686
0.23	0.5910	0.53	0.7019	0.83	0.7967	1.13	0.8708
0.24	0.5948	0.54	0.7054	0.84	0.7995	1.14	0.8729
0.25	0.5987	0.55	0.7088	0.85	0.8023	1.15	0.8749
0.26	0.6026	0.56	0.7123	0.86	0.8051	1.16	0.8770
0.27	0.6064	0.57	0.7157	0.87	0.8078	1.17	0.8790
0.28	0.6103	0.58	0.7190	0.88	0.8106	1.18	0.8810
0.29	0.6141	0.59	0.7224	0.89	0.8133	1.19	0.8830

续表

x	$\Phi(x)$	x	$\Phi(x)$	x	$\Phi(x)$	x	$\Phi(x)$
1.20	0.8849	1.54	0.9382	1.88	0.9699	2.22	0.9868
1.21	0.8869	1.55	0.9394	1.89	0.9706	2.23	0.9871
1.22	0.8888	1.56	0.9406	1.90	0.9713	2.24	0.9875
1.23	0.8907	1.57	0.9418	1.91	0.9719	2.25	0.9878
1.24	0.8925	1.58	0.9429	1.92	0.9726	2.26	0.9881
1.25	0.8944	1.59	0.9441	1.93	0.9732	2.27	0.9884
1.26	0.8962	1.60	0.9452	1.94	0.9738	2.28	0.9887
1.27	0.8980	1.61	0.9463	1.95	0.9744	2.29	0.9890
1.28	0.8997	1.62	0.9474	1.96	0.9750	2.30	0.9893
1.29	0.9015	1.63	0.9484	1.97	0.9756	2.31	0.9896
1.30	0.9032	1.64	0.9495	1.98	0.9761	2.32	0.9898
1.31	0.9049	1.65	0.9505	1.99	0.9767	2.33	0.9901
1.32	0.9066	1.66	0.9515	2.00	0.9772	2.34	0.9904
1.33	0.9082	1.67	0.9525	2.01	0.9778	2.35	0.9906
1.34	0.9099	1.68	0.9535	2.02	0.9783	2.36	0.9909
1.35	0.9115	1.69	0.9545	2.03	0.9788	2.37	0.9911
1.36	0.9131	1.70	0.9554	2.04	0.9793	2.38	0.9913
1.37	0.9147	1.71	0.9564	2.05	0.9798	2.39	0.9916
1.38	0.9162	1.72	0.9573	2.06	0.9803	2.40	0.9918
1.39	0.9177	1.73	0.9582	2.07	0.9808	2.41	0.9920
1.40	0.9192	1.74	0.9591	2.08	0.9812	2.42	0.9922
1.41	0.9207	1.75	0.9599	2.09	0.9817	2.43	0.9925
1.42	0.9222	1.76	0.9608	2.10	0.9821	2.44	0.9927
1.43	0.9236	1.77	0.9616	2.11	0.9826	2.45	0.9929
1.44	0.9251	1.78	0.9625	2.12	0.9830	2.46	0.9931
1.45	0.9265	1.79	0.9633	2.13	0.9834	2.47	0.9932
1.46	0.9279	1.80	0.9641	2.14	0.9838	2.48	0.9934
1.47	0.9292	1.81	0.9649	2.15	0.9842	2.49	0.9936
1.48	0.9306	1.82	0.9656	2.16	0.9846	2.50	0.9938
1.49	0.9319	1.83	0.9664	2.17	0.9850	2.51	0.9940
1.50	0.9332	1.84	0.9671	2.18	0.9854	2.52	0.9941
1.51	0.9345	1.85	0.9678	2.19	0.9857	2.53	0.9943
1.52	0.9357	1.86	0.9686	2.20	0.9861	2.54	0.9945
1.53	0.9370	1.87	0.9693	2.21	0.9864	2.55	0.9946

续表

x	$\Phi(x)$	x	$\Phi(x)$	x	$\Phi(x)$	x	$\Phi(x)$
2.56	0.9948	2.83	0.9977	3.10	0.9990	3.37	0.9996
2.57	0.9949	2.84	0.9977	3.11	0.9991	3.38	0.9996
2.58	0.9951	2.85	0.9978	3.12	0.9991	3.39	0.9997
2.59	0.9952	2.86	0.9979	3.13	0.9991	3.40	0.9997
2.60	0.9953	2.87	0.9979	3.14	0.9992	3.41	0.9997
2.61	0.9955	2.88	0.9980	3.15	0.9992	3.42	0.9997
2.62	0.9956	2.89	0.9981	3.16	0.9992	3.43	0.9997
2.63	0.9957	2.90	0.9981	3.17	0.9992	3.44	0.9997
2.64	0.9959	2.91	0.9982	3.18	0.9993	3.45	0.9997
2.65	0.9960	2.92	0.9982	3.19	0.9993	3.46	0.9997
2.66	0.9961	2.93	0.9983	3.20	0.9993	3.47	0.9997
2.67	0.9962	2.94	0.9984	3.21	0.9993	3.48	0.9997
2.68	0.9963	2.95	0.9984	3.22	0.9994	3.49	0.9998
2.69	0.9964	2.96	0.9985	3.23	0.9994	3.50	0.9998
2.70	0.9965	2.97	0.9985	3.24	0.9994	3.51	0.9998
2.71	0.9966	2.98	0.9986	3.25	0.9994	3.52	0.9998
2.72	0.9967	2.99	0.9986	3.26	0.9994	3.53	0.9998
2.73	0.9968	3.00	0.9987	3.27	0.9995	3.54	0.9998
2.74	0.9969	3.01	0.9987	3.28	0.9995	3.55	0.9998
2.75	0.9970	3.02	0.9987	3.29	0.9995	3.56	0.9998
2.76	0.9971	3.03	0.9988	3.30	0.9995	3.57	0.9998
2.77	0.9972	3.04	0.9988	3.31	0.9995	3.58	0.9998
2.78	0.9973	3.05	0.9989	3.32	0.9995	3.59	0.9998
2.79	0.9974	3.06	0.9989	3.33	0.9996	3.60	0.9998
2.80	0.9974	3.07	0.9989	3.34	0.9996	3.61	0.9998
2.81	0.9975	3.08	0.9990	3.35	0.9996	3.62	0.9999
2.82	0.9976	3.09	0.9990	3.36	0.9996	3.63	0.9999

附录 C2 标准正态分布的上 α 分位数表

$$z_\alpha:\ P(Z \geqslant z_\alpha) = \alpha$$

α	0.005	0.01	0.02	0.025	0.03	0.04	0.05	0.10
z_α	2.5758	2.3263	2.0537	1.960	1.8808	1.7507	1.6449	1.2816

附录 C3 t 分布的上 α 分位数表

$$t_\alpha(n):\quad P(T_n \geqslant t_\alpha(n)) = \alpha$$

$t_\alpha(n)$	α				$t_\alpha(n)$	α			
n	0.01	0.025	0.05	0.10	n	0.01	0.025	0.05	0.10
1	31.82	12.71	6.314	3.078	22	2.508	2.074	1.717	1.321
2	6.965	4.303	2.920	1.886	23	2.500	2.069	1.714	1.319
3	4.541	3.182	2.353	1.638	24	2.492	2.064	1.711	1.318
4	3.747	2.776	2.132	1.533	25	2.485	2.060	1.708	1.316
5	3.365	2.571	2.015	1.476	26	2.479	2.056	1.706	1.315
6	3.143	2.447	1.943	1.440	27	2.473	2.052	1.703	1.314
7	2.998	2.365	1.895	1.415	28	2.467	2.048	1.701	1.313
8	2.896	2.306	1.860	1.397	29	2.462	2.045	1.699	1.311
9	2.821	2.262	1.833	1.383	30	2.457	2.042	1.697	1.310
10	2.764	2.228	1.812	1.372	31	2.453	2.040	1.696	1.309
11	2.718	2.201	1.796	1.363	32	2.449	2.037	1.694	1.309
12	2.681	2.179	1.782	1.356	33	2.445	2.035	1.692	1.308
13	2.650	2.160	1.771	1.350	34	2.441	2.032	1.691	1.307
14	2.624	2.145	1.761	1.345	35	2.438	2.030	1.690	1.306
15	2.602	2.131	1.753	1.341	36	2.434	2.028	1.688	1.306
16	2.583	2.120	1.746	1.337	37	2.431	2.026	1.687	1.305
17	2.567	2.110	1.740	1.333	38	2.429	2.024	1.686	1.304
18	2.552	2.101	1.734	1.330	39	2.426	2.023	1.685	1.304
19	2.539	2.093	1.729	1.328	40	2.423	2.021	1.684	1.303
20	2.528	2.086	1.725	1.325	41	2.421	2.020	1.683	1.303
21	2.518	2.080	1.721	1.323	42	2.418	2.018	1.682	1.302

续表

$t_\alpha(n)$	α				$t_\alpha(n)$	α			
n	0.01	0.025	0.05	0.10	n	0.01	0.025	0.05	0.10
43	2.416	2.017	1.681	1.302	53	2.399	2.006	1.674	1.298
44	2.414	2.015	1.680	1.301	54	2.397	2.005	1.674	1.297
45	2.412	2.014	1.679	1.301	55	2.396	2.004	1.673	1.297
46	2.410	2.013	1.679	1.300	56	2.395	2.003	1.673	1.297
47	2.408	2.012	1.678	1.300	57	2.394	2.002	1.672	1.297
48	2.407	2.011	1.677	1.299	58	2.392	2.002	1.672	1.296
49	2.405	2.010	1.677	1.299	59	2.391	2.001	1.671	1.296
50	2.403	2.009	1.676	1.299	60	2.390	2.000	1.671	1.296
51	2.402	2.008	1.675	1.298	61	2.389	2.000	1.670	1.296
52	2.400	2.007	1.675	1.298	62	2.388	1.999	1.670	1.295

附录 C4　χ^2 分布的上 α 分位数表

$$\chi^2_\alpha(n):\quad P(\chi^2_n \geqslant \chi^2_\alpha(n)) = \alpha$$

$\chi^2_\alpha(n)$	α							
n	0.01	0.025	0.05	0.10	0.90	0.95	0.975	0.99
1	6.635	5.024	3.841	2.706	0.016	0.004	0.001	0
2	9.210	7.378	5.991	4.605	0.211	0.103	0.051	0.020
3	11.345	9.348	7.815	6.251	0.584	0.352	0.216	0.115
4	13.277	11.143	9.488	7.779	1.064	0.711	0.484	0.297
5	15.086	12.833	11.070	9.236	1.610	1.145	0.831	0.554
6	16.812	14.449	12.592	10.645	2.204	1.635	1.237	0.872
7	18.475	16.013	14.067	12.017	2.833	2.167	1.690	1.239
8	20.090	17.535	15.507	13.362	3.490	2.733	2.180	1.646
9	21.666	19.023	16.919	14.684	4.168	3.325	2.700	2.088
10	23.209	20.483	18.307	15.987	4.865	3.940	3.247	2.558
11	24.725	21.920	19.675	17.275	5.578	4.575	3.816	3.053
12	26.217	23.337	21.026	18.549	6.304	5.226	4.404	3.571
13	27.688	24.736	22.362	19.812	7.042	5.892	5.009	4.107
14	29.141	26.119	23.685	21.064	7.790	6.571	5.629	4.660
15	30.578	27.488	24.996	22.307	8.547	7.261	6.262	5.229
16	32.000	28.845	26.296	23.542	9.312	7.962	6.908	5.812
17	33.409	30.191	27.587	24.769	10.085	8.672	7.564	6.408
18	34.805	31.526	28.869	25.989	10.865	9.390	8.231	7.015
19	36.191	32.852	30.144	27.204	11.651	10.117	8.907	7.633
20	37.566	34.170	31.410	28.412	12.443	10.851	9.591	8.260
21	38.932	35.479	32.671	29.615	13.240	11.591	10.283	8.897

续表

$\chi_\alpha^2(n)$	α							
n	0.01	0.025	0.05	0.10	0.90	0.95	0.975	0.99
22	40.289	36.781	33.924	30.813	14.041	12.338	10.982	9.542
23	41.638	38.076	35.172	32.007	14.848	13.091	11.689	10.196
24	42.980	39.364	36.415	33.196	15.659	13.848	12.401	10.856
25	44.314	40.646	37.652	34.382	16.473	14.611	13.120	11.524
26	45.642	41.923	38.885	35.563	17.292	15.379	13.844	12.198
27	46.963	43.195	40.113	36.741	18.114	16.151	14.573	12.879
28	48.278	44.461	41.337	37.916	18.939	16.928	15.308	13.565
29	49.588	45.722	42.557	39.087	19.768	17.708	16.047	14.256
30	50.892	46.979	43.773	40.256	20.599	18.493	16.791	14.953
31	52.191	48.232	44.985	41.422	21.434	19.281	17.539	15.655
32	53.486	49.480	46.194	42.585	22.271	20.072	18.291	16.362
33	54.776	50.725	47.400	43.745	23.110	20.867	19.047	17.074
34	56.061	51.966	48.602	44.903	23.952	21.664	19.806	17.789
35	57.342	53.203	49.802	46.059	24.797	22.465	20.569	18.509
36	58.619	54.437	50.998	47.212	25.643	23.269	21.336	19.233
37	59.893	55.668	52.192	48.363	26.492	24.075	22.106	19.960
38	61.162	56.896	53.384	49.513	27.343	24.884	22.878	20.691
39	62.428	58.120	54.572	50.660	28.196	25.695	23.654	21.426
40	63.691	59.342	55.758	51.805	29.051	26.509	24.433	22.164
41	64.950	60.561	56.942	52.949	29.907	27.326	25.215	22.906
42	66.206	61.777	58.124	54.090	30.765	28.144	25.999	23.650
43	67.459	62.990	59.304	55.230	31.625	28.965	26.785	24.398
44	68.710	64.201	60.481	56.369	32.487	29.787	27.575	25.148
45	69.957	65.410	61.656	57.505	33.350	30.612	28.366	25.901
46	71.201	66.617	62.830	58.641	34.215	31.439	29.160	26.657
47	72.443	67.821	64.001	59.774	35.081	32.268	29.956	27.416
48	73.683	69.023	65.171	60.907	35.949	33.098	30.755	28.177
49	74.919	70.222	66.339	62.038	36.818	33.930	31.555	28.941
50	76.154	71.420	67.505	63.167	37.689	34.764	32.357	29.707
51	77.386	72.616	68.669	64.295	38.560	35.600	33.162	30.475
52	78.616	73.810	69.832	65.422	39.433	36.437	33.968	31.246

续表

$\chi^2_\alpha(n)$	α							
n	0.01	0.025	0.05	0.10	0.90	0.95	0.975	0.99
53	79.843	75.002	70.993	66.548	40.308	37.276	34.776	32.018
54	81.069	76.192	72.153	67.673	41.183	38.116	35.586	32.793
55	82.292	77.380	73.311	68.796	42.060	38.958	36.398	33.570
56	83.513	78.567	74.468	69.919	42.937	39.801	37.212	34.350
57	84.733	79.752	75.624	71.040	43.816	40.646	38.027	35.131
58	85.950	80.936	76.778	72.160	44.696	41.492	38.844	35.913
59	87.166	82.117	77.931	73.279	45.577	42.339	39.662	36.698
60	88.379	83.298	79.082	74.397	46.459	43.188	40.482	37.485
61	89.591	84.476	80.232	75.514	47.342	44.038	41.303	38.273
62	90.802	85.654	81.381	76.630	48.226	44.889	42.126	39.063
63	92.010	86.830	82.529	77.745	49.111	45.741	42.950	39.855
64	93.217	88.004	83.675	78.860	49.996	46.595	43.776	40.649
65	94.422	89.177	84.821	79.973	50.883	47.450	44.603	41.444
66	95.626	90.349	85.965	81.085	51.770	48.305	45.431	42.240

附录 C5 F 分布的上 α 分位数表

$$F_\alpha(n,m)=1/F_{1-\alpha}(m,n):\ P(F_{n,m}\geqslant F_\alpha(n,m))=\alpha,\ \alpha=0.01$$

$F_{0.01}$	m								
n	2	3	4	5	6	7	8	9	10
1	98.50	34.12	21.20	16.26	13.75	12.25	11.26	10.56	10.04
2	99.00	30.82	18.00	13.27	10.92	9.55	8.65	8.02	7.56
3	99.17	29.46	16.69	12.06	9.78	8.45	7.59	6.99	6.55
4	99.25	28.71	15.98	11.39	9.15	7.85	7.01	6.42	5.99
5	99.30	28.24	15.52	10.97	8.75	7.46	6.63	6.06	5.64
6	99.33	27.91	15.21	10.67	8.47	7.19	6.37	5.80	5.39
7	99.36	27.67	14.98	10.46	8.26	6.99	6.18	5.61	5.20
8	99.37	27.49	14.80	10.29	8.10	6.84	6.03	5.47	5.06
9	99.39	27.35	14.66	10.16	7.98	6.72	5.91	5.35	4.94
10	99.40	27.23	14.55	10.05	7.87	6.62	5.81	5.26	4.85
11	99.41	27.13	14.45	9.96	7.79	6.54	5.73	5.18	4.77
12	99.42	27.05	14.37	9.89	7.72	6.47	5.67	5.11	4.71
13	99.42	26.98	14.31	9.82	7.66	6.41	5.61	5.05	4.65
14	99.43	26.92	14.25	9.77	7.60	6.36	5.56	5.01	4.60
15	99.43	26.87	14.20	9.72	7.56	6.31	5.52	4.96	4.56
16	99.44	26.83	14.15	9.68	7.52	6.28	5.48	4.92	4.52
17	99.44	26.79	14.11	9.64	7.48	6.24	5.44	4.89	4.49
18	99.44	26.75	14.08	9.61	7.45	6.21	5.41	4.86	4.46
19	99.45	26.72	14.05	9.58	7.42	6.18	5.38	4.83	4.43
20	99.45	26.69	14.02	9.55	7.40	6.16	5.36	4.81	4.41
22	99.45	26.64	13.97	9.51	7.35	6.11	5.32	4.77	4.36

续表

$F_{0.01}$	m								
n	2	3	4	5	6	7	8	9	10
24	99.46	26.60	13.93	9.47	7.31	6.07	5.28	4.73	4.33
26	99.46	26.56	13.89	9.43	7.28	6.04	5.25	4.70	4.30
28	99.46	26.53	13.86	9.40	7.25	6.02	5.22	4.67	4.27
30	99.47	26.50	13.84	9.38	7.23	5.99	5.20	4.65	4.25
40	99.47	26.41	13.75	9.29	7.14	5.91	5.12	4.57	4.17
50	99.48	26.35	13.69	9.24	7.09	5.86	5.07	4.52	4.12
60	99.48	26.32	13.65	9.20	7.06	5.82	5.03	4.48	4.08
70	99.48	26.29	13.63	9.18	7.03	5.80	5.01	4.46	4.06
80	99.49	26.27	13.61	9.16	7.01	5.78	4.99	4.44	4.04
100	99.49	26.24	13.58	9.13	6.99	5.75	4.96	4.41	4.01
120	99.49	26.22	13.56	9.11	6.97	5.74	4.95	4.40	4.00
140	99.49	26.21	13.54	9.10	6.96	5.72	4.93	4.39	3.98
160	99.49	26.20	13.53	9.09	6.95	5.72	4.92	4.38	3.97
180	99.49	26.19	13.53	9.08	6.94	5.71	4.92	4.37	3.97

$F_{0.01}$	m									
n	11	12	13	15	20	25	35	60	120	200
1	9.65	9.33	9.07	8.68	8.10	7.77	7.42	7.08	6.85	6.76
2	7.21	6.93	6.70	6.36	5.85	5.57	5.27	4.98	4.79	4.71
3	6.22	5.95	5.74	5.42	4.94	4.68	4.40	4.13	3.95	3.88
4	5.67	5.41	5.21	4.89	4.43	4.18	3.91	3.65	3.48	3.41
5	5.32	5.06	4.86	4.56	4.10	3.85	3.59	3.34	3.17	3.11
6	5.07	4.82	4.62	4.32	3.87	3.63	3.37	3.12	2.96	2.89
7	4.89	4.64	4.44	4.14	3.70	3.46	3.20	2.95	2.79	2.73
8	4.74	4.50	4.30	4.00	3.56	3.32	3.07	2.82	2.66	2.60
9	4.63	4.39	4.19	3.89	3.46	3.22	2.96	2.72	2.56	2.50
10	4.54	4.30	4.10	3.80	3.37	3.13	2.88	2.63	2.47	2.41
11	4.46	4.22	4.02	3.73	3.29	3.06	2.80	2.56	2.40	2.34
12	4.40	4.16	3.96	3.67	3.23	2.99	2.74	2.50	2.34	2.27
13	4.34	4.10	3.91	3.61	3.18	2.94	2.69	2.44	2.28	2.22

续表

$F_{0.01}$	m									
n	11	12	13	15	20	25	35	60	120	200
14	4.29	4.05	3.86	3.56	3.13	2.89	2.64	2.39	2.23	2.17
15	4.25	4.01	3.82	3.52	3.09	2.85	2.60	2.35	2.19	2.13
16	4.21	3.97	3.78	3.49	3.05	2.81	2.56	2.31	2.15	2.09
17	4.18	3.94	3.75	3.45	3.02	2.78	2.53	2.28	2.12	2.06
18	4.15	3.91	3.72	3.42	2.99	2.75	2.50	2.25	2.09	2.03
19	4.12	3.88	3.69	3.40	2.96	2.72	2.47	2.22	2.06	2.00
20	4.10	3.86	3.66	3.37	2.94	2.70	2.44	2.20	2.03	1.97
22	4.06	3.82	3.62	3.33	2.90	2.66	2.40	2.15	1.99	1.93
24	4.02	3.78	3.59	3.29	2.86	2.62	2.36	2.12	1.95	1.89
26	3.99	3.75	3.56	3.26	2.83	2.59	2.33	2.08	1.92	1.85
28	3.96	3.72	3.53	3.24	2.80	2.56	2.30	2.05	1.89	1.82
30	3.94	3.70	3.51	3.21	2.78	2.54	2.28	2.03	1.86	1.79
40	3.86	3.62	3.43	3.13	2.69	2.45	2.19	1.94	1.76	1.69
50	3.81	3.57	3.38	3.08	2.64	2.40	2.14	1.88	1.70	1.63
60	3.78	3.54	3.34	3.05	2.61	2.36	2.10	1.84	1.66	1.58
70	3.75	3.51	3.32	3.02	2.58	2.34	2.07	1.81	1.62	1.55
80	3.73	3.49	3.30	3.00	2.56	2.32	2.05	1.78	1.60	1.52
100	3.71	3.47	3.27	2.98	2.54	2.29	2.02	1.75	1.56	1.48
120	3.69	3.45	3.25	2.96	2.52	2.27	2.00	1.73	1.53	1.45
140	3.68	3.44	3.24	2.95	2.50	2.26	1.98	1.71	1.51	1.43
160	3.67	3.43	3.23	2.94	2.49	2.25	1.97	1.70	1.50	1.42
180	3.66	3.42	3.23	2.93	2.49	2.24	1.96	1.69	1.49	1.40

$$F_\alpha(n,m)=1/F_{1-\alpha}(m,n):P(F_{m,n}\geqslant F_\alpha(n,m))=\alpha,\alpha=0.025$$

$F_{0.025}$	m								
n	2	3	4	5	6	7	8	9	10
1	38.51	17.44	12.22	10.01	8.81	8.07	7.57	7.21	6.94
2	39.00	16.04	10.65	8.43	7.26	6.54	6.06	5.71	5.46
3	39.17	15.44	9.98	7.76	6.60	5.89	5.42	5.08	4.83
4	39.25	15.10	9.60	7.39	6.23	5.52	5.05	4.72	4.47

续表

$F_{0.025}$	m								
n	2	3	4	5	6	7	8	9	10
5	39.30	14.88	9.36	7.15	5.99	5.29	4.82	4.48	4.24
6	39.33	14.73	9.20	6.98	5.82	5.12	4.65	4.32	4.07
7	39.36	14.62	9.07	6.85	5.70	4.99	4.53	4.20	3.95
8	39.37	14.54	8.98	6.76	5.60	4.90	4.43	4.10	3.85
9	39.39	14.47	8.90	6.68	5.52	4.82	4.36	4.03	3.78
10	39.40	14.42	8.84	6.62	5.46	4.76	4.30	3.96	3.72
11	39.41	14.37	8.79	6.57	5.41	4.71	4.24	3.91	3.66
12	39.41	14.34	8.75	6.52	5.37	4.67	4.20	3.87	3.62
13	39.42	14.30	8.71	6.49	5.33	4.63	4.16	3.83	3.58
14	39.43	14.28	8.68	6.46	5.30	4.60	4.13	3.80	3.55
15	39.43	14.25	8.66	6.43	5.27	4.57	4.10	3.77	3.52
16	39.44	14.23	8.63	6.40	5.24	4.54	4.08	3.74	3.50
17	39.44	14.21	8.61	6.38	5.22	4.52	4.05	3.72	3.47
18	39.44	14.20	8.59	6.36	5.20	4.50	4.03	3.70	3.45
19	39.45	14.18	8.58	6.34	5.18	4.48	4.02	3.68	3.44
20	39.45	14.17	8.56	6.33	5.17	4.47	4.00	3.67	3.42
22	39.45	14.14	8.53	6.30	5.14	4.44	3.97	3.64	3.39
24	39.46	14.12	8.51	6.28	5.12	4.41	3.95	3.61	3.37
26	39.46	14.11	8.49	6.26	5.10	4.39	3.93	3.59	3.34
28	39.46	14.09	8.48	6.24	5.08	4.38	3.91	3.58	3.33
30	39.46	14.08	8.46	6.23	5.07	4.36	3.89	3.56	3.31
40	39.47	14.04	8.41	6.18	5.01	4.31	3.84	3.51	3.26
50	39.48	14.01	8.38	6.14	4.98	4.28	3.81	3.47	3.22
60	39.48	13.99	8.36	6.12	4.96	4.25	3.78	3.45	3.20
70	39.48	13.98	8.35	6.11	4.94	4.24	3.77	3.43	3.18
80	39.49	13.97	8.33	6.10	4.93	4.23	3.76	3.42	3.17
100	39.49	13.96	8.32	6.08	4.92	4.21	3.74	3.40	3.15
120	39.49	13.95	8.31	6.07	4.90	4.20	3.73	3.39	3.14
140	39.49	13.94	8.30	6.06	4.90	4.19	3.72	3.38	3.13
160	39.49	13.94	8.30	6.06	4.89	4.18	3.71	3.38	3.13
180	39.49	13.93	8.29	6.05	4.89	4.18	3.71	3.37	3.12

续表

$F_{0.025}$	m									
n	11	12	13	15	20	25	35	60	120	200
1	6.72	6.55	6.41	6.20	5.87	5.69	5.48	5.29	5.15	5.10
2	5.26	5.10	4.97	4.77	4.46	4.29	4.11	3.93	3.80	3.76
3	4.63	4.47	4.35	4.15	3.86	3.69	3.52	3.34	3.23	3.18
4	4.28	4.12	4.00	3.80	3.51	3.35	3.18	3.01	2.89	2.85
5	4.04	3.89	3.77	3.58	3.29	3.13	2.96	2.79	2.67	2.63
6	3.88	3.73	3.60	3.41	3.13	2.97	2.80	2.63	2.52	2.47
7	3.76	3.61	3.48	3.29	3.01	2.85	2.68	2.51	2.39	2.35
8	3.66	3.51	3.39	3.20	2.91	2.75	2.58	2.41	2.30	2.26
9	3.59	3.44	3.31	3.12	2.84	2.68	2.50	2.33	2.22	2.18
10	3.53	3.37	3.25	3.06	2.77	2.61	2.44	2.27	2.16	2.11
11	3.47	3.32	3.20	3.01	2.72	2.56	2.39	2.22	2.10	2.06
12	3.43	3.28	3.15	2.96	2.68	2.51	2.34	2.17	2.05	2.01
13	3.39	3.24	3.12	2.92	2.64	2.48	2.30	2.13	2.01	1.97
14	3.36	3.21	3.08	2.89	2.60	2.44	2.27	2.09	1.98	1.93
15	3.33	3.18	3.05	2.86	2.57	2.41	2.23	2.06	1.94	1.90
16	3.30	3.15	3.03	2.84	2.55	2.38	2.21	2.03	1.92	1.87
17	3.28	3.13	3.00	2.81	2.52	2.36	2.18	2.01	1.89	1.84
18	3.26	3.11	2.98	2.79	2.50	2.34	2.16	1.98	1.87	1.82
19	3.24	3.09	2.96	2.77	2.48	2.32	2.14	1.96	1.84	1.80
20	3.23	3.07	2.95	2.76	2.46	2.30	2.12	1.94	1.82	1.78
22	3.20	3.04	2.92	2.73	2.43	2.27	2.09	1.91	1.79	1.74
24	3.17	3.02	2.89	2.70	2.41	2.24	2.06	1.88	1.76	1.71
26	3.15	3.00	2.87	2.68	2.39	2.22	2.04	1.86	1.73	1.68
28	3.13	2.98	2.85	2.66	2.37	2.20	2.02	1.83	1.71	1.66
30	3.12	2.96	2.84	2.64	2.35	2.18	2.00	1.82	1.69	1.64
40	3.06	2.91	2.78	2.59	2.29	2.12	1.93	1.74	1.61	1.56
50	3.03	2.87	2.74	2.55	2.25	2.08	1.89	1.70	1.56	1.51
60	3.00	2.85	2.72	2.52	2.22	2.05	1.86	1.67	1.53	1.47
70	2.99	2.83	2.70	2.51	2.20	2.03	1.84	1.64	1.50	1.45
80	2.97	2.82	2.69	2.49	2.19	2.02	1.82	1.63	1.48	1.42
100	2.96	2.80	2.67	2.47	2.17	2.00	1.80	1.60	1.45	1.39
120	2.94	2.79	2.66	2.46	2.16	1.98	1.79	1.58	1.43	1.37
140	2.94	2.78	2.65	2.45	2.15	1.97	1.77	1.57	1.42	1.35
160	2.93	2.77	2.64	2.44	2.14	1.96	1.77	1.56	1.41	1.34
180	2.92	2.77	2.64	2.44	2.13	1.96	1.76	1.55	1.40	1.33

$$F_\alpha(n,m)=1/F_{1-\alpha}(m,n):P(F_{m,n}\geqslant F_\alpha(n,m))=\alpha,\alpha=0.05$$

$F_{0.05}$	m								
n	2	3	4	5	6	7	8	9	10
1	18.51	10.13	7.71	6.61	5.99	5.59	5.32	5.12	4.96
2	19.00	9.55	6.94	5.79	5.14	4.74	4.46	4.26	4.10
3	19.16	9.28	6.59	5.41	4.76	4.35	4.07	3.86	3.71
4	19.25	9.12	6.39	5.19	4.53	4.12	3.84	3.63	3.48
5	19.30	9.01	6.26	5.05	4.39	3.97	3.69	3.48	3.33
6	19.33	8.94	6.16	4.95	4.28	3.87	3.58	3.37	3.22
7	19.35	8.89	6.09	4.88	4.21	3.79	3.50	3.29	3.14
8	19.37	8.85	6.04	4.82	4.15	3.73	3.44	3.23	3.07
9	19.38	8.81	6.00	4.77	4.10	3.68	3.39	3.18	3.02
10	19.40	8.79	5.96	4.74	4.06	3.64	3.35	3.14	2.98
11	19.40	8.76	5.94	4.70	4.03	3.60	3.31	3.10	2.94
12	19.41	8.74	5.91	4.68	4.00	3.57	3.28	3.07	2.91
13	19.42	8.73	5.89	4.66	3.98	3.55	3.26	3.05	2.89
14	19.42	8.71	5.87	4.64	3.96	3.53	3.24	3.03	2.86
15	19.43	8.70	5.86	4.62	3.94	3.51	3.22	3.01	2.85
16	19.43	8.69	5.84	4.60	3.92	3.49	3.20	2.99	2.83
17	19.44	8.68	5.83	4.59	3.91	3.48	3.19	2.97	2.81
18	19.44	8.67	5.82	4.58	3.90	3.47	3.17	2.96	2.80
19	19.44	8.67	5.81	4.57	3.88	3.46	3.16	2.95	2.79
20	19.45	8.66	5.80	4.56	3.87	3.44	3.15	2.94	2.77
22	19.45	8.65	5.79	4.54	3.86	3.43	3.13	2.92	2.75
24	19.45	8.64	5.77	4.53	3.84	3.41	3.12	2.90	2.74
26	19.46	8.63	5.76	4.52	3.83	3.40	3.10	2.89	2.72
28	19.46	8.62	5.75	4.50	3.82	3.39	3.09	2.87	2.71
30	19.46	8.62	5.75	4.50	3.81	3.38	3.08	2.86	2.70
40	19.47	8.59	5.72	4.46	3.77	3.34	3.04	2.83	2.66
50	19.48	8.58	5.70	4.44	3.75	3.32	3.02	2.80	2.64
60	19.48	8.57	5.69	4.43	3.74	3.30	3.01	2.79	2.62
70	19.48	8.57	5.68	4.42	3.73	3.29	2.99	2.78	2.61
80	19.48	8.56	5.67	4.41	3.72	3.29	2.99	2.77	2.60
100	19.49	8.55	5.66	4.41	3.71	3.27	2.97	2.76	2.59
120	19.49	8.55	5.66	4.40	3.70	3.27	2.97	2.75	2.58
140	19.49	8.55	5.65	4.39	3.70	3.26	2.96	2.74	2.57
160	19.49	8.54	5.65	4.39	3.70	3.26	2.96	2.74	2.57
180	19.49	8.54	5.65	4.39	3.69	3.25	2.95	2.73	2.57

续表

$F_{0.05}$	m									
n	11	12	13	15	20	25	35	60	120	200
1	4.84	4.75	4.67	4.54	4.35	4.24	4.12	4.00	3.92	3.89
2	3.98	3.89	3.81	3.68	3.49	3.39	3.27	3.15	3.07	3.04
3	3.59	3.49	3.41	3.29	3.10	2.99	2.87	2.76	2.68	2.65
4	3.36	3.26	3.18	3.06	2.87	2.76	2.64	2.53	2.45	2.42
5	3.20	3.11	3.03	2.90	2.71	2.60	2.49	2.37	2.29	2.26
6	3.09	3.00	2.92	2.79	2.60	2.49	2.37	2.25	2.18	2.14
7	3.01	2.91	2.83	2.71	2.51	2.40	2.29	2.17	2.09	2.06
8	2.95	2.85	2.77	2.64	2.45	2.34	2.22	2.10	2.02	1.98
9	2.90	2.80	2.71	2.59	2.39	2.28	2.16	2.04	1.96	1.93
10	2.85	2.75	2.67	2.54	2.35	2.24	2.11	1.99	1.91	1.88
11	2.82	2.72	2.63	2.51	2.31	2.20	2.07	1.95	1.87	1.84
12	2.79	2.69	2.60	2.48	2.28	2.16	2.04	1.92	1.83	1.80
13	2.76	2.66	2.58	2.45	2.25	2.14	2.01	1.89	1.80	1.77
14	2.74	2.64	2.55	2.42	2.22	2.11	1.99	1.86	1.78	1.74
15	2.72	2.62	2.53	2.40	2.20	2.09	1.96	1.84	1.75	1.72
16	2.70	2.60	2.51	2.38	2.18	2.07	1.94	1.82	1.73	1.69
17	2.69	2.58	2.50	2.37	2.17	2.05	1.92	1.80	1.71	1.67
18	2.67	2.57	2.48	2.35	2.15	2.04	1.91	1.78	1.69	1.66
19	2.66	2.56	2.47	2.34	2.14	2.02	1.89	1.76	1.67	1.64
20	2.65	2.54	2.46	2.33	2.12	2.01	1.88	1.75	1.66	1.62
22	2.63	2.52	2.44	2.31	2.10	1.98	1.85	1.72	1.63	1.60
24	2.61	2.51	2.42	2.29	2.08	1.96	1.83	1.70	1.61	1.57
26	2.59	2.49	2.41	2.27	2.07	1.95	1.82	1.68	1.59	1.55
28	2.58	2.48	2.39	2.26	2.05	1.93	1.80	1.66	1.57	1.53
30	2.57	2.47	2.38	2.25	2.04	1.92	1.79	1.65	1.55	1.52
40	2.53	2.43	2.34	2.20	1.99	1.87	1.74	1.59	1.50	1.46
50	2.51	2.40	2.31	2.18	1.97	1.84	1.70	1.56	1.46	1.41
60	2.49	2.38	2.30	2.16	1.95	1.82	1.68	1.53	1.43	1.39
70	2.48	2.37	2.28	2.15	1.93	1.81	1.66	1.52	1.41	1.36
80	2.47	2.36	2.27	2.14	1.92	1.80	1.65	1.50	1.39	1.35
100	2.46	2.35	2.26	2.12	1.91	1.78	1.63	1.48	1.37	1.32
120	2.45	2.34	2.25	2.11	1.90	1.77	1.62	1.47	1.35	1.30
140	2.44	2.33	2.25	2.11	1.89	1.76	1.61	1.46	1.34	1.29
160	2.44	2.33	2.24	2.10	1.88	1.75	1.61	1.45	1.33	1.28
180	2.43	2.33	2.24	2.10	1.88	1.75	1.60	1.44	1.32	1.27

$$F_\alpha(n,m)=1/F_{1-\alpha}(m,n):P(F_{m,n}\geqslant F_\alpha(n,m))=\alpha,\alpha=0.1$$

$F_{0.1}$	m								
n	2	3	4	5	6	7	8	9	10
1	8.53	5.54	4.54	4.06	3.78	3.59	3.46	3.36	3.29
2	9.00	5.46	4.32	3.78	3.46	3.26	3.11	3.01	2.92
3	9.16	5.39	4.19	3.62	3.29	3.07	2.92	2.81	2.73
4	9.24	5.34	4.11	3.52	3.18	2.96	2.81	2.69	2.61
5	9.29	5.31	4.05	3.45	3.11	2.88	2.73	2.61	2.52
6	9.33	5.28	4.01	3.40	3.05	2.83	2.67	2.55	2.46
7	9.35	5.27	3.98	3.37	3.01	2.78	2.62	2.51	2.41
8	9.37	5.25	3.95	3.34	2.98	2.75	2.59	2.47	2.38
9	9.38	5.24	3.94	3.32	2.96	2.72	2.56	2.44	2.35
10	9.39	5.23	3.92	3.30	2.94	2.70	2.54	2.42	2.32
11	9.40	5.22	3.91	3.28	2.92	2.68	2.52	2.40	2.30
12	9.41	5.22	3.90	3.27	2.90	2.67	2.50	2.38	2.28
13	9.41	5.21	3.89	3.26	2.89	2.65	2.49	2.36	2.27
14	9.42	5.20	3.88	3.25	2.88	2.64	2.48	2.35	2.26
15	9.42	5.20	3.87	3.24	2.87	2.63	2.46	2.34	2.24
16	9.43	5.20	3.86	3.23	2.86	2.62	2.45	2.33	2.23
17	9.43	5.19	3.86	3.22	2.85	2.61	2.45	2.32	2.22
18	9.44	5.19	3.85	3.22	2.85	2.61	2.44	2.31	2.22
19	9.44	5.19	3.85	3.21	2.84	2.60	2.43	2.30	2.21
20	9.44	5.18	3.84	3.21	2.84	2.59	2.42	2.30	2.20
22	9.45	5.18	3.84	3.20	2.83	2.58	2.41	2.29	2.19
24	9.45	5.18	3.83	3.19	2.82	2.58	2.40	2.28	2.18
26	9.45	5.17	3.83	3.18	2.81	2.57	2.40	2.27	2.17
28	9.46	5.17	3.82	3.18	2.81	2.56	2.39	2.26	2.16
30	9.46	5.17	3.82	3.17	2.80	2.56	2.38	2.25	2.16
40	9.47	5.16	3.80	3.16	2.78	2.54	2.36	2.23	2.13
50	9.47	5.15	3.80	3.15	2.77	2.52	2.35	2.22	2.12
60	9.47	5.15	3.79	3.14	2.76	2.51	2.34	2.21	2.11
70	9.48	5.15	3.79	3.14	2.76	2.51	2.33	2.20	2.10
80	9.48	5.15	3.78	3.13	2.75	2.50	2.33	2.20	2.09
100	9.48	5.14	3.78	3.13	2.75	2.50	2.32	2.19	2.09
120	9.48	5.14	3.78	3.12	2.74	2.49	2.32	2.18	2.08
140	9.48	5.14	3.77	3.12	2.74	2.49	2.31	2.18	2.08
160	9.48	5.14	3.77	3.12	2.74	2.49	2.31	2.18	2.08
180	9.49	5.14	3.77	3.12	2.74	2.49	2.31	2.18	2.07

续表

$F_{0.1}$	m									
n	11	12	13	15	20	25	35	60	120	200
1	3.23	3.18	3.14	3.07	2.97	2.92	2.85	2.79	2.75	2.73
2	2.86	2.81	2.76	2.70	2.59	2.53	2.46	2.39	2.35	2.33
3	2.66	2.61	2.56	2.49	2.38	2.32	2.25	2.18	2.13	2.11
4	2.54	2.48	2.43	2.36	2.25	2.18	2.11	2.04	1.99	1.97
5	2.45	2.39	2.35	2.27	2.16	2.09	2.02	1.95	1.90	1.88
6	2.39	2.33	2.28	2.21	2.09	2.02	1.95	1.87	1.82	1.80
7	2.34	2.28	2.23	2.16	2.04	1.97	1.90	1.82	1.77	1.75
8	2.30	2.24	2.20	2.12	2.00	1.93	1.85	1.77	1.72	1.70
9	2.27	2.21	2.16	2.09	1.96	1.89	1.82	1.74	1.68	1.66
10	2.25	2.19	2.14	2.06	1.94	1.87	1.79	1.71	1.65	1.63
11	2.23	2.17	2.12	2.04	1.91	1.84	1.76	1.68	1.63	1.60
12	2.21	2.15	2.10	2.02	1.89	1.82	1.74	1.66	1.60	1.58
13	2.19	2.13	2.08	2.00	1.87	1.80	1.72	1.64	1.58	1.56
14	2.18	2.12	2.07	1.99	1.86	1.79	1.70	1.62	1.56	1.54
15	2.17	2.10	2.05	1.97	1.84	1.77	1.69	1.60	1.55	1.52
16	2.16	2.09	2.04	1.96	1.83	1.76	1.67	1.59	1.53	1.51
17	2.15	2.08	2.03	1.95	1.82	1.75	1.66	1.58	1.52	1.49
18	2.14	2.08	2.02	1.94	1.81	1.74	1.65	1.56	1.50	1.48
19	2.13	2.07	2.01	1.93	1.80	1.73	1.64	1.55	1.49	1.47
20	2.12	2.06	2.01	1.92	1.79	1.72	1.63	1.54	1.48	1.46
22	2.11	2.05	1.99	1.91	1.78	1.70	1.62	1.53	1.46	1.44
24	2.10	2.04	1.98	1.90	1.77	1.69	1.60	1.51	1.45	1.42
26	2.09	2.03	1.97	1.89	1.76	1.68	1.59	1.50	1.43	1.41
28	2.08	2.02	1.96	1.88	1.75	1.67	1.58	1.49	1.42	1.39
30	2.08	2.01	1.96	1.87	1.74	1.66	1.57	1.48	1.41	1.38
40	2.05	1.99	1.93	1.85	1.71	1.63	1.53	1.44	1.37	1.34
50	2.04	1.97	1.92	1.83	1.69	1.61	1.51	1.41	1.34	1.31
60	2.03	1.96	1.90	1.82	1.68	1.59	1.50	1.40	1.32	1.29
70	2.02	1.95	1.90	1.81	1.67	1.58	1.49	1.38	1.31	1.27
80	2.01	1.95	1.89	1.80	1.66	1.58	1.48	1.37	1.29	1.26
100	2.01	1.94	1.88	1.79	1.65	1.56	1.47	1.36	1.28	1.24
120	2.00	1.93	1.88	1.79	1.64	1.56	1.46	1.35	1.26	1.23
140	2.00	1.93	1.87	1.78	1.64	1.55	1.45	1.34	1.26	1.22
160	1.99	1.93	1.87	1.78	1.63	1.55	1.45	1.33	1.25	1.21
180	1.99	1.92	1.87	1.78	1.63	1.54	1.44	1.33	1.24	1.20

部分习题参考答案和提示

习题一

1.3 (a) $1-\mathrm{C}_{97}^2/\mathrm{C}_{100}^2$; (b) $1-\mathrm{C}_{97}^2/\mathrm{C}_{100}^2$.

1.4 $4\mathrm{C}_{13}^3/\mathrm{C}_{52}^3$; $13^3\mathrm{C}_4^3/\mathrm{C}_{52}^3$.

1.5 $n!\mathrm{C}_{365}^n/365^n$; $1-n!\mathrm{C}_{365}^n/365^n$.

1.6 $\mathrm{C}_m^c\mathrm{C}_{n-m}^{k-c}/\mathrm{C}_n^k$.

1.8 $1/4, 1/3, 0$.

1.10 离 $n/2$ 最近的整数.

1.12 [(6) 用 $(A+\overline{A})(B+\overline{B})=\Omega$].

1.13 离 $1.5n$ 最近的整数.

习题二

2.1 0.71; 0.01.

2.2 (a) $p=(2^9-1)/3^8$; (b) $q=1-p$.

2.3 0.632, 0.368.

2.4 $(1-1/n)^m$.

2.5 $p=1/2$ 或 $p=1$.

2.6 $1-(1-p_1)(1-p_2)\cdots(1-p_6)$.

2.7 29.

2.8 (a) 97.44%; (b) 99.34%.

2.9 0.015.

2.10 (a) $1-n/50, n\leqslant 50$; (b) 0.98^n.

2.11 0.324 5.

2.12 (a) 0.62; (b) 0.411.

2.13 仅 $AB=\varnothing$ 不必成立 [0 概率事件不必是空集].

2.14 $1\,283/1\,296=0.99$ [先求未击沉的概率].

2.15 $p^2/(p^2+q^2)$ [用 A 表示最终甲胜. 用 A_i 表示第 i 局甲胜, 则 A_1, A_2 独立, A_1A_2, $A_1\overline{A}_2$, $\overline{A}_1A_2$, $\overline{A}_1\overline{A}_2$ 构成完备事件组].

2.16 0.84, 4/7.

2.17 0.974.

2.18 (a) 1.96%; (b) 28.56%.

2.19 (a) p_1p_2; (b) $p_1+p_2-p_1p_2$.

2.20 五局三胜 [50.19%].

2.21 44.26%.

2.23 $1/(4-p_1)$, $j\neq 1$.

2.24 (a) $P(B)=\sum\limits_{k=1}^{n}(-1)^{k-1}\mathrm{C}_n^k\frac{(n-k)^m}{n^m}$, (b) $\sum\limits_{k=0}^{n}(-1)^{k}\mathrm{C}_n^k\frac{(n-k)^m}{n^m}$.

2.25 1.41×10^{-14} [$p=4.474\times 10^{-28}$, $n=3.153\,6\times 10^{13}$, $1-(1-p)^n\approx np$].

习题三

3.1 (a) 130; (b) 5.91%.

3.2 (a) 5.3 亿; (b) 4 630 万.

3.3 $X\sim\mathcal{B}(8,0.2)$; 0.203 1.

3.4 (a) 32.08%; (b) 24.3%; (c) 2; (d) 4.

3.5 (a) $h_k=\mathrm{C}_n^k0.2^k0.8^{n-k}$; (b) $\mathcal{P}(0.2\lambda)$; (c) $0.2^m\lambda^m\mathrm{e}^{-0.2\lambda}/m!$; (d) 独立; (e) $[0.2\lambda]$.

3.6 $p_a=8.15\%$; $p_b=1.84\%$; 方案 (b) 的工作效率明显高.

3.7 二项分布; 泊松分布.

3.8 0.75.

3.9 (a) 77.88%; (b) 77.88%.

3.10 1.9 min [用 X 表示救援者的到达时间, 从题意知道 X 在 $(0,2]$ 中均匀分布. 设需要停留 t min, 则 $t\leqslant 2$, 且使得 $P(X+t>2)=P(X>2-t)=1-(2-t)/2\geqslant 0.95$. 由此解出 $t\geqslant 1.9$].

3.11 $X\sim Exp(\lambda)$.

3.12 98.76%.

3.13 $P(Y=\sqrt{k})=\lambda^k\mathrm{e}^{-\lambda}/k!$, $k=0,1,2,\cdots$.

3.14 $f(w) = 1/\sqrt{8w}$, $w \in (128, 162)$.

3.15 $f_Y(y) = (\lambda/a)\exp\big(-\lambda(y-b)/a\big)$, $y > b$.

3.16 $c = 2$; $2\mathrm{e}^y/[\pi(1+\mathrm{e}^{2y})]$.

3.17 $B = Mn/m - M$.

3.18 (a) $k = 14$ 或 13; (b) $p = 9/19$.

3.19 (a) 4; (b) $p = 7/95$.

3.20 (a) $k = 23$; (b) $\lambda = 21$.

3.21 (a) $k = 8$; (b) $\lambda = 12$.

3.22 (a) 10.84%; (b) 0.34%; (c) 61.41%; (d) 泊松分布.

3.23 (a) $[(6-k+1)^n - (6-k)^n]/6^n$; (b) $[k^n - (k-1)^n]/6^n$.

3.24 $f(x) = F'(x) = 1/\pi\sqrt{R^2 - x^2}$, $x \in (-R, R)$.

3.25 (a) 二项分布; 超几何分布. (b) 泊松分布; 正态分布. (c) 都用泊松分布描述. (d) 正态分布; 指数分布, 伽马分布. (e) 指数分布; 几何分布. (f) 泊松分布; 正态分布; 指数分布.

习题四

4.1 $c = 1$; $F_X(x) = 1 - \mathrm{e}^{-2x}$, $x > 0$; $F_Y(y) = 1 - \mathrm{e}^{-5y}$, $y > 0$. 独立.

4.2 (a)

X	1	2	3	4	5
p_i	0.18	0.33	0.17	0.12	0.20

Y	1	2	3	4	5
q_j	0.28	0.28	0.21	0.11	0.12

(b)

U	1	2	3	4	5
p_i	0.06	0.20	0.27	0.17	0.30

(c)

V	1	2	3	4	5
p_i	0.40	0.41	0.11	0.06	0.02

(d) $P = 10/21$.

4.3 $\mathcal{B}(n+m, p)$.

4.4 $c=1/48$; $P(X=i)=1/8(1\leqslant i\leqslant 8)$; $P(Y=1/j)=1/6(1\leqslant j\leqslant 6)$.

4.5 (a)

p_{ij}	-1	1
-1	$1/6$	$1/3$
1	$1/3$	$1/6$

; (b) 1/2.

4.6 $a=21/4$; $f_X(x)=21x^2(1-x^4)/8$, $|x|<1$; $f_Y(y)=3.5y^{5/2}$, $y\in(0,1)$.

4.7 $P(X>Y)=\mu/(\lambda+\mu)$.

4.8 $f_X(x)=x\mathrm{e}^{-x}$, $x>0$; $f_Y(y)=\mathrm{e}^{-y}$, $y>0$. 不独立.

4.9 $\sum\limits_{k=0}^{n}(1-\mathrm{e}^{-\lambda(z+k)})\mathrm{C}_n^k p^k q^{n-k}\mathrm{I}[z\geqslant -k]$; $\sum\limits_{k=0}^{n}\lambda\mathrm{e}^{-\lambda(z+k)}\mathrm{C}_n^k p^k q^{n-k}\mathrm{I}[z\geqslant -k]$.

4.10 $F_Z(z)=\begin{cases}0, & z<0,\\ z^2/2, & z\in[0,1),\\ -z^2/2+2z-1, & z\in[1,2],\\ 1, & z>2;\end{cases}$ $f_Z(z)=\begin{cases}z, & z\in[0,1),\\ 2-z, & z\in[1,2],\\ 0, & \text{其他}.\end{cases}$

4.11 1/4.

4.12 79.57%.

4.13 $f\big((2x+3y)/13,\ (3x-2y)/13\big)/13$.

4.14 $c=1/2$; $f_Z(z)=z^2\mathrm{e}^{-z}/2$, $z>0$. 不独立.

4.15 U,V 独立, 都服从 $N(0,2)$ 分布.

4.17 $f_{\min}(z)=(\lambda+\mu)\mathrm{e}^{-(\lambda+\mu)z},\ z>0$;

$f_{\max}(z)=\lambda\mathrm{e}^{-\lambda z}+\mu\mathrm{e}^{-\mu z}-(\lambda+\mu)\mathrm{e}^{-(\lambda+\mu)z},\ z>0$.

4.18 $h(z)=\lambda\mathrm{e}^{-\mu-\lambda z}\sum\limits_{j=0}^{\infty}\dfrac{(\mu\mathrm{e}^{\lambda})^j}{j!}\mathrm{I}[j<z]$

4.19 $\lambda\mathrm{e}^{-\lambda x}/(1-\mathrm{e}^{-\lambda t})$, $x\in[0,t]$.

4.20 $f(x,y)=1/(1-x)$, $0<x<y<1$; $f_Y(y)=-\ln(1-y)$, $y\in(0,1)$.

4.21 $y\mathrm{e}^{-yx}$, $x>0$; $(x+1)^2y\mathrm{e}^{-y(x+1)}$, $y>0$.

4.22 在 (a,b) 中均匀分布.

4.23 $\lambda\mathrm{e}^{-\lambda(x-a)}$, $x\geqslant a$.

4.24 $f(u,v)=u\mathrm{e}^{-u}/(1+v)^2, u,v>0$. U,V 独立.

4.25 $\dfrac{1}{2\pi}r\mathrm{e}^{-\frac{r^2}{2}}$, $r>0$, $\theta\in(0,2\pi)$.

4.26 $h(z)=\sum\limits_{i=1}^{\infty}\dfrac{p_i}{|a_i|}f\left(\dfrac{z}{a_i}\right)$; $P(Z=0)>0$

习题五

5.2 -35.29 元.

5.3 87.5.

5.4 49.

5.5 87.

5.6 0.2λ; 0.2λ [滤掉的和没滤掉的独立. 参考 4.2 节例 4.2.1].

5.7 $\sqrt{\pi/2}$.

5.8 $2/\pi$.

5.9 3/4; 3/5.

5.10 56/75.

5.11 $9[1-(8/9)^{38}]$.

5.12 (a) $1/(5\lambda)$; (b) $137/(60\lambda)$.

5.13 0 [$X = R\cos\theta$, $\theta \sim U[0, 2\pi)$].

5.14 2/3.

5.15 (a) $n\mu$, $n\sigma^2$; (b) μ, σ^2/n; (c) $\mathrm{E}T_{2m} = 0$, $\mathrm{E}T_{2m+1} = \mu, n\sigma^2$.

5.16 6,6; 12,12; 18,18; 24,24; 30,30.

5.17 $1/\lambda$, $1/\lambda^2$ [用无记忆性].

5.18 $-1/144$.

5.19 $U \sim N(a\mu_X + b\mu_Y + c\mu_Z + d,\ a^2\sigma_X^2 + b^2\sigma_Y^2 + c^2\sigma_Z^2)$.

5.20 $V \sim N\big(\sum\limits_{j=1}^{n} a_j\mu_j,\ \sum\limits_{j=1}^{n} a_j^2\sigma_j^2\big)$.

5.21 0.999 8.

5.22 $1/(n+1)$, $n/(n+1)$ [用公式 (5.3.3)].

5.23 (a) $Exp(1/20)$; (b) 20, 400 [参考 3.3 节例 3.3.2 和 3.2 节例 3.2.4].

5.24 (a) 12; (b) 2; (c) 0.8.

5.25 (a) 2.8, 2.16; (b) 6.136, 39.055; (c) 5.824, 43.521; (d) 先投资 A 再投资 B 平均收益和风险都更好.

习题六

6.1 0.6 元以概率 1 成立.

6.2 $a\mu + b\mu + c$ 以概率 1 成立.

6.3 1 以概率 1 成立.

6.4 0.81.

6.5 5.1%.

6.6 99.3%.

6.7 $N(\mu_1-\mu_2,\ \sigma_1^2/n+\sigma_2^2/m)$.

6.8 0.81% [先求次品率 p].

6.9 84.13% [参考 3.2 节例 3.2.4(c)].

习题八

8.1 $\mathrm{Var}(\hat{\mu}_1)=\mathrm{Var}(\hat{\mu}_3)=0.25\sigma^2>\mathrm{Var}(\hat{\mu}_4)=0.2444\sigma^2>\mathrm{Var}(\hat{\mu}_2)=0.22\sigma^2$.

8.3 $2n/(m+2n)$.

8.5 (b) $\overline{Y}_n$.

8.6 $\overline{x}_n/9$; $\overline{x}_n/9$.

8.7 $\overline{x}_n$; $\overline{x}_n$.

8.8 $\overline{x}_n$; $\overline{x}_n$.

8.9 $\overline{X}_n-5$, $\hat{\sigma}^2+3$.

8.10 $\hat{b}=2\overline{x}_n-1.35$; $\hat{b}=\max(x_j)$.

8.11 (a) $\hat{\sigma}^2=(1/n)\sum\limits_{i=1}^{n}(X_i-6)^2$; (b) $\overline{X}_n$.

8.12 $\overline{X}_n$; MLE 可以是 $[\max(X_j)-1,\min(X_j)+1]$ 中的任何数.

8.13 $1/\overline{X}_n$; $1/\overline{X}_n$.

8.14 $\hat{\sigma}_X^2=(1/n)\sum\limits_{i=1}^{n}(X_i-\overline{X}_n)^2$; $\hat{\sigma}_Y^2=(1/n)\sum\limits_{i=1}^{n}(Y_i-\overline{Y}_n)^2$;

$\hat{\sigma}_{XY}=(1/n)\sum\limits_{i=1}^{n}(X_i-\overline{X}_n)(Y_i-\overline{Y}_n)$; $\hat{\rho}_{XY}=\hat{\sigma}_{XY}/(\hat{\sigma}_X\hat{\sigma}_Y)$.

8.15 $\hat{\mu}=(1/n)\sum\limits_{i=1}^{n}\ln Y_i$; $\hat{\sigma}^2=(1/n)\sum\limits_{i=1}^{n}(\ln Y_i-\hat{\mu})^2$.

8.16 $2/7$; $2/7$.

8.17 $\overline{x}_n/(\overline{x}_n-1)$; $\min(x_1,x_2,\cdots,x_n)$.

8.18 $(n_2+2n_3)/(n+2n_2+2n_3)$.

习题九

9.4 (a) $\underline{\mu}=-0.5477$, $\overline{\mu}=-0.5443$; (b) $[-0.5477,-0.5443]$.

9.5 (a) $\underline{\mu}=-0.5479$, $\overline{\mu}=-0.5441$; (b) $[-0.5479,-0.5441]$.

9.6 (a) $[-0.5480,\ -0.5408]$, 0.0072; (b) $[-0.5491,\ -0.5397]$, 0.0094.

9.7 [997.999, 998.001]; [0.0024, 0.004].

9.8 [5.2386, 22.9958]; 5.761, 19.832.

9.9 [21.296, 21.952]; [0.259, 0.799].

9.10 $\underline{\mu} = 21.361$, $\overline{\mu} = 21.887$; [21.361, 21.887].

9.11 $[0.004, \infty)$, $(0, 0.007]$, $[0.004, 0.007]$.

9.12 $\underline{\mu} = 997.999\,3$, $\overline{\mu} = 998.000\,7$; $\underline{\sigma} = 0.002\,6$, $\overline{\sigma} = 0.003\,6$.

9.14 $r_1 = 3.034\,8$; $r_2 = 0.141\,4$ [用 $\chi^2(2)$ 分布表].

9.15 $(0, 2.699\,0]$, $[0.435\,2, \infty)$; $(0, 1.515\,8]$, $[0.608\,7, \infty)$.

9.16 [0.569, 1.628].

9.17 (a) $\overline{x}_n = 4.269\,2$, $s_X = 0.449\,8$, $\overline{y}_m = 4.107\,1$, $s_Y = 0.668\,5$;

(b) $[0.115\,5, 0.464\,5]$, $(0, 0.385\,1]$, $[0.130\,9, \infty)$,

$[0.259\,8, 0.986\,0]$, $(0, 0.824\,9]$, $[0.293\,2, \infty)$;

(c) $[0.830\,3,\ 5.751\,1]$, $(0, 4.631\,1]$, $[1.036\,4, \infty)$;

(d) $[0.417\,0,\ 1.097\,4]$, $(0, 0.982\,3]$, $[0.464\,7, \infty]$;

(e) $[-0.206,\ 0.530]$.

9.19 $(-\infty, 0.005\,8]$, $[-0.013\,8, \infty)$.

9.20 $[8.647\,2, 9.352\,8]$.

9.21 (a) 2 401; (b) $[0.648\,7, 0.685\,7]$; (c) 0.037.

9.22 $[0.621\,5,\ 0.680\,5]$.

9.23 $[16.962\,9,\ 17.837\,1]$.

9.25 (a) $[\mu - z_{\alpha/2}\sigma,\ \mu + z_{\alpha/2}\sigma]$, $\mu - z_\alpha\sigma$, $\mu + z_\alpha\sigma$;

(b) $[\hat{\mu} - z_{\alpha/2}s,\ \hat{\mu} + z_{\alpha/2}s]$, $\hat{\mu} - z_\alpha s$, $\hat{\mu} + z_\alpha s$.

9.26 (a) [116.779, 143.221]; (b) 置信下限 118.904, 置信上限 141.096

[用 $X \sim N(np, npq)$].

9.27 (a) $\mathcal{P}(\lambda)$; (b) $\hat{\lambda} = 40/5 = 8$; $n = 500$; (c) [3 876, 4 124]; (d) 置信下限 3 896, 置信上限 4 104 [用 $Y \sim N(n\lambda, n\lambda)$].

9.28 $F(1, n)$, $F(n, 1)$.

9.29 $F(1, n-1)$.

9.30 $2(n-1)\sigma^2$.

9.31 0.1.

习题十

10.1 必然不显著.

10.2 必然不显著; 必然不显著.

10.3 (a) 从中心极限定理知道可以; (b) $T = 0.564\,9$, 不能否认校方判断;

(c) $T=0.5649$, 还不能.

10.4 $T=-0.5495$, $t_{0.05}(7)=1.895$. 不能认为平均射程显著小于 21.7 km.

10.5 $T=-2.609$.

10.6 (a) 2、5、6 班的实际成绩超过 76 分; (b) 1、3 班的实际成绩低于 76 分.

10.7 (a) $T=-1.3856$, 不能; (b) $T=-2.3094$, 能; (c) $T=-1.7321$, 不能;
(d) 当样本均值和样本量不变, 样本标准差越大越不能得到显著的结果.

10.8 (a) $T=-5.9194$, 不能; (b) $T=-4.0167$, 不能; (c) $\overline{\mu}=4.5733$,
$\underline{\mu}=4.1823$.

10.9 [参看两个正态总体的方差假设检验法].

10.10 必然不显著.

10.11 $t=-1.8634$. (a) 无明显的变化; (b) 有明显的降低; (c) 不能讲有明显变化;
(d) 有显著的增加.

10.12 $T_1=1.2374, T_2=-0.4993$. (a) 都满足要求; (b) 不能; (c) 不能; (d) 不能.

10.13 $z_{12}=-1.273$, $z_{13}=-1.015$, $z_{23}=0.451$. (a) 无显著性差异; (b) 不能; (c) 不能;
(d) 不能.

10.14 $\chi^2=18$, 否认钢筋是优等品.

10.15 $s_1^2=0.6764$, $s_2^2=0.6034$, $F=1.121$, $F_{0.025}(8,7)=4.9$, $F_{0.975}(8,7)=1/4.53$.
(a) 无显著差异, 可以接受; (b) 无显著差异.

10.16 采用 (a) $H_0\colon \mu\leqslant\mu_0$ vs $H_1\colon \mu>\mu_0$.

10.17 (a) 检验统计量 $t=(\overline{x}_n-\mu_0)\sqrt{n}/s$, 拒绝域是 $W=\{t\geqslant t_\alpha(n-1)\}$;
(b) 要求样本量 $n\geqslant 11$, 拒绝域是 $\{(\overline{x}_n-\mu_0)\sqrt{n}/\sigma\geqslant 1.645\}$, 不能拒绝就接受.

10.18 对 $H_0\colon \mu\geqslant 0.08$ 的检验显著, 不值得购买.

习题十一

11.1 不能认为事故的发生和周几有关 [此问题不能做两两比较的检验].

11.2 更有效 [$H_0: p_1\geqslant p_2$ vs $H_1: p_1<p_2$].

11.3 正面朝上次数 $\leqslant 40$ 或 $\geqslant 60$ 时认为不均匀.

11.4 不真实 [$H_0: p\geqslant 0.9$ vs $H_1: p<0.9$, $U=-1.98<-1.645$].

11.5 (a) 不能否认; (b) 能否认.

11.6 (a) 检验显著; (b) 检验不显著.

11.7 (a) $\eta=-2.6693$, 有显著差异; (b) $[0.3967, 0.6033]$; (c)$[0.5994, 0.7806]$;
(d) 能, -2.7097.

11.8 不能否认无关 [尽管 $V_n = 0.221$, 但是这些数据缺少了更重要的信息].

11.9 吸烟与赌博的关系高度显著 [$V_n = 29.68$].

11.10 可以认为无关系 [$V = 0.5548$].

习题十二

12.1 $\dfrac{1}{n-1}\sum_{j=1}^{n}[a(x_j - \overline{x}_n) + b(y_j - \overline{y}_n)]^2 = (a, b)\begin{pmatrix} s_x^2 & s_{xy} \\ s_{xy} & s_y^2 \end{pmatrix}(a, b)^{\mathrm{T}} \geqslant 0.$

12.2 (2) 0.9415; (3) x, y 高度正相关, 会; (4) $\hat{y} = 0.1249x - 41.4304$; (5) 52.24; (6) $[41.32, 63.17]$.

12.3 (2) 0.9848; (3) 高度正相关, 会; (4) $y = 8.75x - 16638$; (5) $Q = 296.625$; (6), (7) 的预测值是

$\boldsymbol{x}_0$	1976	1978	1979	1981	1983	1985	1987
$\hat{\boldsymbol{y}}_0$	652.00	669.50	678.25	695.75	713.25	730.75	748.25
$\hat{\boldsymbol{y}}^+$	680.45	696.21	704.42	721.58	739.75	758.85	778.73
$\hat{\boldsymbol{y}}^-$	623.55	642.79	652.08	669.92	686.75	702.65	717.77

名词索引

特殊符号及字母

B

C

D

E

F

G

H

J

K

W

X

Y

Z

符号说明

$\stackrel{\text{def}}{=\!=}$	定义成
$\approx$	约等于
$\overline{A}$	A 的余集
$A \subset B$	A 是 B 的子集
$A - B$	$A\overline{B}$
$^{\#}A$	集合 A 中元素的个数
$a_n \simeq b_n$	$\lim\limits_{n\to\infty} a_n/b_n = 1$
$\boldsymbol{A}^{\mathrm{T}}$	矩阵 $\boldsymbol{A}$ 的转置
$\mathrm{Cov}(X, Y)$	X, Y 的协方差
$\det(\boldsymbol{A})$	矩阵 $\boldsymbol{A}$ 的行列式
$\mathrm{E}X$	X 的数学期望
$F(x-)$	F 在 x 处的左极限
$F_n \xrightarrow{w} F$	F_n 弱收敛到 F
I_A或$\mathrm{I}[A]$	A 的示性函数
$m(A)$	A 的体积
MLE	最大似然估计
ρ_{XY}	X, Y 的相关系数
σ_{XY}	X, Y 的协方差
$\mathbf{R} = (-\infty, \infty)$	全体实数
$\mathbf{R}^n$	全体 n 维向量
$\mathrm{Var}(X)$	X的方差
σ_X	X 的标准差 ($\sigma_X = \sqrt{\mathrm{Var}(X)}$)
$X_n \xrightarrow{p} Y$	X_n 依概率收敛到 Y
$X_n \longrightarrow Y$ a.s.	X_n 几乎处处收敛到 Y
$X_n \xrightarrow{d} Y$	X_n 依分布收敛到 Y

参考书目

[1] 陈家鼎, 刘婉如, 汪仁官. 概率统计讲义. 3 版. 北京: 高等教育出版社, 2004.

[2] 陈希孺. 高等数理统计学. 合肥: 中国科学技术大学出版社, 1999.

[3] 何书元. 概率引论. 北京: 高等教育出版社, 2011.

[4] 茆诗松, 王玲玲. 加速寿命试验. 北京: 科学出版社, 1997.

[5] 谢衷洁. 普通统计学. 北京: 北京大学出版社, 2004.

[6] 张尧庭, 等. 定性资料的统计分析. 桂林: 广西师范大学出版社, 1991.

[7] FREEDMAN D, PISANI R, PURVES R, 等. 统计学. 魏宗舒, 施锡铨, 林举干, 等, 译. 北京: 中国统计出版社, 1997.

[8] GRACE N D, MUENCH H, CHALMERS T C. The present status of shunts for portal hypertension in cirrhosis. Journal of Gastroenterology. 1966, 50, 686-691.

[9] IVERSEN G R, GERGEN M. 统计学. 吴喜之, 等, 译. 北京: 高等教育出版社, 2000.

[10] RICHARD J L, MORRIS L M. An Introduction to Mathematical Statistics and its Applications. New Jersey: Prentice Hall, 1981.

[11] THOMAS J M. 致命的药物. 但汉松, 译. 北京: 中国水利水电出版社, 2006.

[12] SACKS H, CHALMERS T C, SMITH H. Randomized versus historical controls for clinical trials. American Journal of Medicine, 1982, 72, 233-240.

[13] SAEED G. Fundamentals of Probability. 2nd ed. New Jersey: Prentice Hall, 2000.

[14] SHELDON M R. 概率论基础教程. 郑忠国, 詹从赞, 译. 北京: 人民邮电出版社, 2007.

图书在版编目（CIP）数据

概率论与数理统计 / 徐宗本总主编；何书元主编.
-- 北京：高等教育出版社，2021.6（2022.3重印）
ISBN 978-7-04-055903-3

Ⅰ.①概… Ⅱ.①徐… ②何… Ⅲ.①概率论-高等学校-教材②数理统计-高等学校-教材 Ⅳ.①O21

中国版本图书馆CIP数据核字(2021)第049724号

Gailülun yu Shuli Tongji

项目策划 李艳馥 文 娟 华立平 兰莹莹

策划编辑 李艳馥 李 茜
责任编辑 李 茜
装帧设计 王凌波 童 丹
插图绘制 黄云燕
责任校对 吕红颖
责任印制 赵 振

出版发行 高等教育出版社
社 址 北京市西城区德外大街4号
邮政编码 100120
购书热线 010-58581118
咨询电话 400-810-0598
网 址 http://www.hep.edu.cn
http://www.hep.com.cn
网上订购 http://www.hepmall.com.cn
http://www.hepmall.com
http://www.hepmall.cn
印 刷 高教社（天津）印务有限公司
开 本 787mm×1092mm 1/16
印 张 21
字 数 410千字
版 次 2021年6月第1版
印 次 2022年3月第4次印刷
定 价 43.90元

物 料 号 55903-00